高等卫生职业院校课程改革规划教材

供高职高专医学各相关专业使用

案例版™

分析化学

主　编　邹继红　司　毅
副主编　董希敏　吴小琼
编　委　(按姓氏汉语拼音排序)
　　　　董希敏(运城护理职业学院)
　　　　高　旭(承德护理职业学院)
　　　　孔维雪(赤峰学院)
　　　　司　毅(山东医学高等专科学校)
　　　　吴小琼(安顺职业技术学院)
　　　　许小青(江苏建康职业学院)
　　　　邹继红(赤峰学院)

科学出版社

北　京

·版权所有　侵权必究·

举报电话:010-64030229;010-64034315;13501151303(打假办)

内 容 简 介

本书主要介绍分析化学的相关内容,全书共分两部分:化学分析法与仪器分析法。其中化学分析法主要有酸碱滴定法、配位滴定法、氧化还原滴定法、沉淀滴定法和重量分析法,仪器分析法着重介绍紫外-可见分光光度法、薄层色谱法、气相色谱法和高效液相色谱法。全书在内容上力争做到新颖、实用,并兼顾广度与深度,文字叙述上力求简练,文中穿插多帧图片,附有大量案例,书后附有实验,使理论与实践相结合。

本书是医学、药学、护理学等专业学生的得力助手,也可作为从事分析工作人员的参考书。

图书在版编目(CIP)数据

分析化学/邹继红,司毅主编.—北京:科学出版社,2015.12
高等卫生职业院校课程改革规划教材
ISBN 978-7-03-046544-3

Ⅰ.分… Ⅱ.①邹… ②司… Ⅲ.分析化学-高等职业教育-教材
Ⅳ.065

中国版本图书馆 CIP 数据核字(2015)第 288424 号

责任编辑:丁海燕 / 责任校对:李　影
责任印制:赵　博 / 封面设计:金舵手世纪

版权所有,违者必究。未经本社许可,数字图书馆不得使用

科学出版社 出版
北京东黄城根北街16号
邮政编码:100717
http://www.sciencep.com

安泰印刷厂 印刷
科学出版社发行　各地新华书店经销

*

2015年12月第 一 版　开本:787×1092　1/16
2015年12月第一次印刷　印张:19 1/2
字数:462 000
定价:69.00元
(如有印装质量问题,我社负责调换)

前　言

本书是紧紧围绕培养医学检验岗位需求的应用型、技能型人才的目标,充分考虑高职高专教育的特点,按"需用为准,够用为度,实用为先"的原则安排教学内容,体现高职高专教育的特色,适应我国高职高专教育改革与发展的需要。

分析化学为医学相关专业的专业基础课程,为了适应高职高专教育的人才培养目标,贯彻应用型、技能型人才培养的教育理念,按着学校教学改革的思路,本书在教学内容的编排上,突出基本理论知识和基本实验技能的培养;不过分强调学科的完整性,而注重教材的整体优化;在内容的阐述上,循序渐进,文字力求简明扼要。本书主要介绍了化学分析法和仪器分析法,化学分析法包括酸碱滴定法、配位滴定法、氧化还原滴定法和沉淀滴定法,仪器分析法主要介绍紫外-可见分光光度法、薄层色谱法、气相色谱法和高效液相色谱法,为学生今后学习有机化学等课程奠定基础。

为了充分调动学生学习的积极性,激发学生的学习兴趣,本书设计了"链接"、"知识拓展",可以拓展学生的知识面;为了实现理论与实践相结合,将生活中遇到的实际问题以"案例"的形式呈现在书本中,能够培养学生发现问题和解决问题的能力;正文中还穿插"课堂互动"栏目,设计了一些能启发学生思考的问题,使学生通过讨论、练习加深对理论知识的理解和掌握。每一章的结束,设有"小结"和"目标检测",目的在于对本章内容进行梳理和总结。

本书以我校的教学改革为契机,安排了多个实验项目,理论与实验并重,在实验项目的选择上,注重学生基本操作能力的培养,为以后学生从事分析工作打下坚实的基础。

本书由赤峰学院邹继红(第一章、第七章和第九章)任主编,山东医学高等专科学校司毅(第十章)任第二主编,运城护理职业学院董希敏(第二章)和安顺职业技术学院吴小琼(第六章)任副主编,承德护理职业学院高旭(第四章)、赤峰学院孔维雪(第三章和第五章)、江苏建康职业学院许小青(第八章)参与编写工作。

在编写的过程中,我们参阅了大量教材,其中一部分作为参考文献列于书末,在此仅代表本书作者对所引用的文献资料的原作者深表谢意。由于编者水平有限,加之时间仓促,书中难免会有纰漏之处,敬请各位读者批评指正。

编　者

2015 年 5 月

目 录

第一章　绪论 ………………………………………………………………………… (1)
　　第1节　分析化学的任务和作用 ………………………………………………… (1)
　　第2节　分析方法的分类 ………………………………………………………… (2)
　　第3节　定量分析的一般步骤 …………………………………………………… (3)
　　第4节　分析化学的发展趋势 …………………………………………………… (5)
　　第5节　分析化学的学习方法 …………………………………………………… (5)

第二章　分析化学基础知识 ………………………………………………………… (7)
　　第1节　定量分析的误差 ………………………………………………………… (7)
　　第2节　有效数字及其应用 ……………………………………………………… (13)
　　第3节　定量分析结果的处理及表示 …………………………………………… (16)
　　第4节　滴定分析法概述 ………………………………………………………… (22)

第三章　酸碱滴定法 ………………………………………………………………… (33)
　　第1节　酸碱指示剂 ……………………………………………………………… (33)
　　第2节　酸碱滴定法的基本原理 ………………………………………………… (37)
　　第3节　滴定方式与应用示例 …………………………………………………… (43)
　　第4节　非水溶液酸碱滴定法简介 ……………………………………………… (46)

第四章　沉淀滴定法和重量分析法 ………………………………………………… (56)
　　第1节　沉淀滴定法 ……………………………………………………………… (56)
　　第2节　沉淀滴定法的应用 ……………………………………………………… (62)
　　第3节　重量分析法 ……………………………………………………………… (64)

第五章　配位滴定法 ………………………………………………………………… (78)
　　第1节　配位滴定法 ……………………………………………………………… (78)
　　第2节　配位滴定法的应用 ……………………………………………………… (86)

第六章　氧化还原滴定法 …………………………………………………………… (90)
　　第1节　概述 ……………………………………………………………………… (90)
　　第2节　氧化还原滴定法的应用 ………………………………………………… (96)

第七章　电化学分析法 ……………………………………………………………… (103)
　　第1节　电化学分析法概述 ……………………………………………………… (103)
　　第2节　直接电位法及其应用 …………………………………………………… (109)
　　第3节　电位滴定法 ……………………………………………………………… (115)
　　第4节　永停滴定法 ……………………………………………………………… (118)

第八章　紫外-可见分光光度法 …………………………………………………… (123)
　　第1节　紫外吸收光谱的基本概念 ……………………………………………… (123)
　　第2节　紫外-可见分光光度法的基本原理 …………………………………… (125)

第3节　紫外-可见分光光度计 ···(127)
　　第4节　分析条件的选择 ···(130)
　　第5节　定性与定量分析方法 ··(131)
　　第6节　紫外-可见分光光度法的应用 ··(136)
第九章　色谱分析法 ··(138)
　　第1节　概述 ··(138)
　　第2节　色谱法基本理论 ···(139)
　　第3节　平面色谱法 ···(144)
　　第4节　气相色谱法 ···(154)
　　第5节　高效液相色谱法 ···(174)
第十章　其他仪器分析法简介 ···(190)
　　第1节　荧光分析法 ···(190)
　　第2节　原子吸收分光光度法 ··(193)
　　第3节　红外吸收光谱法 ···(197)
　　第4节　核磁共振波谱法 ···(206)
　　第5节　质谱法 ···(216)
实验部分 ···(224)
　　实验1　电子天平称量练习 ··(224)
　　实验2　滴定分析基本操作练习实验 ···(226)
　　实验3　容量仪器的校正 ···(227)
　　实验4　盐酸标准溶液的配制与标定 ···(230)
　　实验5　药用硼砂的含量测定 ···(232)
　　实验6　药用氢氧化钠的含量测定（双指示剂法） ······························(233)
　　实验7　氢氧化钠标准溶液的配制与标定 ··(235)
　　实验8　苯甲酸的含量测定 ··(236)
　　实验9　食醋总酸量的测定 ··(237)
　　实验10　高氯酸标准溶液的配制与标定 ··(239)
　　实验11　枸橼酸钠的含量测定 ··(241)
　　实验12　硝酸银标准溶液的配制与标定 ··(242)
　　实验13　生理盐水中氯化钠含量的测定 ··(244)
　　实验14　EDTA标准溶液的配制与标定 ··(245)
　　实验15　硫酸锌的含量测定 ···(247)
　　实验16　水的总硬度的测定 ···(248)
　　实验17　碘标准溶液的配制和标定 ··(250)
　　实验18　直接碘量法测定维生素C的含量 ······································(252)
　　实验19　硫代硫酸钠标准溶液的配制与标定 ····································(253)
　　实验20　间接碘量法测定铜盐的含量 ···(255)
　　实验21　高锰酸钾标准溶液的配制与标定 ·······································(257)
　　实验22　过氧化氢的含量测定 ··(258)
　　实验23　直接电位法测定溶液pH ···(260)

实验24	亚硝酸钠标准溶液的配制与标定	(263)
实验25	磺胺嘧啶的重氮化滴定	(265)
实验26	邻二氮菲比色法测定水样中铁的含量	(267)
实验27	维生素B_{12}吸收光谱的绘制及其注射液的鉴别与测定	(269)
实验28	薄层色谱法测定硅胶(黏合板)的活度	(271)
实验29	复方磺胺甲噁唑片中磺胺甲噁唑和甲氧苄啶的薄层色谱分离与鉴定	(273)
实验30	内标法测定酊剂中乙醇的含量	(274)
实验31	内标对比法测定对乙酰氨基酚	(276)
实验32	外标法测定阿莫西林	(278)

参考文献 (280)

附录 (281)

附录1	中华人民共和国法定计量单位	(281)
附录2	常用物理化学常数表	(283)
附录3	元素的相对原子质量(2005)	(283)
附录4	常用化合物的相对分子质量	(285)
附录5	弱酸、弱碱在水中的解离常数	(287)
附录6	难溶化合物的溶度积常数(25℃)	(291)
附录7	配位滴定有关常数	(292)
附录8	标准电极电势(298.15K、101.325kPa)	(294)

分析化学教学大纲 (298)

目标检测选择题参考答案 (303)

第一章 绪 论

第1节 分析化学的任务和作用

分析化学(analytical chemistry)是医药院校学生接触到的一门重要的专业基础课,它是为了适应21世纪化学与医药学相互融合、相互渗透的趋势,以培养创新型、实用型和复合型的高素质医药学专业人才为目的,将学生带入千姿百态、变化莫测、引人入胜的化学世界,为他们破解医学之谜、研制开发新型药物打下坚实的化学基础。

分析化学是研究物质及其变化规律的重要方法之一,是人们获得物质组成、结构、含量和形态等化学信息的有关理论和技术的一门科学。它的主要任务是鉴定物质的化学组成、测定物质中各组分的相对含量,以及确定物质的化学结构。

分析化学作为一门重要的科学,不仅为化学的各个分支学科提供有关物质的组成、组分的相对含量及结构信息,并且在国民经济建设、科学研究、环境保护和医疗卫生事业的发展及药学教育等方面起着不可或缺的作用。

在国民经济建设中,分析化学占据着举足轻重的地位。例如,在工业生产中的原料、中间体、半成品和成品的质量控制与在线检测;在自然资源开发中,对石油、矿石等产品质量控制与自动检测;在农业生产中对土壤成分、水质检验、化肥、农药残留和粮食的分析及农作物生产过程的监控,均离不开分析化学的方法与技术。因此,分析化学是监测国民经济发展的"眼睛",俗称"眼睛科学"。

在科学研究方面,分析化学已经打破化学领域原有的范围,因为在环境科学、物理学、生命科学、能源科学和材料科学等众多学科领域中,都需要知道物质的组成、含量和结构等各种信息。当今以生物科学技术和生物工程为基础的"绿色革命"中,分析化学在细胞工程、发酵工程、氨基酸工程、基因工程、蛋白质工程及纳米技术研究方面正发挥着越来越重要的作用。因此,分析化学的发展水平标志着一个国家的科学技术水平,它的作用不容忽视。

在医药卫生事业方面,分析化学也发挥着极其重要的作用。例如,病因调查、临床检验、疾病诊断、血药浓度测定、新药研制、药品质量的全面控制、中草药有效成分的分离和测定、药物代谢和药物动力学研究、药物制剂的稳定性、药物有效期的制定、生物利用度和生物等效性研究、药品及食品包装材料检测等方面,都离不开分析化学的理论、方法和技术。

在药学教育中,分析化学是一门重要的专业基础课。许多药学相关专业课程都要涉及分析化学的理论、方法及技术。例如,在药学相关专业开设的药物化学中对原料、中间体、半成品及成品分析,有关药物构效关系的研究;药剂学中对制剂稳定性、生物利用度和生物等效性的测定;药物分析中对药品质量标准的制定、药物的杂质检查、药物主成分的含量分析及纯度检测;天然药物化学中对天然药物有效成分的提取、分离、定性鉴定和化学结构的测定；药理学中对药物分子的理化性质和药理作用的关系及药代动力学研究等，都与分析化学有着密不可分的关系。

通过学习分析化学，不仅能掌握分析方法的有关理论及操作技能，而且还会学到科学研究的方法，对培养实验操作技能，提高分析解决实际问题的能力，牢固树立"量"的观念，促进学生综合素质的发展将会起到非常重要的作用。

总之，分析化学与很多学科紧密相关，在高端科学技术发展的今天，不仅对分析化学的方法和技术提出了严峻的挑战，也为分析化学的方法和技术的改革与发展带来了机遇，拓展了研究领域，使分析化学这门科学在各领域发挥着越来越大的作用。

第2节 分析方法的分类

根据分析任务、分析对象、测定原理、试样用量和被测组分含量、分析方法的作用等不同方面对分析方法进行分类，下面简述之。

一、按分析任务分类

按分析任务不同可分为定性分析、定量分析和结构分析。定性分析的任务是鉴定试样由哪些元素、离子、基团或化合物组成；定量分析的任务是测定试样中各组分的相对含量。结构分析的任务是研究物质的分子结构和晶体结构。

在试样的成分已知时，可以直接进行定量分析，否则需先进行定性分析，再进行定量分析。对于新发现的化合物，需首先进行结构分析，确定分子结构，再进行定性和定量分析。

二、按分析对象分类

按分析对象不同可分为无机分析和有机分析。无机分析的对象为无机物，其主要任务是鉴定试样中的元素、离子、原子团或化合物的组成及各组分的相对含量。有机分析的对象为有机物，不仅需要鉴定试样的元素组成，还需要进行官能团分析及其分子的结构分析。

三、按测定原理分类

按测定原理不同可分为化学分析和仪器分析。化学分析是以物质发生化学反应为基础的分析方法。它包括化学定性分析和化学定量分析两部分，根据化学反应的现象和特征鉴定物质的化学成分称为化学定性分析，而根据化学反应中试样和试剂的用量，测定物质中各组分的相对含量，称为化学定量分析，化学定量分析又分为重量分析与滴定分析。化学分析具有历史悠久、应用范围广、所用仪器简单、测定结果较准确等优点，故又称为经典分析。其不足之处是灵敏度较低，分析速度较慢，因此只适用于常量组分的分析。

仪器分析法是以测定物质的物理或物理化学性质为基础的分析方法，如电化学分析、光学分析、色谱分析及质谱分析等。由于在测定中需要用到特定仪器，故称为仪器分析，也称为现代分析。仪器分析法具有快速、灵敏、准确及操作自动化程度高的特点，其发展迅速，应用广泛，特别适合于微量组分或复杂体系的成分分析。

在进行仪器分析之前，首先需要对试样进行预处理，如溶解试样、分离与掩蔽试样中的干扰物等。此外，仪器分析还需要化学纯品作标准，而这些化学纯品的成分和含量通常需要化学分析方法确定,所以化学分析法和仪器分析法是相辅相成、互相配合的,前者是分析化学的基础,后者是分析化学发展的方向。

四、按试样用量和被测组分含量分类

根据试样用量的多少,分析方法又可分为常量分析、半微量分析、微量分析和超微量分析。化学定性分析的取样量一般在半微量分析的范畴,而化学定量分析的取样量一般在常量分析范畴,在进行微量分析及超微量分析时,应选用仪器分析方法。按试样用量分类如表1-1所示。

此外,还可根据被测组分含量高低粗略地分为常量组分分析、微量组分分析及痕量组分分析,分类情况见表1-2。

表1-1 各种分析方法的取样量

方法	取样量	试液的体积
常量分析	>0.1 g	>10 ml
半微量分析	0.01~0.1 g	1~10 ml
微量分析	0.1~10 mg	0.01~1 ml
超微量分析	<0.1 mg	<0.01 ml

表1-2 按被测组分含量高低分类表

方法	被测组分含量
常量组分分析	>1%
微量组分分析	0.01%~1%
痕量组分分析	<0.01%

五、按分析方法的作用分类

根据分析方法所起的作用可分为例行分析和仲裁分析。例行分析是指一般实验室在日常生产或工作中的分析,又称为常规分析。例如,药厂质量化验室的日常分析工作即是例行分析。仲裁分析是指不同单位对分析结果有争议时,要求某仲裁单位(如法定检验单位或有一定级别的药检所等)用法定方法进行裁判的分析。

第3节 定量分析的一般步骤

定量分析的任务是测定试样中有关组分的相对含量。在分析之前,首先应明确分析任务,制定分析计划,然后按照取样、试样的制备、含量测定、分析数据的处理和分析结果的表示及评价等操作步骤完成分析任务。

一、制定分析计划

首先要明确需要解决的问题,如试样的来源、测定的对象、测定的样品数、可能存在的影响因素等。根据分析任务制定一个初步的分析计划,包括选用的方法和对准确度、精密度的要求等,以及所需实验条件如仪器设备、试剂和温度等。

二、取样

为了得到有意义的化学信息,确保分析结果的科学性、真实性和代表性,分析测定的试样必须坚持随机、客观、均匀和合理的取样原则,取样一定要有代表性。例如,生产一批原料药可能有200 kg,而实际分析的试样往往只需1 g或更少,如果所取试样不能代表整批原料药的状况,即使分析测定再准确,也是毫无意义的。因此,必须采用科学取样法,从大批原始试样的不同部分、不同深度选取多个取样点采样,然后混合均匀,从中取出少量物质作为分析试样进行分析,保证分析结果能够代表整批原始试样的平均组成和含量。

三、试样的制备

试样制备的目的是使试样适合于选定的分析方法,消除可能引起的干扰。试样的制备主要包括分解试样和分离试样中的干扰物质。

1. 试样的分解 在定量分析中,一般是先将试样进行分解,然后再制成溶液进行分析。分解的方法很多,主要有溶解法和熔融法。

(1)溶解法:是采用适当的溶剂将试样溶解后制成溶液。由于试样的组成不同,溶解试样所用的溶剂也不同。常用的溶剂有水、酸、碱和有机溶剂四类。一般情况下,先选用水为溶剂,不溶于水的试样可根据其性质选用酸或碱作溶剂。常用的酸有盐酸、硝酸、硫酸、磷酸、高氯酸、氢氟酸及它们的混合酸;常用的碱有氢氧化钾、氢氧化钠、氨水等。若试样为有机化合物,一般采用有机溶剂溶解。常用的有机溶剂有甲醇、乙醇、三氯甲烷、苯和甲苯等。

(2)熔融法:该法是对试样进行预处理,适合于一些难溶于溶剂的试样。根据试样的性质,将其与酸性或碱性熔剂一起混合,在高温下发生复分解反应,使试样中的待测组分转变为可溶于酸、碱或水的化合物。根据所用熔剂的酸碱性不同,可分为酸熔法和碱熔法。常用的酸性熔剂有 $K_2Cr_2O_7$;碱性熔剂有 Na_2CO_3、K_2CO_3、Na_2O_2、$NaOH$ 和 KOH 等。

2. 干扰物质的分离 在分析组成比较复杂的试样时,被测组分的含量常受样品中其他组分的干扰,需在分析前将被测组分进行分离。常用的分离方法有:挥发法、萃取法、沉淀法和色谱法。

3. 试样的含量测定 根据试样的组成、被测组分的性质和含量、测定目的要求和干扰物质的情况等,选择恰当的分析方法进行含量测定。一般来说,测定常量组分,常选用重量分析法和滴定分析法;测定微量组分,常选用仪器分析法。例如,自来水中钙、镁离子的含量测定常选用滴定分析法,而人毛发中微量锌的测定则常选用仪器分析法。

在测定前必须对所用仪器进行校正。实际上,实验室使用的计量器具和仪器都必须定期请权威机构进行校验。所使用的具体分析方法必须经过认证,以确保分析结果符合要求。定量方法认证包括准确度、精密度、检测限、定量限和线性范围。

4. 分析结果的表示 根据分析实验测量数据,应用各种分析方法的计算公式,可计算出试样中待测组分的含量,即称为定量分析结果。一般用下面几种方法表示:

(1)待测组分的化学表示形式:分析结果通常以待测组分实际存在形式的含量表示,如果待测组分的实际存在形式不清楚,则最好是以其氧化物或元素形式的含量来表示分析结果。而在金属材料和有机分析中常以元素形式的含量来表示分析结果。电解质溶液的分析结果常以所存在的离子的含量来表示。

(2)待测组分含量的表示方法:固体试样的含量通常以质量分数表示,在药物分析中也可用含量百分数表示;液体试样中待测组分的含量通常以物质的量浓度、质量浓度和体积分数等表示;气体试样中待测组分的含量常用体积分数表示。

表示一个完整的定量分析结果,不仅仅是含量测定结果,还应该包括测定结果的平均值、测量次数、测量结果的准确度、精密度及置信度等,因此应按测量步骤真实、完整、清晰地记录原始测量数据,并不得任意涂改。根据实验数据,计算测定结果,最后还要对测定结果作出科学合理的分析判断,并写出书面报告。

第4节 分析化学的发展趋势

分析化学是一门古老的科学,它的起源可以追溯到古代炼金术中。虽然在16世纪时就出现了第一个使用天平的炼金实验室,但在很长的时间中,分析化学都尚未建立起一套成熟的理论体系,仍然把它视为一门技术。直到20世纪,随着现代科学技术的发展,相关学科间的相互渗透,使分析化学得到了迅速的发展。分析化学从一门技术到建立起本学科成熟的理论体系,共经历了三次巨大变革。

第一次变革是在20世纪初,由于物理化学的溶液理论发展,建立了四大平衡理论,为分析化学提供了理论基础,使分析化学由一门技术发展成为一门科学。第二次变革是由于物理学、电子学、原子能科学技术的发展,使分析化学从以化学分析为主的经典分析化学,发展到以仪器分析为主的现代分析化学,使得快速灵敏的仪器分析获得蓬勃发展。目前,分析化学正处在第三次变革时期,由于以计算机应用为主要标志的信息化革命的到来,给科学技术的发展带来了巨大的活力,随着环境科学、生命科学、材料科学、能源科学的发展,以及生物学、信息科学、计算机技术的引入,使分析化学进入了一个崭新的境界。第三次变革的要求:不仅能确定分析对象中的元素、基团和含量,而且还要获得原子的价态、分子的结构和聚集态、固体的结晶形态、短寿命反应中间产物的状态等多种信息;不但能提供空间分析的数据,而且可作表面、内层和微区分析,甚至三维空间的扫描分析和时间分辨数据,尽可能快速、全面和准确地提供丰富的信息和有用的数据。例如,在药物分析中,人们不仅要分析药物的结构和含量,还要分析药物的晶形,因为同一种药物可能由于不同的晶形,在体内有不同的溶解度,而产生不同的疗效。因此,现代分析方法不仅是对物质静态的常规检验,而且是要深入到生物体内,实现在线检测和对作用过程的动态的监控。总之,现代分析化学已经突破了纯化学领域,它将化学与数学、物理学、计算机科学、生物学及精密仪器制造科学等紧密结合起来,吸取当代科学技术的最新成就,利用物质一切可利用的特性,开发新方法与新技术,使分析化学发展成为融合多学科的一门综合性科学,成为当代最富有活力的学科之一。分析化学的发展方向正向高灵敏度、高选择性、快速、自动、简便、经济、分析仪器自动化、数字化、分析方法的联用和计算机化、智能化、信息化纵深等方面发展。

第5节 分析化学的学习方法

通过本课程的学习,掌握以滴定分析方法为主的测定物质含量的方法,建立准确的"量"的概念;熟悉这些理论、知识和技能在专业中的应用,为后续课程的学习和今后的工作打下良好的化学基础,同时拓展自己的知识面。总之,教学中培养学生的自学能力、创新能力、分析和解决日常生活和生产实践中一些化学问题的能力,以及培养学生严谨的科学态度和良好的学习习惯,是本课程教学的主要任务。

在学习分析化学时要注重学习方法。

1. 注重基本概念和基本理论的理解和应用 在学习某一内容时,首先要注意研究的对象和背景，弄清问题是怎样提出的？用什么办法解决问题？结果如何？有什么实际意义和应用？然后再研究细致的内容、推导过程和实验步骤等，这样才能抓住要领。

2. 培养自学能力　21世纪的教育是终身教育，知识财富的创造速度非常之快，每隔3~5年翻一番，需要不断地学习、更新知识来适应社会，增加自己的竞争力，即培养运用已有知识创造性地解决问题和发现新知识的能力，因此培养自学能力就显得非常重要。学习分析化学时可以采用"三部曲学习法"，即课前预习，课上认真听讲，课后复习归纳。①在教师讲解新内容之前一定要提前预习，预习的时候将自己不明白的地方作上标记，等到教师讲解时要有针对性地听，这样才能自主学习和有目的地学习。②上课时一定要认真听讲。教师经过认真备课后讲解的都是应知应会的基础知识和重点内容，上课听1分钟胜于课下自学10分钟。③每学完一章，应对该章内容进行书面总结，包括基本概念、基本原理、基本公式和有关计算，弄清该章的主要内容，使所学知识系统化，并定期地进行复习巩固。此外，有目的地看一些学术期刊或参考书，有助于加深对某一知识的理解，并拓宽自己的知识面。

3. 理论与实践结合　分析化学是一门以实验为基础的科学，许多化学理论和规律都是从实验中总结出来的。因此既要重视理论知识的掌握，又要重视实验技能的训练，努力培养实事求是、严谨治学的科学态度。上实验课之前一定要预习实验，对于实验目的、实验原理和实验内容做到了然于心，这样做实验时才能提高效率，成功完成实验。做实验时要仔细观察实验现象，记录实验数据，并思索为什么会出现这种现象，能根据所学理论知识给出合理的解释，这样才能达到理论与实践相结合的目的。

（邹继红）

第二章 分析化学基础知识

学习目标

1. 掌握：准确度和精密度的概念及关系；系统误差和偶然误差的产生原因和表示方法；有效数字及其应用。
2. 熟悉：提高分析结果准确度的方法；分析结果的表示方法。
3. 了解：分析数据的处理；各种统计检验方法的应用。

定量分析的目的就是通过实验测定试样中待测组分的准确含量，这就要求分析结果具有一定的准确度。不准确的分析结果，往往会导致产品报废和资源浪费。在临床医学检验中，不准确的分析结果会导致病情诊断错误，直接危及患者的生命安全。但在实际测定过程中，由于受分析方法、测量仪器、所用试剂和分析人员主观因素等条件的限制，测量结果不可能绝对准确，总会产生一定的误差。即使是技术最娴熟的分析工作者，使用最精密的仪器，采用同一种可靠的方法，对同一试样进行多次测量，也不可能得到完全一致的分析结果。

在定量分析时，必须根据误差的分布规律，找出误差产生的原因，采取有效措施减少误差，并对测定结果进行科学的评价，做出相对准确的估计。如何得到最佳的估计值并判断其可靠性，这就需要对分析数据进行统计学处理。

本章主要探讨误差的产生原因和减免方法，有效数字及其应用，一些基本的数理统计知识和滴定分析基础知识。

第1节 定量分析的误差

一、准确度和精密度

（一）准确度与误差

准确度（accuracy）是指测量值与真值（true value，即真实值）的接近程度。衡量准确度高低的指标是误差（error）。测量值与真值越接近，误差越小，准确度越高；反之，误差越大，准确度越低。误差又分为绝对误差和相对误差。

1. 绝对误差（absolute error） 测量值与真值之差称为绝对误差。若以 x 代表测量值，以 μ 代表真值，则绝对误差 E 为

$$E = x - \mu \tag{2-1}$$

2. 相对误差（relative error） 绝对误差 E 与真值 μ 的比值称为相对误差。在实际工作

中,由于不知道真值,但知道测量值 x,则相对误差也可表示为绝对误差 E 与测量值 x 的比值。相对误差表示绝对误差在测定结果中所占的比例,公式如下:

$$RE = \frac{E}{\mu} \times 100\% \tag{2-2}$$

或

$$RE = \frac{E}{x} \times 100\% \tag{2-3}$$

绝对误差和相对误差均有大小、正负之分。正误差表示测量值大于真值,分析结果偏高;负误差表示测量值小于真值,分析结果偏低。误差的绝对值越小,表示测量值越接近于真值,测量的准确度就越高。绝对误差和测量值的单位相同,相对误差没有单位。

例 2-1 用分析天平称量两份样品,其质量分别为 2.1750 g 和 0.2175 g。若两者的真实质量分别为 2.1751 g 和 0.2176 g,分别计算两份样品称量的绝对误差和相对误差。

解:称量的绝对误差分别为:

$$E_1 = 2.1750 - 2.1751 = -0.0001 \text{ g}$$
$$E_2 = 0.2175 - 0.2176 = -0.0001 \text{ g}$$

称量的相对误差分别为:

$$RE_1 = \frac{-0.0001}{2.1751} \times 100\% = -0.005\%$$

$$RE_2 = \frac{-0.0001}{0.2176} \times 100\% = -0.05\%$$

由上例可见,两份样品称量的绝对误差相等,但它们的相对误差并不相同,第二个称量结果的相对误差比第一个高 10 倍。因此,用相对误差来衡量分析结果的准确度更为确切,也更有实际意义。

链接 　　　　　　　　　　**真值与标准参考物质**

由于任何测量数据都存在误差,因此实际测量中不可能得到真值,而只能尽量接近真值。我们可以知道的真值有三种:理论真值、约定真值和相对真值。

1. **理论真值** 如三角形内角之和等于 180°。

2. **约定真值** 国际单位及我国的法定计量单位是约定真值。常用的物理常数(如阿伏伽德罗常数)、元素的相对原子质量也是约定真值。

3. **相对真值与标准参考物质** 在分析工作中,由于没有绝对纯的化学试剂,因此也常用标准参考物质的含量作为相对真值。标准参考物质是指某些具有确定含量的组分。在实际样品定量测定中用作计算被测组分含量的参照标准的一类物质,也称为标准样品或标样。例如,国内采用的 GBW 标准物质和 GSB 标准样品,能用来校准仪器、评价分析方法、评定分析质量等。

标准参考物质必须具有良好的均匀性与稳定性,其含量的准确度至少要高于实际测量值的 3 倍以上。作为评价准确度的基准,标准试样需经权威机构认定并提供,其证书上标示的含量值可以当作相对真值。

(二) 精密度与偏差

精密度(precision)是指在相同条件下多次平行测量的各测量值之间互相接近的程度。它是衡量分析操作条件是否稳定的一个重要标志。精密度的高低用偏差来表示。多次平行测量的各测量值之间越接近，偏差就越小，测量的精密度越高。偏差又分为绝对偏差、平均偏差、相对平均偏差、标准偏差和相对标准偏差。

1. 绝对偏差(absolute deviation) 单个测量值(x_i)与测量平均值($\bar{x}$)之差，称为偏差，也称绝对偏差，其值可正可负。以 d 表示：

$$d = x_i - \bar{x} \tag{2-4}$$

2. 平均偏差(average deviation) 各单个偏差的绝对值的平均值称为平均偏差，其值均为正值。以 $\bar{d}$ 表示(若测定次数为 n)：

$$\bar{d} = \frac{\sum_{i=1}^{n}|x_i - \bar{x}|}{n} \tag{2-5}$$

当测定的次数较少时，如 2~3 次，通常用平均偏差表示测量的精密度。

3. 相对平均偏差(relative average deviation) 平均偏差($\bar{d}$)与测量平均值($\bar{x}$)的比值称为相对平均偏差，简称相对偏差，以 $R\bar{d}$ 表示：

$$R\bar{d} = \frac{\bar{d}}{\bar{x}} \times 100\% \tag{2-6}$$

如果对同一种试样，只进行了两次测定，常用下式计算其相对平均偏差：

$$R\bar{d} = \frac{|x_1 - x_2|}{\bar{x}} \times 100\%$$

4. 标准偏差(standard deviation) 当一批测定数据的分散程度较大时，仅从其平均偏差无法看出精密度的好坏，需采用标准偏差加以衡量。标准偏差又称为均方根偏差，可用下式计算：

$$\sigma = \sqrt{\frac{\sum_{i=1}^{n}(x_i - \mu)^2}{n}} \tag{2-7}$$

式中，μ 为总体平均值(真值)，σ 为总体标准偏差(population standard deviation)。

由于实际工作中只做次数不多的有限次($n \leq 20$)测量，测定值的分散程度要用样本标准偏差 s 来表示。样本为从总体中随机抽取的一部分。

$$s = \sqrt{\frac{\sum_{i=1}^{n}(x_i - \bar{x})^2}{n-1}}$$

或

$$s = \sqrt{\frac{\sum_{i=1}^{n}x_i^2 - \frac{1}{n}(\sum_{i=1}^{n}x_i)^2}{n-1}} \tag{2-8}$$

式中，$n-1$ 为自由度，常用 ν 表示。这里的自由度表示计算一组数据分散度的独立偏差数，其值比测定次数少 1。

用平均偏差表示精密度,与标准偏差相比,看似简便,但由于在一系列的测定结果中,小偏差占多数,大偏差占少数,如果按总的测定次数计算偏差的平均值,所得结果会偏小,大偏差得不到应有的充分反映。例如,下面两组偏差数据:

甲组:+0.11、−0.73*、+0.24、+0.51*、−0.14、0.00、+0.30、−0.21

$$n=8, \quad \overline{d}_{甲}=0.28$$

乙组:+0.18、+0.26、−0.25、−0.37、+0.32、−0.28、+0.31、−0.27

$$n=8, \quad \overline{d}_{乙}=0.28$$

显而易见,甲组中出现两个大偏差(带 * 号的),数据较为分散,测定结果的精密度较差。但计算得出两组的平均偏差均为 0.28,原因是甲组中的较大偏差和较小偏差互相平均所致。因此,用平均偏差有时不能准确反映两组数据的精密度差异。而标准偏差把单次测量值的偏差平方之后,较大的偏差更显著地反映出来。上述两组数据的标准偏差分别为:$s_{甲}=0.38$,$s_{乙}=0.30$,说明乙组较甲组的精密度高。

在一般的分析工作中,通常多采用平均偏差来表示测量的精密度。而对于要求较高的分析结果,如对于一种分析方法所能达到的精密度的考察,一批分析结果的分散程度的判断,最好采用标准偏差来表示分析结果的精密度。

5. 相对标准偏差(relative standard deviation) 标准偏差(s)与平均值($\overline{x}$)的比值,称为相对标准偏差,以 RSD 表示:

$$\mathrm{RSD} = \frac{s}{\overline{x}} \times 100\% \tag{2-9}$$

例 2-2 标定某溶液浓度的四次结果是:0.2041 mol/L、0.2049 mol/L、0.2039 mol/L、0.2043 mol/L。计算其算术平均值、平均偏差、相对平均偏差、标准偏差及相对标准偏差。

解:$\overline{x} = \dfrac{0.2041+0.2049+0.2039+0.2043}{4} = 0.2043 \text{(mol/L)}$

$\overline{d} = \dfrac{|-0.0002|+|+0.0006|+|-0.0004|+|+0.0000|}{4} = 0.0003 \text{(mol/L)}$

$R\overline{d} = \dfrac{\overline{d}}{\overline{x}} \times 100\% = \dfrac{0.0003}{0.2043} \times 100\% = 0.1\%$

$s = \sqrt{\dfrac{(-0.0002)^2+(0.0006)^2+(-0.0004)^2+(0.0000)^2}{4-1}} = 0.0004 \text{(mol/L)}$

$\mathrm{RSD} = \dfrac{s}{\overline{x}} \times 100\% = \dfrac{0.0004}{0.2043} \times 100\% = 0.2\%$

(三)准确度与精密度的关系

准确度与精密度的概念不同。当有真值作比较时,它们从不同侧面反映了分析结果的可靠性。准确度表示测量结果的准确性,精密度表示测量结果的重复性或再现性。所谓重复性(repeatability)是指一个分析人员在同一实验室中用同一套仪器,在短时间内对同一试样的某一物理量进行多次测量,所得测量值的接近程度。所谓再现性(reproducibility)是指不同实验室的不同分析人员,使用不同的分析仪器,共同对同一试样的某一物理量进行多次测量,所得结果的接近程度。测定结果的好坏应从精密度和准确度两个方面综合衡量。

案例 2-1

图 2-1 是甲、乙、丙、丁四人分别测定同一试样中某组分的含量所得结果。每个人均测定 4 次,试样的真实含量为 37.40%。

问题:

1. 乙分析人员的结果可信吗?为什么?能否通过改进使结果可靠?
2. 哪个人测得的结果最可信?

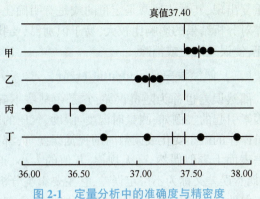

图 2-1　定量分析中的准确度与精密度

甲组数据的精密度和准确度均较高,结果可靠;乙组数据的精密度虽然较高,但其平均值离真值较远,准确度较低,说明测量存在系统误差;丙组数据的精密度和准确度都不高,数据不可信;丁组数据较分散,虽然其平均值离真值较近,但这是由于大的正、负误差相互抵消的结果,纯属偶然,数据并不可取。

综上所述,精密度是保证准确度的先决条件,没有好的精密度就不可能有好的准确度,精密度低所得结果不可靠,但高的精密度不一定能保证高的准确度,因为可能存在系统误差。总之,只有精密度与准确度都高的测量结果才是可取的。

二、系统误差和偶然误差

根据误差的性质和来源,可将其分为系统误差和偶然误差两大类。

(一) 系统误差(systematic error)

系统误差也称为可定误差或条件误差,它是由分析过程中某些确定的异常原因造成的,对分析结果的影响比较固定。即在同一条件下的重复测定中,其误差的大小和正负总是重复出现,使测定结果系统的偏高或者偏低,在一定精度下多次测定的平均值与真值不相符,影响分析结果的准确度。根据系统误差的来源可将其分为方法误差、仪器或试剂误差及操作误差三种。

1. 方法误差　是由于分析方法本身的某些不足所引起的误差,通常对测定结果影响较大。例如,由于反应条件的不完善而导致化学反应进行不完全;反应副产物对测量产生的影响;在重量分析中,沉淀的溶解损失、共沉淀和后沉淀、灼烧时沉淀的分解或挥发等;在滴定分析中,由于指示剂选择不当而使滴定终点和化学计量点不完全一致。

2. 仪器或试剂误差　是由于测量仪器制造不够精密或未经校准,或所用试剂不纯,或蒸馏水中含有微量杂质等而引起的误差。例如,天平两臂不等长,滴定管、容量瓶、移液管等刻度不够准确,使用的试剂、溶剂中含有微量的待测组分或存在干扰杂质等,都会使测定结果产生误差。

3. 操作误差　是由于操作者的主观原因在实验过程中所引起的误差。例如,滴定分析中,操作者对滴定终点时指示剂变色的判断偏深或偏浅,滴定管读数偏高或偏低,均能导致操作误差。

在一个测定过程中,上述三种误差都可能存在,这类误差的共同特点是在多次测定时会重复出现,其数值通常是定量的或是有明确比例的,大小、正负都具有一定的规律。系统误差对分析结果的影响比较大,易于识别,只要找准原因,在技术上完全可以控制条件加以校正,使误差避免或消除。

(二) 偶然误差(accidental error)

偶然误差也称为随机误差,它是由某些不确定、难以控制或无法避免的经常作用的偶然因素引起的。例如,测量时温度、湿度、气压的微小变化,分析仪器的轻微波动,以及实验人员操作的微小变化或读数时的视觉误差等,都可导致测量数据的波动而带来误差。这种误差表面上看似偶然、毫无规律,其值的大小、正负是不固定的,是较难预测和控制的。因此,偶然误差又称为不可定误差,它主要影响分析结果的精密度(有时也会影响准确度)。

偶然误差的出现遵从统计学上的正态分布规律:小误差出现的概率大,大误差出现的概率小,特别大的误差出现的概率极小;绝对值相同的正、负误差出现的概率大体相等,在统计加和时常能部分或完全抵消。所以,在消除系统误差的前提下,平行测量的次数越多,则测量值的算术平均值越接近于真值。精密度高的有限次测量的平均值 $\bar{x}$ 就是最佳值或最可信赖值,它最接近于真值 μ。因此,在分析化学中,通常采用"平行测定,取平均值"的方法,通过增加测定次数来减小偶然误差,提高分析的可靠性。

需要说明的是,系统误差与偶然误差之间并无绝对严格的界限,在很多情况下两种误差可能同时存在。虽然在定义上不难区分,但在实际分析过程中除了较明显的现象外,两者常常纠缠在一起,难以直观地加以区别、判断。例如,观察滴定终点颜色的改变,有人总是偏深,产生属于操作误差的系统误差。但在多次测定观察滴定终点的颜色深浅时,又不可能完全一致,从而产生偶然误差。又如,玻璃容器对溶液中某些金属离子的吸附作用很难察觉,它所引起的误差过去都归入偶然误差。后来人们注意到在痕量分析中,它对浓度极低的被测组分来说往往有很显著的影响,造成系统误差。因此,在定量分析时,必须将系统误差和偶然误差的影响综合考虑,才能提高分析结果的准确度。

此外,由于分析人员的粗心大意或工作过失所产生的差错,如溶液溅失、加错试剂、读错刻度、记录和计算错误等,不属于误差范畴。如发现由于过失引起的错误,应将此数据弃去不用。

▶▶ 三、提高分析结果准确度的方法

要想得到准确可靠的分析结果,必须设法减免分析过程中带来的各种误差。下面介绍减免分析误差的几种主要方法。

(一) 选择适当的分析方法

不同分析方法的灵敏度和准确度不同。例如,经典化学分析方法(滴定分析法和重量分析法)的灵敏度虽然不高,但对常量组分的测定,能获得比较准确的分析结果(相对误差≤0.2%),可是对微量或痕量组分则无法准确测定。仪器分析法灵敏度较高、绝对误差较小,虽然其相对误差较大,不适于对常量组分的测定,但对微量或痕量组分的测定符合准确度的要求。另外,选择分析方法时还应考虑共存物质的干扰。因此,应根据分析对象、试样情况及对分析结果的要求,选择合适的分析方法。

(二) 减小测量误差

为了保证分析结果的准确度,必须尽量减小实验各环节中的测量误差。例如,一般分析天

平读数一次的绝对误差为 ±0.0001 g,称取一定质量试样需要读数两次,因此可能引起的最大误差是 ±0.0002 g。为了使称量的相对误差≤0.1%,则所称取的试样量必须≥0.2 g。一般滴定管读数的绝对误差有 ±0.01 ml,一次滴定需读取两次数据,可能产生的最大误差是 ±0.02 ml。为了使滴定管读数的相对误差≤0.1%,消耗的标准溶液的体积就必须≥20 ml。

(三) 消除测量中的系统误差

1. 对照试验 是综合检验系统误差的有效方法。

(1) 标样对照:用已知准确含量的标准试样(或标准参考物质),按照与测定试样所用的操作方法和完全相同的实验条件进行平行测定,将试样测定结果与标准试样含量作比较,以检查试剂是否失效、反应条件是否正常、测定方法是否可靠,以减免方法、试剂和仪器误差。对照试验有时可对测定结果进行校正:

$$试样中某组分含量 = 试样中某组分测得含量 \times \frac{标准试样中某组分已知含量}{标准试样中某组分测得含量}$$

(2) 方法对照:对同一试样,用所拟定的分析方法与公认的经典方法进行测量比较,以判断所拟用方法的可靠性,进而消除方法误差。

2. 空白试验 由试剂、溶剂、实验器皿及环境带入的杂质或微量待测组分等所引起的系统误差,可用空白试验进行校正。空白试验就是在不加试样的情况下,按照与分析试样相同的方法、条件、步骤,同时进行平行试验,所得结果为空白值。然后从测定试样的分析结果中减去此空白值,就可以消除或减少由试剂、仪器等引入的系统误差。

3. 回收试验 如果无标准试样做对照试验,或对试样的组成不太清楚时,可做回收试验(又称标准加入法)。此试验是自我检验准确度的一种实用方法。该方法是先测出试样中待测组分含量,然后在几份相同试样($n \geq 5$)中加入适量待测组分的纯品(或标准品),以相同条件进行测定,按下式计算回收率:

$$回收率 = \frac{加入纯品后的测得值 - 加入纯品前的测得值}{纯品加入量} \times 100\%$$

回收率越接近 100%,系统误差越小,测定方法的准确度越高。

4. 校准仪器 对仪器不准确引起的系统误差,可以通过校准仪器加以消除。如定期对分析天平、移液管、容量瓶、滴定管等进行校准。

5. 规范操作 按照分析程序规范操作,以减免操作误差。规范操作既能减小系统误差,也能减小偶然误差。

(四) 减小测量中的偶然误差

根据偶然误差的统计规律,在消除系统误差的前提下,增加平行测定次数,可减小偶然误差对分析结果的影响。在实际工作中,一般对同一试样平行测定 3~4 次,其精密度符合要求即可。对于要求较高的工作,可适当增加测定次数。

第 2 节 有效数字及其应用

分析化学中的数字分为两类:一类是非测量所得的自然数,如测量次数、样品份数、倍数及各类常数等,这类数字无准确度的问题;另一类数字是测量值或数据计算的结果,其位数多少与分析方法的准确度和仪器测量的精密度相联系。在定量分析中,为了得到准确的测量结果，不仅要准确地测定各种数据，还必须对其进行正确记录和科学分析处理。下面对有效数字的概念、记录和计算进行讨论。

一、有效数字的概念与表示

（一）有效数字的概念

有效数字是在分析工作中测量到的具有实际意义的数字。它由测量数据中的所有准确数字和最后一位可疑（欠准确）数字组成，其误差是其末位数的 ±1 个单位。有效数字不仅能表示数值的大小，还可以反映测量的精确程度。

例如，用精度为万分之一的分析天平称量某试样的质量为 0.5398 g，其中"0.539"是准确的，最后一位"8"是可疑数字，有 ±1 个单位的误差。因此该试样的真实质量应为(0.5398 ± 0.0001) g。如用精度为千分之一的分析天平称其试样的质量为 0.539 g，则其真实质量应为(0.539 ± 0.001) g。显然，这两份试样，不仅质量大小不同，而且两者的准确度也不同。

由此可见，有效数字的位数取决于测量方法、所用仪器的精确程度，绝不能随意增加或减少。在测量准确度的范围内，有效数字位数越多越准确。

（二）有效数字的表示

在判断有效数字位数时，应注意以下几点：

1. 数据中数字 1～9 均为有效数字，但数字"0"可能不是有效数字，应根据实际情况进行判断：在第一个数字（1～9）前的"0"不是有效数字，它们只起定位作用；而在数字中间或末尾的"0"是有效数字。

2. 对于较大或较小的数据，用"0"表示不方便，常用指数形式（10 的方次）表示。例如，弱酸的离解常数 K_a = 0.000 018，可以写成 K_a = 1.8×10⁻⁵；2500 L，若为三位有效数字，则可写成 2.50×10³ L。

3. 变换数据的单位时，其有效数字的位数保持不变。例如，3.8 mg = 0.0038 g；24.86 ml = 0.024 86 L = 2.486×10⁻² L。

4. 数据中的对数值如 pH、pM、lg$K$ 等，其有效数字的位数仅取决于小数点后面数字的位数，而其整数部分只代表原值的方次。例如 pH = 12.68，即 [H⁺] = 2.1×10⁻¹³ mol/L，其有效数字是两位，而不是四位。

5. 常数 π、e 及计算中的倍数、分数、$\sqrt{\ }$ 等数值的有效数字位数，可根据计算需要来确定，计算过程中需要几位即可写几位。

6. 使用计算器计算时，应特别注意最后结果中有效数字的位数，不可保留与实际准确度不符的有效数字位数。

二、有效数字的修约规则

在计算前将有效数字位数较多的数据，按要求舍去多余的尾数的过程，称为数字修约。其基本规则如下：

（一）"四舍六入五留双"规则

1. 当多余尾数的首位数字≤4 时，该数字及以后的数字均舍去；当多余尾数的首位数字≥6 时，进位后，该数字及以后的数字均舍去。

2. 当多余尾数的首位数字是 5，但 5 的后面还有非零数字时，则进位；当多余尾数的首位数字是 5,且 5 的后面再无数字或数字为零时,则视 5 前一位数字是奇数还是偶数,采取"奇进偶舍"的方式进行修约,即若 5 前是偶数(包括"0")就舍去,若是奇数就进位,使被保留的末位为偶数。

例 2-3 将下列数据修约为四位有效数字:

3.532 4	3.532
0.153 86	0.153 9
5.138 5	5.138
8.734 50	8.734
8.733 50	8.734
4.524 51	4.525

(二) 禁止分次修约

只允许对原测量值一次修约到所需位数,不得连续分次修约。例如,将 2.3457 修约为两位有效数字,应是 2.3457→2.3;若分次修约,则 2.3457→2.346→2.35→2.4,这是错误的。

(三) 标准偏差的修约

修约标准偏差时,不管多余尾数是奇是偶,均应进位,使准确度降低。例如,某测定结果的标准偏差 $s=0.213$,若修约为两位有效数字是 0.22;如修约为一位有效数字,则 $s=0.3$。表示准确度或精密度时,一般取两位有效数字。

(四) 运算时暂时多保留一位有效数字

在大量运算中,可先将参与运算的各数据修约到比计算结果应保留的有效数字多一位(多保留的这一位称"安全数字");运算后,再将结果修约到应有的位数。

▶▶ 三、有效数字的运算规则

在计算分析结果时,每个测量值的误差都要传递到分析结果中去,数学运算不应改变测量的准确度。应按照以下有效数字的运算规则进行。

(一) 加减法

几个数据相加或相减时,它们的和或差的有效数字位数,应以小数点后位数最少,即绝对误差最大的数据为准。

例如,$0.0121 + 25.64 + 1.0578 = 0.01 + 25.64 + 1.06 = 26.71$。

(二) 乘除法

几个数据相乘或相除时,它们的积或商的有效数字位数,应以有效数字位数最少,即相对误差最大的数据为准。平方和开方也是如此。

例如,$0.0121 \times 1.0578 \times 25.64 = 0.0121 \times 1.06 \times 25.6 = 0.328$。其中,有效数字位数最少的 0.0121 相对误差最大,因此结果应修约为三位有效数字。

(三) 对数运算

对数值小数点以后的有效数字位数应与真数有效数字的位数相等。

例如,$[H^+] = 5.6 \times 10^{-13}$ mol/L,则 pH = 12.25。

四、有效数字在定量分析中的应用

（一）正确地记录测量数据

记录测量数据的有效数字位数，必须根据实际的测定方法和仪器的准确程度来决定，只保留一位可疑数字。用万分之一的分析天平称量药品质量，应记录到小数点后四位（单位为 g）。例如，0.2500 g 不能记成 0.250 g 或 0.25 g。又如，从 25 ml 或 50 ml 滴定管上读数时，应记录到小数点后两位。消耗标准溶液的体积 24.00 ml，不能记为 24 ml 或 24.0 ml。

（二）正确地估计试剂用量和选用仪器

根据分析实验准确度的要求，选择适当的测量仪器。例如，用滴定分析法对常量组分进行分析，要求相对误差≤0.2% 即可，那么在称量试样、滴定过程中的相对误差不应超过 0.1%。例如，用精度为万分之一的分析天平称取，试样量应不低于 0.2 g；若需称取的试样量在 2 g 以上，用精度为千分之一的分析天平即可。而常量滴定管的绝对误差为 ±0.02 ml，消耗标准溶液的体积应不低于 20 ml，实验中的估计值为 20~25 ml，一般选用 50 ml 的滴定管。

（三）正确地表示分析结果

最后报告分析结果的准确度应与测量的准确度相一致。通常填报实验结果时，对于高含量（>10%）组分的测定，要求报告四位有效数字；对于中等含量（1%~10%）组分的测定，要求报告三位有效数字；对于微量（<1%）组分的测定，只要求报告两位有效数字。

例 2-4 分析煤中含硫量（S%）时，称样量 3.5 g，两次测定结果：甲为 0.042%、0.041%，乙为 0.042 01%、0.041 99%。应采用哪个人的结果？

解

$$RE_{甲} = \frac{\pm 0.001}{0.042} \times 100\% = \pm 2\%$$

$$RE_{乙} = \frac{\pm 0.000\ 01}{0.042\ 00} \times 100\% = \pm 0.02\%$$

$$RE_{样} = \frac{\pm 0.1}{3.5} \times 100\% = \pm 3\%$$

可见，甲的准确度与称样的准确度一致，而乙的准确度大大超过了称样的准确度，是没有意义的。所以，应采用甲的分析结果。

第 3 节　定量分析结果的处理及表示

尽可能地采用统计学方法来处理各种分析数据，是当代分析化学的一个发展趋势。下面介绍在定量分析中常用的统计学知识。

一、可疑值的检验与取舍

在实际分析工作中，常常会遇到对同一样品进行一系列平行测定所得的数据，其中个别数据过高或过低，这种数据称为可疑值、逸出值或离群值（outlier）。在报告结果时，这个离群的可疑值还要不要保留？能否将它弃去？可疑数据可能是由操作过失引起的，也可能是偶然误差波动性的极度表现，对测定的精密度和准确度均有很大的影响。前者可直接舍弃；后者则需经过统计检验决定其取舍。目前常用的检验方法是 Q 检验法和 G 检验法。

（一）Q 检验法（舍弃商法）

Q 检验法的步骤如下：

（1）将测量数据按从小到大顺序排列。

$$x_1, x_2, x_3, \cdots, x_n$$

（2）计算出可疑值与其邻近值之差。

$$x_{可疑} - x_{邻近}$$

（3）计算出序列中最大值与最小值之差（极差 R）。

$$x_{最大} - x_{最小}$$

（4）用下列公式计算舍弃商（rejection quotient）Q 值。

$$Q_{计} = \frac{|x_{可疑} - x_{邻近}|}{x_{最大} - x_{最小}} \tag{2-10}$$

（5）查 Q 临界值表（表 2-1）。若计算所得的 Q 值大于表中相应的 Q 临界值，即 $Q_{计} > Q_{表}$，则该可疑值应舍弃；否则应被保留。其中，P 为置信度，n 为测量次数。

表 2-1　不同置信度下的 Q 临界值表

P	n							
	3	4	5	6	7	8	9	10
90%	0.94	0.76	0.64	0.56	0.51	0.47	0.44	0.41
95%	0.97	0.84	0.73	0.64	0.59	0.54	0.51	0.49
99%	0.99	0.93	0.82	0.74	0.68	0.63	0.60	0.57

例 2-5　用碳酸钠基准物质标定盐酸标准溶液的浓度，平行测定 4 次，结果分别为 0.1014 mol/L、0.1012 mol/L、0.1019 mol/L、0.1016 mol/L，其中 0.1019 mol/L 明显偏大，试用 Q 检验法确定该值的取舍（置信度为 95%）。

解：用 Q 检验法检验可疑值 0.1019 mol/L，则有：

$$x_{可疑} - x_{邻近} = 0.1019 - 0.1016 = 0.0003 (\text{mol/L})$$

$$x_{最大} - x_{最小} = 0.1019 - 0.1012 = 0.0007 (\text{mol/L})$$

$$Q_{计} = \frac{|x_{可疑} - x_{邻近}|}{x_{最大} - x_{最小}} = \frac{0.0003}{0.0007} = 0.43$$

查 Q 临界值表，当置信度 $P = 95\%$，$n = 4$ 时，$Q_{0.05,4} = 0.84$。

由于 $Q_{计} < Q_{表}$，所以数据 0.1019 mol/L 不能舍弃。

（二）G 检验法（格鲁布斯检验法）

G 检验法即格鲁布斯（Grubbs）检验法。其检验的步骤如下：

（1）计算包括可疑值在内的平均值 $\bar{x}$。

（2）计算可疑值 $x_{可疑}$ 与平均值 $\bar{x}$ 之差的绝对值 $|x_{可疑} - \bar{x}|$。

（3）计算包括可疑值在内的标准偏差 s。

（4）用下列公式计算 G 值。

$$G_{计} = \frac{|x_{可疑} - \bar{x}|}{s} \tag{2-11}$$

(5) 查 G 临界值表(表 2-2)。若计算所得的 G 值大于表中相应的 G 临界值,即 $G_{计} > G_{表}$,则该可疑值应舍弃;否则应被保留。其中,P 为置信度,n 为测量次数。

表 2-2 不同置信度下的 G 临界值表

P	n										
	3	4	5	6	7	8	9	10	15	20	25	30
90%	1.15	1.46	1.67	1.82	1.94	2.03	2.11	2.18	2.41	2.56	2.66	2.75
95%	1.15	1.48	1.71	1.89	2.02	2.13	2.21	2.29	2.55	2.71	2.82	2.91
99%	1.15	1.50	1.76	1.97	2.14	2.27	2.39	2.48	2.81	3.00	3.14	3.24

例 2-6 生铁中石墨碳的分析数据为 0.220%、0.223%、0.236%、0.284%、0.303%、0.310%、0.478%,其中 0.478% 离群,该值可否舍弃?

解:用 G 检验法检验可疑值 0.478%,则有:

$$\bar{x} = \frac{2.054\%}{7} = 0.293\%$$

$$s = \sqrt{\frac{\sum_{i=1}^{n}(x_i - \bar{x})^2}{n-1}} = 0.090\%$$

$$G_{计} = \frac{|x_{可疑} - \bar{x}|}{s} = \frac{0.478 - 0.293}{0.090} = 2.06$$

查 G 临界值表,当置信度 $P=95\%$,$n=7$ 时,$G_{0.05,7} = 2.02$。

由于 $G_{计} > G_{表}$,所以数据 0.478% 应予舍弃。

以上两种可疑值的检验方法,Q 检验法比较简单,但只适用于 3~10 次实验的可疑数据的检验。G 检验法在判断可疑值取舍的过程中引入了平均值和标准偏差,故准确性高,使用范围广,不足之处是计算标准偏差较麻烦。

此外,当一次舍弃后平行测定数据中还有可疑值时,可再依次进行检验。

二、分析结果的表示方法

前面已经提到,精密度高的多次测量的算术平均值 $\bar{x}$ 接近于真值,可视为最佳值或最可信赖值。因此,一般是取多次测量的平均值作为最后的测定结果。在忽略系统误差的情况下进行定量分析,一般每种试样平行测定 3~5 次,先计算分析数据的平均值,再计算此次测定的相对平均偏差。如果相对平均偏差≤0.2%,即认为符合要求,可直接用平均值表示分析结果。否则,此次实验不符合要求,需要重做。

在准确度要求较高的分析工作中,如制定分析标准或者涉及重大问题的样品分析、科学研究等需要精准数据时,就不能简单地用平均值表示分析结果,而需要对样品进行多次平行测定获得足够的数据,经过统计方法处理后方可提供分析报告。报告内容包括平均值、测定次数、标准偏差及相对标准偏差,必要时还要报告置信度为 95% 时的置信区间参数。

> **知识拓展**

平均值的精密度和置信区间

1. **平均值的精密度** 平均值的精密度为多组平行测定值的平均值 $\bar{x}_1$、$\bar{x}_2$……$\bar{x}_n$ 之间的符合程度,可用平均值的标准偏差来表示。而平均值的标准偏差与测量次数 n 的平方根成反比:

$$s_{\bar{x}} = \frac{s_x}{\sqrt{n}} \tag{2-12}$$

上式说明,n 次测量平均值的标准偏差是一次测量标准偏差 $1/\sqrt{n}$ 倍,即 n 次测量的可靠性是 1 次测量的 $\sqrt{n}$ 倍。可见测量次数的增加与可靠性的增加不成正比。因此,过多增加测量次数并不能使精密度显著提高,反而费时费力。

2. **平均值的置信区间** 以样本平均值 $\bar{x}$ 去估计真值 μ 称为"点估计",是不可靠的。而利用统计原理可以推断在某一范围(区间)内包含总体平均值 μ 的概率。这就需要先选定一个置信概率[或称置信度、置信水平(confidence level)],并在总体平均值估计值 x 的两边各定出一个界限,称为置信限;两个置信限之间的区间,称为置信区间(confidence interval),它是在一定的置信水平时,以测定结果为中心,包括总体平均值在内的可靠范围。

若用少量测量的平均值 $\bar{x}$ 估计 μ 的范围,则需用 t 分布进行处理。先求出样本标准偏差 s,再根据所要求的置信水平及自由度,由 t 分布表(表2-4)查出 $t_{(P, \nu)}$ 值,然后按下式计算置信区间:

$$\mu = \bar{x} \pm t_{(P, \nu)} s_{\bar{x}} = \bar{x} \pm t_{(P, \nu)} \frac{s}{\sqrt{n}} \tag{2-13}$$

式中,n 为测定次数,$\bar{x}$ 为 n 次测定的平均值,s 为 n 次测定的标准偏差,ν($\nu = n-1$)为自由度,$t_{(P, \nu)}$ 为置信度为 P、自由度为 ν 的置信系数。

置信概率(confidence probability)就是真值落在此范围内的概率,借以说明样本平均值的可靠程度。一般常取值为 95%、90% 或 99%。

此外,真值落在置信区间以外的可能性,称为显著性水平(level of significance),用 α 表示,跟置信概率恰好方向相反。如显著性水平为 $\alpha = 0.05$ 时,置信概率 $P = 1-\alpha = 0.95$。

▶ 三、分析数据的可靠性检验

在定量分析中,由于系统误差和偶然误差的存在,对标准样品进行分析时常常遇到以下情况:①所得平均值 $\bar{x}$ 与标准值 μ 不一致;②两份样品的分析结果或两个分析方法的分析结果不一致。因此,必须对两组分析结果的准确度或精密度是否存在显著性差异做出判断[显著性检验(significance testing)]。进而推断两者差异到底是由抽样误差引起的,还是由实验误差引起的。统计检验的方法很多,在定量分析中最常用的是 F 检验法和 t 检验法,分别用于检验两组分析结果是否存在显著的偶然误差与系统误差。

(一)F 检验法(方差检验法)

F 检验法是通过比较两组数据的方差 s^2(标准偏差的平方),以判断它们的精密度是否

存在显著性差异,也就是两组数据间存在的偶然误差是否有显著不同。F 检验的步骤如下:

(1) 计算两组数据的方差(标准偏差的平方)s_1^2 和 s_2^2。

(2) 按下列公式计算方差比。

$$F_{计} = \frac{s_{大}^2}{s_{小}^2} = \frac{s_1^2}{s_2^2} \quad (s_1 > s_2) \tag{2-14}$$

(3) 查 F 分布值表(表 2-3)。若计算所得的 F 值小于表中相应的 F 分布值,即 $F_{计} \leq F_{表}$,说明两组数据的精密度不存在显著性差异;若 $F_{计} > F_{表}$,则说明存在显著性差异。

表 2-3　95% 置信度时的 F 分布值表

ν_2 (n_2-1)	$\nu_1 (n_1-1)$									
	2	3	4	5	6	7	8	9	10	20
2	19.00	19.16	19.25	19.30	19.33	19.35	19.37	19.38	19.40	19.45
3	9.55	9.28	9.12	9.01	8.94	8.89	8.85	8.81	8.79	8.66
4	6.94	6.59	6.39	6.26	6.16	6.09	6.04	6.00	5.96	5.80
5	5.79	5.41	5.19	5.05	4.95	4.88	4.82	4.77	4.74	4.56
6	5.14	4.76	4.53	4.39	4.28	4.21	4.15	4.10	4.06	3.87
7	4.74	4.35	4.12	3.97	3.87	3.79	3.73	3.68	3.64	3.44
8	4.46	4.07	3.84	3.69	3.58	3.50	3.44	3.39	3.35	3.15
9	4.26	3.86	3.63	3.48	3.37	3.29	3.23	3.18	3.14	2.94
10	4.10	3.71	3.48	3.33	3.22	3.14	3.07	3.02	2.98	2.77
20	3.49	3.10	2.87	2.71	2.60	2.51	2.45	2.39	2.35	2.12

其中,较大的方差 s_1^2 作分子,较小的方差 s_2^2 作分母,意思是 s_1^2 要比 s_2^2 大多少倍,才被认为显著地大于 s_2^2,故不可颠倒;$\nu_1 = n_1 - 1$ 是 s_1^2 的自由度,$\nu_2 = n_2 - 1$ 是 s_2^2 的自由度,查表时切不可搞错。

例 2-7　在吸光光度分析中,用一台旧仪器测定溶液的吸光度 6 次,得标准偏差 $s_1 = 0.055$;用性能稍好的新仪器测定 4 次,得到标准偏差 $s_2 = 0.022$。则新仪器的精密度是否显著地优于旧仪器?

解:先计算统计量

$$n_1 = 6, s_1 = 0.055, s_1^2 = 0.0030$$

$$n_2 = 4, s_2 = 0.022, s_2^2 = 0.00048$$

$$F_{计} = \frac{s_1^2}{s_2^2} = \frac{0.0030}{0.00048} = 6.25$$

查 F 分布表,当 $P = 95\%$,$\nu_1 = 5$,$\nu_2 = 3$ 时,$F_{表} = 9.01$。

可见 $F_{计} < F_{表}$,故两台仪器的精密度不存在显著性差异。

(二) t 检验法

t 检验法用于判断两组数据的准确度(平均值 $\bar{x}$ 与标准值 μ 或两组样本测量平均值 $\bar{x}_1$ 与 $\bar{x}_2$)之间是否存在较大的显著性差异,即是否存在较大的系统误差。

1. 样本平均值与标准值的比较　用基准物质或标准试样来评价检验某一分析方法或操作过程是否可行时,涉及样本平均值与标准值的比较问题。具体做法是用标准试样做 n

次测定,用测定的平均值与标准试样的真值 μ 进行比较,以检验两者之间是否存在显著性差异。此时 t 检验的步骤是:

(1) 先按下式计算 t 值:

$$t_{计} = \frac{|\bar{x} - \mu|}{s} \times \sqrt{n} \tag{2-15}$$

(2) 然后根据相应的置信度 P 和自由度 $\nu = n-1$,查 t 分布表,将 $t_{计}$ 与 $t_{表}$ 进行比较:若 $t_{计} > t_{表}$,说明 $\bar{x}$ 与 μ 之间存在显著性差异,即存在显著的系统误差;若 $t_{计} \leq t_{表}$,说明 $\bar{x}$ 与 μ 之间不存在显著性差异,即表示该分析方法不存在显著的系统误差,是可行的。不同置信度下的 t 分布值,见表 2-4。

表 2-4　不同置信度下的 t 分布表

P	ν										
	1	2	3	4	5	6	7	8	9	10	20	∞
90%	6.31	2.92	2.35	2.13	2.02	1.94	1.90	1.86	1.83	1.81	1.73	1.64
95%	12.71	4.30	3.18	2.78	2.57	2.45	2.37	2.31	2.26	2.23	2.09	1.96
99%	63.66	9.93	5.84	4.60	4.03	3.71	3.50	3.36	3.25	3.17	2.85	2.58

例 2-8　采用一种新方法测定标准试样中 SiO_2 的质量分数,得到以下 8 个数据:34.30%、34.33%、34.26%、34.38%、34.38%、34.29%、34.29%、34.23%。该标样中 SiO_2 含量标准值为 34.33%。问这种新方法,是否引起系统误差?($P = 95\%$)

解:先计算统计量,$n = 8$,$\nu = 8 - 1 = 7$

$$\bar{x} = 34.31\%, \mu = 34.33\%$$

$$s = \sqrt{\frac{\sum_{i=1}^{n}(x_i - \bar{x})^2}{n-1}} = 0.053\%$$

$$t_{计} = \frac{|\bar{x} - \mu|}{s} \times \sqrt{n} = \frac{|34.31 - 34.33|}{0.053} \times \sqrt{8} = 1.07$$

查 t 分布表,当 $P = 95\%$,$\nu = 7$ 时,$t_{0.05, 7} = 2.37$。

因为 $t_{计} < t_{表}$,所以 $\bar{x}$ 与 μ 之间无显著性差异,说明采用新方法不会引起系统误差。

2. 两组数据平均值的比较　两组数据平均值间的 t 检验用于以下两种情况:①一个试样由不同分析人员或同一分析人员采用不同方法、不同仪器或不同时间测定,所得到的两组数据的平均值一般是不相等的。②两个试样含有同一成分,采用相同分析方法测定所得到的两组数据的平均值,一般也是不相等的。现在要判断两个平均值之间是否有显著性差异,即样本平均值 $\bar{x}_1$、$\bar{x}_2$ 是否属于同一总体?这时 t 检验的步骤如下:

(1) 检验时,必须首先确定这两组数据的方差有没有显著性差异。因为只有当两组数据的方差 s_1^2 和 s_2^2 没有显著性差异的条件下,才能把两组数据合并到一起,求得共同的标准偏差 s_R,然后才能比较 $\bar{x}_1$ 和 $\bar{x}_2$ 有无显著性差异。

(2) 若 s_1^2 和 s_2^2 之间无显著性差异(F 检验无差异),可由下式计算得到 s_R:

$$s_R = \sqrt{\frac{(n_1 - 1)s_1^2 + (n_2 - 1)s_2^2}{n_1 + n_2 - 2}} \tag{2-16}$$

或者由两组数据的平均值计算 s_R:

$$s_R = \sqrt{\frac{\sum(x_{1i} - \bar{x}_1)^2 + \sum(x_{2i} - \bar{x}_2)^2}{(n_1 - 1) + (n_2 - 1)}} \tag{2-17}$$

(3) 将式(2-15)中的 $|x - \mu|$ 替换为 $|\bar{x}_1 - \bar{x}_2|$，$\sqrt{n}/s$ 替换为 $\sqrt{\dfrac{n_1 n_2}{n_1 + n_2}}\bigg/s_R$，就可用于两组数据的平均值的 t 检验法。应按下式计算 t 值：

$$t_{计} = \frac{|\bar{x}_1 - \bar{x}_2|}{s_R} \times \sqrt{\frac{n_1 n_2}{n_1 + n_2}} \tag{2-18}$$

式中，$\bar{x}_1$、$\bar{x}_2$ 分别为两组数据的平均值；n_1、n_2 分别为两组数据的测量次数，n_1 与 n_2 可以不相等，但不能太悬殊；$\nu = n_1 + n_2 - 2$ 是合并自由度；s_R 为合并标准偏差或组合标准偏差(pooled standard deviation)。

(4) 然后根据相应的置信度 P 和自由度 $\nu = n_1 + n_2 - 2$，查 t 分布表，将 $t_{计}$ 与 $t_{表}$ 进行比较：若计算所得的 t 值小于表中相应的 t 值，即 $t_{计} \leq t_{表}$，说明两组数据的平均值不存在显著性差异，它们属于同一总体，即 $\mu_1 = \mu_2$；若 $t_{计} > t_{表}$，说明两组数据的平均值存在显著性差异，它们不属于同一总体，即 $\mu_1 \neq \mu_2$。

例 2-9 用同一种方法分析试样中镁的质量分数，得到下列两组数据。样本一：1.31%、1.34%、1.35%；样本二：1.23%、1.25%、1.26%。试问这两个样本是否存在显著性差异？

解：(1) 用 F 检验法进行精密度检验

$$n_1 = 3, \bar{x}_1 = 1.33\%, s_1 = 0.021\%$$
$$n_2 = 3, \bar{x}_2 = 1.25\%, s_2 = 0.015\%$$

$$F_{计} = \frac{s_1^2}{s_2^2} = \frac{(0.021)^2}{(0.015)^2} = 1.96$$

查 F 表，当置信度 $P = 95\%$，$\nu_1 = 2$，$\nu_2 = 2$ 时，$F_{表} = 19.00$。
由 $F_{计} < F_{表}$ 可见，两组数据的精密度无显著性差异。

(2) 用 t 检验法进行准确度检验

$$s_R = \sqrt{\frac{(n_1 - 1)s_1^2 + (n_2 - 1)s_2^2}{n_1 + n_2 - 2}} = 0.018$$

$$t_{计} = \frac{|\bar{x}_1 - \bar{x}_2|}{s_R} \times \sqrt{\frac{n_1 n_2}{n_1 + n_2}} = \frac{|1.33 - 1.25|}{0.018} \times \sqrt{\frac{3 \times 3}{3 + 3}} = 5.4$$

当 $P = 95\%$，$\nu = 3 + 3 - 2 = 4$ 时，$t_{表} = 2.78$。由于 $t_{计} > t_{表}$，所以两个试样中镁的质量分数有显著性差异。

综合上述讨论，进行数据统计处理的基本步骤如下：首先进行可疑值的取舍(Q 检验法或 G 检验法)，然后进行精密度检验(F 检验法)，最后进行准确度检验(t 检验法)。

第 4 节　滴定分析法概述

一、滴定分析法的基本概念与方法

(一) 滴定分析法的基本概念

滴定分析法(titration analysis)也称为容量分析法，是将一种已知准确浓度的试剂溶液，通过滴定管滴加到被测物质的溶液中(或将被测物质溶液滴加到已知浓度溶液中),直到所加入的试剂与被测物质按化学计量关系定量反应完全为止,然后根据所加试剂溶液的浓度和体积,计算出被测物质的含量的方法。滴定分析法是化学分析中重要的分析方法之一,其特点是操作简便、快速,准确度较高(RE 0.1%),灵敏度较低,应用广泛,适用于常量组分分析。

上述已知准确浓度的试剂溶液称为标准溶液(standard solution)或滴定剂(titrant)。把标准溶液从滴定管加到被测溶液中的过程称为滴定(titration)。当加入的标准溶液与被测物质定量反应完全时,即滴定剂的物质的量与被测定组分的物质的量恰好符合化学反应式所表示的化学计量关系时,称反应达到了化学计量点(stoichiometric point,简称计量点 sp)。但是化学计量点时溶液往往没有可以察觉的外部特征变化,因此,在滴定操作时,常在被测溶液中加入一种指示剂(indicator),依据指示剂的颜色改变作为到达化学计量点的标志(或用仪器进行检测),用来判断是否应该终止滴定。在滴定过程中,指示剂正好发生颜色变化的转变点称为滴定终点(titration end point,简称终点 ep)。化学计量点是滴定反应的"理论终点",滴定终点则是"实际终点",滴定终点与化学计量点不相吻合造成的分析误差称为终点误差(end point error),也称滴定误差(titration error,以 TE 表示)。为了尽量减小终点误差,应根据不同的滴定反应选择合适的指示剂,使滴定终点尽可能地接近化学计量点。

(二) 滴定分析方法分类

根据滴定反应类型的不同,滴定分析方法主要分为以下四大类。

1. 酸碱滴定法　以酸碱反应为基础的滴定分析方法,称为酸碱滴定法。滴定反应如下式所示:

$$H^+ + OH^- \Longrightarrow H_2O$$

$$HA + OH^- \Longrightarrow H_2O + A^-$$

$$A^- + H_3O^+ \Longrightarrow H_2O + HA$$

可用标准酸溶液测定碱或碱性物质,也可用标准碱溶液测定酸或酸性物质。

2. 沉淀滴定法　以沉淀反应为基础的滴定分析方法,称为沉淀滴定法。这种方法在滴定过程中有沉淀产生,如银量法:

$$Ag^+ + X^- \Longrightarrow AgX \downarrow$$

式中,X^- 代表 Cl^-、Br^-、I^- 及 SCN^- 等离子。

3. 配位滴定法　以配位反应为基础的滴定分析方法,称为配位滴定法。其基本反应是:

$$M + Y \Longrightarrow MY$$

式中,M 代表金属离子,Y 代表目前广泛使用的氨羧配位剂 EDTA 阴离子。

4. 氧化还原滴定法　以氧化还原反应为基础的滴定分析方法,称为氧化还原滴定法。主要有高锰酸钾法、碘量法、溴酸钾法等。

$$MnO_4^- + 5Fe^{2+} + 8H^+ \Longrightarrow Mn^{2+} + 5Fe^{3+} + 4H_2O$$

$$I_2 + 2S_2O_3^{2-} \Longrightarrow 2I^- + S_4O_6^{2-}$$

可以用氧化剂作为标准溶液滴定还原性物质,也可以用还原剂作为标准溶液滴定氧化性物质。

大多数滴定分析都是在水溶液中进行的,有时也可在非水溶剂中进行滴定,称为非水滴定法（nonaqueous titration）。

二、滴定反应的条件与滴定方式

（一）滴定反应的条件

在各种类型的化学反应中，实际上并不是每个反应都能用于滴定分析。能用于滴定分析的化学反应，必须具备以下条件：

（1）反应必须具有确定的化学计量关系，即要按一定的反应方程式进行，无副反应发生，这是定量分析的基础。

（2）反应必须能定量地进行，反应完全程度通常要求达到99.9%以上。

（3）反应速率要快，滴定反应要求在瞬间完成。对于速率较慢的反应，可通过加热或加入催化剂，加快反应的进行。

（4）必须有适当、简便的方法确定滴定终点。

（5）被测物质中的共存物不得干扰滴定反应，否则应预先将杂质除去。

（二）滴定方式的分类

根据滴定分析程序的不同，分为以下四种滴定方式。

1. 直接滴定法 凡具备上述滴定分析所有条件的反应，都可用标准溶液直接滴定被测物质，这种方式称为直接滴定法（direct titration）。它是滴定分析中最常用和最基本的滴定方式。例如，以HCl标准溶液滴定NaOH，以$KMnO_4$标准溶液滴定Fe^{2+}等，都属于直接滴定法。对于不符合上述条件的反应，可以选用以下几种方式进行滴定。

2. 返滴定法 当被测物质与滴定剂反应很慢，被测物质是固体，反应不能立即完成，或无合适指示剂确定滴定终点时，可先准确地加入过量的标准溶液，待反应完全后，再用另一种标准溶液滴定剩余的标准溶液，这种滴定方式称为返滴定法（back titration，或剩余滴定法，也称回滴法）。例如，固体碳酸钙的测定，可先加入准确过量的盐酸标准溶液，待反应完全后，再用氢氧化钠标准溶液返滴定剩余的盐酸：

$$CaCO_3 + 2HCl(过量) = CaCl_2 + CO_2\uparrow + H_2O$$
$$HCl(剩余) + NaOH = NaCl + H_2O$$

3. 置换滴定法 对于不按一定的计量关系进行反应或伴有副反应的被测物质，可先用适当试剂与被测物质进行定量反应，置换出另一种可被滴定的物质，再用标准溶液滴定这种物质，这种滴定方式称为置换滴定法（replacement titration）。例如，还原剂$Na_2S_2O_3$与氧化剂$K_2Cr_2O_7$发生反应时，一部分$Na_2S_2O_3$被氧化成SO_4^{2-}，另一部分被氧化成$S_4O_6^{2-}$，反应无确定的计量关系；但是$K_2Cr_2O_7$在酸性条件下能定量氧化KI，置换生成定量的I_2，再用$Na_2S_2O_3$标准溶液滴定生成的I_2。其反应如下：

$$Cr_2O_7^{2-} + 6I^- + 14H^+ = 2Cr^{3+} + 3I_2 + 7H_2O$$
$$I_2 + 2S_2O_3^{2-} = 2I^- + S_4O_6^{2-}$$

4. 间接滴定法 当被测物质不能与标准溶液直接反应时，可将试样通过一定的化学反应后，再用适当的标准溶液滴定反应产物，这种滴定方式称为间接滴定法（indirect titration）。例如，测定试样中$CaCl_2$的含量时，由于钙盐不能直接与$KMnO_4$标准溶液反应，可先加入过量的$(NH_4)_2C_2O_4$溶液，使Ca^{2+}定量沉淀为CaC_2O_4，然后用H_2SO_4酸化，生成还原性的$H_2C_2O_4$，再用$KMnO_4$标准溶液滴定$H_2C_2O_4$，从而间接算出$CaCl_2$的含量。其主要反应式如下：

$$Ca^{2+} + C_2O_4^{2-} = CaC_2O_4 \downarrow$$
$$CaC_2O_4 + H_2SO_4 = CaSO_4 + H_2C_2O_4$$
$$2MnO_4^- + 5H_2C_2O_4 + 6H^+ = 2Mn^{2+} + 10CO_2 \uparrow + 8H_2O$$

由此可见，在滴定分析中根据不同情况选用返滴定、置换滴定、间接滴定等滴定方式，扩大了滴定分析的应用范围。

三、基准物质与标准溶液

（一）基准物质

基准物质（primary standard）是能用于直接配制标准溶液或标定标准溶液浓度的物质，又称为一级标准物质。基准物质必须符合以下条件：

（1）组成恒定，物质的组成与化学式完全相符。若含有结晶水，如 $Na_2B_4O_7 \cdot 10H_2O$、$H_2C_2O_4 \cdot 2H_2O$ 等，其结晶水的含量也应与化学式完全符合。

（2）纯度高，一般要求纯度在 99.9% 以上，杂质含量少到不影响滴定分析的准确度。

（3）性质稳定，在烘干时不易分解，保存时不易风化、潮解，不与空气中的 H_2O、CO_2 及 O_2 等反应。

（4）物质的摩尔质量较大，以减少称量时的相对误差。

（5）滴定反应中，应按化学计量关系定量进行，没有副反应。

常用的基准物质有纯金属和纯化合物，如 Ag、Cu、Zn、Fe 和 $K_2Cr_2O_7$、Na_2CO_3、$CaCO_3$、$Na_2B_4O_7 \cdot 10H_2O$、$H_2C_2O_4 \cdot 2H_2O$、As_2O_3、$KHC_8H_4O_4$（邻苯二甲酸氢钾）等。基准物质必须以适宜方式进行干燥处理并妥善保存。基准物质主体含量高而且准确可靠。但是，有些超纯试剂或光谱纯试剂纯度高，只表示其中金属杂质含量低，其主要成分的含量不一定高。

> **链接**
>
> **化学试剂的等级规格**
>
> 化学试剂的等级代表试剂质量的好坏，关系到分析检验结果的准确度。国产化学试剂一般分为以下几种等级：
>
> 一级品——保证试剂或称优级纯（GR），绿标签。这级试剂的主成分含量很高、纯度最高，杂质含量最低。适用于最精确分析及科学研究工作中，实验室常用于配制标准溶液。纯度远高于优级纯的试剂称为高纯试剂（≥99.99%）。
>
> 二级品——分析纯（AR），红标签。这级试剂的主成分含量很高、纯度也很高，干扰杂质很低，仅次于"一级品"。适用于精确分析及一般研究工作中，是分析实验室广泛使用的试剂。
>
> 三级品——化学纯（CP），蓝标签。这级试剂的主成分含量高、纯度较高，存在干扰杂质。适用于工矿及学校的一般分析和定性实验中。
>
> 四级品——实验试剂（LR）。这级试剂的主成分含量高、纯度较差，杂质含量不做选择。只适用于一般化学实验的辅助试剂。
>
> 在分析工作中，应根据实验的具体要求和使用情况，选用合适级别的化学试剂，以免造成浪费。

（二）标准溶液

1. 标准溶液的配制

（1）直接配制法：用分析天平准确称取一定量的基准物质，用适当溶剂溶解后，定量地转移到容量瓶中，稀释至刻度，混匀，配成一定体积的溶液。根据所称取的基准物质的质量和配成溶液的体积，即可算出该标准溶液的准确浓度。用直接法配制标准溶液的物质一定是基准物质（如 $K_2Cr_2O_7$、$Na_2B_4O_7 \cdot 10H_2O$）。

（2）间接配制法：许多试剂并不符合基准物质的条件（即非基准物质），不能用直接法配制标准溶液。这种情况下，可采用间接法来配制：先配制成一种接近于所需浓度的溶液，然后再用基准物质或另一种标准溶液标定其准确浓度。故间接配制法也称为标定法。

2. 标准溶液的标定 利用基准物质或已知准确浓度的溶液来确定标准溶液浓度的操作过程，称为标定（standardization）或标化。标准溶液浓度的标定方法有以下两种。

（1）根据基准物质的质量和待标定溶液的体积，计算该溶液准确浓度的标定方法，称为基准物质标定法。

（2）用已知准确浓度的标准溶液来测定待标定溶液浓度的标定方法，称为比较法标定。

进行标定时应注意：称取基准物质的质量不能太少，滴定消耗溶液的体积不能太少，标定次数不少于 3 次，标定时的操作条件尽量与测定条件一致，以保证滴定分析的相对误差≤±0.2%。

3. 标准溶液浓度的表示方法

（1）物质的量浓度

$$c_B = \frac{n_B}{V} = \frac{m_B}{M_B \cdot V} \tag{2-19}$$

式中，n_B 为物质 B 的物质的量，单位 mol；m_B 为物质 B 的质量，单位 g；M_B 为物质 B 的摩尔质量，单位 g/mol；V 为溶液的体积，单位 L；c_B 为物质的量浓度（molar concentration 或 molarity），单位 mol/L。

（2）滴定度：在实际工作中，由于滴定对象比较固定，常使用同一标准溶液测定同种物质，因此可采用滴定度（titer）表示标准溶液的浓度，计算简便快速。滴定度是指每毫升标准溶液相当于被测物质的质量，以 $T_{T/B}$ 表示：

$$T_{T/B} = \frac{m_B}{V_T} \tag{2-20}$$

由滴定度计算被测物质的质量非常方便，如下式：

$$m_B = T_{T/B} V_T \tag{2-21}$$

式中，$T_{T/B}$ 为标准溶液 T 对被测物质 B 的滴定度（即每毫升标准溶液 T 相当于被测物质 B 的质量），单位 g/ml；下标 T、B 分别表示标准溶液、被测物质的化学式；m_B 为被测物质 B 的质量，单位 g；V_T 为标准溶液 T 的体积，单位 ml。

例如，$T_{NaOH/HCl} = 0.003\ 646$ g/ml，表示 1 ml NaOH 标准溶液可与 0.003 646 g HCl 反应。在滴定反应中，消耗此 NaOH 标准溶液 20.00 ml，则被测溶液中 HCl 的质量为：

$$m_{HCl} = T_{NaOH/HCl} V_{NaOH} = 0.003\ 646 \times 20.00 = 0.072 92 \text{ g}$$

四、滴定分析中的有关计算

(一) 滴定分析中的计量关系

在滴定分析中,滴定剂 T 与被滴定物 B 有下列化学反应:

$$tT + bB \Longrightarrow dD + eE$$

$$\text{滴定剂} \quad \text{被滴定物} \quad \text{生成物}$$

当滴定达到化学计量点时,t mol T 物质恰好与 b mol B 物质完全反应,即标准溶液(T)与被测物质(B)的物质的量之比等于各物质的系数比:

$$n_T : n_B = t : b$$

于是

$$n_T = \frac{t}{b} n_B \quad \text{或} \quad n_B = \frac{b}{t} n_T \tag{2-22}$$

(二) 滴定分析的计算公式

1. 由基准物质直接配制标准溶液的计算 设基准物质 B 的质量为 m_B(g),摩尔质量为 M_B(g/mol),则基准物质 B 的物质的量为 $n_B = \dfrac{m_B}{M_B}$,若配成体积为 V(L)的标准溶液,可用下式计算其物质的量浓度 c_B(mol/L):

$$c_B = \frac{n_B}{V} = \frac{m_B}{M_B \cdot V} \tag{2-23}$$

计算物质的量浓度时,必须指明基本单元。因为在不同的化学反应中,物质的基本单元不同,其摩尔质量不同,所表示的浓度也就不同。

2. 用基准物质标定标准溶液的计算 设所称基准物质 B 的质量为 m_B(g),摩尔质量为 M_B(g/mol),标定时消耗标准溶液的体积为 V_T(L),则按下式计算该标准溶液的物质的量浓度 c_T(mol/L):

$$\frac{m_B}{M_B} = \frac{b}{t} c_T V_T \quad \text{或} \quad c_T = \frac{t}{b} \cdot \frac{m_B}{M_B V_T} \tag{2-24}$$

需要注意的是,在滴定分析中溶液体积常以 ml 为单位,所以在代入公式进行计算时要化为 L。

3. 用比较法标定标准溶液的计算 若以已知浓度为 c_T(mol/L)的标准溶液(T),标定另一待测浓度的标准溶液(B),若被标定溶液的体积为 V_B(ml),消耗标准溶液(T)的体积为 V_T(ml),则用下式计算待测标准溶液(B)的物质的量浓度 c_B:

$$c_B V_B = \frac{b}{t} c_T V_T \quad \text{或} \quad c_B = \frac{b}{t} \cdot \frac{c_T V_T}{V_B} \tag{2-25}$$

4. 物质的量浓度与滴定度之间的换算 由滴定度的定义,有:$m_B = T_{T/B} V_T$(这里 V_T 的单位为 ml)。由于 $n_B = \dfrac{m_B}{M_B} = \dfrac{T_{T/B} V_T}{M_B}$,而 $n_T = c_T V_T \times 10^{-3}$,一并代入式(2-22)得:

$$\frac{n_T}{n_B} = \frac{c_T \times 1 \times 10^{-3}}{\dfrac{T_{T/B} \times 1}{M_B}} = \frac{t}{b}$$

因此

$$c_T = \frac{t}{b} \times \frac{T_{T/B} \times 1000}{M_B} \quad \text{或} \quad T_{T/B} = \frac{b}{t} \times \frac{c_T M_B}{1000} \quad (2\text{-}26)$$

5. 试样中被测组分含量的计算　若被测样品为固体，其待测组分的含量通常以质量分数表示。设称取试样的质量为 $m_s(g)$，试样中待测组分 B 的质量为 $m_B(g)$，滴定时消耗标准溶液体积为 $V_T(ml)$，被测组分 B 的质量分数为 ω_B，则：

$$\omega_B = \frac{m_B}{m_s} \quad (2\text{-}27)$$

由式（2-24）可知 $c_T = \frac{t}{b} \times \frac{m_B}{M_B V_T}$，则有：$m_B = \frac{b}{t} c_T V_T M_B \times 10^{-3}$

故

$$\omega_B = \frac{m_B}{m_s} = \frac{b}{t} \times \frac{c_T V_T M_B}{m_s \times 1000} \quad (2\text{-}28)$$

若用滴定度计算被测组分的质量分数，可用公式

$$\omega_B = \frac{m_B}{m_s} = \frac{T_{T/B} V_T}{m_s} \quad (2\text{-}29)$$

若被测样品为液体，则计算被测组分的质量浓度，可用公式

$$\rho_B = \frac{m_B}{V_s} = \frac{b}{t} \times \frac{c_T V_T M_B}{V_s \times 1000} \quad (2\text{-}30)$$

式中，V_s 为移取试样的体积。

（三）滴定分析计算实例

1. 公式 $\frac{m_B}{M_B} = \frac{b}{t} c_T V_T$ 的应用

例 2-10　精密称取 0.2120 g 基准碳酸钠，溶于适量水中，以甲基橙为指示剂标定 HCl 溶液的浓度，终点时消耗 HCl 溶液 25.00 ml。计算此盐酸溶液的物质的量浓度。

解：已知 $M_{Na_2CO_3} = 105.99 \text{ g/mol}$, $m_{Na_2CO_3} = 0.2120 \text{ g}$

标定反应为：

$$Na_2CO_3 + 2HCl = 2NaCl + CO_2\uparrow + H_2O$$

根据式（2-24）有：

$$c_{HCl} = \frac{2}{1} \times \frac{m_{Na_2CO_3}}{M_{Na_2CO_3} V_{HCl}} = \frac{2 \times 0.2120 \times 1000}{105.99 \times 25.00} = 0.1600 \text{ mol/L}$$

2. 公式 $c_B V_B = \frac{b}{t} c_T V_T$ 的应用

例 2-11　准确量取 25.00 ml $H_2C_2O_4$ 溶液置于锥形瓶中，用 0.050 00 mol/L $KMnO_4$ 标准溶液滴定，终点时消耗 24.50 ml。计算 $H_2C_2O_4$ 溶液的浓度。

解：已知滴定反应为：

$$2MnO_4^- + 5H_2C_2O_4 + 6H^+ = 2Mn^{2+} + 10CO_2\uparrow + 8H_2O$$

根据式（2-25）有：

$$c_{KMnO_4} V_{KMnO_4} = \frac{2}{5} c_{H_2C_2O_4} V_{H_2C_2O_4}$$

故 $c_{H_2C_2O_4} = \frac{5}{2} \times \frac{c_{KMnO_4} V_{KMnO_4}}{V_{H_2C_2O_4}} = \frac{5}{2} \times \frac{0.050\ 00 \times 24.50}{25.00} = 0.1225 \text{ mol/L}$

3. 物质的量浓度与滴定度之间的换算

例 2-12 若 $T_{HCl/CaO}=0.003\ 360\ g/ml$，试计算 HCl 标准溶液的物质的量浓度。

解：已知 $M_{CaO}=56.077\ g/mol$，$T_{HCl/CaO}=0.003\ 360\ g/ml$

滴定反应为：

$$CaO + 2HCl == CaCl_2 + H_2O$$

根据式(2-26)有：

$$c_{HCl}=\frac{2\times T_{HCl/CaO}\times 1000}{M_{CaO}}=\frac{2\times 0.003\ 360\times 1000}{56.077}=0.1198\ mol/L$$

例 2-13 计算 0.01800 mol/L $K_2Cr_2O_7$ 溶液对 Fe 的滴定度。若滴定至终点时用去此 $K_2Cr_2O_7$ 溶液 23.50 ml，被测溶液中铁的质量是多少？

解：$Cr_2O_7^{2-}+6Fe^{2+}+14H^+ == 2Cr^{3+}+6Fe^{3+}+7H_2O$

根据式(2-26)有：

$$T_{K_2Cr_2O_7/Fe}=\frac{6\times c_{K_2Cr_2O_7}\times M_{Fe}}{1000}=\frac{6\times 0.018\ 00\times 55.845}{1000}=0.006\ 031\ g/ml$$

根据滴定度公式 $m_B=T_{T/B}V_T$，有：

$$m_{Fe}=T_{K_2Cr_2O_7/Fe}V_{K_2Cr_2O_7}=0.006\ 031\times 23.50=0.1417\ g$$

4. 试样中被测物质含量的计算

例 2-14 准确称取不纯净的 NaCl 试样 0.1465 g，溶解后用浓度为 0.1020 mol/L 的 $AgNO_3$ 标准溶液滴定，完全反应时消耗标准溶液 21.60 ml。求试样中 NaCl 的含量。

解：滴定反应为：

$$NaCl+AgNO_3 == AgCl\downarrow +NaNO_3$$

已知 $M_{NaCl}=58.489\ g/mol$，$m_s=0.1465\ g$，根据式(2-29)有：

$$\omega_{NaCl}=\frac{m_{NaCl}}{m_s}=\frac{c_{AgNO_3}V_{AgNO_3}M_{NaCl}}{m_s}=\frac{0.1020\times 21.60\times 58.489}{0.1465\times 1000}=0.8796$$

例 2-15 精密称取 $CaCO_3$ 试样 0.2020 g，用 HCl 标准溶液滴定，已知 $T_{HCl/CaCO_3}=0.010\ 50\ g/ml$，消耗 HCl 标准溶液 18.15 ml。求试样中 $CaCO_3$ 的含量。

解：根据式(2-29)有

$$\omega_{CaCO_3}=\frac{m_{CaCO_3}}{m_s}=\frac{T_{HCl/CaCO_3}V_{HCl}}{m_s}=\frac{0.010\ 50\times 18.15}{0.2020}=0.9434$$

小 结

一、知识要点

1. 准确度是指测量值与真值的接近程度，其高低可用误差表示。误差分为绝对误差和相对误差。测量值与真值之差称为绝对误差。绝对误差与真值的比值称为相对误差。

2. 精密度是在相同条件下多次平行测量的各测量值之间互相接近的程度。它是衡量分析操作条件是否稳定的重要标志。精密度的高低用偏差来表示。偏差又分为绝对偏差、平均偏差、相对平均偏差、标准偏差和相对标准偏差。

3. 系统误差也称为条件误差或可定误差，它是由分析过程中某些确定的异常原因造成的，具有固定的大小和方向，重复测定重复出现。根据来源分为方法误差、仪器或试剂误差及操作误差三种，可用校正的方法来消除。系统误差影响分析结果的准确度。

4. 偶然误差也称为随机误差或不可定误差，它是由某些不确定、难以控制或无法避免的偶然因素引起的，其大小和方向均不固定，遵从统计规律。偶然误差主要影响分析结果的精密度。通过适当增加平行测定次数，取平均值表示测定结果来减少偶然误差。

5. 有效数字是在分析工作中能够实际测到的数字，只允许在末位保留一位可疑（欠准确）数字。有效数字修约规则为"四舍六入五留双"。进行加减运算时，结果应以小数点后位数最少的数据为准；进行乘除运算时，结果应以有效数字位数最少（相对误差最大）的数据为准。运算过程中，可暂时保留一位"安全数字"。

6. 数据统计处理的基本步骤：首先进行可疑数据的判断与取舍（Q 检验法或 G 检验法），然后进行精密度检验（F 检验法），最后进行准确度检验（t 检验法）。

7. 滴定方式分为直接滴定法、返滴定法、置换滴定法、间接滴定法。

滴定分析方法分为酸碱滴定法、沉淀滴定法、配位滴定法、氧化还原滴定法。

8. 基准物质是指能用于直接配制或标定标准溶液的物质，需满足 5 个条件。

9. 标准溶液可以用直接法和标定法配制。标准溶液的标定（或标化）是指利用基准物质或已知准确浓度的溶液来确定标准溶液浓度的操作过程。

10. 滴定度是指每毫升标准溶液相当于被测物质的质量。

二、计算公式

1. 绝对误差：
$$E = x - \mu$$

2. 相对误差：
$$RE = \frac{E}{\mu} \times 100\% \quad 或 \quad RE = \frac{E}{x} \times 100\%$$

3. 绝对偏差：
$$d = x_i - \bar{x}$$

4. 平均偏差：
$$\bar{d} = \frac{\sum_{i=1}^{n} |x_i - \bar{x}|}{n}$$

5. 相对平均偏差：
$$R\bar{d} = \frac{\bar{d}}{\bar{x}} \times 100\%$$

6. 标准偏差

（1）总体标准偏差：
$$\sigma = \sqrt{\frac{\sum_{i=1}^{n}(x_i - \mu)^2}{n}}$$

（2）样本标准偏差：
$$s = \sqrt{\frac{\sum_{i=1}^{n}(x_i - \bar{x})^2}{n-1}} \quad 或 \quad s = \sqrt{\frac{\sum x_i^2 - \frac{1}{n}(\sum x_i)^2}{n-1}}$$

7. 相对标准偏差：
$$RSD = \frac{s}{\bar{x}} \times 100\%$$

8. Q 检验法（舍弃商法）：
$$Q_{计} = \frac{|x_{可疑} - x_{邻近}|}{x_{最大} - x_{最小}}$$

9. G 检验法（格鲁布斯法）：
$$G_{计} = \frac{|x_{可疑} - \bar{x}|}{s}$$

10. F 检验法（方差检验法）：
$$F_{计} = \frac{s_{大}^2}{s_{小}^2} = \frac{s_1^2}{s_2^2} \quad (s_1 > s_2)$$

11. t 检验法

（1）样本平均值与标准值的比较：
$$t_{计} = \frac{|\bar{x} - \mu|}{s} \times \sqrt{n}$$

（2）两组数据平均值的比较：
$$t_{计} = \frac{|\bar{x}_1 - \bar{x}_2|}{s_R} \times \sqrt{\frac{n_1 n_2}{n_1 + n_2}}$$

12. 标准溶液浓度的表示方法

（1）物质的量浓度：$c_B = \dfrac{n_B}{V} = \dfrac{m_B}{M_B \cdot V}$

（2）滴定度：$T_{T/B} = \dfrac{m_B}{V_T}$

13. 滴定分析中的计量关系：$n_T = \dfrac{t}{b} n_B$　或　$n_B = \dfrac{b}{t} n_T$

14. 由基准物质直接配制标准溶液：$c_B = \dfrac{n_B}{V} = \dfrac{m_B}{M_B \cdot V}$

15. 用基准物质标定标准溶液：$\dfrac{m_B}{M_B} = \dfrac{b}{t} c_T V_T$　或　$c_T = \dfrac{t}{b} \cdot \dfrac{m_B}{M_B V_T}$

16. 用比较法标定标准溶液：$c_B V_B = \dfrac{b}{t} c_T V_T$　或　$c_B = \dfrac{b}{t} \cdot \dfrac{c_T V_T}{V_B}$

17. 物质的量浓度与滴定度之间的换算：

$$c_T = \dfrac{t}{b} \times \dfrac{T_{T/B} \times 1000}{M_B} \text{ 或 } T_{T/B} = \dfrac{b}{t} \times \dfrac{c_T M_B}{1000}$$

18. 试样中被测组分含量的计算

（1）固体试样：$\omega_B = \dfrac{m_B}{m_s} = \dfrac{b}{t} \times \dfrac{c_T V_T M_B}{m_s \times 1000}$

$$\omega_B = \dfrac{m_B}{m_s} = \dfrac{T_{T/B} V_T}{m_s}$$

（2）液体试样：$\rho_B = \dfrac{m_B}{V_s} = \dfrac{b}{t} \times \dfrac{c_T V_T M_B}{V_s \times 1000}$

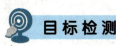

目标检测

一、选择题

1. 有效数字为 4 位的是（　　）
   A. 25.30%　　　　　B. pH = 11.30
   C. π = 3.141　　　　D. 1000

2. 以下说法中不正确的是（　　）
   A. 误差的大小说明分析结果准确度的高低
   B. 偶然误差影响分析结果的精密度
   C. 测定结果的精密度高，准确度不一定高
   D. 系统误差是可定的，通过增加平行测定次数可以消除

3. 在定量分析中，减少偶然误差的方法是（　　）
   A. 对照试验　　　　B. 增加平行测定次数
   C. 校准仪器　　　　D. 空白试验

4. 下列可引起系统误差的是（　　）
   A. 滴定终点和化学计量点不吻合
   B. 看错砝码读数
   C. 天平零点突然变动
   D. 加错试剂

5. 空白试验可减小（　　）
   A. 记录有误造成的误差
   B. 实验方法不当造成的误差
   C. 试剂原因造成的误差
   D. 操作不规范造成的误差

6. 以下叙述正确的是（　　）
   A. 标准溶液一定要用基准物质配制
   B. 化学计量点就是滴定终点
   C. 滴定分析中，有时也可以不用指示剂
   D. 所有滴定反应均为快速反应

7. 下列哪一条不是基准物质必须具备的（　　）
   A. 与化学式相符的物质组成
   B. 不应含有结晶水
   C. 具有较大的摩尔质量
   D. 通常应具有相当的稳定性

8. 将 4 g 氢氧化钠溶于水中，配制成 1 L 溶液，其溶液浓度为（　　）
   A. 1 mol/L　　　　　　　B. 4 mol/L

C. 0.2 mol/L   D. 0.1 mol/L

9. 在标定 NaOH 溶液浓度时,某学生的四次测定结果分别是:0.1023 mol/L、0.1024 mol/L、0.1022 mol/L、0.1023 mol/L,而实际结果应为 0.1038 mol/L。该学生的测定结果（ ）

  A. 准确度较好,但精密度较差
  B. 准确度较好,精密度也好
  C. 准确度较差,但精密度较好
  D. 准确度较差,精密度也较差

10. 用精度为万分之一的电子天平称量试样时,以 g 为单位,结果应记录到小数点后（ ）

  A. 四位   B. 两位
  C. 三位   D. 一位

11. 已知邻苯二甲酸氢钾（$KHC_8H_4O_4$）的摩尔质量为 204.2 g/mol,用它来标定 0.1 mol/L NaOH 溶液,宜称取邻苯二甲酸氢钾（ ）

  A. 0.25 g   B. 0.5 g
  C. 0.1 g   D. 1 g

12. 用 HCl 标准溶液滴定 NaOH 溶液时,四个学生记录的消耗盐酸体积如下,正确的是（ ）

  A. 24.1 ml   B. 24.2 ml
  C. 24.0 ml   D. 24.00 ml

二、简答题

1. 指出下列各种误差是系统误差还是偶然误差? 如果是系统误差,请区别方法误差、仪器或试剂误差和操作误差,并给出相应的减免方法。
   ①砝码受腐蚀;②天平的两臂不等长;③容量瓶与移液管未校准;④在重量分析中,试样的非被测组分被共沉淀;⑤试剂中含被测组分;⑥试样在称量过程中吸湿;⑦化学计量点不在指示剂的变色范围内;⑧读取滴定管读数时,最后一位数字估计不准;⑨在分光光度法测定中,仪器波长指示与实际不符。

2. 说明误差与偏差、准确度与精密度的区别和联系。

3. 准确度与误差、精密度与偏差分别是何关系? 简要说明理由。

4. 要想得到一个准确度和精密度都好的分析结果,对测定误差有何要求? 怎样才能做到这一点?

5. 为什么统计检验的正确顺序是:先进行可疑数据的检验和取舍,再进行 F 检验,在 F 检验通过后,才能进行 t 检验?

6. 将下列数据修约为四位有效数字:
   12.2343;25.4473;10.4550;40.1650;32.0251;17.0753

三、计算题

1. 根据有效数字运算规则,求算结果。
   （1）50.1 + 1.45 − 0.5812
   （2）2.383 × 5.21 + 2.1 × 10^{-3} − 0.007826 × 0.0236
   （3）已知 pH = 1.35,求 [H^+]。

2. 分析食醋中 HAc 的含量,5 次平行测定结果如下:4.82%、4.85%、4.75%、4.80%、4.78%,试计算测定结果的平均值、平均偏差、相对平均偏差、标准偏差和相对标准偏差。

3. 用比色法测定样品中的硝酸盐含量,7 次平行测定结果分别为:30.05 mg/L、30.73 mg/L、30.85 mg/L、30.93 mg/L、30.95 mg/L、30.96 mg/L、32.17 mg/L。试用 Q 检验法判断 30.05 mg/L 和 32.17 mg/L 是否应该舍弃。（$Q_{0.90,7}$ = 0.51）

4. 分析试样中 Fe 的质量分数时,用重量法测定 6 次的平均值为 46.20%;用滴定分析法测定 4 次的平均值为 46.02%;两者的标准偏差都是 0.08%。这两种方法所得结果是否存在显著性差异?

5. 准确称取硼砂试样 0.3814 g 于锥形瓶中,加蒸馏水溶解,加甲基红指示剂,用待标定的盐酸滴定至终点,消耗盐酸 20.00 mL。计算盐酸溶液的准确浓度。

6. 称取草酸 0.1670 g 溶于适量的水中,用 0.1000 mol/L 的 NaOH 标准溶液滴定,用去 23.46 ml,求样品中 $H_2C_2O_4 \cdot 2H_2O$ 的质量分数。

7. 称取不纯烧碱试样 20.00 g,加蒸馏水溶解后配成 250 ml 溶液,吸取 25.00 ml 该溶液放入锥形瓶中,加甲基红指示剂,用 0.9918 mol/L 的 HCl 溶液滴定至终点,用去 HCl 溶液 20.00 ml。求该烧碱试样中氢氧化钠的质量分数。

8. 已知 1 ml 某盐酸标准溶液中含 HCl 0.004 374 g/ml,试计算:①该盐酸溶液对 NaOH 的滴定度;②该盐酸溶液对 CaO 的滴定度。

（董希敏）

第三章 酸碱滴定法

学习目标

1. 掌握：强酸与强碱的相互滴定；一元弱酸(碱)的滴定；酸碱标准溶液的配制与标定；直接滴定法与间接滴定法。
2. 熟悉：酸碱指示剂的变色原理及变色范围；多元弱酸(碱)的滴定；非水溶液酸碱滴定的应用。
3. 了解：影响指示剂变色范围的因素；混合指示剂的作用原理；非水溶剂的分类和性质。

第 1 节 酸碱指示剂

一、酸碱指示剂的变色原理及变色范围

(一) 酸碱指示剂的变色原理

酸碱指示剂常用来指示酸碱滴定终点的到达，一般是有机弱酸或有机弱碱，当溶液的 pH 改变时，酸碱指示剂失去或得到质子，生成其对应的共轭碱或共轭酸。由于共轭酸碱对结构不同，呈现的颜色也不同，到达滴定终点时，指示剂结构发生变化，颜色也随之变化，从而指示滴定终点的到达。

例如，单色指示剂酚酞为有机弱酸，在水中存在下列解离平衡：

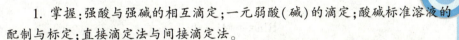

    酸式型体   碱式型体   羧酸盐式型体
    （无色）   （红色）   （无色）

在酸性溶液中，酚酞主要以酸式型体存在，溶液无色；溶液 pH 升高，酚酞主要以碱式型体存在，溶液呈红色；溶液呈强碱性时，酚酞转变为无色的羧酸盐式离子。

又如双色指示剂甲基橙是有机弱碱，在水中存在下列解离平衡：

$$(H_3C)_2N^+ = \!\!\!\!\!\!\bigcirc\!\!\!\!\!\! = N-\underset{H}{N}-\!\!\!\!\!\bigcirc\!\!\!\!\!-SO_3^- \underset{H^+}{\overset{OH^-}{\rightleftharpoons}} (H_3C)_2N-\!\!\!\!\!\bigcirc\!\!\!\!\!-N=N-\!\!\!\!\!\bigcirc\!\!\!\!\!-SO_3^-$$

酸式型体   碱式型体
（红色）   （黄色）

在酸性溶液中,甲基橙主要以酸式型体存在,溶液呈红色;溶液 pH 升高,甲基橙主要以碱式型体存在,溶液呈黄色。

（二）酸碱指示剂的变色范围

以弱酸型指示剂 HIn 为例说明酸碱指示剂的变色范围。HIn 在水中存在下列解离平衡:

$$HIn \rightleftharpoons H^+ + In^-$$
酸式型体   碱式型体

$$K_{HIn} = \frac{[H^+]\cdot[In^-]}{[HIn]} \quad \text{或} \quad \frac{K_{HIn}}{[H^+]} = \frac{[In^-]}{[HIn]}$$

K_{HIn} 为指示剂的解离平衡常数,又称为指示剂常数。若溶液中同时存在两种型体,当一种型体的浓度至少是另一种型体浓度的 10 倍时,人眼才能分辨出浓度较大的型体的颜色。当 $[In^-]/[HIn] \geq 10$,即溶液的 pH $\geq pK_{HIn} + 1$ 时,溶液显 In^- 的颜色,当 $[In^-]/[HIn] \leq 1/10$,即溶液的 pH $\leq pK_{HIn} - 1$ 时,溶液显 HIn 的颜色。

当溶液 pH 从 $pK_{HIn} - 1$ 变化到 $pK_{HIn} + 1$ 时,人眼能明显看到指示剂由酸式色变到碱式色,因此,$pK_{HIn} \pm 1$ 称为指示剂的变色范围。当 $[In^-] = [HIn]$ 时,pH = pK_{HIn},溶液显过渡色,此时溶液的 pH 称为指示剂的理论变色点。例如,酚酞 $pK_{HIn} = 9.0$,pH 变色范围为 8.0~10.0。pH ≤ 8.0 时,酚酞无色;pH ≥ 10.0 时,酚酞显红色;pH 在 8.0~10.0 时,酚酞显粉红色。

不同指示剂的 pK_{HIn} 不同,变色范围也不同。理论计算 pH 的变色范围为 2 个 pH 单位,但由于人眼对不同颜色的敏感程度不同,实际观测到的变色范围多数小于 2 个 pH 单位。当滴定接近化学计量点时,溶液 pH 稍有改变,指示剂立即变色,故指示剂的变色范围越窄越好。常用的酸碱指示剂的变色范围见表 3-1。

表 3-1 常用的酸碱指示剂的变色范围（室温）

指示剂	pH 变色范围	颜色变化 酸~碱	pK_{HIn}	浓度	用量（滴/10ml）
百里酚蓝	1.2~2.8	红~黄	1.7	1 g/L(20%乙醇)	1~2
甲基黄	2.9~4.0	红~黄	3.3	1 g/L(90%乙醇)	1
溴酚蓝	3.0~4.6	黄~紫	4.1	1 g/L(20%乙醇或其钠盐水溶液)	1
甲基橙	3.1~4.4	红~黄	3.4	0.5 g/L 水溶液	1
溴甲酚绿	4.0~5.6	黄~蓝	4.9	1 g/L(20%乙醇或其钠盐水溶液)	1~3
甲基红	4.4~6.2	红~黄	5.0	1 g/L(60%乙醇或其钠盐水溶液)	1
溴百里酚蓝	6.2~7.6	黄~蓝	7.3	1 g/L(20%乙醇或其钠盐水溶液)	1
中性红	6.8~8.0	红~黄橙	7.4	1 g/L(60%乙醇)	1

续表

指示剂	pH 变色范围	颜色变化 酸碱	pK_{HIn}	浓度	用量（滴/10ml）
酚红	6.8~8.4	黄~红	8.0	1 g/L（60%乙醇或其钠盐水溶液）	1
百里酚蓝	8.0~9.6	黄~蓝	8.9	1 g/L（20%乙醇）	1~4
酚酞	8.0~10.0	无~红	9.1	5 g/L（90%乙醇）	1~3
百里酚酞	9.4~10.6	无~蓝	10.0	1 g/L（90%乙醇）	1~2

二、影响指示剂变色范围的因素

（一）电解质

溶液中电解质的存在一方面改变溶液的离子强度，从而改变指示剂的表观解离常数；另一方面某些电解质可吸收不同波长的光，影响指示剂的颜色。故滴定时溶液中不宜存在大量的电解质。

（二）温度

指示剂解离常数 K_{HIn} 与温度有关。温度改变，指示剂变色范围也随之改变，通常在室温下进行滴定。如需加热，应待溶液冷却至室温后再滴定。温度对指示剂变色范围的影响见表 3-2。

表 3-2 温度对指示剂变色范围的影响

指示剂	变色范围（pH）		指示剂	变色范围（pH）	
	18℃	100℃		18℃	100℃
百里酚蓝	1.2~2.8	1.2~2.6	甲基红	4.4~6.2	4.0~6.0
甲基橙	3.1~4.4	2.5~3.7	酚红	6.4~8.0	6.6~8.2
溴酚蓝	3.0~4.6	3.0~4.5	酚酞	8.0~10.0	8.0~9.2

（三）指示剂的用量

对于单色指示剂，指示剂的用量对结果影响较大。例如，酚酞，人眼观察到的是碱式体的红色，指示剂浓度增大时，指示剂在较低的 pH 时就能看到粉红色。对于双色指示剂，指示剂浓度不影响指示剂变色范围，但是指示剂本身是弱酸或弱碱，也消耗标准溶液，用量过多会产生滴定误差。反之，指示剂用量过少，不易观察溶液颜色的改变。指示剂的用量参照表 3-1。

（四）滴定程序

溶液颜色的改变由浅变深时容易分辨，所以，用酸作标准溶液时，一般选甲基橙作指示剂；用碱作标准溶液时，一般选酚酞作指示剂。

三、混合指示剂

某些酸碱滴定由于突跃范围太窄，若使用单一指示剂会造成较大滴定误差或难以判断滴定终点，此时可考虑选用混合指示剂。

混合指示剂分为两种,一种是在单一指示剂中加入一种惰性染料,惰性染料不改变指示剂的变色范围,只作为背景。例如,甲基橙-靛蓝混合指示剂,滴定过程颜色变化的 pH 范围见表 3-3。

表 3-3　甲基橙-靛蓝混合指示剂

溶液的 pH	甲基橙颜色	靛蓝颜色	甲基橙-靛蓝的混合指示剂颜色
大于 4.4	黄色	蓝色	绿色
等于 4	橙色	蓝色	浅灰色
小于 3.1	红色	蓝色	紫色

甲基橙的过渡色是橙色,人眼较难分辨,甲基橙-靛蓝混合指示剂的过渡色是浅灰色,人眼易于辨别,故混合指示剂较单一指示剂变色更敏锐。

另一种是两种或两种以上的指示剂按一定比例混合而成。例如,溴甲酚绿-甲基红(3∶1)混合指示剂,滴定过程颜色变化的 pH 范围见表 3-4。

表 3-4　溴甲酚绿-甲基红混合指示剂

溶液的 pH	溴甲酚绿颜色	甲基红颜色	溴甲酚绿-甲基红混合指示剂颜色
小于 4.9	黄色	红色	酒红色
等于 5.0	绿色	橙色	浅灰色
大于 5.1	蓝色	黄色	绿色

滴定过程中,溶液 pH 由 4.9 变为 5.1,指示剂颜色由酒红色变为绿色,说明混合指示剂不仅变色敏锐,变色范围也较单一指示剂窄,可用作突跃范围较小的酸碱滴定的指示剂。常用混合指示剂见表 3-5。

表 3-5　常用的混合指示剂

指示剂溶液的组成	变色时 pH	颜色		备注
		酸色	碱色	
1 份 1 g/L 甲基黄乙醇溶液 1 份 1 g/L 亚甲基蓝乙醇溶液	3.25	蓝紫	绿	pH = 3.2,蓝紫色 pH = 3.4,绿色
1 份 1 g/L 甲基橙水溶液 1 份 2.5 g/L 靛蓝二磺酸钠水溶液	4.1	紫	黄绿	pH = 4.1,灰色
1 份 1 g/L 溴甲酚绿钠盐水溶液 1 份 2 g/L 甲基橙水溶液	4.3	橙	蓝绿	pH = 3.5,黄色 pH = 4.05,绿色 pH = 4.3,浅绿色
3 份 1 g/L 溴甲酚绿乙醇溶液 1 份 2 g/L 甲基红乙醇溶液	5.1	酒红	绿	pH = 5.1,灰色
1 份 1 g/L 溴甲酚绿钠盐水溶液 1 份 1 g/L 氯酚红钠盐水溶液	6.1	黄绿	蓝绿	pH = 5.4,蓝绿色 pH = 5.8,蓝色 pH = 6.0,蓝带紫 pH = 6.2,蓝紫

续表

指示剂溶液的组成	变色时 pH	颜色		备注
		酸色	碱色	
1 份 1 g/L 中性红乙醇溶液 1 份 1 g/L 亚甲基蓝乙醇溶液	7.0	紫蓝	绿	pH=7.0,紫蓝色
1 份 1 g/L 甲基红钠盐水溶液 3 份 1 g/L 百里酚蓝钠盐水溶液	8.3	黄	紫	pH=8.2,玫瑰红 pH=8.4,紫色
1 份 1 g/L 百里酚蓝 50% 乙醇溶液 3 份 1 g/L 酚酞 50% 乙醇溶液	9.0	黄	紫	从黄到绿,到紫
1 份 1 g/L 酚酞乙醇溶液 1 份 1 g/L 百里酚酞乙醇溶液	9.9	无色	紫	pH=9.6,玫瑰红色 pH=10,紫色
1 份 1 g/L 百里酚酞乙醇溶液 1 份 1 g/L 茜素黄 R 乙醇溶液	10.2	黄	紫	

第 2 节 酸碱滴定法的基本原理

酸碱滴定到达化学计量点时,指示剂颜色会发生转变,可用来指示滴定终点的到达。酸或碱的含量能否用酸碱滴定法测定,如何选择合适的指示剂指示滴定终点,都需要了解滴定过程中溶液的 pH 变化情况。下面按照酸碱滴定的类型分别进行讨论。

一、强酸(碱)的相互滴定

(一) 滴定曲线

以 0.1000 mol/L NaOH 滴定 20.00 ml 0.1000 mol/L HCl 为例,讨论强碱滴定强酸溶液时 pH 的变化情况。滴定过程分为四个阶段:

1. **滴定前** 由 HCl 的浓度决定,$[H^+]=0.1000$ mol/L,pH=1.00。
2. **化学计量点前** 溶液的 pH 由剩余 HCl 的浓度决定,$[H^+]$ 的计算公式为:

$$[H^+] = \frac{c_{HCl} \cdot (V_{HCl} - V_{NaOH})}{V_{HCl} + V_{NaOH}} \quad (3\text{-}1)$$

化学计量点前 0.1%,滴加 NaOH 体积为 19.98 ml,求得 $[H^+]=5.00\times10^{-5}$ mol/L,pH=4.30。

3. **化学计量点时** 溶液呈中性,pH=7.00。
4. **化学计量点后** 溶液的 pH 由过量的 NaOH 浓度决定,$[OH^-]$ 的计算公式如下:

$$[OH^-] = \frac{c_{NaOH} \cdot (V_{NaOH} - V_{HCl})}{V_{HCl} + V_{NaOH}} \quad (3\text{-}2)$$

化学计量点后 0.1%,滴加 NaOH 的体积为 20.02 ml,求得 $[OH^-]=5.00\times10^{-5}$ mol/L,pOH=4.30,pH=9.70。

滴定过程中溶液的 pH 列于表 3-6。

表 3-6 0.1000 mol/L NaOH 溶液滴定 20.00ml 0.1000 mol/L HCl 溶液的 pH 变化（25℃）

滴定百分数(%)	NaOH 体积(ml)	剩余的 HCl 体积(ml)	[H$^+$]	pH	
0	0	20.00	$1.00×10^{-1}$	1.00	
90.0	18.00	2.00	$5.00×10^{-3}$	2.30	
99.0	19.80	0.20	$5.00×10^{-4}$	3.30	
99.9	19.98	0.02	$5.00×10^{-5}$	4.30	突跃范围
100.0	20.00	0	$1.00×10^{-7}$	7.00	
		剩余的 NaOH	[OH$^-$]		
100.1	20.02	0.02	$5.00×10^{-5}$	9.70	
101.0	20.20	0.20	$5.00×10^{-4}$	10.70	

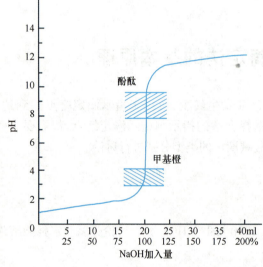

● ● 图 3-1 NaOH(0.1000 mol/L)滴定 20.00 mL HCl(0.1000 mol/L)的滴定曲线 ● ●

以 NaOH 滴入量为横坐标，溶液的 pH 为纵坐标绘制滴定曲线见图 3-1。

（二）滴定突跃范围及影响因素

从表 3-6 和图 3-1 可知从滴定开始至化学计量点前 0.1%，NaOH 加入量是 19.98 ml，溶液的 pH 由 1.00 变到 4.30，改变了 3.30 个 pH 单位，曲线变化比较平坦。化学计量点前后 ±0.1%，NaOH 加入量是 0.04 ml（约 1 滴），溶液的 pH 由 4.30 变到 9.70，变化了 5.40 个 pH 单位，曲线变化陡峭，这种在化学计量点前后 ±0.1%，由于 1 滴酸或者碱的滴入，引起溶液 pH 的突变称为滴定突跃，滴定突跃所在的 pH 范围称为滴定突跃范围。0.1000 mol/L NaOH 滴定同浓度 HCl 的滴定突跃范围是 4.30~9.70。之后再滴加 NaOH，溶液 pH 曲线变化又趋于平坦。

如果用 0.1000 mol/L HCl 滴定同浓度的 NaOH 溶液，滴定曲线与图 3-1 对称，pH 变化方向相反，滴定突跃范围为 9.70~4.30。

不同浓度 NaOH 滴定不同浓度 HCl 滴定曲线见图 3-2。从图中可以看出，强酸强碱滴定突跃范围的大小取决于酸碱的浓度，0.01 mol/L NaOH 滴定同浓度 HCl 的滴定突跃范围是 5.30~8.70。而浓度为 1 mol/L 时，pH 突跃范围是 3.30~10.70。酸碱的浓度变化 10 倍，突跃范围就改变 2 个 pH 单位。

（三）指示剂的选择

滴定突跃范围对选择合适的指示剂具有重要的实际意义。指示剂的变色范围应全部或部分落在滴定突跃范围之内，而且指示剂的变色点越接近化学计量点，滴定误差越小。图 3-1 中可选甲基橙、甲基红、酚酞等作为指示剂。由图 3-2 可知，标准溶液浓度越大，突跃范围越大，可供选择的指示剂越多。但溶液浓度太大，滴定终点时过量的酸或碱的物质的量较多,引起的滴定误差较大。反之,标准溶液浓度也不能太小,否则滴定突跃范围太窄。一般标准溶液浓度在 0.1~0.5 mol/L 较为适宜,而且酸碱溶液的浓度要接近。

二、一元弱酸(碱)的滴定

(一)滴定曲线

以 0.1000 mol/L NaOH 滴定 20.00 ml 0.1000 mol/L HAc 为例,讨论强碱滴定弱酸溶液时 pH 的变化情况。滴定过程与 NaOH 滴定 HCl 相似,也分为四个阶段:

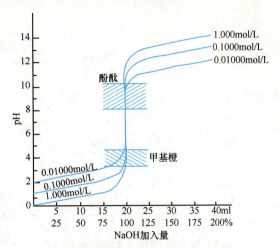

图 3-2 不同浓度 NaOH 滴定不同浓度 HCl 的滴定曲线

1. 滴定前 溶液 H^+ 来自 HAc 的解离,溶液的 $[H^+]$ 由最简式计算:

$$[H^+] = \sqrt{K_a \cdot c_a} = \sqrt{1.7 \times 10^{-5} \times 0.1000} = 1.3 \times 10^{-3} \text{ mol/L} \qquad pH = 2.88$$

2. 化学计量点前 溶液为 HAc-NaAc 的缓冲溶液,溶液的 pH 由缓冲溶液公式计算:

$$pH = pK_a + \lg \frac{c_{Ac^-}}{c_{HAc}} = pK_a + \lg \frac{V_b}{V_a - V_b} \qquad (3-3)$$

化学计量点前 0.1%,滴加 NaOH 的体积为 19.98 ml,此时:

$$pH = pK_a + \lg \frac{c_{Ac^-}}{c_{HAc}} = pK_a + \lg \frac{V_b}{V_a - V_b} = 4.76 + \lg \frac{19.98}{20.00 - 19.98} = 7.76$$

3. 化学计量点时 此时为 NaAc 溶液,呈弱碱性,溶液的 $[OH^-]$ 按一元弱碱最简式计算:

$$[OH^-] = \sqrt{K_b \cdot c_b} = \sqrt{\frac{K_w}{K_a} \cdot c_b} = \sqrt{5.00 \times 10^{-2} \times \frac{1.0 \times 10^{-14}}{1.7 \times 10^{-5}}} = 5.4 \times 10^{-6} \text{ mol/L}$$

$$pOH = 5.28 \qquad pH = 8.72$$

4. 化学计量点后 溶液的 pH 由过量的 NaOH 浓度决定,$[OH^-]$ 的计算公式为:

$$[OH^-] = \frac{c_{NaOH} \cdot (V_{NaOH} - V_{HCl})}{V_{HCl} + V_{NaOH}} \qquad (3-4)$$

化学计量点后 0.1%,滴加 NaOH 的体积为 20.02 ml,此时:

$$[OH^-] = \frac{c_{NaOH} \cdot (V_{NaOH} - V_{HCl})}{V_{HCl} + V_{NaOH}} = \frac{0.1000 \times (20.02 - 20.00)}{20.02 + 20.00} = 5.00 \times 10^{-5} \text{ mol/L}$$

$$pOH = 4.30 \qquad pH = 9.70$$

计算滴定过程中溶液的 pH 列于表 3-7。

表 3-7 0.1000 mol/L NaOH 滴定 20.00 ml 0.1000 mol/L HAc 溶液的 pH 变化(25℃)

滴定百分数(%)	NaOH 体积(ml)	剩余的 HAc 体积(ml)	pH
0	0	20.00	2.88
50	10.00	10.00	4.75

续表

滴定百分数(%)	NaOH 体积(ml)	剩余的 HAc 体积(ml)	pH
90	18.00	2.00	5.71
99.0	19.80	0.20	6.75
99.9	19.98	0.02	7.76 ⎫
100.0	20.00	0	8.73 ⎬ 突跃范围
		剩余的 NaOH	
100.1	20.02	0.02	9.70 ⎭
101.0	20.20	0.20	10.70

以 NaOH 滴入量为横坐标,溶液的 pH 为纵坐标绘制滴定曲线见图 3-3。

同理可计算强酸滴定弱碱溶液 pH 的变化情况。0.1000 mol/L HCl 滴定 20.00 ml 0.1000 mol/L $NH_3 \cdot H_2O$ 溶液的 pH 变化情况及滴定曲线见表 3-8 和图 3-4。

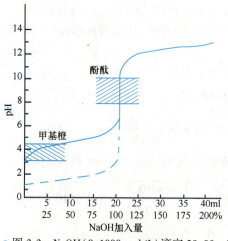

● 图 3-3 NaOH(0.1000 mol/L)滴定 20.00 ml HAc(0.1000 mol/L)的滴定曲线 ●

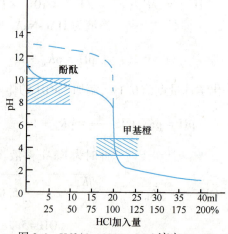

● 图 3-4 HCl(0.1000 mol/L)滴定 20.00 ml $NH_3 \cdot H_2O$(0.1000 mol/L)的滴定曲线 ●

表 3-8　0.1000 mol/L HCl 滴定 20.00 ml 0.1000 mol/L $NH_3 \cdot H_2O$ 溶液的 pH 变化(25℃)

滴定百分数(%)	HCl 体积(ml)	剩余的 $NH_3 \cdot H_2O$ 体积(ml)	pH
0	0	20.00	11.13
50	10.00	10.00	9.25
90	18.00	2.00	8.30
99.0	19.80	0.20	7.25
99.9	19.98	0.02	6.24 ⎫
100.0	20.00	0	5.28 ⎬ 突跃范围
		剩余的 HCl	
100.1	20.02	0.02	4.30 ⎭
101.0	20.20	0.20	2.30

比较图 3-1 和图 3-3 可得出 NaOH 溶液滴定 HAc 溶液的特点：

1. 曲线起点高　HAc 是弱酸，部分解离，相同浓度的 HAc 和 HCl 溶液，乙酸的 pH(2.88)高于 HCl(1.00)。

2. 曲线斜率变化不同　刚开始滴定时，生成的 Ac^- 抑制了 HAc 的解离，H^+ 浓度降低较快，曲线斜率变化较大；随着滴定的进行，溶液中形成了 HAc-NaAc 缓冲溶液，H^+ 浓度降低较慢，曲线斜率变化较小；接近化学计量点时，缓冲溶液的缓冲作用减弱，溶液碱性增强，曲线斜率又迅速增大，直至达到滴定突跃。

3. pH 突跃范围小　与 NaOH 溶液滴定 HCl 相比，由于滴定产物 NaAc 显碱性，故化学计量点上升(pH 8.72)，滴定突跃范围在碱性区域(7.76~9.70)，比强碱滴定强酸的突跃范围窄(4.30~9.70)。

(二) 影响滴定突跃范围的因素

1. 弱酸(碱)的浓度　对于弱酸，K_a 一定时，溶液的浓度对滴定突跃的影响与强碱滴定强酸相同。弱酸的浓度越大，滴定突跃范围也越大。

2. 弱酸(碱)的 $K_{a(b)}$　图 3-5 为 0.1000 mol/L NaOH 滴定同浓度不同强度一元弱酸的滴定曲线。由图可知，弱酸的 K_a 越小，滴定突跃范围越小。当 $K_a < 10^{-9}$ 时，无明显突跃，无指示剂可选择。滴定一元弱酸(碱)，采用指示剂确定滴定终点时，一般以 $c_a K_a \geq 10^{-8}$ ($c_b K_b \geq 10^{-8}$) 作为判断弱酸(碱)能否被准确滴定的依据。

(三) 指示剂的选择

0.1000 mol/L NaOH 滴定同浓度 HAc 溶液的突跃范围在碱性区域(7.76~9.70)，故选择碱性区域变色的指示剂，如酚酞、百里酚酞等。

用 0.1000 mol/L HCl 滴定同浓度 $NH_3 \cdot H_2O$ 时，突跃范围在酸性区域(6.24~4.30)，故选择酸性区域变色的指示剂，如甲基橙、甲基红等。

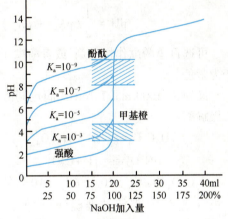

图 3-5　NaOH(0.1000 mol/L)滴定同浓度不同强度一元弱酸的滴定曲线

三、多元弱酸(碱)的滴定

(一) 多元弱酸的滴定

多元弱酸在水中分级解离，各级解离的 H^+ 能否被准确滴定，判断依据与一元弱酸相同，即 $cK_{a_i} \geq 10^{-8}$，相邻两级解离的 H^+ 是否相互干扰，即能否分步滴定，判断依据为 $K_{a_i}/K_{a_{i+1}} \geq 10^4$。

例如，0.1000 mol/L NaOH 滴定同浓度三元弱酸 H_3PO_4，H_3PO_4 在水溶液中存在下列三级解离：

$$H_3PO_4 \rightleftharpoons H^+ + H_2PO_4^- \quad K_{a_1} = 6.9 \times 10^{-3} \quad pK_{a_1} = 2.16$$

$$H_2PO_4^- \rightleftharpoons H^+ + HPO_4^{2-} \quad K_{a_2} = 6.2 \times 10^{-8} \quad pK_{a_2} = 7.21$$

$$HPO_4^{2-} \rightleftharpoons H^+ + PO_4^{3-} \quad K_{a_3} = 4.8 \times 10^{-13} \quad pK_{a_3} = 12.32$$

H_3PO_4 的 $cK_{a_1} > 10^{-8}$，$K_{a_1}/K_{a_2} > 10^4$，第一级解离的 H^+ 能被分步准确滴定；$cK_{a_2} \approx 10^{-8}$，

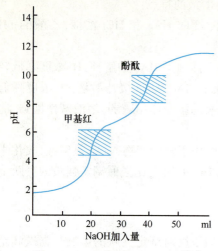

图3-6 NaOH(0.1000 mol/L)滴定 H_3PO_4(0.1000 mol/L)的滴定曲线

$K_{a_2}/K_{a_3}>10^4$，第二级解离的 H^+ 也能被分步准确滴定；$cK_{a_3}<10^{-8}$，第三级解离的 H^+ 不能被准确滴定，在 NaOH 滴定 H_3PO_4 的曲线上有两个突跃，如图3-6所示。

多元弱酸滴定曲线的计算比较复杂，通常根据化学计量点的 pH 选择指示剂，NaOH 滴定 H_3PO_4 第一化学计量点的产物是 NaH_2PO_4，此时：

$$[H^+]=\sqrt{K_{a_1}\cdot K_{a_2}} \qquad (3-5)$$

$$pH=\frac{1}{2}(pK_{a_1}+pK_{a_2})=\frac{1}{2}\times(2.16+7.21)=4.68$$

可选甲基橙作指示剂，或者甲基橙-溴甲酚绿混合指示剂，变色点为 pH4.3，溶液由橙色变为绿色。

第二化学计量点的产物是 Na_2HPO_4，此时：

$$[H^+]=\sqrt{K_{a_2}\cdot K_{a_3}} \qquad (3-6)$$

$$pH=\frac{1}{2}(pK_{a_2}+pK_{a_3})=\frac{1}{2}\times(7.21+12.32)=9.76$$

可选百里酚酞作指示剂，或者酚酞-百里酚酞混合指示剂，变色点为 pH9.9，溶液由无色变为紫色。

又如，0.1000 mol/L NaOH 滴定同浓度二元弱酸 $H_2C_2O_4$，$H_2C_2O_4$ 在水溶液中存在下列二级解离：

$$H_2C_2O_4 \rightleftharpoons H^+ + HC_2O_4^- \qquad K_{a_1}=5.6\times10^{-2} \qquad pK_{a_1}=1.25$$

$$HC_2O_4^- \rightleftharpoons H^+ + C_2O_4^{2-} \qquad K_{a_2}=1.5\times10^{-4} \qquad pK_{a_2}=3.81$$

$H_2C_2O_4$ 的 $cK_{a_1}>10^{-8}$，$cK_{a_2}>10^{-8}$，第一级和第二级解离的 H^+ 都能被准确滴定，但是 $K_{a_1}/K_{a_2}<10^4$，两级解离的 H^+ 不能被分步滴定。在 NaOH 滴定 $H_2C_2O_4$ 的曲线上，在第一化学计量点没有突跃，在第二化学计量点有较大的突跃，如图3-7所示，此时可选酚酞作指示剂。

（二）多元弱碱的滴定

多元弱碱能否被准确滴定，能否被分步滴定的依据与多元弱酸相似：$cK_{b_i}\geqslant 10^{-8}$，能被准确滴定，$K_{b_i}/K_{b_{i+1}}\geqslant 10^4$，能被分步滴定。

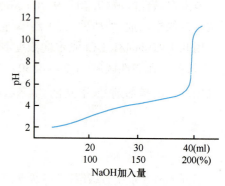

图3-7 NaOH(0.1000 mol/L)滴定 $H_2C_2O_4$(0.1000 mol/L)的滴定曲线

例如，Na_2CO_3 的 $K_{b_1}=2.1\times10^{-4}$，$K_{b_2}=2.2\times10^{-8}$。$cK_{b_1}>10^{-8}$，$cK_{b_2}\approx10^{-8}$，$K_{b_1}/K_{b_2}\approx 10^4$，二元碱 Na_2CO_3 能被分步准确滴定，在滴定曲线上有两个突跃。

第一化学计量点为 $NaHCO_3$ 溶液，此时：

$$[H^+]=\sqrt{K_{a_1}\cdot K_{a_2}}$$

$$pH = \frac{1}{2}(pK_{a_1} + pK_{a_2}) = \frac{1}{2} \times (6.34 + 10.32) = 8.33$$

可选择酚酞作指示剂,颜色由红变粉红。为了使终点变色敏锐,也可使用甲基红-酚酞混合指示剂,溶液颜色由粉红变成紫色。

第二化学计量点溶液为 CO_2 饱和溶液,浓度约为 0.04 mol/L,此时:

$$[H^+] = \sqrt{K_{a_1} \cdot c} = \sqrt{4.5 \times 10^{-7} \times 4 \times 10^{-2}}$$
$$= 1.3 \times 10^{-4} \text{ mol/L} \qquad pH = 3.89$$

可选择甲基橙、溴酚蓝作指示剂。由于 CO_2 易形成过饱和溶液,使溶液的酸度增大,终点提前。滴定接近第二化学计量点时,应剧烈振摇溶液或者煮沸以除去 CO_2,冷却至室温后再继续滴定至终点。滴定曲线如图 3-8 所示。

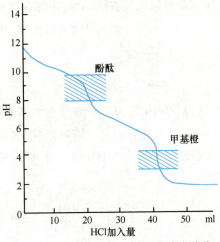

图 3-8 HCl 滴定 Na_2CO_3 溶液的滴定曲线

第 3 节 滴定方式与应用示例

酸碱滴定中最常用的标准溶液是 HCl 和 NaOH,也可用 H_2SO_4、HNO_3、KOH 等强酸、强碱,最常用的浓度是 0.1 mol/L。由于 NaOH 易潮解,且易与空气中的 CO_2 反应,HCl 具有挥发性,通常采用间接法配制 NaOH 和 HCl 标准溶液。

一、酸碱标准溶液的配制与标定

(一) NaOH 标准溶液的配制与标定

由于 NaOH 易和空气中的 CO_2 反应生成 Na_2CO_3,利用 Na_2CO_3 在饱和 NaOH 溶液中溶解度小、易于沉淀的性质,通常采用浓碱法配制不含 Na_2CO_3 的 NaOH 标准溶液。方法是:将 NaOH 配成饱和溶液(密度 1.56 g/ml,质量分数 52%),储于塑料瓶中静置数日,待 Na_2CO_3 沉淀后,取上清液稀释至所需浓度。标定 NaOH 的基准物质有邻苯二甲酸氢钾、苯甲酸、草酸、氨基磺酸等。目前最常用的是邻苯二甲酸氢钾,因其具有易干燥、不吸湿、摩尔质量大等优点。滴定反应如下:

$$\text{C}_6\text{H}_4(\text{COOK})(\text{COOH}) + \text{NaOH} \Longrightarrow \text{C}_6\text{H}_4(\text{COOK})(\text{COONa}) + \text{H}_2\text{O}$$

到达化学计量点时,由于生成物为弱碱,可选用酚酞作指示剂。

(二) HCl 标准溶液的配制与标定

配制 HCl 标准溶液一般用浓 HCl(密度 1.19 g/ml,质量分数 37%)稀释。标定 HCl 常用的基准物质有无水碳酸钠和硼砂。

无水碳酸钠易得纯品,价格低廉,但吸湿性强,使用前需在 270~300℃ 干燥至恒重,置干燥器中备用。滴定反应式为:

$$Na_2CO_3 + 2HCl = 2NaCl + CO_2\uparrow + H_2O$$

硼砂($Na_2B_4O_7 \cdot 10H_2O$)的摩尔质量较大,具有称量误差小、无吸湿性、易得纯品等优点,缺点是易风化失去结晶水,应保存在相对湿度为60%的密闭容器内。滴定反应式为:

$$Na_2B_4O_7 \cdot 10H_2O + 2HCl = 2NaCl + 4H_3BO_3 + 5H_2O$$

二、滴定方式

(一) 直接滴定法

凡 $cK_a \geq 10^{-8}$($cK_b \geq 10^{-8}$)能溶于水的酸(碱)性物质都可以用酸碱滴定法直接滴定。

1. 阿司匹林的测定　阿司匹林(乙酰水杨酸)是常用的解热镇痛药,具有芳酸酯类结构,水溶液中可解离出 H^+($pK_a = 3.49$),可用 NaOH 标准溶液直接滴定,酚酞作指示剂,反应式为:

$$\text{C}_6\text{H}_4(\text{COOH})(\text{OCOCH}_3) + \text{NaOH} \Longleftrightarrow \text{C}_6\text{H}_4(\text{COONa})(\text{OCOCH}_3) + \text{H}_2\text{O}$$

为了防止阿司匹林中的酯键因水解而使测量结果偏高,滴定应在中性乙醇溶液中进行。

2. 药用 NaOH 的测定　由于 NaOH 存放过程中易潮解,易和空气中的 CO_2 反应,因此药用 NaOH 实际上是 NaOH 和 Na_2CO_3 的混合碱,可采用下列两种方法测定两者的含量。

(1)双指示剂法(表3-9):准确称取一定量样品,溶解后,以酚酞为指示剂,用 HCl 标准溶液滴定至终点,溶液由红色变为无色,溶液中的 NaOH 全部被 HCl 中和,而 Na_2CO_3 只反应一半,生成 $NaHCO_3$,用去 HCl 的体积记为 V_1。再以甲基橙为指示剂,此时溶液显黄色,用 HCl 标准溶液继续滴定至黄色变为橙色,$NaHCO_3$ 进一步反应放出 CO_2 气体,用去 HCl 的体积记为 V_2。

$$\left.\begin{array}{l} NaOH + HCl = NaCl + H_2O \\ Na_2CO_3 + HCl = NaHCO_3 + NaCl \end{array}\right\} V_1$$
$$NaHCO_3 + HCl = NaCl + H_2O + CO_2\uparrow \quad V_2$$

Na_2CO_3 两步反应所消耗的 HCl 体积相等,则 Na_2CO_3 消耗的 HCl 体积为 $2V_2$,NaOH 消耗的 HCl 体积为 $V_1 - V_2$。

含量计算公式为:

$$\omega_{NaOH}(\%) = \frac{c_{HCl} \times (V_1 - V_2) \times M_{NaOH}}{m \times 1000} \times 100\% \qquad (3\text{-}7)$$

$$\omega_{Na_2CO_3}(\%) = \frac{c_{HCl} \times V_2 \times M_{Na_2CO_3}}{m \times 1000} \times 100\% \qquad (3\text{-}8)$$

双指示剂法还可用于未知碱性试样的定性鉴别。

表3-9　双指示剂法测定药用 NaOH

消耗 HCl 的体积	碱性试样的组成	消耗 HCl 的体积	碱性试样的组成
$V_1 > V_2 > 0$	NaOH + Na_2CO_3	$V_1 = 0$ 　 $V_2 > 0$	$NaHCO_3$
$V_2 > V_1 > 0$	$NaHCO_3$ + Na_2CO_3	$V_1 > 0$ 　 $V_2 = 0$	NaOH
$V_1 = V_2$	Na_2CO_3		

（2）氯化钡法：取等量的两份样品溶液，一份以甲基橙为指示剂，用 HCl 标准溶液滴定至橙色，溶液中的 NaOH 和 Na_2CO_3 全部与 HCl 反应生成 NaCl，用去 HCl 的体积记为 V_1。另一份加入过量的 $BaCl_2$ 溶液，使 Na_2CO_3 转变为 $BaCO_3$ 沉淀，以酚酞为指示剂，用 HCl 标准溶液滴定样品中的 NaOH 至红色消失，用去 HCl 的体积记为 V_2。则样品中 NaOH 消耗的体积为 V_2，Na_2CO_3 消耗的体积为 V_1-V_2。

含量计算公式为：

$$\omega_{NaOH}(\%) = \frac{M_{NaOH} c_{HCl} V_2 \times 10^{-3}}{m} \times 100\% \tag{3-9}$$

$$\omega_{Na_2CO_3}(\%) = \frac{M_{Na_2CO_3} c_{HCl} (V_1 - V_2) \times 10^{-3}}{2m} \times 100\% \tag{3-10}$$

（二）间接滴定法

不能用强酸、强碱直接滴定的酸或碱性物质需用间接滴定法测定。

1. 硼酸的测定 H_3BO_3 的酸性极弱（$K_a = 5.4 \times 10^{-10}$），不能直接用 NaOH 标准溶液准确滴定。但 H_3BO_3 与甘油或甘露醇等多元醇反应生成配位酸后，酸性增强（$pK_a = 4.26$），可用 NaOH 标准溶液准确滴定。H_3BO_3 与甘油的反应式如下：

$$2HC(H_2C-OH)(H_2C-OH)-OH + H_3BO_3 \rightleftharpoons \left[\begin{array}{c} H_2C-O \\ HC-O \\ H_2C-OH \end{array} B \begin{array}{c} O-CH_2 \\ O-CH \\ HO-CH_2 \end{array}\right]^- + H^+ + 3H_2O$$

H_3BO_3 含量计算公式为：

$$\omega_{H_3BO_3}(\%) = \frac{M_{H_3BO_3} \times c_{NaOH} \times V_{NaOH} \times 10^{-3}}{m} \times 100\% \tag{3-11}$$

2. 氮的测定 由于 NH_4^+ 为弱酸（$K_a = 5.6 \times 10^{-10}$），铵盐如 $(NH_4)_2SO_4$、NH_4Cl 等不能直接用 NaOH 滴定，常用下列方法测定。

（1）蒸馏法：在铵盐溶液中加入过量 NaOH，加热煮沸，用定量且过量的 H_2SO_4 或 HCl 标准溶液吸收蒸出的 NH_3，过量的酸用 NaOH 标准溶液回滴；或者将蒸出的 NH_3 用过量的 2% H_3BO_3 吸收，生成的强碱 $H_2BO_3^-$ 再用 HCl 标准溶液滴定。反应式为：

$$NH_4^+ + OH^- \rightleftharpoons NH_3 \uparrow + H_2O$$
$$NH_3 + H_3BO_3 \rightleftharpoons NH_4^+ + H_2BO_3^-$$
$$H^+ + H_2BO_3^- \rightleftharpoons H_3BO_3$$

N 的含量计算公式为：$\omega_N(\%) = \dfrac{c_{HCl} \cdot V_{HCl} \cdot \dfrac{M_N}{1000}}{m} \times 100\%$ （3-12）

蒸馏法测定准确，但繁琐费时。

（2）甲醛法：甲醛与铵盐反应生成六亚甲基四胺离子（$K_a = 7.1 \times 10^{-6}$），定量放出 H^+，反应式如下：

$$4NH_4^+ + 6HCHO \longrightarrow (CH_2)_6N_4H^+ + 3H^+ + 6H_2O$$

$(CH_2)_6N_4H^+$（$pK_a = 5.15$）可被 NaOH 标准溶液准确滴定，以酚酞为指示剂，滴定至溶液呈微红色。甲醛中常含有甲酸，使用前以甲基红为指示剂，用碱预先中和除去。甲醛法快速简便,是生产上常用的方法。本法也可用于氨基酸的测定,甲醛与氨基酸中的氨基结合使氨基酸失去碱性,用 NaOH 标准溶液滴定氨基酸的羧基。

N 的含量计算公式为:
$$\omega_N(\%) = \frac{c_{NaOH} \cdot V_{NaOH} \cdot \frac{M_N}{1000}}{m} \times 100\% \tag{3-13}$$

(3) 凯氏定氮法:蛋白质、生物碱及其他有机样品中的氮,常用凯氏定氮法测定。在 $CuSO_4$ 催化下,将样品用浓硫酸煮沸分解(消化),将氮转化为 NH_4^+ 后按蒸馏法进行测定。

$$\text{有机物 C,H,N} \xrightarrow[K_2SO_4]{\text{浓 } H_2SO_4} NH_4^+ + CO_2 \uparrow + H_2O$$

> **案例 3-1**
>
> 取布洛芬约 0.5g,精密称定,加中性乙醇(对酚酞指示液显中性)50 ml 溶解后,加酚酞指示液 3 滴,用氢氧化钠标准溶液(0.1 mol/L)滴定。每 1 ml 氢氧化钠标准溶液(0.1 mol/L)相当于 20.63 mg 的 $C_{13}H_{18}O_2$。
>
> **问题:**
> 1. 为什么用中性乙醇作溶剂?如何配制?
> 2. 加中性乙醇 50 ml,应使用什么量具?

第 4 节 非水溶液酸碱滴定法简介

在水溶液中,只有符合滴定条件的弱酸(碱)才能用酸碱滴定法直接滴定。对于在水溶液中不符合滴定条件的弱酸(碱)、混合酸(碱)或在水中溶解度较小的有机酸(碱)可以考虑在非水溶液介质中进行滴定。

在非水溶剂(有机溶剂和不含水的无机溶剂)中进行的滴定分析方法称为非水滴定法。以非水溶剂作为滴定介质,具有增大有机物溶解度和改变被滴定物质的酸碱性及其强度等优点。非水滴定法扩大了酸碱滴定的范围,为各国药典和其他常规分析所采用。

一、非水溶剂的分类和性质

(一) 非水溶剂的分类

根据酸碱质子理论,非水溶剂可分为质子溶剂和无质子溶剂。

1. 质子溶剂 能给出质子或者接受质子的溶剂称为质子溶剂,特点是质子在溶剂分子间转移。根据接受质子能力的大小,将质子溶剂分为:

(1) 酸性溶剂:给出质子能力较强的溶剂称为酸性溶剂。常用的酸性溶剂是乙酸和丙酸。酸性溶剂适合作滴定弱碱性物质的介质。

(2) 碱性溶剂:接受质子能力较强的溶剂称为碱性溶剂。常用的碱性溶剂是液氨、乙二胺和乙醇胺。碱性溶剂适合作滴定弱酸性物质的介质。

(3) 两性溶剂:既能接受质子又能给出质子的溶剂称为两性溶剂。两性溶剂主要为醇类,如甲醇、乙醇、异丙醇等。两性溶剂适合作为滴定较强酸(碱)的介质。

2. 无质子溶剂

（1）偶极亲质子溶剂：溶剂分子间无质子转移，但有较弱的接受质子和形成氢键的能力，如酰胺类、酮类、腈类、二甲亚砜、吡啶等。其中二甲基甲酰胺、吡啶等接受质子能力较强，碱性较明显，形成氢键的能力也较强。该类溶剂适合作为弱酸或某些混合物的滴定介质。

（2）惰性溶剂：溶剂分子间无质子转移，也无形成氢键的能力，如苯、三氯甲烷、二氧六环等。惰性溶剂常和质子溶剂混合使用（又称混合溶剂），可改善样品的溶解性，增大滴定的突跃范围。

（二）非水溶剂的性质

1. 溶剂的极性　在非水溶剂中，溶质分子（HA）在溶剂（SH）中的解离分为电离和解离两个步骤：

$$HA + SH \rightleftharpoons SH_2^+ \cdot A^- \rightleftharpoons SH_2^+ + A^-$$

溶剂分子和溶质分子间发生质子转移，通过静电引力形成离子对，离子对部分解离，生成溶剂合质子和溶质阴离子。

根据库仑定律，溶液中两个带相反电荷的离子间的静电引力 f 与溶剂的介电常数 ε 的关系式为：

$$f = \frac{q^+ \cdot q^-}{\varepsilon \cdot r^2} \tag{3-14}$$

式中，q^+ 是正电荷的电量，q^- 是负电荷的电量，r 是两电荷中心之间的距离，ε 是溶剂的介电常数。溶剂的极性与介电常数有关，极性强的溶剂介电常数大，极性弱的溶剂介电常数小。

由上式可知，介电常数越大，离子对的静电引力越弱，易于解离，酸性越强；介电常数越小，离子对的静电引力越强，难于解离，酸性越弱。溶质在不同溶剂中的解离程度与溶剂介电常数有关。例如，水和乙醇的碱度相当，在高介电常数水中（$\varepsilon = 78.5$），乙酸分子易解离成离子；在低介电常数乙醇中（$\varepsilon = 24.0$），乙酸分子很少解离成离子，所以乙酸在水中比在乙醇中的酸度大。

2. 溶剂的解离性　非水溶剂除了惰性溶剂不解离外，其他溶剂均有不同程度的解离，解离平衡式为：

$$SH \rightleftharpoons H^+ + S^- \qquad K_{a(SH)} = \frac{[H^+][S^-]}{[SH]} \tag{3-15}$$

$$SH + H^+ \rightleftharpoons SH_2^+ \qquad K_{b(SH)} = \frac{[SH_2^+]}{[SH][H^+]} \tag{3-16}$$

K_a 为溶剂 SH 的酸解离常数，表示溶剂给出质子的能力；K_b 为溶剂 SH 的碱解离常数，表示溶剂接受质子的能力。

溶剂的质子自递反应平衡式为：$SH + SH \rightleftharpoons SH_2^+ + S^-$

质子自递反应的平衡常数为：

$$K = \frac{[SH_2^+][S^-]}{[SH]^2} = K_a \cdot K_b \tag{3-17}$$

由于溶剂自身解离很微弱，SH 的浓度可视为定值，定义：

$$K_s = [SH_2^+][S^-] = K_a \cdot K_b \cdot [SH]^2 \tag{3-18}$$

K_s 称为溶剂的自身解离常数(或质子自递常数)。水的自身解离常数就是水的离子积。

$$H_2O + H_2O \rightleftharpoons H_3O^+ + OH^-$$

$$K_s = K_w = \frac{[H_3O^+][OH^-]}{[H_2O]^2} \tag{3-19}$$

25℃时,$K_w = 1.0 \times 10^{-14}$,$pK_w = pH + pOH = 14.0$。

乙醇的质子自递反应平衡式为:

$$C_2H_5OH + C_2H_5OH \rightleftharpoons C_2H_5OH_2^+ + C_2H_5O^-$$

$$K_s = \frac{[C_2H_5OH_2^+][C_2H_5O^-]}{[C_2H_5OH]^2} \tag{3-20}$$

25℃时,$K_s = 7.9 \times 10^{-20}$,$pK_s = pC_2H_5OH_2 + pC_2H_5O = 19.10$。

不同的溶剂,自身解离常数也不同。溶剂的自身解离常数受温度影响,温度越高,自身解离常数越大。25℃时,常见溶剂的自身解离常数及介电常数见表3-10。

表3-10　25℃时常用溶剂的自身解离常数(pK_s)及介电常数(ε)

溶剂	pK_s	ε	溶剂	pK_s	ε
水	14.0	78.5	乙腈	28.5	36.6
甲醇	16.7	31.5	甲基异丁酮	>30	13.1
乙醇	19.1	24.0	二甲基甲酰胺	—	36.7
甲酸	6.22	58.5(16℃)	吡啶	—	12.3
冰醋酸	14.45	6.13	二氧六环	—	2.21
醋酐	14.5	20.5	苯	—	2.3
乙二胺	15.3	14.2	三氯甲烷	—	4.81

溶剂自身解离常数 K_s 的大小对滴定的突跃范围有一定的影响。以乙醇($pK_s = 19.1$)和水($pK_s = 14.0$)为例,说明溶剂自身解离常数对酸碱滴定的突跃范围的影响。

乙醇中的 $C_2H_5OH_2^+$ 相当于水中的 H_3O^+,$C_2H_5O^-$ 相当于 OH^-,滴定到化学计量点后0.1%时,水溶液的 pH = 14-4.3 = 9.7,乙醇的 $pC_2H_5OH_2 = 19.1-4.3 = 14.8$,两者的对比情况见表3-11。

表3-11　NaOH在水或乙醇溶剂中滴定HCl的突跃范围比较

0.1000mol/L NaOH 溶液滴定同浓度 HCl		0.1000mol/L C_2H_5ONa 溶液滴定同浓度 HCl	
滴定过程中溶液的酸度	pH	滴定过程中溶液的酸度	$pC_2H_5OH_2$
化学计量点前0.1%	4.3	化学计量点前0.1%	4.3
化学计量点后0.1%	9.7	化学计量点后0.1%	14.8
滴定突跃 pH 范围	4.3~9.7	滴定突跃 $pC_2H_5OH_2$ 范围	4.3~14.8

由表3-11可知,在水溶液中,滴定突跃变化了5.4个pH单位,而在乙醇溶液中,滴定突跃变化了10.5个 $pC_2H_5OH_2$ 单位。由此可见,溶剂的自身解离常数(K_s)越小,滴定的突跃范围越大,反应越完全,在水中不能被直接滴定的弱酸在乙醇中可以被滴定。

3. 溶剂的酸碱性　将酸 HA 溶于质子溶剂 SH，根据酸碱质子理论，存在下列质子传递平衡：

$$HA \rightleftharpoons H^+ + A^- \qquad K_{a(HA)} = \frac{[H^+][A^-]}{[HA]} \qquad (3-21)$$

$$SH + H^+ \rightleftharpoons SH_2^+ \qquad K_{b(SH)} = \frac{[SH_2^+]}{[SH][H^+]} \qquad (3-22)$$

总式为：$HA + SH \rightleftharpoons SH_2^+ + A^-$

酸 HA 在溶剂 SH 中的表观解离常数为：$K = \dfrac{[SH_2^+][A^-]}{[HA][SH]} = K_{a(HA)} \cdot K_{b(SH)} \qquad (3-23)$

酸 HA 在溶剂 SH 中的表观酸度取决于 HA 的酸度和溶剂 SH 的碱度。若酸 HA 的 K_a 越大，溶剂 SH 的 K_b 越大，则酸 HA 表现出的酸性越强。例如，冰醋酸在水溶液中表现出弱酸性，若将冰醋酸溶于液氨中，由于液氨的碱性比水强，冰醋酸表现出较强的酸性。

同理，将碱 B 溶于质子溶剂 SH，根据酸碱质子理论，存在下列质子传递平衡：

$$B + H^+ \rightleftharpoons BH^+ \qquad K_{b(B)} = \frac{[BH^+]}{[B][H^+]} \qquad (3-24)$$

$$SH \rightleftharpoons S^- + H^+ \qquad K_{a(SH)} = \frac{[H^+][S^-]}{[SH]} \qquad (3-25)$$

总式为：$B + SH \rightleftharpoons S^- + BH^+$

碱 B 在溶剂 SH 中的表观解离常数为：$K = \dfrac{[S^-][BH^+]}{[B][SH]} = K_{a(SH)} \cdot K_{b(B)} \qquad (3-26)$

碱 B 在溶剂 SH 中的表观碱度取决于 B 的碱度和溶剂 SH 的酸度。若酸 B 的 K_b 越大，溶剂 SH 的 K_a 越大，则碱 B 表现出的碱性越强。例如，液氨在水溶液中表现出弱碱性，若将液氨溶于冰醋酸中，由于冰醋酸的酸性比水强，液氨表现出较强的碱性。

因此，物质的酸碱性不仅与物质的本身有关，与溶剂的酸碱性也有关。弱酸溶于碱性溶剂中，可增强其酸性；弱碱溶于酸性溶剂中，可增强其碱性。利用此原理可在非水溶剂中准确滴定较弱的酸（碱）。

例如，吡啶（Py）作为弱碱，在水中被强酸 HX 滴定时，发生下列质子传递反应：

$$HX + H_2O \rightleftharpoons H_3O^+ + X^-$$

$$H_3O^+ + Py \rightleftharpoons PyH^+ + H_2O$$

由于水的碱性较吡啶强，H_2O 将与 Py 争夺质子，使第二个反应向左进行，滴定反应进行的不完全。若选择碱性比 H_2O 更弱的溶剂冰醋酸，质子传递反应进行得很完全。

$$HX + HAc \rightleftharpoons H_2Ac^+ + X^-$$

$$H_2Ac^+ + Py \rightleftharpoons PyH^+ + HAc$$

所以在冰醋酸中可用酸滴定吡啶。

醋酐能够解离，但并无质子转移，解离平衡如下：

$$2(CH_3CO)_2O \rightleftharpoons (CH_3CO)_3O^+ + CH_3COO^-$$

解离生成的醋酐合乙酰阳离子的酸性比乙酸合质子还强，所以在冰醋酸中碱性极弱的物质可以在醋酐中被滴定。

同理，在滴定弱酸时，应选择酸性更弱的溶剂，且酸性越弱，反应越完全。例如，苯酚（HA）在水中与 NaOH 反应为：

$$HA + OH^- \rightleftharpoons A^- + H_2O$$

由于水的酸性较 HA 强,上述质子传递反应进行的不完全,但乙二胺的酸性比水弱,不影响苯酚与 NaOH 的反应,故可在乙二胺中直接用 NaOH 滴定苯酚。图 3-9 和图 3-10 分别为在水及乙二胺溶液中滴定苯甲酸、苯酚的滴定曲线。可知,苯甲酸、苯酚的滴定突跃范围均明显增大。

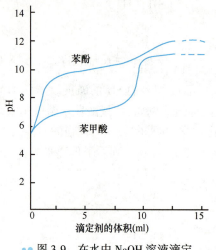

● ● 图 3-9　在水中 NaOH 溶液滴定苯甲酸和苯酚的滴定曲线 ● ●

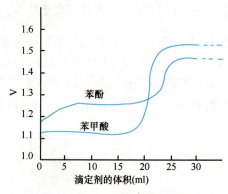

● ● 图 3-10　在乙二胺中氨基乙醇钠溶液滴定苯甲酸和苯酚的滴定曲线 ● ●

4. 均化效应和区分效应　　$HClO_4$、H_2SO_4、HCl、HNO_3 都属于强酸,但各自酸性强度不同,酸性强弱顺序为:$HClO_4 > H_2SO_4 > HCl > HNO_3$。

在水溶液中,它们的酸性几乎相等,因为水中存在的最强酸是 H_3O^+,最强碱是 OH^-。水的碱性相对较强,水与强酸通过质子传递反应均生成 H_3O^+。

$$HClO_4 + H_2O \rightleftharpoons H_3O^+ + ClO_4^-$$
$$H_2SO_4 + H_2O \rightleftharpoons H_3O^+ + HSO_4^-$$
$$HCl + H_2O \rightleftharpoons H_3O^+ + Cl^-$$
$$HNO_3 + H_2O \rightleftharpoons H_3O^+ + NO_3^-$$

这种将不同强度的酸(碱)均化到溶剂合质子(溶剂阴离子)水平,使酸(碱)强度均相等的效应称为均化效应。具有均化效应的溶剂称为均化试剂。

如果将四种强酸溶解在冰醋酸中,由于冰醋酸的碱性比水弱,四种酸不能被均化到相同的程度,四种酸在冰醋酸中的 pK_a 值不同,酸性的强弱也不同。

$$HClO_4 + HAc \rightleftharpoons H_2Ac^+ + ClO_4^- \qquad pK_a = 5.8$$
$$H_2SO_4 + HAc \rightleftharpoons H_2Ac^+ + HSO_4^- \qquad pK_a = 8.2$$
$$HCl + HAc \rightleftharpoons H_2Ac^+ + Cl^- \qquad pK_a = 8.8$$
$$HNO_3 + HAc \rightleftharpoons H_2Ac^+ + NO_3^- \qquad pK_a = 9.4$$

这种能区分酸(碱)强弱的效应称为区分效应。具有区分效应的溶剂称为区分试剂。

溶剂的均化效应和区分效应与溶质、溶剂的酸(碱)性强弱有关。水是强酸的均化试剂,但不能均化强酸和弱酸,所以水是强酸和弱酸的区分试剂;但在碱性比水强的液氨中,强酸和弱酸的酸度都被均化到溶剂化质子(NH_4^+)水平,两种酸的强度相等,所以液氨是强酸和弱酸的均化试剂。在均化试剂中,溶液中存在的最强酸是溶剂合质子,最强碱是溶剂阴离子。

通常酸性溶剂是碱的均化试剂,是酸的区分试剂;碱性溶剂是酸的均化试剂,是碱的区分试剂;对于混合酸(碱),测定酸(碱)的总量可利用均化效应;测定酸(碱)各组分的含量可利用区分效应,且溶剂的自身解离常数(K_s)越小,滴定的突跃范围越大,越利于分别测定。例如,在无质子溶剂甲基异丁酮($pK_s>30$)中,用氢氧化四丁基铵滴定高氯酸、盐酸、水杨酸、乙酸和苯酚,以电位法确定滴定终点,绘制滴定曲线见图3-11。

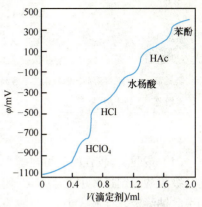

图3-11 在甲基异丁酮中用0.2 mol/L氢氧化四丁基铵滴定5种不同强度的酸的滴定曲线

(三) 溶剂的选择

非水滴定法主要是利用非水溶剂能增强被滴定物质的酸碱性来实现弱酸、弱碱的滴定,选择时应遵循的原则是:

1. 滴定弱酸 通常选碱性溶剂或偶极亲质子溶剂,也可以选择苯-甲醇、苯-异丙醇、甲醇-丙酮、二甲基甲酰胺-三氯甲烷等混合溶剂。

2. 滴定弱碱 通常选酸性溶剂或惰性溶剂,也可以选择冰醋酸-醋酐、冰醋酸-苯、冰醋酸-三氯甲烷、冰醋酸-四氯化碳等混合溶剂。

3. 滴定混合酸(碱) 通常选择惰性溶剂及pK_s大的溶剂。

4. 溶剂 不引起副反应,溶剂中的水分干扰滴定终点,使用前应加醋酐除去。

选择溶剂时还应注意以下问题:

(1) 溶剂的纯度要高,黏度小,挥发性和毒性低,易于回收、精制,且价廉、安全。

(2) 溶剂能完全溶解样品和滴定产物。极性物质选择质子性溶剂,非极性物质选择惰性溶剂,一种溶剂不能溶解时,可采用混合溶剂。

二、非水溶液酸碱滴定的类型及应用

(一) 酸的滴定

1. 溶剂 滴定不太弱的羧酸可用醇类作溶剂;滴定弱酸和极弱酸可用乙二胺或二甲基甲酰胺作溶剂;滴定混合酸可用甲基异丁酮为区分溶剂,也常使用混合溶剂甲醇-苯、甲醇-丙酮。

2. 标准溶液 常用的标准溶液为甲醇钠的苯-甲醇溶液。甲醇钠由甲醇和金属钠反应制得,反应式为:

$$2CH_3OH + 2Na \rightleftharpoons 2CH_3ONa + H_2\uparrow$$

0.1 mol/L 甲醇钠溶液的制备:将150 ml 无水甲醇(含水量<0.2%)置于冷却容器中,少量多次加入新切的金属钠 2.5 g,反应完全后加无水苯(含水量<0.2%)至 1000 ml 即得。

也可用氢氧化四丁基铵滴定,氢氧化四丁基铵由碘化四丁基铵和氧化银制得,反应式为:

$$2(C_4H_9)_4NI + Ag_2O + CH_3OH \rightleftharpoons (C_4H_9)_4NOH + 2AgI\downarrow + (C_4H_9)_4NOCH_3$$

碱标准溶液常用基准物质苯甲酸标定,苯甲酸与甲醇钠反应式为:

C₆H₅—COOH + CH₃ONa ⇌ C₆H₅—COONa + CH₃OH

3. 指示剂　滴定酸时常用百里酚蓝、偶氮紫和溴酚蓝等作指示剂,常用的指示剂列于表 3-12 中。

表 3-12　非水溶液酸滴定常用指示剂

指示剂	溶剂	滴定物质	酸式色	碱式色
百里酚蓝	苯、丁胺、二甲基甲酰胺、吡啶、叔丁醇	中等强酸	黄色	蓝色
偶氮紫	碱性溶剂或偶极亲质子溶剂	较弱酸	红色	蓝色
溴酚蓝	甲醇、苯、三氯甲烷	羧酸、磺胺类、巴比妥类	红色	蓝色

4. 应用

（1）羧酸类：较强的酸可在醇中用氢氧化钠滴定,以酚酞作指示剂。在水中 pK_a 为 5~6 的高级羧酸滴定过程中产生泡沫,使终点辨认不清,水中无法滴定,可在苯-甲醇混合溶剂中用甲醇钠滴定。反应式为：

$$RCOOH + CH_3ONa \rightleftharpoons CH_3OH + RCOONa$$

（2）酚类：酚的酸性较弱,若以水为溶剂,酚无明显的滴定突跃。若以乙二胺为溶剂,氨基乙醇钠作滴定剂,滴定突跃明显。

（3）磺酰胺类：酸性较强的磺胺嘧啶、磺胺噻唑可用甲醇-丙酮或甲醇-苯作溶剂,百里酚蓝为指示剂,甲醇钠为滴定剂;酸性较弱的磺胺可用碱性较强的溶剂,如丁胺或乙二胺作溶剂,偶氮紫作指示剂,标准碱溶液作滴定剂。

（二）碱的滴定

1. 溶剂　滴定弱碱应选择酸性溶剂。最常用的酸性溶剂是冰醋酸。市售冰醋酸含有少量水分,使用前需加入适量醋酐除去水分,反应式为：

$$(CH_3CO)_2O + H_2O \rightleftharpoons 2CH_3COOH$$

市售一级冰醋酸含水量为 0.2%,相对密度为 1.05,若用质量分数为 97.0%,相对密度为 1.08 的醋酐除去 1000 ml 冰醋酸中的水分,所需醋酐（$M_{醋酐}$ = 102.09 g/mol）的体积为：

$$V = \frac{1.05 \times 1000 \times 0.2\% \times M_{醋酐}}{1.08 \times 97\% \times M_{水}} = 11 \text{ ml}$$

2. 标准溶液　由于在冰醋酸中,高氯酸的酸性最强,且大多数有机碱的高氯酸盐易溶于有机溶剂。所以滴定碱的常用标准溶液是高氯酸的冰醋酸溶液。

市售高氯酸为含 $HClO_4$ 70%~72% 的水溶液,相对密度为 1.75,使用前需加醋酐除去水分。配制 1000 ml 0.1 mol/L $HClO_4$ 溶液,需市售高氯酸（$M_{高氯酸}$ = 100.46 g/mol）的体积为：

$$V = \frac{0.1 \times 1000 \times M_{高氯酸}}{1.75 \times 70\%} = 8.2 \text{ ml}$$

实际配制中,常取 $HClO_4$ 8.5 ml,除去其中的水分,需加入醋酐的体积为：

$$V = \frac{1.75 \times 8.5 \times 30\% \times M_{醋酐}}{1.08 \times 97\% \times M_{水}} = 24 \text{ ml}$$

高氯酸与有机物接触或预热时极易引起爆炸,和醋酐混合时反应剧烈放出大量热。配制时应先用冰醋酸将高氯酸稀释,在不断搅拌下,缓慢滴加醋酐。测定一般样品时加入醋酐的量可多于计算量,不影响结果。但滴定芳香伯胺或芳香仲胺时,过量的醋酐易使芳香伯胺或芳香仲胺发生乙酰化反应,故加入醋酐不宜过量,否则使测定结果偏低。

高氯酸的冰醋酸溶液在低于16℃时会结冰而影响使用,对不易乙酰化的试样可采用冰醋酸-醋酐(9:1)的混合溶剂配制高氯酸标准溶液,不仅不结冰,且吸湿性小,浓度改变也很小。也可在冰醋酸中加入10%~15%丙酸防冻。

标定高氯酸标准溶液常用的基准物质是邻苯二甲酸氢钾,结晶紫作指示剂,反应式为:

$$\text{邻苯二甲酸氢钾(COOK, COOH)} + HClO_4 \rightleftharpoons \text{邻苯二甲酸(COOH, COOH)} + KClO_4$$

由于溶剂和指示剂也消耗标准溶液,需做空白试验。以水为溶剂时,由于水的膨胀系数较小($0.21×10^{-3}/℃$),酸碱标准溶液的浓度受温度影响不大。但大多数有机溶剂的膨胀系数较大,其体积受温度影响较大。例如,冰醋酸的膨胀系数为$1.1×10^{-3}/℃$,是水的5倍。当标定高氯酸标准溶液时的温度和滴定样品时的温度超过10℃时,应重新标定;未超过10℃时,按下式进行校正:

$$c_1 = \frac{c_0}{1 + 0.0011(t_1 - t_0)} \tag{3-27}$$

式中,c_0为标定时的浓度;c_1为校正浓度;t_1为测定时的温度;t_0为标定时的温度。

3. 指示剂 滴定碱时常用甲紫、α-萘酚苯甲醇和喹哪啶红等作指示剂。结晶紫是以冰醋酸作溶剂,高氯酸作标准溶液时最常用的指示剂。被滴定物质的碱性强度不同,终点颜色也不同。滴定较强碱时以蓝色或蓝绿色为终点;滴定极弱碱以蓝绿色或绿色为终点;最好结合电位滴定法,确定终点的颜色,并作空白试验。

α-萘酚苯甲醇适合在冰醋酸-四氯化碳、醋酐等溶剂中使用,常用0.5%冰醋酸溶液,酸式色为绿色,碱式色为红色。

喹哪啶红适合在冰醋酸中滴定多数胺类化合物时使用,常用0.1%甲醇溶液,酸式色为无色,碱式色为红色。

4. 应用

(1) 有机弱碱:对于在水溶液中$K_b>10^{-10}$的有机弱碱(如胺类、生物碱类)可在冰醋酸溶剂中用高氯酸标准溶液滴定;对于$K_b<10^{-12}$的极弱碱,需使用冰醋酸-醋酐的混合液为溶剂,用高氯酸标准溶液滴定。例如,咖啡因的滴定,滴定的突跃范围随着醋酐的比例增大而增大,原因是醋酐解离生成的醋酐合乙酰阳离子的酸性比乙酸合质子的酸性强,如图3-12所示。

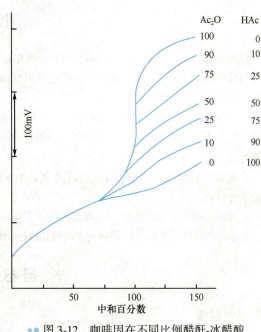

图3-12 咖啡因在不同比例醋酐-冰醋酸中的滴定曲线

(2) 有机酸的碱金属盐:有机酸为弱酸,有机酸根显碱性,在冰醋酸中碱性增强,可用高氯酸的冰醋酸溶液滴定。可滴定的有机酸的碱金属盐有邻苯二甲酸氢钾、苯甲酸钠、水杨酸钠、乳酸钠、枸橼酸钠等。

(3) 有机碱的氢卤酸盐:游离生物碱大多难溶于水,且性质不稳定,成盐后水溶性增大，稳定性增强。药用生物碱盐多数为氢卤酸盐，如盐酸麻黄碱、氢溴酸东莨菪碱等，通式为 $B·HX$。由于氢卤酸的酸性较强，高氯酸滴定反应不完全，若加入过量 $Hg(Ac)_2$ 生成 HgX_2 沉淀，将氢卤酸盐转化为乙酸盐，可被高氯酸滴定，结晶紫作指示剂。滴定反应为：

$$2B·HX + Hg(Ac)_2 \rightleftharpoons 2B·HAc + HgX_2\downarrow$$

$$B·HAc + HClO_4 \rightleftharpoons B·HClO_4 + HAc$$

(4) 有机碱的有机酸盐：有机碱的有机酸盐在冰醋酸或冰醋酸-醋酐的混合溶剂中碱性增强，可用高氯酸的冰醋酸溶液滴定，结晶紫作指示剂。以 HA 表示有机酸，滴定反应为：

$$B·HA + HClO_4 \rightleftharpoons B·HClO_4 + HA$$

可被滴定的有机碱的有机酸盐有：枸橼酸喷托维林、马来酸氯苯那敏、重酒石酸去甲肾上腺素等。

案例 3-2

取咖啡因约 0.15 g，精密称定，加醋酐-冰醋酸（5∶1）的混合液 25 ml，微温使溶解，放冷，加结晶紫指示液 1 滴，用高氯酸标准溶液（0.1 mol/L）滴定至溶液显黄色，并将滴定的结果用空白试验校正。每 1 ml 高氯酸标准溶液（0.1 mol/L）相当于 19.42 mg 的 $C_8H_{10}N_4O_2$。

问题：

1. 为什么以醋酐-冰醋酸（5∶1）为溶剂？与冰醋酸相比有何优点？
2. 为什么以黄色作为终点？依据是什么？

小 结

1. 酸碱指示剂本身是一类有机弱酸（碱）。滴定过程中溶液 pH 的改变引起指示剂结构变化，导致颜色变化从而指示滴定终点；酸碱指示剂的变色范围是 $pH = pK_{HIn} \pm 1$；影响指示剂变色范围的因素有电解质、温度、指示剂的用量、滴定程序等。

2. 影响滴定突跃范围的因素有弱酸（碱）的浓度和弱酸（碱）的 $K_{a(b)}$。一元弱酸（碱）被准确滴定的依据是 $c_aK_a \geq 10^{-8}$（$c_bK_b \geq 10^{-8}$）。多元弱酸（碱）被准确滴定的依据是 $cK_{a_i} \geq 10^{-8}$（$cK_{b_i} \geq 10^{-8}$），分步滴定的依据是 $K_{a_i}/K_{a_{i+1}} \geq 10^4$（$K_{b_i}/K_{b_{i+1}} \geq 10^4$）。

3. 酸碱指示剂的选择原则是指示剂的变色范围全部或部分落入滴定突跃范围内或指示剂的变色点接近化学计量点。

4. 水溶液中无法滴定的酸（碱）可考虑用非水滴定法准确滴定。非水溶剂包括质子溶剂和无质子溶剂。非水溶剂通过增大酸（碱）的解离度增强其酸性，增大滴定突跃范围使其达到滴定条件被准确滴定。

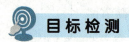

一、名词解释

1. 酸碱指示剂　2. 指示剂常数　3. 指示剂的变色范围　4. 酸碱滴定突跃范围　5. 非水滴定法　6. 无质子溶剂　7. 质子溶剂　8. 均化效应　9. 区分效应

二、选择题

1. NaOH 滴定 HAc 应选下列哪种指示剂（　　）

A. 甲基橙　　　　　　B. 甲基红
C. 酚酞　　　　　　　D. 百里酚蓝

2. 某指示剂 $K_{HIn} = 1.0 \times 10^{-6}$，理论上其 pH 变色范围是（　　）

A. 5~6　　　　　　　B. 6~7
C. 5~7　　　　　　　D. 6~8

3. 下列酸不能用标准碱液直接滴定的是（　　）

A. HCOOH($K_a = 1.8 \times 10^{-4}$)
B. C_6H_5COOH($K_a = 6.5 \times 10^{-5}$)
C. HAc($K_a = 1.8 \times 10^{-5}$)
D. HCN($K_a = 4.9 \times 10^{-10}$)

4. 有一未知溶液加甲基红指示剂显黄色,加酚酞指示剂无色,该未知溶液的 pH 为( )
   A. 2.0~4.0　　　　B. 6.2~8.0
   C. 8.0~10.0　　　 D. 4.4~6.2

5. 用 0.1 mol/L HCl 滴定 0.1 mol/L NaOH 的突跃范围是 9.7~4.3,则用 0.01 mol/L HCl 滴定 0.01 mol/L NaOH 的突跃范围应为( )
   A. 8.7~4.3　　　　B. 9.7~5.3
   C. 10.7~4.3　　　 D. 8.7~5.3

6. 标定盐酸溶液常用的基准物有( )
   A. 草酸　　　　　B. 碳酸钙
   C. 无水碳酸钠　　D. 乙酰水杨酸

7. 标定 NaOH 溶液常用的基准物有( )
   A. 无水碳酸钠　　B. 邻苯二甲酸氢钾
   C. 碳酸钙　　　　D. 乙酰水杨酸

8. 滴定分析中需要用待装溶液润洗的仪器是( )
   A. 锥形瓶　　　　B. 容量瓶
   C. 量筒　　　　　D. 滴定管

9. 某混合液,先用 HCl 滴定至酚酞变色,消耗 V_1,继以甲基橙为指示剂滴定又消耗 V_2,已知 $V_1 = V_2$,其组成为( )
   A. NaOH　　　　 B. Na_2CO_3
   C. $NaHCO_3$　　　D. $NaHCO_3$-Na_2CO_3

10. 非水滴定中,宜选用酸性溶剂的是( )
    A. 乙酸钠　　　　B. 水杨酸
    C. 苯酚　　　　　D. 苯甲酸

11. 能作为高氯酸、硫酸、盐酸、硝酸区分性溶剂的是( )
    A. 乙二胺　　　　B. 乙醚
    C. 冰醋酸　　　　D. 乙醇

12. 在非水滴定中除去冰醋酸中少量的水,常加入( )
    A. 醋酐　　　　　B. 无水氯化钙
    C. 乙酸汞　　　　D. 乙醚

三、计算题

1. 在 0.2815 g 含 $CaCO_3$ 及中性杂质的石灰石里加入 HCl 溶液(0.1175 mol/L)20.00 ml,滴定过量的酸用去 5.60 ml NaOH 溶液,1 ml NaOH 溶液相当于 0.97 ml HCl,计算石灰石的纯度及 CO_2 的百分含量。(M_{CaCO_3} = 100.09 g/mol,M_{CO_2} = 44.01 g/mol)

2. 某溶液中可能含有下列物质中的某些成分:H_3PO_4、NaH_2PO_4、Na_2HPO_4、HCl。取该溶液 25.00 ml,以甲基橙为指示剂,用 NaOH 溶液(0.2500 mol/L)滴定终点用去 31.20 ml。另取溶液 25.00 ml,以酚酞为指示剂,用 NaOH 溶液(0.2500 mol/L)滴定终点用去 42.34 ml,问该溶液含有上述哪些物质?浓度各为多少?

3. 精密称取粗铵盐 1.000 g,加过量 NaOH 溶液,产生的氨经蒸馏用 50.00 ml 0.5000 mol/L 的 HCl 溶液吸收,过量的酸用 0.5000 mol/L NaOH 溶液回滴,用去 1.56 ml。计算粗铵盐中 NH_3 的含量。(M_{NH_3} = 17.03 g/mol)

4. 高氯酸的冰醋酸溶液在 24℃ 时标定的浓度为 0.1086 mol/L,计算此溶液在 30℃ 的浓度。

5. 配制 $HClO_4$ 的冰醋酸溶液(0.0500 mol/L) 1000 ml,需用 70% $HClO_4$ 4.20 ml,所用冰醋酸含量为 99.8%,相对密度为 1.05。应加含量为 98%,相对密度为 1.087 的醋酐多少毫升除去其中的水分?(M_{HClO_4} = 100.46 g/mol,M_{H_2O} = 18.02 g/mol,$M_{醋酐}$ = 102.1 g/mol)

6. 精密称取 0.5438 g 硫酸阿托品样品,加冰醋酸和醋酐各 10 ml 溶解后,加结晶紫指示液 1 滴,用 8.12 ml 高氯酸(0.1000 mol/L)滴定溶液至纯蓝色,空白校正用去高氯酸 0.02 ml,已知 $T_{高氯酸/硫酸阿托品}$ = 67.68 mg/ml,计算硫酸阿托品的含量。

(孔维雪)

第四章 沉淀滴定法和重量分析法

> **学习目标**
>
> 1. 掌握：沉淀滴定法中银量法测定 Ag^+、Cl^-、Br^-、I^-、CN^-、SCN^- 等离子的方法；铬酸钾指示剂法、铁铵矾指示剂法、吸附指示剂法确定滴定终点的基本原理、滴定条件和应用范围；重量分析法中的沉淀形式和称量形式；影响沉淀溶解度的主要因素：同离子效应、盐效应、酸效应和配位效应；晶型沉淀和非晶型沉淀的条件；沉淀分析的结果计算。
> 2. 熟悉：沉淀重量法对沉淀形式和称量形式的要求；沉淀溶解度及相关计算。
> 3. 了解：沉淀滴定法的应用与实例；沉淀的形态和形成过程；影响沉淀纯度的因素：共沉淀、后沉淀；沉淀的过滤、洗涤、干燥、灼烧和恒重；挥发重量法。

第 1 节 沉淀滴定法

沉淀滴定法和重量分析法都是以沉淀平衡为基础的分析方法。沉淀是否完全和纯净，以及选择合适的方法确定滴定终点是沉淀滴定法和重量分析法准确定量测定的关键。

> **链 接**　　　　　**沉淀滴定法和重量分析法的由来**
>
> 沉淀滴定法的一个关键进展是 1923 年 K·法扬斯（Fajans）采用的吸附指示剂。法扬斯发现，荧光黄及其衍生物能清楚地指示银离子溶液滴定卤化物样品的终点。后来证实酒石黄（柠檬黄）和酚藏花红对酸溶液中的滴定很有效。他还证实，如果使用两种指示剂，可同时在一个溶液中准确滴定碘化物和氯化物。酒石酸和草酸等一些二元酸能够与各种离子形成配合物。20 世纪 20 年代，舍伦及其同事发现丹宁可以从这些配合物中沉淀出钽和铌。1905 年，L·丘加也夫（1873~1922）观察到二甲基乙二肟能与镍盐的氨溶液发生反应。H·克劳特（Kraut）把这个试剂应用到定性分析中。1907 年，O·布龙克（Brunck）提出了重量分析操作法。

现在对常量组分的测定仍是沿用传统的化学分析法，因为它对于含量较高的组分能取得较高的测定准确度，因此传统分析方法具有巨大的研究和应用价值。相比较而言，仪器分析法存在设备复杂、价格昂贵、调试维修任务重等问题。沉淀滴定法和重量分析法，是重要和经典的化学分析方法，20 世纪以来应用这两种方法的研究成果及论著不断涌现。

第四章 沉淀滴定法和重量分析法

一、沉淀滴定法概述

沉淀滴定法(precipitation titration)是基于沉淀反应的滴定分析方法。沉淀反应很多,但能作为滴定法的却很少。主要原因是:①很多沉淀溶解度较大,在化学计量点反应不完全。②共沉淀和后沉淀的影响,造成沉淀玷污,测定结果的误差较大。③形成的沉淀没有固定的组成,缺乏计算依据。④缺少合适的指示终点的方法。

目前应用最多的是以 $AgNO_3$ 为标准溶液,生成难溶性 AgX 沉淀的滴定分析法。

$$X: Cl^-、Br^-、I^-、CN^-、SCN^- 等$$

以银盐沉淀反应为基础的沉淀滴定方法称为银量法(argentimetry),可用于测定 Cl^-、Br^-、I^-、CN^-、SCN^- 和 Ag^+ 等,也可以测定经处理后,定量转化为这些离子的有机物。

此外,$K_4[Fe(CN)_6]$ 与 Zn^{2+}、Ba^{2+}、Pb^{2+} 与 SO_4^{2-}、Hg^{2+} 与 S^{2-}、$NaB(C_6H_5)_4$ 与 K^+ 等形成沉淀的反应也可以用于沉淀滴定分析。本节主要讨论银量法的基本原理及其应用。

二、银量法的基本原理

1. 滴定曲线 沉淀滴定过程中溶液中构晶离子浓度(或其负对数)的变化情况可以用滴定曲线表示。

以 0.1000 mol/L $AgNO_3$ 标准溶液滴定 20.00 ml 0.1000 mol/L NaCl 溶液为例,计算滴定过程中构晶离子浓度或其负对数的变化,绘制滴定曲线。

(1) 滴定开始前:溶液中的氯离子浓度等于 NaCl 的分析浓度。

$$[Cl^-] = 0.1000 \text{ mol/L} \quad pCl = -\lg(1.000 \times 10^{-1}) = 1.00$$

(2) 滴定开始至化学计量点前:溶液中的氯离子浓度,取决于剩余的 NaCl 的浓度。例如,当滴定到 90.0%,即加入 $AgNO_3$ 溶液 18.00 ml 时,溶液中的 $[Cl^-]$ 为:

$$[Cl^-] = \frac{0.1000 \times 2.00}{20.00 + 18.00} = 5.26 \times 10^{-3} \text{ mol/L} \quad pCl = 2.28$$

因为 $[Ag^+][Cl^-] = K_{sp} = 1.77 \times 10^{-10}$,$pAg + pCl = -\lg K_{sp} = 9.75$

故　　$pAg = 9.75 - 2.28 = 7.47$

同理,当滴定到 99.9%,即加入 $AgNO_3$ 标准溶液 19.98 ml 时,溶液中 Cl^- 的浓度是:

$$[Cl^-] = 5.0 \times 10^{-5} \text{ mol/L} \quad pCl = 4.30 \quad pAg = 5.45$$

(3) 化学计量点:达到化学计量点时,此时为 AgCl 饱和溶液,则:

$$pAg = pCl = \frac{1}{2}pK_{sp} = 4.88$$

(4) 化学计量点后:溶液的 Ag^+ 浓度由过量的 $AgNO_3$ 决定,当标准溶液过量 0.10%,即加入 $AgNO_3$ 溶液 20.02 ml 时,则:

$[Ag^+] = 5.0 \times 10^{-5}$ mol/L,因此 $pAg = 4.30$,$pCl = 9.75 - 4.30 = 5.45$。

不同滴定时刻的 pCl、pBr、pI 及 pAg 计算数据见表 4-1。由表 4-1 数据描绘的滴定曲线见图 4-1。

表 4-1　0.1000 mol/L AgNO₃ 溶液滴定 20.00 ml 0.1000 mol/L Cl⁻、Br⁻、I⁻ 时 pAg 与 pX 的变化

AgNO₃加入量		滴定 Cl⁻		滴定 Br⁻		滴定 I⁻	
V_{AgNO_3} (ml)	AgNO₃(%)	pCl	pAg	pBr	pAg	pI	pAg
0.0	0.0	1.00		1.00		1.00	
18.00	90.0	2.28	7.47	2.28	9.99	2.28	13.79
19.80	99.0	3.30	6.45	3.30	8.97	3.30	12.77
19.98	99.9	4.30	5.45	4.30	7.97	4.30	11.77
20.00	100.0	4.88	4.88	6.14	6.14	8.04	8.04
20.02	100.1	5.45	4.30	7.97	4.30	11.77	4.30
20.20	101.0	6.45	3.30	8.97	3.30	12.77	3.30
22.00	110.0	7.43	2.32	9.95	2.32	13.75	2.32
40.00	200.0	8.27	1.48	10.79	1.48	14.59	1.48

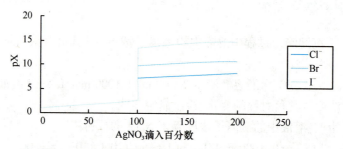

图 4-1　AgNO₃ 标准溶液滴定中 Cl⁻、Br⁻、I⁻ 的滴定曲线

滴定曲线具有如下特征：

（1）当忽略滴定过程中体积改变时,滴定曲线以化学计量点为中心前后对称。这说明随着滴定的进行,溶液中 Ag^+ 浓度逐渐增加,X^- 浓度以相同的比例减小,到化学计量点时,两种离子浓度相等,即以 pX、pAg 表示的两条曲线在化学计量点相交。

（2）滴定开始时溶液中 X^- 浓度较大,滴入 Ag^+ 所引起的 X^- 浓度改变不大,曲线比较平坦；近化学计量点时,溶液中 X^- 浓度已很小,滴入少量 Ag^+,即会引起 X^- 浓度极大变化,而形成滴定突跃。

（3）突跃范围的大小取决于被滴定离子的浓度和沉淀的溶度积常数 K_{sp}。①当溶液的浓度一定时,K_{sp} 越小,突跃范围越大。即在银量法中,相同浓度的 Cl⁻、Br⁻ 和 I⁻ 与 Ag^+ 的滴定曲线,突跃范围的顺序为：$\Delta pI > \Delta pBr > \Delta pCl$。②当沉淀的 K_{sp} 一定时,溶液的浓度越大,突跃范围越大。

2. 分步滴定法　当相同浓度的 Cl⁻、Br⁻ 和 I⁻ 共存,用 AgNO₃ 标准溶液同时滴定 Cl⁻、Br⁻ 和 I⁻ 时,由于它们的滴定突跃范围不同,在滴定曲线上显示出 3 个不同的滴定突跃。溶度积小的 I⁻ 最先被滴定,溶度积大的 Cl⁻ 最后被滴定。利用分步滴定可对 Cl⁻、Br⁻ 和 I⁻ 进行分别测定。但是,由于卤化银沉淀的吸附和生成混晶等因素的影响,测定结果误差较大。

三、银量法终点的指示方法

银量法指示终点的方法按照指示剂的作用原理不同可分为：铬酸钾指示剂法（莫尔法,

Mohr)、铁铵矾指示剂法(佛尔哈德法,Volhard)和吸附指示剂法(法扬斯法,Fajans)。

(一) 铬酸钾指示剂法

铬酸钾指示剂法是以铬酸钾(K_2CrO_4)为指示剂的银量法。

1. 原理 在中性或弱碱性的介质中,以 K_2CrO_4 为指示剂,用 $AgNO_3$ 标准溶液直接滴定 Cl^-(或 Br^-)。

滴定反应:$Ag^+ + Cl^- \rightleftharpoons AgCl\downarrow$(白色) $K_{sp} = 1.77\times 10^{-10}$

终点反应:$2Ag^+ + CrO_4^{2-} \rightleftharpoons Ag_2CrO_4\downarrow$(砖红色) $K_{sp} = 1.12\times 10^{-12}$

由于 AgCl 的溶解度小于 Ag_2CrO_4 的溶解度,根据分步沉淀的原理,首先析出白色的 AgCl 沉淀,待 Cl^- 被滴定完后,稍过量的 Ag^+ 与 CrO_4^{2-} 反应,产生 Ag_2CrO_4 砖红色的沉淀指示滴定终点。

2. 滴定条件

(1) 指示剂的用量:指示剂 CrO_4^{2-} 的用量直接影响 Mohr 法的准确度。CrO_4^{2-} 的浓度过高,不仅终点提前,而且 CrO_4^{2-} 本身的黄色也会影响终点观察;CrO_4^{2-} 的浓度过低,终点滞后。例如,滴定终点溶液总体积约 50 ml,消耗的 0.1 mol/L $AgNO_3$ 标准溶液约 20 ml,若终点时允许有 0.05% 的标准溶液过量,即 $AgNO_3$ 溶液过量 0.01 ml,过量 Ag^+ 的浓度为:

$$[Ag^+] = \frac{0.1 \times 0.01}{50} = 2.0\times 10^{-5}\ mol/L$$

此时,CrO_4^{2-} 浓度应为:

$$[CrO_4^{2-}] = \frac{K_{sp(AgCrO_4)}}{[Ag^+]^2} = \frac{1.12\times 10^{-12}}{(2.0\times 10^{-5})^2} = 2.8\times 10^{-3}\ mol/L$$

实际滴定时,一般是在总体积为 50~100 ml 的溶液中加入 5% 铬酸钾指示液 1~2 ml,此时 $[CrO_4^{2-}]$ 浓度在 $2.6\times 10^{-3} \sim 5.1\times 10^{-3}$ mol/L。在滴定氯化物时,当 Ag^+ 浓度达到 2.0×10^{-5} mol/L 时,实际上约有 40% 的 Ag^+ 来自 AgCl 沉淀的溶解,因此,实际标准溶液的过量的物质的量要比计算量少一些,即终点与化学计量点更接近。在滴定过程中,$AgNO_3$ 标准溶液的总消耗量应适当。若消耗标准溶液的体积太小,或标准溶液浓度过低,都会因为终点的过量使测定结果的相对误差增大。为此,需做指示液的"空白校正"。校正方法是将 1 ml 指示液加到 50 ml 水中,或加到无 Cl^- 含少许 $CaCO_3$ 的混悬液中,用 $AgNO_3$ 标准溶液滴定至同样的终点颜色,然后从试样滴定所消耗的 $AgNO_3$ 标准溶液的体积中扣除空白消耗的体积。

(2) 溶液的酸度:溶液的酸度对 Mohr 法的准确度影响较大。溶液的酸度过高,CrO_4^{2-} 生成弱电解质 H_2CrO_4 或 $Cr_2O_7^{2-}$,致使 CrO_4^{2-} 浓度降低,Ag_2CrO_4 沉淀推迟,甚至不产生沉淀;溶液的酸度过低,则生成 Ag_2O 沉淀。实验证明,Mohr 法应在 pH 6.5~10.5 的中性或弱碱性介质中进行。若试液中有铵盐或其他能与 Ag^+ 生成配合物的物质存在时,由于在碱性溶液中生成 $[Ag(NH_3)]^+$ 或 $[Ag(NH_3)_2]^+$ 等配离子,使 AgCl 和 Ag_2CrO_4 的溶解度增大,测定的准确度降低。实验证明,当 $c_{NH_4^+} > 0.05$ mol/L 时,控制溶液的 pH 在 6.5~7.2 范围内进行滴定,可得到满意的结果。若 $c_{NH_4^+} > 0.15$ mol/L 时,仅仅通过控制溶液酸度已不能消除影响,必须在滴定前将铵盐除去。

(3) 滴定时应剧烈振摇:剧烈振摇可释放出被 AgCl 或 AgBr 沉淀吸附的 Cl^- 或 Br^-,防止终点提前。

(4) 干扰的消除:与 Ag^+ 生成沉淀的阴离子如 PO_4^{3-}、AsO_4^-、SO_3^{2-}、S^{2-}、CO_3^{2-} 和 CrO_4^{2-} 等,与

CrO_4^{2-} 生成沉淀的阳离子如 Ba^{2+}、Pb^{2+} 等,大量 Cu^{2+}、Co^{2+}、Ni^{2+} 等有色离子,在中性或弱碱性溶液中易发生水解反应的离子如 Fe^{3+}、Al^{3+}、Bi^{3+} 和 Sn^{4+} 等均干扰测定,应预先分离。

3. 应用范围 Mohr 法主要用于 Cl^-、Br^- 和 CN^- 的测定,不适用于测定 I^- 和 SCN^-。这是因为 AgI 和 AgSCN 沉淀对 I^- 和 SCN^- 有较强烈的吸附作用,即使剧烈振摇也无法使 I^- 和 SCN^- 释放出来。此外,该方法也不适用于以 NaCl 标准溶液直接滴定 Ag^+,因为在 Ag^+ 试液中加入指示剂 K_2CrO_4 后,就会立即析出 Ag_2CrO_4 沉淀,用 NaCl 标准溶液滴定时 Ag_2CrO_4 再转化成 AgCl 的速率极慢,使终点推迟。因此,如用 Mohr 法测定 Ag^+,必须采用返滴定法,即先加入一定量且过量的 NaCl 标准溶液,然后再加入指示剂,用 $AgNO_3$ 标准溶液返滴定剩余的 Cl^-。

> **课堂互动**
>
> 使用铬酸钾指示剂法测定 Br^- 或 Cl^- 时,滴定终点前,加入的标准溶液 Ag^+ 为何不会与加入的指示剂 CrO_4^{2-} 生成 Ag_2CrO_4 沉淀?

(二) 铁铵矾指示剂法

铁铵矾指示剂法是以铁铵矾 $[NH_4Fe(SO_4)_2 \cdot 12H_2O]$ 为指示剂的银量法。本法可分为直接滴定法和返滴定法。

1. 直接滴定法

(1) 原理:在酸性条件下,以铁铵矾为指示剂,用 KSCN 或 NH_4SCN 为标准溶液直接滴定 Ag^+。

滴定反应:$Ag^+ + SCN^- \rightleftharpoons AgSCN \downarrow$(白色) $K_{sp(AgSCN)} = 1.03 \times 10^{-12}$

终点反应:$Fe^{3+} + SCN^- \rightleftharpoons [Fe(SCN)]^{2+}$(红色) $K = 200$

(2) 滴定条件

1) 滴定应在 0.1~1 mol/L HNO_3 溶液介质中进行。酸度过低,Fe^{3+} 发生水解,生成 $[Fe(OH)]^{2+}$ 等一系列深色配合物,影响终点观察。

2) 在终点恰好能观察到 $[Fe(SCN)]^{2+}$ 明显的红色,所需 $[Fe(SCN)]^{2+}$ 的最低浓度是 6×10^{-6} mol/L。为了维持 $[Fe(SCN)]^{2+}$ 的配位平衡,需使终点时 Fe^{3+} 的浓度控制在 0.015 mol/L。但 Fe^{3+} 的浓度若过大,其黄色会干扰终点的观察。

3) 在滴定过程中,不断有 AgSCN 沉淀形成,由于 AgSCN 具有强烈的吸附作用,部分 Ag^+ 被吸附于表面,使终点出现过早,结果偏低。因此,滴定过程必须充分振摇,使沉淀吸附降到最低。

(3) 应用范围:直接滴定法可测定 Ag^+ 等。

2. 返滴定法

(1) 原理:在含有卤素离子的 HNO_3 溶液中,加入一定量过量的 $AgNO_3$,以铁铵矾为指示剂,用 NH_4SCN 标准溶液返滴定过量的 $AgNO_3$。反应式如下:

滴定反应:$Ag^+_{(过量)} + X^- \rightleftharpoons AgX \downarrow$

$Ag^+_{(剩余量)} + SCN^- \rightleftharpoons AgSCN \downarrow$(白色)

终点反应:$SCN^- + Fe^{3+} \rightleftharpoons Fe(SCN)^{2+}$(红色)

(2) 滴定条件

1）滴定应在 0.1~1 mol/L HNO_3 溶液介质中进行。

2）强氧化剂、氮的氧化物及铜盐、汞盐均与 SCN^- 作用而干扰测定，必须事先除去。

3）返滴定法测定碘化物时，指示剂必须在加入过量 $AgNO_3$ 溶液之后才能加入，以免发生 $2I^- + 2Fe^{3+} \rightleftharpoons I_2 + 2Fe^{2+}$ 反应，造成结果误差。

4）返滴定法测定 Cl^- 时，由于 AgCl 的溶解度比 AgSCN 大，当剩余的 Ag^+ 被完全滴定后，过量的 SCN^- 将争夺 AgCl 中的 Ag^+，促使 AgCl 沉淀溶解，发生以下沉淀转化反应：

$$AgCl\downarrow + SCN^- \rightleftharpoons AgSCN\downarrow + Cl^-$$

该反应使得本应产生的 $[Fe(SCN)]^{2+}$ 红色不能及时出现，或已经出现的红色随着振摇而消失。因此，要想得到持久的红色就必须继续滴加 SCN^-，直到与 Cl^- 达到以下平衡为止：

$$\frac{[Cl^-]}{[SCN^-]} = \frac{K_{sp(AgCl)}}{K_{sp(AgSCN)}} = \frac{1.77 \times 10^{-10}}{1.03 \times 10^{-12}} = 172$$

由于沉淀转化的存在，过多地消耗了 NH_4SCN 标准溶液，造成一定的滴定误差。因此，在滴定氯化物时，为了避免上述沉淀转化反应的发生，应采取下列措施之一：①将已生成的 AgCl 沉淀滤去，再用 NH_4SCN 标准溶液滴定滤液。但此法需要滤过、洗涤等操作，手续繁琐、费时。②用 NH_4SCN 标准溶液滴定前，在生成 AgCl 的沉淀中加入 1~2 ml 硝基苯或 1,2-二氯乙烷，强烈振摇，有机溶剂将包裹在 AgCl 沉淀表面，使 AgCl 沉淀与 SCN^- 隔离，可有效阻止 SCN^- 与 AgCl 发生沉淀转化反应，但有机试剂毒性较大。③提高 Fe^{3+} 的浓度，以减小终点时 SCN^- 的浓度，从而减小滴定误差。实验证明，当溶液中 Fe^{3+} 浓度为 0.2 mol/L 时，滴定误差小于 0.1%。

用铁铵矾指示剂法测定 Br^-、I^- 等离子时，由于 AgBr 和 AgI 等的溶度积常数比 AgSCN 小，因此不存在沉淀的转化。

(3) 应用范围：返滴定法可测定 Cl^-、Br^-、I^-、CN^-、SCN^- 等离子。

(三) 吸附指示剂法

吸附指示剂法是以吸附剂为指示剂的银量法。

1. 原理 吸附指示剂是一类有机染料，当它被沉淀表面吸附后，结构发生改变从而引起颜色的变化来指示滴定终点。吸附指示剂可分为两类：一类是酸性染料，如荧光黄及其衍生物，它们是有机弱酸，解离出指示剂阴离子；另一类是碱性染料，如甲基紫、罗丹明 6G 等，它们是有机弱碱，解离出指示剂阳离子。荧光黄（HFIn）在溶液中存在以下离解平衡：

$$HFIn \rightleftharpoons FIn^-（黄绿色）+ H^+ \quad pK_a = 7$$

在化学计量点前，溶液中 Cl^- 过量，AgCl 吸附 Cl^- 而带负电荷，FIn^- 不被吸附，溶液呈 FIn^- 的黄绿色。在化学计量点后，溶液中有过剩的 Ag^+，AgCl 吸附 Ag^+ 带正电荷，带正电荷的胶团又吸附 FIn^-。被吸附后的 FIn^-，结构发生变化而呈粉红色，从而指示滴定终点。即：

终点前 Cl^- 过量　　$AgCl \cdot Cl^- + FIn^-$（黄绿色）

终点后 Ag^+ 过量　　$AgCl \cdot Ag^+ + FIn^- \rightleftharpoons AgCl \cdot Ag^+ \cdot FIn^-$（粉红色）

如果用 Cl^- 滴定 Ag^+，以荧光黄为指示剂，颜色的变化正好相反。也可选用碱性染料甲基紫作为指示剂指示终点。反应过程如下：

终点前 Ag^+ 过量　　$AgCl \cdot Ag^+ + H_2FIn^+$（红色）

终点后 Cl^- 过量　　$AgCl \cdot Cl^- + H_2FIn^+ \rightleftharpoons AgCl \cdot Cl^- \cdot H_2FIn^+$（紫色）

2. 滴定条件

（1）沉淀的比表面积要尽可能的大。由于颜色的变化发生在沉淀表面，沉淀的比表面积越大，终点变色越明显。为此常加入一些保护胶体试剂如糊精等，阻止卤化银凝聚，使其保持胶体状态。

（2）溶液的酸度应有利于指示剂显色型体的存在。常用的几种吸附指示剂 pH 适用范围见表 4-2。

表 4-2　常用的几种吸附指示剂 pH 适用范围

指示剂名称	滴定剂	适用的 pH 范围	待测离子
荧光黄	Ag^+	7~10	Cl^-
二氯荧光黄	Ag^+	4~10	Cl^-
曙红	Ag^+	2~10	Br^-、I^-、SCN^-
甲基紫	Ba^{2+}、Cl^-	1.5~3.5	SO_4^{2-}、Ag^+
橙黄素Ⅳ 氨基苯磺酸	Ag^+	微酸性	Cl^-、I^-生物碱盐类
溴酚蓝			
二甲基二碘荧光黄	Ag^+	中性	I^-

（3）胶体颗粒对指示剂的吸附能力应略小于对被测离子的吸附能力。胶体对指示剂吸附能力太大，指示剂可能在化学计量点前变色；吸附能力太小，终点推迟。卤化银对卤化物和几种常见吸附指示剂的吸附能力的次序为：I^->二甲基二碘荧光黄>Br^->曙红>Cl^->荧光黄。因此，滴定 Cl^- 时只能选荧光黄，滴定 Br^- 选曙红为指示剂。

（4）滴定应避免强光照射。因为卤化银对光极为敏感，遇光易分解析出金属银，溶液很快变灰色或黑色。

（5）溶液浓度不能太小。溶液浓度太小，获得沉淀少，终点观察困难。

3. 应用范围

吸附指示剂法可用于 Cl^-、Br^-、I^-、SCN^-、SO_4^{2-} 和 Ag^+ 等离子的测定。

> **链 接　沉淀的表面吸附**
>
> 由于沉淀表面的离子电荷未达到平衡，它们的残余电荷会吸引溶液中带相反电荷的离子。这种吸附是有选择性的：首先与沉淀中离子相同或相近而电荷相等的离子优先被吸附；其次，能与被沉淀的离子生成溶解度较小的物质的离子越容易被吸附；最后，化合价越高、浓度越大的离子越容易被吸附。

第 2 节　沉淀滴定法的应用

一、标准溶液和基准物质

1. 基准物质　银量法常用的基准物质是市售的一级纯 $AgNO_3$ 或基准 $AgNO_3$ 和 NaCl。

（1）$AgNO_3$ 基准物质：可选用市售的 $AgNO_3$ 基准物，若纯度不够可在稀硝酸中重结晶提纯。精制过程应避光和避免有机物（如滤纸纤维），以防 Ag^+ 被还原。所得结晶可在 100℃

下干燥除去表面水,在200~250℃干燥15分钟除去包埋水。密闭避光保存。

（2）NaCl基准物质：NaCl可选用市售的基准级试剂,也可用一般试剂级规格的氯化钠进行精制。氯化钠极易吸潮,应置于干燥器中保存。

2. 标准溶液　银量法常用的标准溶液是$AgNO_3$和NH_4SCN（或$KSCN$）。

（1）$AgNO_3$标准溶液：精密称取一定量基准$AgNO_3$,加水溶解定容制成。或用分析纯$AgNO_3$配制,再用基准NaCl标定制成。$AgNO_3$标准溶液见光易分解,应置于棕色瓶中避光保存,存放一段时间后,应重新标定。标定方法最好与样品测定方法相同,以消除方法误差。

（2）NH_4SCN（或$KSCN$）标准溶液：以铁铵矾为指示剂,用$AgNO_3$标准溶液对NH_4SCN（或$KSCN$）进行标定制成。

▶ 二、应用实例

（一）可溶性卤化物含量的测定

无机卤化物NaCl、NH_4Cl、KI等许多有机碱的氢卤酸盐,如盐酸麻黄碱,均可采用银量法测定。

案例 4-1

取氯化铵1 g,精密称定,置250 ml容量瓶中,加入适量水溶解,再加水稀释至刻度,摇匀。用移液管精密移取25 ml于锥形瓶中,加入5%的K_2CrO_4指示液1 ml,用$AgNO_3$标准溶液（0.1 mol/L）滴定至沉淀表面呈砖红色,即为终点。样品中NH_4Cl的百分含量即可由下式求出：

$$\omega_{NH_4Cl}(\%) = \frac{(cV)_{AgNO_3} \times M_{NH_4Cl} \times 10^{-3}}{m \times \dfrac{25}{250}} \times 100\%$$

式中,m为样品的质量,单位为g。

问题：
1. 待测液中K_2CrO_4的物质的量浓度是多少？
2. 测定原理是什么？

案例 4-2

取KBr样品0.2 g,精密称定,用50 ml蒸馏水使之溶解,加入新煮沸放冷的HNO_3 2 ml,再加入$AgNO_3$标准溶液（0.1 mol/L）25 ml,振荡充分,加入0.015mol/L的铁铵矾指示液1 ml。最后用NH_4SCN标准溶液（0.1 mol/L）返滴定过量的Ag^+,滴定至沉淀表面呈微红色即为终点。样品中KBr的百分含量为：

$$\omega_{KBr}(\%) = \frac{[(cV)_{AgNO_3} - (cV)_{NH_4SCN}] \times M_{KBr} \times 10^{-3}}{m} \times 100\%$$

式中,m为样品的质量,单位为g。

问题：
1. 测定过程中采用的是什么滴定方式？
2. 如何确定滴定终点？

(二) 人类体液中 Cl⁻ 含量的测定

人体内的氯一般是以 Cl⁻ 形式存在于细胞外液中,浓度为 0.96～1.08 mol/L,与钠离子共存,因此氯化钠是细胞外液中最重要的电解质。

例 4-1 临床测定血清氯时,取 10.00 ml(V_s)无蛋白血清液,加 2 滴 K_2CrO_4 指示液,以 $AgNO_3$ 标准溶液(0.0986 mol/L)进行滴定,终点时用去 14.00 ml $AgNO_3$ 标准溶液,则每 100 ml 血清样品中以 NaCl(M_{NaCl} = 58.489 g/mol)计的量为:

$$\rho_{NaCl} = \frac{(cV)_{AgNO_3} \times M_{NaCl}}{V_s} \times 100 = \frac{0.0986 \times 14.00 \times 58.489}{10.00} \times 100 = 807 \text{ mg}/100 \text{ ml}$$

第 3 节　重量分析法

重量分析法(gravimetric analysis method)是通过称量物质的某种称量形式的质量来确定被测组分含量的一种定量分析方法。在重量分析中,一般首先采用适当的方法,使被测组分以单质或化合物的形式从试样中与其他组分分离,将分离的物质转化成一定的称量形式,由称量形式的质量计算被测组分的含量。重量分析的过程包括分离和称量两个过程。根据分离的方法不同,重量分析法又可分为沉淀法(precipitation method)、挥发法(volatilization method)和萃取法(extraction method)等。

沉淀法是利用沉淀反应使待测组分以难溶化合物的形式沉淀出来。挥发法是利用物质的挥发性质,通过加热或其他方法使被测组分从试样中挥发逸出。萃取法是利用被测组分与其他组分在互不混溶的两种溶剂中分配系数不同,使被测组分从试样中定量转移至萃取溶剂中而与其他组分分离。

重量分析法是直接通过称量而获得分析结果,不需要与标准试样或基准物质进行比较,没有容量器皿引起的误差,进行常量分析时准确度比较高,但是操作较繁琐、费时,对低含量组分的测定误差较大。对于某些常量元素如硅、硫、钨的含量和药物的水分、灰分和挥发物等的测定仍采用重量分析法。重量分析法中以沉淀法应用最广,因此,本节主要讨论沉淀重量分析法。

一、沉淀重量分析法

沉淀重量分析法利用沉淀反应,将被测组分转化成难溶物,以沉淀形式从溶液中分离出来,经滤过、洗涤、烘干或灼烧成称量形式,对称量形式进行称量,计算被测组分含量的方法。

(一) 沉淀形式和称量形式

沉淀形式(precipitation form)是沉淀重量法中析出沉淀的化学组成。称量形式(weighing form)是沉淀经处理后具有固定组成、供最后称量的化学组成。沉淀形式和称量形式可以相同也可以不同。以重量法测定 SO_4^{2-} 和 Ca^{2+} 的含量为例,说明沉淀形式和称量形式之间的关系。

$$SO_4^{2-} + Ba^{2+} \rightarrow BaSO_4 \downarrow \xrightarrow{\text{滤过、洗涤、灼烧}} BaSO_4$$

$$Ca^{2+} + C_2O_4^{2-} \rightarrow CaC_2O_4 \downarrow \xrightarrow{\text{滤过、洗涤、灼烧}} CaO$$

　　　　　　　　　　　　沉淀形式　　　　　　　　称量形式

前者的沉淀形式和称量形式相同,都是 $BaSO_4$;但后者的沉淀形式是 CaC_2O_4,称量形式是 CaO,沉淀形式和称量形式不同。

(二) 沉淀重量分析法对沉淀形式和称量形式的要求

为了操作简便并保证测定结果的准确度,沉淀重量分析法对沉淀形式和称量形式有如下要求。

1. 对沉淀形式的要求 ①沉淀的溶解度要小。沉淀的溶解损失的量应不超过分析天平的称量误差范围(±0.2 mg),这样才能保证反应定量完全。②沉淀的纯度要高,避免杂质玷污。③沉淀便于滤过和洗涤,尽量获得粗大的晶型沉淀或致密的无定形沉淀。④沉淀形式易于转化为具有固定组成的称量形式。

2. 对称量形式的要求 ①称量形式必须有确定的化学组成,否则无法计算测定结果。②称量形式必须稳定,不受空气中水分、CO_2 和 O_2 等的影响。③称量形式的摩尔质量要大,这样可以增大称量形式的质量,减少称量误差,提高分析结果的准确度。例如,沉淀重量法测定 Al^{3+},可以用氨水作为沉淀剂,沉淀形式是 $Al(OH)_3$,称量形式为 Al_2O_3。也可以 8-羟基喹啉为沉淀剂,沉淀形式和称量形式都是 8-羟基喹啉铝 $(C_9H_6NO)_3Al$。分析天平的称量误差一般为 ±0.2 mg。由于上述两种称量形式的摩尔质量不同,测定 $2.5×10^{-3}$ mol Al^{3+},用相同的分析天平称量引起的相对误差分别为:

$$Al_2O_3: \frac{±0.0002}{0.1274} × 100\% = ±0.2\%$$

$$(C_9H_6NO)_3Al: \frac{±0.0002}{1.149} × 100\% = ±0.02\%$$

显然,采用 8-羟基喹啉为沉淀剂测定的准确度要高。

> **链接** 恒 重
>
> 恒重系指供试品(1g)连续两次干燥或炽灼后的重量差异在 0.3 mg(《中国药典》规定为 0.3 mg)以下的重量。
>
> 恒重的目的是检查在一定温度条件下试样经加热后其中挥发性成分是否挥发完全。

(三) 沉淀形态和沉淀的形成

1. 沉淀的形态 根据沉淀的物理性质不同,沉淀的形态大致可分为:晶形沉淀(crystalline precipitate)和无定形沉淀(amorphous precipitate)或非晶形沉淀。$BaSO_4$ 是晶形沉淀,$Fe_2O_3 \cdot nH_2O$ 是无定形沉淀。AgCl 是凝乳状沉淀。它们之间的主要差别是沉淀颗粒大小不同。晶形沉淀颗粒直径一般为 0.1~1 μm,无定形沉淀颗粒直径一般小于 0.02 μm,凝乳状沉淀颗粒直径介于两者之间。

晶形沉淀颗粒较大,沉淀致密,易于滤过、洗涤;无定形沉淀颗粒较小,沉淀疏松,不易滤过、洗涤。生成的沉淀是晶形沉淀还是无定形沉淀,取决于沉淀的性质、形成沉淀的条件及沉淀预处理方法。因此了解沉淀的过程和性质,控制沉淀的条件,获得满意的沉淀形式对沉淀重量分析是很重要的。

2. 沉淀的形成 沉淀的形成是一个复杂的过程,大致可经过晶核形成和晶核长大两个过程。

$$构晶离子 \xrightarrow{成核作用} 晶核 \xrightarrow{长大过程} 沉淀颗粒 \xrightarrow{凝聚} 无定形沉淀$$

构晶离子 $\xrightarrow{\text{成核作用}}$ 晶核 $\xrightarrow{\text{长大过程}}$ 沉淀颗粒 $\xrightarrow{\text{定向排列}}$ 晶形沉淀

（1）晶核的形成：一般分为均相成核和异相成核。①均相成核是在过饱和溶液中，构晶离子通过静电作用而缔合，从溶液中自发地产生晶核的过程。溶液的相对过饱和度越大，均相成核越多。②异相成核是在沉淀的介质和容器中不可避免存在一些固体颗粒，构晶离子或离子群扩散到这些微粒表面，诱导构晶离子形成晶核的过程。固体微粒越多，异相成核数目越多。

（2）晶核长大：溶液中形成晶核以后，过饱和溶液中的溶质就可以在晶核上沉积出来。晶核逐渐长大，形成沉淀颗粒。

（3）沉淀的形成：沉淀颗粒聚集成更大聚集体的速度称为聚集速度。构晶离子在沉淀颗粒上按一定顺序定向排列的速度称为定向速度。在沉淀过程中，聚集速度大于定向速度，沉淀颗粒聚集形成无定形沉淀；定向速度大于聚集速度，构晶离子在晶格上定向排列，形成晶形沉淀。

聚集速度主要由溶液的过饱和度决定。冯韦曼（Von Weimam）曾用经验公式描述了沉淀生成的聚集速度 V 与溶液相对过饱和度的关系：

$$V = \frac{K(Q-S)}{S} \tag{4-1}$$

式中，Q 为加入沉淀剂时溶质的瞬间总浓度；S 为沉淀的溶解度；$Q-S$ 为过饱和度；K 是与沉淀性质、温度和介质等因素有关的常数。

由式(4-1)可知，相对过饱和度越大，聚集速度越大，形成无定形沉淀；相对过饱和度越小，聚集速度越小，可能形成晶形沉淀。例如，在沉淀 $BaSO_4$ 时，常在稀盐酸溶液中进行，目的是利用稀溶液和酸效应增大 $BaSO_4$ 的溶解度，减小溶液的相对过饱和度，得到颗粒较大的晶形沉淀。

极性较强的盐类（如 $BaSO_4$、CaC_2O_4 等）一般都具有较大的定向速度，易生成晶形沉淀。高价金属离子的氢氧化物如[$Al(OH)_3$、$Fe(OH)_3$ 等]一般溶解度小，沉淀时溶液的相对过饱和度较大，同时又含有大量的水分子，阻碍离子的定向排列，易生成体积庞大、结构疏松的无定形沉淀。

（四）沉淀的完全程度及其影响因素

沉淀的完全程度直接影响沉淀分析法的准确度。因此，人们总是希望被测组分沉淀得越完全越好。但是，在水溶液中绝对不溶解的沉淀是不存在的，能达到重量分析所要求溶解度的沉淀也是很少的。因此，我们必须了解沉淀的溶解度及其影响因素，优化沉淀条件，提高沉淀分析法的准确度。

1. 溶度积与溶解度　　1：1 型难溶化合物 MA 在水中的溶解平衡为：

$$MA(固) \rightleftharpoons MA(水) \rightleftharpoons M^+ + A^-$$

即沉淀分子固相与其液相间的平衡，液相中未解离分子与离子之间的平衡。固体 MA 的溶解部分以 M^+（或 A^-）和 MA（水）两种状态存在。其中 MA（水）可以是分子状态，也可以是 $M^+ \cdot A^-$ 离子对化合物。例如：

$$AgCl(固) \rightleftharpoons AgCl(水) \rightleftharpoons Ag^+ + Cl^-$$
$$CaSO_4(固) \rightleftharpoons Ca^{2+} \cdot SO_4^{2-}(水) \rightleftharpoons Ca^{2+} + SO_4^{2-}$$

根据 MA（固）和 MA（水）之间的沉淀平衡可得：$S^0 = \dfrac{a_{MA(水)}}{a_{MA(固)}}$

S^0 为固有溶解度(intrinsic solubility)或分子溶解度。在一定温度下,纯固体活度 $a_{MA(固)} = 1$,$S^0 = a_{MA(水)}$。即在一定温度下,固相与其液相共存时,溶液中以分子(或离子对)状态存在的活度为一常数。

根据沉淀 MA 在水溶液中的离解平衡关系,得到:$K = \dfrac{a_{M^+} \cdot a_{A^-}}{a_{MA(水)}}$

将 S^0 代入得:$a_{M^+} \cdot a_{A^-} = S^0 \cdot K = K_{ap}$ (4-2)

式中,K_{ap} 为离子活度积常数或活度积(activity product)。K_{ap} 是热力学常数,随温度的变化而变化。活度与浓度的关系为:

$$a_{M^+} \cdot a_{A^-} = \gamma_{M^+} \cdot [M^+] \cdot \gamma_{A^-} \cdot [A^-] = K_{ap}$$

$$[M^+] \cdot [A^-] = \dfrac{K_{ap}}{\gamma_{M^+} \cdot \gamma_{A^-}} = K_{sp} \tag{4-3}$$

对于 M_mA_n 型难溶盐,K_{sp} 的表达式如下:

$$K_{sp} = [M^{n+}]^m \cdot [A^{m-}]^n \tag{4-4}$$

式中,K_{sp} 为离子溶度积或溶度积(solubility product)。K_{sp} 与溶液的温度和离子强度有关。当溶液离子强度较小时,活度系数为 1,即 $K_{ap} = K_{sp}$,活度积可作为溶度积使用;当溶液中离子强度较大时,$K_{ap} \neq K_{sp}$,此时,应采用活度系数对活度积进行校正。

溶解度(solubility)是在平衡状态下所溶解的 MA 的总浓度。若溶液中不存在其他平衡关系时,则固体 MA 的溶解度 S 应为固有溶解度 S^0 和构晶离子 M^+ 或 A^- 的浓度之和,即:

$$S = S^0 + [M^+] = S^0 + [A^-]$$

一般情况下 S^0 很小,如 AgBr、AgCl、AgI 等的固有溶解度约占总溶解度的 $0.1\% \sim 1\%$,且 S^0 也不易测得。因此,固有溶解度可忽略不计。所以,MA 的溶解度为:

$$S = [M^+] = [A^-] = \sqrt{K_{sp}} \tag{4-5}$$

M_mA_n 型难溶盐溶解为:

$$S = \dfrac{[M^{n+}]}{m} = \dfrac{[A^{m-}]}{n} = \sqrt[m+n]{\dfrac{K_{sp}}{m^m n^n}} \tag{4-6}$$

2. 条件溶度积 在溶液中除了被测离子与沉淀剂形成沉淀的主反应外,还存在许多副反应,副反应的强弱用副反应系数 α_M、α_A 描述。在有副反应存在的条件下,溶度积的表达式如下:

$$K_{sp} = [M][A] = \dfrac{[M'] \cdot [A']}{\alpha_M \cdot \alpha_A} = \dfrac{K'_{sp}}{\alpha_M \cdot \alpha_A} \tag{4-7}$$

即 $$K'_{sp} = K_{sp}\alpha_M\alpha_A = [M'][A'] \tag{4-8}$$

式中,K'_{sp} 称为条件溶度积(conditional solubility product)。由于副反应的存在,条件溶度积 $K'_{sp} > K_{sp}$,使沉淀溶解度增大。此时溶解度为:

$$[M'] = [A'] = \sqrt{K'_{sp}} \tag{4-9}$$

M_mA_n 型的沉淀溶解度为:

$$S = \sqrt[m+n]{\dfrac{K'_{sp}}{m^m n^n}} \tag{4-10}$$

其中,$K'_{sp} = K_{sp}(\alpha_M)^m(\alpha_A)^n$。同一种沉淀的条件溶度积 K'_{sp} 随沉淀条件的变化而改变。K'_{sp} 能真实、客观地反映沉淀的溶解度及其影响因素。

(五)影响沉淀溶解度的因素

1. 同离子效应(common ion effect)　是当沉淀反应达到平衡后,适量增大构晶离子的浓度使难溶盐溶解度降低的现象。在重量分析中,常加入过量的沉淀剂,利用同离子效应降低沉淀的溶解度,使沉淀完全。一般情况下,沉淀剂过量50%~100%可达到预期的目的。如果沉淀剂不易挥发,则以过量20%~30%为宜。但是如果沉淀剂过量太多,则又有可能引起盐效应、酸效应及配位效应等副反应,反而使沉淀的溶解度增大。

2. 酸效应(acid effect)　是溶液的酸度改变使难溶盐溶解度改变的现象。发生酸效应的原因主要是溶液中 H^+ 对难溶盐离解平衡的影响。酸效应对弱酸盐或多元酸盐沉淀、本身是弱酸(如硅酸)的沉淀及许多有机沉淀剂形成的沉淀影响较大。

3. 配位效应(coordination effect)　是当溶液中存在能与金属离子生成可溶性配合物的配位剂时,使难溶盐溶解度增大的现象。AgCl 在 0.01 mol/L 氨水溶液中的溶解度是在纯水中的 10 倍。

有些沉淀反应,当沉淀剂适当过量时,同离子效应起主要作用;当沉淀剂过量较多时,配位效应起主要作用。例如,在 Ag^+ 溶液中加入 Cl^-,生成 AgCl 沉淀,但若继续加入过量的 Cl^-,则 Cl^- 能与 AgCl 配位生成 $AgCl_2^-$ 和 $AgCl_3^{2-}$ 配位离子,而使 AgCl 沉淀逐渐溶解。AgCl 在不同浓度 NaCl 溶液中的溶解度如表 4-3 所示。

表 4-3　AgCl 在不同浓度 NaCl 溶液中的溶解度

过量 Cl^- 浓度(mol/L)	AgCl 溶解度(mol/L)	过量 Cl^- 浓度(mol/L)	AgCl 溶解度(mol/L)
0.0	1.3×10^{-5}	8.81×10^{-2}	3.61×10^{-6}
3.9×10^{-3}	7.2×10^{-7}	3.5×10^{-1}	1.71×10^{-5}
3.6×10^{-2}	1.9×10^{-6}	5.01×10^{-1}	2.81×10^{-5}

4. 盐效应(salt effect)　是指难溶盐的溶解度随溶液中离子强度增大而增加的现象。溶液的离子强度越大,离子活度系数越小。从式(4-3)可以看出,在一定温度下,K_{ap} 是一常数,活度系数与 K_{sp} 成反比。活度系数 γ_{M^+}、γ_{A^-} 减小,K_{sp} 增大,溶解度必然增大。高价离子的活度系数受离子强度的影响较大,所以构晶离子的电荷越高,盐效应越严重。一般由盐效应引起沉淀溶解度的变化与同离子效应、酸效应和配位效应等相比,影响要小得多,常常可以忽略不计。

因此,在利用同离子效应降低沉淀溶解度的同时,应考虑到盐效应和配位效应的影响,否则沉淀溶解度不仅不会减小,反而增加,达不到预期的目的。

5. 其他影响因素

(1)温度:溶解一般是吸热过程,绝大多数沉淀的溶解度是随温度升高而增大,温度越高,溶解度越大。但有时为了得到合适的沉淀,需在加热条件下进行,如 $Fe_2O_3 \cdot nH_2O$、Al_2O_3 等易产生胶溶,因此,常采用在加有电解质的热溶液中进行沉淀的方法。

(2)溶剂:大部分无机难溶盐溶解度受溶剂极性影响较大,溶剂极性越大,无机难溶盐溶解度就越大,改变溶剂极性可以改变沉淀的溶解度。对一些水中溶解度较大的沉淀,加入适量与水互溶的有机溶剂,可以降低溶剂的极性,减小难溶盐的溶解度。例如,$PbSO_4$ 在 30% 乙醇水溶液中的溶解度比在纯水中约低 20 倍。

(3)颗粒大小与形态:晶体内部的分子或离子都处于静电平衡状态,彼此的吸引力大。

而处于表面上的分子或离子,尤其是晶体的棱上或角上的分子或离子,受内部的吸引力小,同时受溶剂分子的作用,易进入溶液,溶解度增大。同一种沉淀,在相同重量时,颗粒越小,表面积越大,因此具有更多的棱和角,所以小颗粒沉淀比大颗粒沉淀溶解度大。另外,有些沉淀初生成时是一种亚稳态晶型,有较大的溶解度,需待转化成稳定结构,才有较小的溶解度。例如,CoS 沉淀初生成时为 α 型,$K_{sp} = 4 \times 10^{-20}$,放置后转化为 β 型,$K_{sp} = 7.9 \times 10^{-24}$。

(4) 水解作用:由于沉淀的构晶离子发生水解,使难溶盐溶解度增大的现象称为水解作用。例如,$MgNH_4PO_4$ 的饱和溶液中,三种离子都能水解:

$$Mg^{2+} + H_2O \rightleftharpoons MgOH^+ + H^+$$

$$NH_4^+ + H_2O \rightleftharpoons NH_4OH + H^+$$

$$PO_4^{3-} + H_2O \rightleftharpoons HPO_4^{2-} + OH^-$$

由于水解使 $MgNH_4PO_4$ 离子浓度乘积大于溶度积,沉淀溶解度增大。为了抑制离子的水解,在 $MgNH_4PO_4$ 沉淀时需加入适量的氨水。

(5) 胶溶作用:进行无定形沉淀反应时,极易形成胶体溶液,甚至已经凝集的胶体沉淀还会重新转变成胶体溶液。同时胶体微粒小,可透过滤纸而引起沉淀损失。因此在无定形沉淀时常加入适量电解质防止沉淀胶溶。例如,$AgNO_3$ 沉淀 Cl^- 时,需加入一定浓度的 HNO_3 溶液;洗涤 $Al(OH)_3$ 沉淀时,要用一定浓度 NH_4NO_3 溶液,而不用纯水洗涤。

(六) 影响沉淀纯度的因素

沉淀重量法要求得到纯净的沉淀,但事实上沉淀从溶液中析出时,不可避免或多或少地夹带有杂质,使沉淀玷污。为此,必须了解影响沉淀纯度的因素及其消除办法,以提高重量法测定结果的准确度。

1. 共沉淀(coprecipitation) 是当某种沉淀从溶液中析出时,溶液中共存的可溶性杂质也夹杂在该沉淀中一起析出的现象。共沉淀是重量分析法误差的主要来源之一。共沉淀主要有以下几种类型。

(1) 表面吸附:吸附共沉淀(adsorption coprecipitation)是由于沉淀表面吸附引起的共沉淀。在沉淀晶格内部,正负离子按一定的顺序排列,离子都被带相反电荷的离子所饱和,处于静电平衡状态。而处于沉淀表面、棱或角上的离子至少有一个方向没有被包围,它们具有吸引溶液中其他异电荷离子的能力。沉淀颗粒越小,表面积越大,吸附溶液中异电荷离子的能力越强。表面吸附遵从下面的吸附规则:①与构晶离子生成溶解度小的化合物的离子优先被吸附。例如,用过量的 $BaCl_2$ 溶液与 K_2SO_4 溶液作用时,生成 $BaSO_4$,在 $BaSO_4$ 表面首先吸附 Ba^{2+},使沉淀表面带正电荷,然后再吸引溶液中带异电荷离子 Cl^-,构成中性的双电层。$BaCl_2$ 过量越多,吸附共沉淀也越严重,如果用 $Ba(NO_3)_2$ 代替 $BaCl_2$,并使两者过量的程度一样时,则共沉淀的 $Ba(NO_3)_2$ 比 $BaCl_2$ 多,这是因为 $Ba(NO_3)_2$ 溶解度比 $BaCl_2$ 小的缘故。②浓度相同的离子,带电荷越多的离子,越易被吸附。③电荷相同的离子,浓度越大,越易被吸附。同时沉淀的总表面积越大,温度越低,吸附杂质量越多。减少或消除吸附共沉淀的有效方法是洗涤沉淀。

(2) 形成混晶或固溶体:混晶共沉淀(mixed crystal coprecipitation)是如果被吸附的杂质与沉淀具有相同的晶格、相同的电荷或离子半径,杂质离子可进入晶格排列引起的共沉淀。例如,$BaSO_4$-$PbSO_4$,$AgCl$-$AgBr$ 等都可形成混晶,这种混晶称为同形混晶。又如,$KMnO_4$ 可随 $BaSO_4$ 沉淀形成而进入 $BaSO_4$ 沉淀晶格,使沉淀呈粉红色,用水洗涤不褪色,说明虽然

$KMnO_4$ 和 $BaSO_4$ 电荷不同，但离子半径相近，可生成固溶体。减少或消除同形混晶共沉淀的最好方法是事先除去杂质。有些混晶，杂质离子或原子并不位于正常晶格的位置上，而是位于晶格空隙中，这种混晶称为异形混晶。减少或消除异形混晶共沉淀的方法是在沉淀时缓慢加入沉淀剂，将沉淀进行陈化。

（3）包埋或吸留：包埋共沉淀（embedding co-precipitation）是由于沉淀形成速度快，吸附在沉淀表面的杂质或母液来不及离开，被随后形成的沉淀所覆盖，包藏在沉淀内部引起的共沉淀。例如，生成 $BaSO_4$ 时，在沉淀中包埋有大量阴离子。由于 $Ba(NO_3)_2$ 的溶解度小于 $BaCl_2$，包藏 $Ba(NO_3)_2$ 的量一般比 $BaCl_2$ 多。晶体成长过程中，由于晶面缺陷和晶面生长的各向不均匀性，也可将母液包埋在晶格内部的小孔穴中而共沉淀。减少或消除包埋共沉淀的方法是将沉淀重结晶或进行陈化。

2. 后沉淀（postprecipitation） 是在沉淀析出后，溶液中本来不能析出沉淀的组分，也在沉淀表面逐渐沉积出来的现象。后沉淀是由于沉淀表面的吸附作用引起的。例如，在含有 Cu^{2+}、Zn^{2+} 的酸性溶液中通入 H_2S，最初得到的 CuS 沉淀中并不夹杂 ZnS，但若将沉淀与溶液长时间放置，CuS 表面吸附 S^{2-}，而使沉淀表面的 S^{2-} 浓度增大，致使 $[S^{2-}][Zn^{2+}]$ 大于 ZnS 的 K_{sp}，在 CuS 沉淀表面析出 ZnS 沉淀，沉淀在溶液中放置时间越长，后沉淀现象越严重。减少或消除后沉淀的方法是缩短沉淀和母液共置的时间。

（七）沉淀条件的选择

在重量分析中，为了获得准确的分析结果，不仅要求沉淀完全、纯净，而且易于滤过、洗涤。为此，必须根据沉淀的性质和形态，选择和优化沉淀条件。

1. 晶型沉淀的沉淀条件

（1）在较稀的溶液中进行沉淀：溶液的浓度越小，相对过饱和度越小，均相成核的数量越少。构晶离子的聚集速度小于定向排列速度，从而得到大颗粒晶形沉淀，易于滤过和洗涤。晶粒越大，比表面积越小，杂质吸附越少，共沉淀现象越少，沉淀越纯净。但对溶解度较大的沉淀，必须考虑溶解损失。

（2）在热溶液中进行沉淀：一般难溶化合物的溶解度随温度升高而增大，沉淀吸附杂质的量随温度升高而减少。所以在热溶液中进行沉淀，一方面能降低溶液的相对过饱和度，以减少成核数量，得到颗粒大的晶形沉淀。另一方面又能减少杂质的吸附，有利于得到纯净的沉淀。有的沉淀在热溶液中溶解度较大，应放冷后再滤过，以减少沉淀的损失。

（3）在不断搅拌下，慢慢加入沉淀剂：这样可以防止局部过浓，降低沉淀剂离子在全部或局部溶液中的过饱和度，得到颗粒大而纯净的沉淀。

（4）进行陈化：陈化（aging）是将沉淀与母液一起放置的过程。在同样条件下，小晶粒的溶解度比大晶粒的溶解度大，如果溶液对于大结晶是饱和的，对于小结晶则未达到饱和，于是小结晶溶解，溶解到一定程度后，溶液对大结晶达到过饱和，溶液中离子就在大结晶上沉淀。但溶液对大结晶为饱和溶液时，对小结晶又为不饱和状态，小结晶又要继续溶解。这样，小结晶不断地溶解，而大结晶不断地长大，结果使晶粒变大。所以陈化的结果：①小颗粒不断溶解，大颗粒不断长大。②吸附、吸留或包藏在小晶粒内部的杂质重新进入溶液，使沉淀更加纯净。③不完整的晶粒转化为更完整的晶粒。加热和搅拌可增加小颗粒的溶解速度和离子在溶液中的扩散速度，缩短陈化时间。

（5）均匀沉淀：尽管在不断搅拌下缓慢加入沉淀剂，沉淀剂局部过浓的现象还是难以避免。均匀沉淀是利用化学反应使溶液中缓慢而均匀地产生沉淀剂,待沉淀剂达到一定浓度时,产生颗粒大,结构紧密、纯净而易滤过和洗涤的沉淀。均匀沉淀中产生的沉淀剂均匀地分布于溶液中,使溶液中局部过浓现象降到最小,同时又可维持较长时间溶液过饱和度。例如,在 Ca^{2+} 的酸性溶液中加入草酸铵,然后加入尿素,加热煮沸,尿素逐渐水解:$(NH_2)_2CO + H_2O \rightarrow 2NH_3\uparrow + CO_2\uparrow$,生成 NH_3 中和溶液中的 H^+,使 $C_2O_4^{2-}$ 缓慢生成,形成 CaC_2O_4 沉淀。当 pH 达到 4~4.5 时,CaC_2O_4 沉淀完全。

此外,利用有机化合物的水解、配位化合物的分解、氧化还原反应或能缓慢地产生所需的沉淀剂等方式,均可进行均匀沉淀。

2. 无定形沉淀的沉淀条件 无定形沉淀的溶解度一般很小,溶液的相对过饱和度大,很难通过降低溶液的相对过饱和度来改变沉淀的物理性质。无定形沉淀颗粒小,吸附杂质多,易胶溶,沉淀的结构疏松,不易滤过和洗涤。所以对无定形沉淀主要是设法破坏胶体,防止胶溶,加速沉淀的凝聚。

(1) 在较浓的热溶液中进行沉淀:较高的浓度和温度都可降低沉淀的水化程度,减少沉淀的含水量,同时有利于沉淀凝集,可得到紧密的沉淀,方便滤过。提高温度还可减少表面吸附,使沉淀纯净。

(2) 加入大量电解质:电解质可防止胶体形成,降低水化程度,使沉淀凝聚。用易挥发的电解质,如盐酸、氨水、铵盐等洗涤沉淀,可防止胶溶,也可将吸附在沉淀中的难挥发杂质交换出来。

(3) 不断搅拌,适当加快沉淀剂的加入速度:在搅拌下,较快加入沉淀剂,有利于生成致密的沉淀,易于滤过。但吸附杂质的机会也增多,所以,沉淀完毕后,立即加入大量热水稀释并搅拌,以减少吸附在表面的杂质。

(4) 不必陈化:沉淀完毕后,趁热滤过,不需陈化。这是因为无定形沉淀放置后,将逐渐失去水分,使沉淀更加黏结不易滤过,而且吸附的杂质难以洗去。

3. 有机沉淀剂简介

(1) 有机沉淀剂特点:可选择的种类多,选择性高;生成的沉淀溶解度小,沉淀完全;吸附杂质少,沉淀纯净;沉淀摩尔质量大,分析准确度高。有机沉淀剂在分析化学中得到了广泛的应用。

(2) 有机沉淀剂的类型:有机沉淀剂一般分为两类,一类是分子中含有—COOH、—SO_3H、—OH 等基团的沉淀剂,在一定的条件下,与金属离子形成难溶盐,如四苯硼钠等。另一类是分子中含有 C=O、—NH_2、O=S 等基团的沉淀剂,在一定的条件下,与金属离子形成难溶螯合物,如丁二酮肟等。

(八) 沉淀的滤过和干燥

1. 沉淀的滤过 滤过是使沉淀与母液分开,以便与过量沉淀剂、共存组分或其他杂质分离,从而得到纯净的沉淀。这是重量分析过程中的一个重要环节。如果需高温灼烧得到称量形式的沉淀,常使用定量滤纸(每张滤纸灰分小于 0.2 mg)、漏斗滤过。根据沉淀的性质,选择疏密程度不同的定量滤纸。①无定形沉淀选用疏松滤纸,以增加滤过速度;②晶形沉淀可用较紧密滤纸;③细小颗粒的沉淀应用紧密滤纸,以防沉淀穿过滤纸。滤过时滤纸应紧贴漏斗,以防沉淀从滤纸和漏斗的缝隙穿过,导致沉淀损失。如果只需烘干即可得到称量形式的沉淀,一般用玻璃砂芯坩埚或玻璃砂芯漏斗滤过,根据沉淀的性状选用不同型号的玻璃砂芯滤器。滤过时均采用倾泻法。若沉淀的溶解度随温度升高变化不大时,可采用趁热滤过,效果更好。

2. 沉淀的洗涤　洗涤是为了除去沉淀表面的吸附杂质和混杂在沉淀中的母液。洗涤时应尽量减少沉淀的溶解损失和防止形成胶溶,因此需选择合适的洗涤液。①溶解度小而不易形成胶体的沉淀,可用蒸馏水洗涤;②溶解度大的晶形沉淀可用稀沉淀剂洗涤,也可用沉淀饱和溶液洗涤;③对易胶溶的无定形沉淀,应用易挥发的电解质的稀溶液洗涤;④沉淀的溶解度随温度升高变化不大时,可用热溶液洗涤。洗涤过程采用少量多次的原则,洗涤干净与否要用特效反应进行检查。

3. 沉淀的干燥或灼烧和恒重　干燥是在110~120℃干燥40~60分钟,除去沉淀中的水分和挥发性物质得到沉淀的称量形式。灼烧是在800℃以上,彻底去除水分和挥发性物质,并使沉淀分解为组成恒定的称量形式。例如,$MgNH_4PO_4 \cdot 6H_2O$ 沉淀,在1100℃灼烧成 $Mg_2P_2O_7$ 称量形式,放冷后称量,直至恒重。恒重是连续两次干燥或灼烧后称量的质量差小于0.2 mg,《中国药典》规定两次干燥或灼烧后称量的质量差小于0.3 mg。

(九) 称量形式和结果计算

在重量分析中,往往称量形式与被测组分的形式不同,这就需要将得到的称量形式的质量换算成被测组分的质量。重量因数(gravimetric factor)或换算因数是被测组分的摩尔质量与称量形式的摩尔质量之比,常用 F 表示。

$$换算因数\ F = \frac{a \times 被测组分的摩尔质量}{b \times 称量形式的摩尔质量} \tag{4-11}$$

上式中 a 和 b 是使分子分母中所含欲测成分的原子数或分子数相等而相乘的系数。部分被测组分与称量形式之间的换算因数见表4-4。

表4-4　部分被测组分与称量形式之间的换算因数

被测组分	称量形式	换算因数 F
Fe	Fe_2O_3	$2M_{Fe}/M_{Fe_2O_3}$
Fe_3O_4	Fe_2O_3	$2M_{Fe_3O_4}/3M_{Fe_2O_3}$
Cl^-	AgCl	M_{Cl}/M_{AgCl}
Na_2SO_4	$BaSO_4$	$M_{Na_2SO_4}/M_{BaSO_4}$

由称得的称量形式的质量 m',试样的质量 m 及换算因数 F,即可求得被测组分的质量分数。

$$\omega(\%) = \frac{m' \times F}{m} \times 100\% \tag{4-12}$$

二、挥发重量分析法

挥发重量分析法或挥发法是利用被测组分的挥发性或可转化为挥发性物质的性质,进行含量测定的方法。挥发法又分为直接挥发法和间接挥发法。

(一) 直接挥发法

直接挥发法是利用加热等方法使试样中挥发性组分逸出,用适宜的吸收剂将其全部吸收,根据吸收剂增加的重量来计算该组分含量的方法。例如,将一定量带有结晶水的固体试样,加热至适当温度,用高氯酸镁吸收逸出的水分,则高氯酸镁增加的重量就是固体试样中结晶水的重量。又如,碳酸盐的测定,加入盐酸使之放出二氧化碳,用石棉与烧碱的混合物吸收,根据吸收液的增重可间接测定碳酸盐的含量。若有几种挥发性物质并存时,应选用适当的吸收剂,分别定量地吸收被测物。例如,在有机化合物的元素分析中,有机化合物在封闭管道中高温通氧炽灼后,其中的氢和碳分别生成 H_2O 与 CO_2,用高氯酸镁吸收 H_2O,用烧碱与石棉吸收 CO_2,最后分别测定其增加的重量,即可求得试样的含氢量和含碳量。

> **链接**
>
> **炽灼残渣**
>
> 药典中经常要检测药品的炽灼残渣,称取一定量被检药品,经过高温炽灼,除去挥发性物质后,称量剩下的非挥发性无机物,称为炽灼残渣。所测得的虽不是挥发物,但由于称量的是被测物质,仍属直接挥发法。

(二) 间接挥发法

间接挥发法是利用加热等方法使试样中挥发性组分逸出以后,称量其残渣,根据挥发前后试样质量的差值来计算挥发组分的含量。例如,测定氯化钡晶体($BaCl_2 \cdot 2H_2O$)中结晶水的含量,可将一定重量的试样加热,使水分挥发,氯化钡试样减少的重量即为结晶水的含量。这是测定药物或其他固体物质中水分的干燥法。固体物质中水有多种存在状态,测定水分的方法也有多种。

1. 试样中水的存在状态

(1) 引湿水(湿存水,吸湿水):是固体表面吸附的水分。物质的吸水性越强,颗粒越细、表面积越大、空气的湿度越大,物质中湿存水的含量越高。空气中所有固体物质或多或少都含有引湿水,一般情况,引湿水在不太高的温度下即可失去。

(2) 包埋水:是沉淀从水溶液中析出时,晶体空穴内夹杂或包藏的水分。这种水与外界不通,很难除尽,有效的办法是将颗粒研细,再高温除去。

(3) 吸入水:是具有亲水胶体性质的物质内表面吸收的水分。由于其内表面积大,可吸收大量水分,一般在 100~110℃下很难除尽,有时采用 70~100℃真空干燥。

(4) 结晶水:是含水盐,如 $CaC_2O_4 \cdot H_2O$、$BaCl_2 \cdot 2H_2O$ 等含有的水分。

(5) 组成水:是某些物质受热发生分解反应,而释放出的水分,如 $KHSO_4$ 和 Na_2HPO_4 等。

$$2KHSO_4 \rightarrow K_2S_2O_7 + H_2O$$

$$2Na_2HPO_4 \rightarrow Na_4P_2O_7 + H_2O$$

2. 干燥失重常用的干燥方式 药典中有些药物要求测定干燥失重,它代表试样中能在干燥温度下挥发组分的含量。若在 105℃干燥,失去的重量就包括水分和其他能在 105℃下挥发的物质。

根据试样的性质和水分挥发的难易,干燥失重常用的方式有:

(1) 常压下加热干燥:通常是将试样置电热干燥箱中,以 105~110℃加热。该法适用于性质稳定、受热不易分解变质、氧化或挥发的试样。对于水分不易挥发的试样,可提高温度或延长时间。

有些化合物因结晶水的存在而有较低熔点,在加热干燥时,未达干燥温度就成熔融状态,不利于水分的挥发。测定这类物质的水分时,应先在低温或用干燥剂除去一部分或大部分结晶水后,再提高干燥的温度。例如,$NaH_2PO_4 \cdot 2H_2O$ 在干燥时应首先在低于 60℃下干燥1小时,然后在105℃干燥至恒重。

常压下加热干燥,箱中温度达80℃以上,试样中水的蒸气压高于环境中水的蒸气分压,试样中的水就向外界挥发,温度越高,效果越显著。

(2)减压加热干燥:通常使用减压电热干燥箱(真空干燥箱)。由抽气泵将箱内部空气抽去,箱内气压越低,相对湿度亦越低,适当地提高温度以增大试样中水的蒸气压,则更有利于水分挥发,能获得高于常压下加热干燥的效率。减压加热干燥适用于高温中易变质、熔点低或水分较难挥发的试样。

(3)干燥剂干燥:干燥剂是一些与水分有强结合力、相对蒸气压低的脱水化合物,如$CaCl_2$、硅胶等。在密闭的容器中,干燥剂吸收空气中水分,降低空气的相对湿度,促使试样中的水挥发,并能保持容器内较低的相对湿度。只要试样的相对蒸气压高于干燥剂的相对蒸气压,试样就能继续失水,直至达到平衡。干燥剂干燥适用于能升华或受热不稳定、容易变质的物质。此法达到平衡所需时间较长,而且不能达到完全干燥的目的。

使用干燥剂时应注意干燥剂的性质和及时检查干燥剂是否失效。在重量分析中,干燥剂干燥经常被用作短时间存放刚从烘箱或高温炉取出的热干燥器皿或试样,目的是在低湿度的环境中冷却,减少吸水,以便称量。但十分干燥的试样不宜在干燥器中长时间放置,尤其是很细的粉末,由于表面吸附作用,可使它吸收一些水分。

▶ 三、重量分析法应用示例

例4-2 用重量法测定SO_4^{2-},以$BaCl_2$为沉淀剂。计算(1)加入等物质的量的$BaCl_2$;(2)加入过量的$BaCl_2$,使沉淀反应达到平衡时的$[Ba^{2+}] = 0.01$ mol/L。求25℃时$BaSO_4$的溶解度及在200 ml溶液中$BaSO_4$的溶解损失量。已知$BaSO_4$的$K_{sp} = 1.08 \times 10^{-10}$, $M_{BaSO_4} = 233.39$ g/mol。

解:(1)加入等物质的量沉淀剂$BaCl_2$,$BaSO_4$的溶解度为:

$$S = [Ba^{2+}] = [SO_4^{2-}] = \sqrt{K_{sp}} = \sqrt{1.08 \times 10^{-10}} = 1.04 \times 10^{-5} \text{ mol/L}$$

200 ml溶液中$BaSO_4$的溶解损失量为:

$$1.04 \times 10^{-5} \times 200 \times 233.39 = 0.485 \text{ mg}$$

(2)沉淀反应达到平衡时$[Ba^{2+}] = 0.01$ mol/L,$BaSO_4$溶解度为:

$$S = [SO_4^{2-}] = \frac{K_{sp}}{[Ba^{2+}]} = \frac{1.08 \times 10^{-10}}{0.01} = 1.08 \times 10^{-8} \text{ mol/L}$$

200 ml溶液中$BaSO_4$的溶解损失量是:

$$1.08 \times 10^{-8} \times 200 \times 233.39 = 5.04 \times 10^{-4} \text{ mg}$$

由此可见,利用同离子效应可以降低沉淀的溶解度,使沉淀完全。

例4-3 计算沉淀CaC_2O_4在(1)纯水;(2)pH4.0酸性溶液;(3)pH2.0的强酸溶液中的溶解度。已知CaC_2O_4的$K_{sp} = 2.32 \times 10^{-9}$,$H_2C_2O_4$的$K_{a_1} = 5.6 \times 10^{-2}$,$K_{a_2} = 1.5 \times 10^{-4}$。

解:(1)纯水中:

$$S = [Ca^{2+}] = [C_2O_4^{2-}] = \sqrt{K_{sp}} = \sqrt{2.32 \times 10^{-9}} = 4.82 \times 10^{-5} \text{ mol/L}$$

(2)pH4.0酸性溶液:

$$\alpha_H = 1 + \frac{[H^+]}{K_{a_2}} + \frac{[H^+]^2}{K_{a_1} \cdot K_{a_2}} = 1 + \frac{1.0 \times 10^{-4}}{6.4 \times 10^{-5}} + \frac{(1.0 \times 10^{-4})^2}{5.9 \times 10^{-2} \times 6.4 \times 10^{-5}} = 2.56$$

$$S = \sqrt{K_{sp} \cdot \alpha_H} = \sqrt{2.32 \times 10^{-9} \times 2.56} = 7.71 \times 10^{-5} \text{ mol/L}$$

（3）pH2.0 强酸溶液：

$$\alpha_H = 1 + \frac{[H^+]}{K_{a_2}} + \frac{[H^+]^2}{K_{a_1} \cdot K_{a_2}} = 1 + \frac{1.0 \times 10^{-2}}{6.4 \times 10^{-5}} + \frac{(1.0 \times 10^{-2})^2}{5.9 \times 10^{-2} \times 6.4 \times 10^{-5}} = 184$$

$$S = \sqrt{K_{sp} \cdot \alpha_H} = \sqrt{2.32 \times 10^{-9} \times 184} = 6.53 \times 10^{-4} \text{ mol/L}$$

由此可见，CaC_2O_4 在纯水中的溶解度小于具有一定 pH 酸性溶液中的溶解度；pH 越小，CaC_2O_4 的溶解度越大，当 pH2.0 时，CaC_2O_4 的溶解度是纯水中溶解度的 14 倍，此时溶解度已超出重量分析要求。所以，草酸与 Ca^{2+} 生成 CaC_2O_4 的沉淀反应须在 pH4~12 的溶液中进行。

例 4-4 计算 AgCl 沉淀在（1）纯水；（2）$[NH_3] = 0.01$ mol/L 溶液中的溶解度。已知：构晶离子活度系数为 1，$K_{sp(AgCl)} = 1.77 \times 10^{-10}$，$[Ag(NH_3)_2]^+$ 的 $\lg\beta_1$、$\lg\beta_2$ 分别为 3.40 和 7.40。

解：（1）AgCl 在纯水中的溶解度：

$$S = \sqrt{K_{sp}} = \sqrt{1.77 \times 10^{-10}} = 1.33 \times 10^{-5} \text{ mol/L}$$

（2）AgCl 在 0.01 mol/L 氨水溶液中的溶解度：

$$S' = \sqrt{K'_{sp}} = \sqrt{K_{sp} \cdot \alpha_{Ag(NH_3)_2}} = \sqrt{K_{sp}(1 + \beta_1[NH_3] + \beta_2[NH_3]^2)}$$
$$= \sqrt{1.77 \times 10^{-10} \times (1 + 10^{3.40} \times 10^{-2} + 10^{7.40} \times 10^{-4})}$$
$$= 6.70 \times 10^{-4} \text{ mol/L}$$

由此可见，AgCl 在 0.01 mol/L 氨水溶液中的溶解度是在纯水中的 50 倍。

有些沉淀反应，当沉淀剂适当过量时，同离子效应起主要作用；当沉淀剂过量太多时，配位效应起主要作用。

小　结

1. 基本概念

（1）沉淀滴定法：以沉淀反应为基础的滴定分析方法。

（2）银量法：以生成难溶性银盐反应为基础的沉淀滴定法。

（3）沉淀形式：沉淀的化学组成称为沉淀形式。

（4）称量形式：沉淀经过干燥灼烧处理后，供最后称量的化学形式。

（5）同离子效应：当沉淀反应到达平衡后，如果在溶液中加入含有某一构晶离子的试剂或溶液，可降低沉淀的溶解度。

（6）盐效应：当沉淀溶液中强电解质浓度增加时，使沉淀溶解度增大的现象。

（7）配位效应：当沉淀溶液中存在能与沉淀的构晶离子形成可溶性配合物的配位剂时，使沉淀的溶解度增大的现象。

（8）酸效应：沉淀溶液的酸度对沉淀溶解度的影响。

2. 要点和难点

（1）铬酸钾指示剂法（莫尔法）：是在中性或弱碱性溶液中的银量法，采用 $AgNO_3$ 标准溶液直接滴定 Cl^- 或 Br^-，用砖红色沉淀的生成来指示滴定终点。不适于 I^- 和 SCN^- 测定。

（2）铁铵矾指示剂法（佛尔哈德法）：是以铁铵矾为指示剂，用 KSCN 或 NH_4SCN 作为滴定剂，终点形成 $[Fe(SCN)]^{2+}$ 红色配合物指示终点。其包括直接滴定法和返滴定法。

1) 返滴定法滴定 Cl^- 时,为防止 AgCl 转化为 AgSCN,可在用 NH_4SCN 滴定前加入有机溶剂,避免 AgCl 与滴定剂接触或先滤除 AgCl。

2) 测定 I^- 时,Fe^{3+} 能将 I^- 氧化形成 I_2,需要先加入 $AgNO_3$ 溶液,再加指示剂。

(3) 吸附指示剂(法扬斯法):是以吸附指示剂确定终点的银量法。滴定需要在中性、弱碱性或弱酸性溶液中进行。选择指示剂时注意沉淀对指示剂离子的吸附能力应略小于其对被测离子的吸附能力。

(4) 重量分析法中对沉淀形式的要求:①沉淀的溶解度要足够小,沉淀溶解损失量不超出分析天平的误差范围(±0.2 mg);②沉淀须纯净;③沉淀易于过滤和洗涤;④沉淀易于转化成称量形式。

(5) 对称量形式的要求:①称量形式必须有确定的化学组成;②称量形式要稳定;③称量形式的摩尔质量要大,可提高测定结果的准确度。

(6) 影响沉淀溶解的因素:①同离子效应;②盐效应;③酸效应;④配位效应。

(7) 沉淀的条件:①晶形沉淀的条件:稀溶液、加热、搅拌、陈化;②无定形沉淀:浓溶液、加热、适当的电解质、搅拌不陈化。

(8) 沉淀重量分析法的结果计算:

$$\omega(\%) = \frac{m' \cdot F}{m} \times 100\%$$

(9) 换算因数:$F = \dfrac{a \times 被测组分的摩尔质量}{b \times 称量形式的摩尔质量}$

目标检测

一、名词解释

1. 铬酸钾指示剂法(莫尔法) 2. 铁铵矾指示剂法(佛尔哈德法) 3. 沉淀形式 4. 称量形式 5. 盐效应 6. 配位效应 7. 同离子效应

二、填空题

1. 铁铵矾指示剂法既可以直接测定_____离子,又可以间接用于测定各种_____离子。

2. 铬酸钾指示剂法测定 NH_4Cl,若 pH >7.5 会引起_____形成,使测定结果偏_____。

3. 法扬斯法测定 Cl^- 时,在荧光黄指示剂中加入淀粉,其目的是保护_____,减少凝聚,增加_____。

4. 影响沉淀纯度的主要因素是_____和_____。

5. 对于灼烧时容易挥发除去的沉淀剂,应过量_____。

6. 沉淀重量法中,同离子效应使沉淀的溶解度_____,盐效应使沉淀的溶解度_____。

7. 沉淀的形成一般包括_____和_____两个过程。

8. _____形沉淀的条件是稀溶液、加热、搅拌、陈化;_____形沉淀的条件是浓溶液、加热、加适当电解质、搅拌、不陈化。

三、选择题

1. 用铬酸钾作指示剂滴定 Cl^- 时,要求溶液 pH 控制在 6.5~10.5,若酸度过高,则( )

A. AgCl 沉淀不完全
B. AgCl 吸附 Cl^- 增强
C. AgCl 沉淀易胶溶
D. Ag_2CrO_4 沉淀不易生成

2. 某吸附指示剂 $pK_a = 5.0$,以银量法测卤素离子时,pH 应控制在( )

A. pH<5.0   B. pH>5.0
C. 5.0 <pH< 10.0   D. pH>10.0

3. 用法扬斯法沉淀滴定生理盐水中卤素的总量时,加入糊精的目的是( )

A. 保护 AgCl 沉淀,防止其溶解
B. 作掩蔽剂使用,消除共存离子的干扰
C. 作指示剂用
D. 防止沉淀凝聚,增加沉淀的比表面积

4. 莫尔法测定 Cl^- 时,所用标准溶液、pH 条件和应选用的指示剂是( )

A. $AgNO_3$、碱性、K_2CrO_4
B. $AgNO_3$、碱性、$K_2Cr_2O_7$
C. KSCN、酸性、K_2CrO_4
D. $AgNO_3$、中性弱碱性碱性、K_2CrO_4

5. 指出下列条件适合佛尔哈德法的是( )

A. pH 在 6.5~10.5
B. 滴定酸度在 0.1~1 mol/L HNO_3
C. 以 K_2CrO_4 为指示剂

D. 以荧光黄为指示剂
6. 对于沉淀的称量形式的叙述中,错误的是(　　)
   A. 称量形式的性质须稳定
   B. 称量形式的式量要小,便于计算
   C. 必须具有确定的化学组成
   D. 大多数沉淀的沉淀形式和称量形式不同
7. 以 Fe_2O_3 为称量形式测定 Fe,换算因数是(　　)
   A. $\dfrac{M_{Fe}}{M_{Fe_2O_3}}$　　　　B. $\dfrac{2M_{Fe}}{M_{Fe_2O_3}}$
   C. $\dfrac{M_{Fe}}{2M_{Fe_2O_3}}$　　　　D. $\dfrac{M_{Fe_2O_3}}{M_{Fe}}$
8. 用洗涤的方法可除去的杂质是(　　)
   A. 吸附共沉淀杂质　　B. 混晶共沉淀杂质
   C. 后沉淀杂质　　　　D. 包埋共沉淀杂质
9. 以下不是晶形沉淀要求的条件是(　　)
   A. 沉淀反应完成后应陈化
   B. 沉淀时应不断搅拌
   C. 沉淀应在较浓的溶液中进行
   D. 沉淀应在热溶液中进行

四、简答题

1. 简述银量法的主要内容。
2. 简述吸附指示剂法滴定的条件。
3. 什么是沉淀形式和称量形式?两者的关系是什么?
4. 影响沉淀溶解度的主要因素有哪些?对沉淀有何影响?

(高　旭)

第五章　配位滴定法

> **学习目标**
> 1. 掌握：配位滴定法的基本原理；金属指示剂的作用原理及条件；EDTA 标准溶液的配制与标定。
> 2. 熟悉：配合物的条件稳定常数；配位滴定条件的选择；配位滴定方式及应用。
> 3. 了解：EDTA 配位反应的特点；配位反应的副反应系数；配合物稳定常数；常用金属指示剂。

第 1 节　配位滴定法

一、配位滴定法概述

配位滴定法是以配位反应为基础的一种滴定分析方法，常用于金属离子的含量测定。配位滴定中常用的滴定剂（也称配位剂）分为无机配位剂和有机配位剂。大多数无机配位剂和金属离子形成的配合物不稳定，稳定常数小，且配位反应是逐级进行的，无准确的化学计量关系，不能用于滴定分析。例如：

$$Cu^{2+} + NH_3 \rightleftharpoons [Cu(NH_3)]^{2+} \qquad k_1 = \frac{[Cu(NH_3)]^{2+}}{[Cu^{2+}][NH_3]} = 1.3 \times 10^4$$

$$[Cu(NH_3)]^{2+} + NH_3 \rightleftharpoons [Cu(NH_3)_2]^{2+} \qquad k_2 = \frac{[Cu(NH_3)_2]^{2+}}{[Cu(NH_3)]^{2+}[NH_3]} = 3.0 \times 10^3$$

$$[Cu(NH_3)_2]^{2+} + NH_3 \rightleftharpoons [Cu(NH_3)_3]^{2+} \qquad k_3 = \frac{[Cu(NH_3)_3]^{2+}}{[Cu(NH_3)_2]^{2+}[NH_3]} = 7.4 \times 10^2$$

$$[Cu(NH_3)_3]^{2+} + NH_3 \rightleftharpoons [Cu(NH_3)_4]^{2+} \qquad k_4 = \frac{[Cu(NH_3)_4]^{2+}}{[Cu(NH_3)_3]^{2+}[NH_3]} = 1.3 \times 10^2$$

式中的 k_1, k_2, k_3, k_4 称为逐级稳定常数。

有机配位剂大多含有两个以上的配位原子，与金属离子形成环状且稳定性高的配合物。配合物稳定常数大，多数易溶于水，配位比固定，反应迅速、完全，便于用指示剂指示滴定终点，满足滴定分析的要求。目前应用最多的有机配位剂是氨羧配位剂，氨羧配位剂中使用最多的是乙二胺四乙酸，简称 EDTA，因此配位滴定法也称 EDTA 滴定法。

(一)乙二胺四乙酸的结构与性质

EDTA 的分子结构中含有四个羧基,为四元有机弱酸,常用 H_4Y 表示其化学式。EDTA 为白色粉末状结晶,微溶于水,不宜作标准溶液。利用其酸性,常制备成相应的二钠盐,二钠盐有较好的水溶性,用 Na_2H_2Y 表示,也称为 EDTA。EDTA 的结构式如下:

$$\text{HOOCH}_2\text{C} \diagdown \text{N—CH}_2\text{—CH}_2\text{—N} \diagup \text{CH}_2\text{COOH}$$
$$\text{HOOCH}_2\text{C} \diagup \qquad\qquad\qquad \diagdown \text{CH}_2\text{COOH}$$

(二)乙二胺四乙酸的电离平衡

在强酸性溶液中,乙二胺四乙酸分子中的两个氨基接受 2 个 H^+ 形成 H_6Y^{2+},可以看作是六元酸,在水溶液中存在下列六级解离平衡,EDTA 在水溶液中的存在形式如表 5-1 所示。

$$H_6Y^{2+} \rightleftharpoons H_5Y^+ + H^+ \qquad pK_{a_1} = 0.9$$
$$H_5Y^+ \rightleftharpoons H_4Y + H^+ \qquad pK_{a_2} = 1.6$$
$$H_4Y \rightleftharpoons H_3Y^- + H^+ \qquad pK_{a_3} = 2.0$$
$$H_3Y^- \rightleftharpoons H_2Y^{2-} + H^+ \qquad pK_{a_4} = 2.67$$
$$H_2Y^{2-} \rightleftharpoons HY^{3-} + H^+ \qquad pK_{a_5} = 6.16$$
$$HY^{3-} \rightleftharpoons Y^{4-} + H^+ \qquad pK_{a_6} = 10.26$$

表 5-1 不同 pH 溶液 EDTA 的存在形式

pH 范围	<0.9	0.9~1.6	1.6~2.0	2.0~2.67	2.67~6.16	6.16~10.26	>10.26
EDTA 形式	H_6Y^{2+}	H_5Y^+	H_4Y	H_3Y^-	H_2Y^{2-}	HY^{3-}	Y^{4-}

EDTA 的七种形式中,只有 Y^{4-} 能与金属离子直接生成配合物,称为 EDTA 的有效离子。当溶液的 pH>10.26 时,EDTA 主要以 Y^{4-} 存在,与金属离子配位能力最强。EDTA 与大多数金属离子形成配位比 1∶1 的稳定配合物,且反应迅速完全;生成的螯合物中含有 5 个五元环,稳定性高;若金属离子无色,配合物也无色,若为有色金属离子,配合物颜色加深,便于确定滴定终点。

二、配位滴定法的基本原理

(一)配合物的稳定常数

金属离子(M)与 Y 离子(为书写方便,略去电荷,简写为 Y,其他形体也略去电荷)的反应式为:

$$M + Y \rightleftharpoons MY$$

反应的平衡常数为:$K_{MY} = \dfrac{[MY]}{[M][Y]}$ \qquad (5-1)

K_{MY} 为一定温度下,金属离子与 EDTA 生成的配合物的稳定常数。K_{MY} 越大,配合物越稳定。常见金属离子与 EDTA 形成的配合物的稳定常数如表 5-2 所示。

表 5-2　金属离子与 EDTA 配合物的稳定常数（20 ℃）

金属离子	$\lg K_{MY}$	金属离子	$\lg K_{MY}$	金属离子	$\lg K_{MY}$
Na^+	1.66	Fe^{2+}	14.33	Ni^{2+}	18.56
Li^+	2.79	Ce^{3+}	15.98	Cu^{2+}	18.70
Ag^+	7.32	Al^{3+}	16.11	Hg^{2+}	21.80
Ba^{2+}	7.86	Co^{2+}	16.31	Sn^{2+}	22.11
Mg^{2+}	8.64	Pt^{3+}	16.40	Cr^{3+}	23.40
Be^{2+}	9.20	Cd^{2+}	16.40	Fe^{3+}	25.10
Ca^{2+}	10.69	Zn^{2+}	16.50	Bi^{3+}	27.94
Mn^{2+}	13.87	Pb^{2+}	18.30	Co^{3+}	36.00

（二）配位反应的副反应系数

在配位滴定中,金属离子 M 与 Y 生成配合物 MY 的反应称为主反应,若溶液中存在其他共存离子,如 H^+、OH^-、其他金属离子 N、其他配位剂 L,也可与 M、Y、MY 反应,干扰主反应进行,这些反应称为副反应。反应物 M、Y 发生的副反应不利于主反应的进行;配合物 MY 发生的副反应则利于主反应的进行。为了定量地表示副反应对主反应的影响程度,引入副反应系数 α。

1. 配位剂 Y 的副反应系数 α_Y

$$\alpha_Y = \frac{[Y']}{[Y]} = \frac{[H_6Y] + [H_5Y] + [H_4Y] + [H_3Y] + [H_2Y] + [HY] + [Y] + [NY]}{[Y]} \tag{5-2}$$

[Y]表示实际与金属离子配位的 Y 的浓度,[Y′]表示 EDTA 各种型体的浓度。

$\alpha_Y = 1$ 时,[Y] = [Y′],表示 EDTA 全部以 Y 形式与金属离子 M 反应。α_Y 越大,表示副反应越严重。配位剂的副反应主要有酸效应和共存离子效应,则配位剂 Y 的副反应系数包括酸效应系数 $\alpha_{Y(H)}$ 和共存离子效应系数 $\alpha_{Y(N)}$。

（1）酸效应系数 $\alpha_{Y(H)}$：由于 H^+ 的存在,H^+ 与 Y 结合发生副反应,使 Y 参加主反应能力降低的现象称为酸效应。表达式为:

$$\alpha_{Y(H)} = \frac{[H_6Y] + [H_5Y] + [H_4Y] + [H_3Y] + [H_2Y] + [HY] + [Y]}{[Y]} \tag{5-3}$$

由式（5-3）可知,[H^+]越大,$\alpha_{Y(H)}$ 越大,酸效应越严重。EDTA 在不同 pH 时的酸效应系数如表 5-3 所示。

（2）共存离子效应系数 $\alpha_{Y(N)}$：当溶液中存在其他金属离子 N 时,Y 与 N 按 1∶1 配合,使 Y 参加主反应能力降低的现象称为共存离子效应。表达式为:

$$\alpha_{Y(N)} = \frac{[Y']}{[Y]} = \frac{[Y] + [NY]}{[Y]} = 1 + \frac{[N][Y]K_{NY}}{[Y]} = 1 + [N]K_{NY} \tag{5-4}$$

表 5-3　EDTA 在不同 pH 时的酸效应系数($\lg\alpha_{Y(H)}$)

pH	$\lg\alpha_{Y(H)}$	pH	$\lg\alpha_{Y(H)}$	pH	$\lg\alpha_{Y(H)}$
0.0	23.64	4.0	8.44	8.0	2.27
0.4	21.32	4.5	7.44	8.5	1.77
0.5	20.75	5.0	6.45	9.0	1.28
1.0	17.51	5.4	5.69	9.5	0.83
1.5	15.55	5.5	5.51	10.0	0.45
2.0	13.51	5.8	4.98	10.5	0.20
2.5	11.90	6.0	4.65	11.0	0.07
2.8	11.09	6.5	3.92	11.5	0.02
3.0	10.63	7.0	3.32	12.0	0.01
3.5	9.48	7.5	2.78	13.0	0.0008

$\alpha_{Y(N)}$ 的大小取决于共存离子 N 的浓度和共存离子 N 与 Y 的配合物 NY 的稳定常数 K_{NY}。

如果溶液中同时存在酸效应和共存离子效应,总的副反应系数 α_Y 计算式为：

$$\alpha_Y = \frac{[Y']}{[Y]} = \frac{[H_6Y]+[H_5Y]+[H_4Y]+[H_3Y]+[H_2Y]+[HY]+[Y]}{[Y]} + \frac{[NY]+[Y]}{[Y]} - \frac{[Y]}{[Y]}$$

$$\alpha_Y = \alpha_{Y(H)} + \alpha_{Y(N)} - 1 \tag{5-5}$$

2. 金属离子 M 的副反应系数 $\alpha_{M(L)}$　若溶液中存在其他配位剂 L,与金属离子 M 发生配位反应,使金属离子 M 参加主反应能力降低的现象称为配位效应。金属离子 M 的副反应系数 $\alpha_{M(L)}$ 表达式为：

$$\alpha_{M(L)} = \frac{[M']}{[M]} = \frac{[M]+[ML]+[ML_2]+\cdots\cdots+[ML_n]}{[M]} \tag{5-6}$$

[M'] 表示金属离子各种型体的总浓度,[M] 表示与 Y 配位的金属离子的浓度。若溶液中存在多个配位剂 L_1、L_2、L_3……L_n,则：

$$\alpha_{M(L)} = \alpha_{M(L_1)} + \alpha_{M(L_2)} + \cdots\cdots + \alpha_{M(L_n)} + 1 - n \tag{5-7}$$

在溶液中,除了 Y,与金属离子发生配位反应的其他配位剂还有 OH^-、缓冲液(NH_3)、掩蔽剂等。

3. 配合物 MY 的副反应系数　当溶液中 H^+ 或 OH^- 浓度较高时,配合物 MY 发生副反应生成 MHY 或 MOHY。事实上 MHY 或 MOHY 大多不稳定,计算时可忽略不计。

(三) 配合物的条件稳定常数

由于副反应的存在,K_{MY} 已不能用来判断配位反应进行的程度,故引入条件稳定常数 K'_{MY} 表示配位反应实际进行的程度,表达式为：

$$K'_{MY} = \frac{[MY']}{[M'][Y']} \tag{5-8}$$

由于 $[M'] = \alpha_M[M]$,$[Y'] = \alpha_Y[Y]$,$[MY'] = \alpha_{MY}[MY]$,代入上式得：

$$K'_{MY} = \frac{\alpha_{MY}[MY]}{\alpha_M[M]\cdot\alpha_Y[Y]} = K_{MY}\cdot\frac{\alpha_{MY}}{\alpha_M\alpha_Y} \tag{5-9}$$

对数形式表示为：$\lg K'_{MY} = \lg K_{MY} - \lg \alpha_M - \lg \alpha_Y + \lg \alpha_{MY}$ (5-10)

配合物的副反应系数对稳定常数的影响常可忽略不计，因此条件稳定常数的对数形式可写为：

$$\lg K'_{MY} = \lg K_{MY} - \lg \alpha_M - \lg \alpha_Y \quad (5-11)$$

例 5-1 计算 pH=2 和 pH=5 时 $\lg K'_{ZnY}$ 值。

解：查表知 $\lg K_{ZnY} = 16.50$

pH=2 时，$\lg \alpha_{Y(H)} = 13.51$，$\lg \alpha_{Zn(OH)_2} = 0$

$\lg K'_{ZnY} = \lg K_{ZnY} - \lg \alpha_{Y(H)} = 16.50 - 13.51 = 2.99$

pH=5 时，$\lg \alpha_{Y(H)} = 6.45$，$\lg \alpha_{Zn(OH)_2} = 0$

$\lg K'_{ZnY} = \lg K_{ZnY} - \lg \alpha_{Y(H)} = 16.50 - 6.45 = 10.05$

pH=2 时，酸效应系数很大，$\lg K'_{ZnY}$ 为 2.99，配合物 ZnY 很不稳定，不能用滴定法测定；pH=5 时，酸效应系数较小，$\lg K'_{ZnY}$ 达到 10.05，配合物 ZnY 比较稳定，配位反应进行完全。

三、金属指示剂

（一）金属指示剂的作用原理

在配位滴定中，常用一种能与金属离子生成有色配合物的显色剂，指示滴定过程中金属离子浓度的变化，这种显色剂称为金属离子指示剂，简称金属指示剂。

金属指示剂是一种有机染料（In），滴定前与被滴定金属离子 M 发生配位反应，生成一种与指示剂本身颜色不同的配合物 MIn；达到滴定终点，金属离子全部与 Y 配合生成 MY，指示剂游离，溶液颜色改变，指示滴定终点的到达。

以 EDTA 滴定 Mg^{2+}，铬黑 T（EBT）作指示剂为例说明金属指示剂作用原理。

滴定前：$Mg^{2+} + In^{3-} \rightleftharpoons MgIn^-$（红色）

滴定时：$Mg^{2+} + Y^{4-} \rightleftharpoons MgY^{2-}$（无色）

终点：$MgIn^- + Y^{4-} \rightleftharpoons MgY^{2-} + In^{3-}$（蓝色）

金属指示剂需具备下列条件：

（1）在滴定的 pH 范围内，指示剂 In 本身颜色和金属离子与指示剂生成的配合物 MIn 的颜色有显著差异，终点变色敏锐。

金属指示剂大多为有机弱酸，颜色随 pH 不同而改变。为了使终点颜色变化明显，溶液的 pH 需控制在适宜的范围。例如，铬黑 T 在不同的 pH 范围内颜色变化为：

$$H_2In^- \xrightleftharpoons{6.3} HIn^{2-} \xrightleftharpoons{11.6} In^{3-}$$
紫红　　　蓝　　橙

pH<6.3 铬黑 T 显紫红色，pH>11.6 铬黑 T 显橙色，和铬黑 T 与金属离子生成的配合物红色接近，为使终点变化明显，应使铬黑 T 显蓝色，溶液的 pH 控制在 6.3~11.6。

（2）金属指示剂与金属离子的显色反应要有一定的选择性、迅速、可逆。

（3）金属指示剂与金属离子形成的配合物（MIn）要有适当的稳定性，但其稳定性应小于 EDTA 与金属离子生成的配合物（MY）的稳定性。一般要求 $K'_{MY}/K'_{MIn} > 10^2$。

如果金属指示剂与金属离子生成的配合物不稳定，化学计量点前指示剂游离，会使滴定终点提前；如果金属指示剂与金属离子生成的配合物过于稳定，达到化学计量点，金属指示剂不能被 EDTA 置换出来,滴定终点拖后,甚至不出现,这种现象称为指示剂的封闭。例如,铬黑 T 能被 Fe^{3+}、Al^{3+}、Cu^{2+}、Ni^{2+} 等离子封闭,当滴定这些离子或者滴定其他离子溶液中含有这些离子时,都不能用铬黑 T 作指示剂。

消除指示剂封闭现象常用的方法有:

1) 被滴定金属离子引起的封闭现象,采用返滴定法消除。

2) 干扰离子引起的封闭现象,加入掩蔽剂与干扰离子生成更稳定的配合物,消除干扰离子的封闭作用。

(4) 金属指示剂与金属离子生成的配合物(MIn)应易溶于水,若生成胶体或者沉淀,使 EDTA 置换金属指示剂的速度缓慢,终点推迟,这种现象称为指示剂的僵化。例如,用 PAN 作指示剂,温度较低时,易发生僵化。为避免僵化,可以加热或加入有机溶剂以增大配合物的溶解度,接近化学计量点时慢滴,剧烈振摇。

金属指示剂多为具有双键的有机化合物,性质不稳定,为了避免指示剂变质,有的指示剂加入中性盐(NaCl)配制成固体合剂,或在溶液中加入某些试剂,如在铬黑 T 溶液中加三乙胺等。

(二) 常用金属指示剂

配位滴定中常用金属指示剂的使用情况如表 5-4 所示。

表 5-4 常用金属指示剂

指示剂	颜色变化 In	颜色变化 HIn	pH 范围	直接滴定离子	封闭离子	配制
铬黑 T(EBT)	蓝	红	7~10	Mg^{2+}、Zn^{2+}、Cd^{2+}、Pb^{2+}、Mn^{2+}、稀土	Fe^{3+}、Al^{3+}、Cu^{2+}、Co^{2+}、Ni^{2+}	1:100NaCl(固体)
酸性铬蓝 K	蓝	红	8~13	Mg^{2+}、Zn^{2+}、Mn^{2+}、Ca^{2+}		1:100NaCl(固体)
二甲酚橙(XO)	亮黄	红	<1 1~3.5 5~6	ZrO^{2+} Bi^{3+}、Th^{4+} Ti^{3+}、Zn^{2+}、Cd^{2+}、Pb^{2+}、Hg^{2+}、稀土	Fe^{3+}、Al^{3+}、Ni^{2+}、Ti^{4+}	5 g/L 水溶液
磺基水杨酸(ssaL)	无色	紫红	1.5~2.5	Fe^{3+}		50 g/L 水溶液
钙指示剂(NN)	蓝	红	12~13	Ca^{2+}	Fe^{3+}、Ti^{4+}、Al^{3+}、Cu^{2+}、Ni^{2+}、Co^{2+}、Mn^{2+}	1:100NaCl(固体)
1-(2-吡啶-偶氮)-2-萘酚(PAN)	黄	紫红	2~3 4~5	Th^{4+}、Bi^{3+} Cu^{2+}、Ni^{2+}、Pb^{2+}、Cd^{2+}、Zn^{2+}、Mn^{2+}、Fe^{2+}		1 g/L 乙醇溶液

四、配位滴定条件的选择

若用配位滴定法准确滴定金属离子,需满足的条件是:$\lg c_M \cdot K'_{MY} \geq 6$,若金属离子 M 的浓度在 10^{-2} mol/L 左右时,需满足 $\lg K'_{MY} \geq 8$。

EDTA 几乎能与所有的金属离子生成配合物,广泛用于金属离子的含量测定。但在实际分析工作中情况比较复杂,若要满足 $\lg c_M \cdot K'_{MY} \geq 6$,必须选择一定条件,减少各类副反应的影响,如溶液的酸度、干扰离子引起的封闭等,同时还要考虑选择合适的指示剂。

(一) 酸度的选择

1. 滴定单一离子酸度的选择 在配位滴定中,滴定单一离子,若不考虑其他副反应的影响,K'_{MY} 的大小主要取决于溶液的酸度。

(1) 最高酸度:当溶液酸度较高时,$\alpha_{Y(H)}$ 较大,K'_{MY} 较小,当酸度达到最高限度时会导致 MY 的 $\lg K'_{MY} < 8$,金属离子不能被准确滴定。此时溶液的酸度称为"最高酸度"。

例 5-2 计算用 EDTA(0.01 mol/L) 滴定同浓度的 Zn^{2+} 溶液的最高酸度。

解:已知 $\lg K_{ZnY} = 16.50$,根据 $\lg K'_{ZnY} = \lg K_{ZnY} - \lg \alpha_{Y(H)} \geq 8$ 可得:$\lg \alpha_{Y(H)} \leq 8.50$。

查表 5-3 可知,pH = 4 时,$\lg \alpha_{Y(H)} = 8.44$,故溶液的 pH 不能低于 4。

同理可计算出滴定其他金属离子的最低 pH,如表 5-5 所示。

表 5-5 EDTA 滴定金属离子的最低 pH

金属离子	pH	金属离子	pH	金属离子	pH
Mg^{2+}	9.8	Co^{2+}	4.0	Cu^{2+}	2.9
Ca^{2+}	7.5	Cd^{2+}	3.9	Hg^{2+}	1.9
Mn^{2+}	5.2	Zn^{2+}	3.9	Sn^{2+}	1.7
Fe^{2+}	5.0	Pb^{2+}	3.2	Fe^{3+}	1.0
Al^{3+}	4.2	Ni^{2+}	3.0	Bi^{3+}	0.6

(2) 最低酸度:当溶液酸度较低时,$\alpha_{Y(H)}$ 较小,K'_{MY} 较大,利于滴定,但当酸度过低时,金属离子易水解沉淀,导致不能被准确滴定。此时溶液的酸度称为"最低酸度"。

例 5-3 计算用 EDTA(0.01 mol/L) 滴定同浓度的 Fe^{3+} 溶液的最高酸度与最低酸度。

解:已知 $\lg K_{FeY} = 25.1$,根据 $\lg K'_{FeY} = \lg K_{FeY} - \lg \alpha_{Y(H)} \geq 8$ 可得:$\lg \alpha_{Y(H)} \leq 17.1$。

pH = 1.1 时,$\lg \alpha_{Y(H)} \approx 17.1$,故溶液的 pH 不能低于 1.1。

$Fe^{3+} + 3OH^- \rightleftharpoons Fe(OH)_3 \quad K_{sp} = 2.79 \times 10^{-39}$

$$[OH^-] = \sqrt[3]{\frac{K_{sp}}{c_{Fe^{3+}}}} = \sqrt[3]{\frac{2.79 \times 10^{-39}}{0.01}} = 6.53 \times 10^{-13} \quad pOH = 12.19 \quad pH = 1.81$$

通过计算可知,若 Fe^{3+} 溶液能够被 EDTA 准确滴定,溶液的适宜酸度范围应为 1.1 ~ 1.8。此外,配位滴定过程中不断释放 H^+,溶液的酸度逐渐增大,且金属指示剂的颜色也受溶液 pH 的影响。因此,配位滴定中需加入缓冲溶液使溶液的酸度保持在一定范围之内。pH 为 5~6 时,常用乙酸-乙酸盐缓冲溶液,pH 为 9~10 时,常用氨-氯化铵缓冲溶液。

2. 滴定混合离子酸度的选择 若溶液中同时含有金属离子 M 和 N,均可与 EDTA 形成配合物,消除 N 离子的干扰,选择滴定 M 离子的条件是:

$$\lg c_M \cdot K'_{MY} - \lg c_N \cdot K'_{NY} \geq 5$$

若 M、N 离子的浓度相等,则 $\Delta \lg K' = \lg K'_{MY} - \lg K'_{NY} \geq 5$。

M 离子被准确滴定的条件为 $\lg c_M \cdot K'_{MY} \geq 6$,代入上式得:$\lg c_N \cdot K'_{NY} \leq 1$。在有共存离子时,若消除共存离子的干扰,应降低[N]或 K'_{NY},常用的方法有控制酸度和加入掩蔽剂。

例 5-4 用 EDTA(0.01 mol/L)滴定浓度均为 0.01 mol/L 的 Bi^{3+}、Pb^{2+} 混合溶液,能否通过控制溶液酸度选择滴定 Bi^{3+}?

解: 已知 $\lg K_{BiY} = 27.94$,$\lg K_{PbY} = 18.30$,$\Delta \lg K = 9.64 > 5$,可选择滴定 Bi^{3+},Pb^{2+} 无干扰。

滴定 Bi^{3+} 溶液的最高酸度为:$\lg K'_{BiY} = \lg K_{BiY} - \lg \alpha_{Y(H)} \geq 8$。

$\lg \alpha_{Y(H)} \leq 19.94$,对应的溶液 pH 约为 0.7。

在 pH≈2 时,Bi^{3+} 将水解析出沉淀。所以滴定 Bi^{3+} 的适宜 pH 范围为 0.7~2。

又根据 $\lg c_{Pb} \cdot K'_{PbY} \leq 1$,则 $\lg K'_{PbY} \leq 3$。

$\lg K'_{PbY} = \lg K_{PbY} - \lg \alpha_{Y(H)} \leq 3$

$\lg \alpha_{Y(H)} \geq 15.30$,对应的溶液 pH 约为 1.6。

通过计算可知,溶液的酸度应控制在 pH 0.7~1.6 范围,考虑 Bi^{3+} 水解,一般 pH 约为 1.0。

(二) 掩蔽剂的选择

若溶液中干扰离子浓度较大或被测金属离子的配合物与干扰离子的配合物的稳定常数相差较小($\Delta \lg K < 5$)时,不能用控制溶液酸度的方法消除干扰离子 N 的影响,可加入一种试剂与干扰离子 N 反应,降低 N 的浓度,消除 N 对 M 的干扰。这种方法称为掩蔽法,所用试剂称为掩蔽剂。根据掩蔽反应的类型,分为配位掩蔽法、沉淀掩蔽法和氧化还原掩蔽法等。

1. 配位掩蔽法 利用干扰离子与掩蔽剂形成稳定配合物以消除 N 的干扰,是配位滴定中最常用的方法。例如,在测定 Zn^{2+} 的溶液中,Al^{3+} 干扰测定,可用 NH_4F 掩蔽 Al^{3+},使其生成稳定的 AlF_6^{3-},再于 pH 5~6 时,用 EDTA 滴定 Zn^{2+}。常用的配位掩蔽剂如表 5-6 所示。

表 5-6 常用的配位掩蔽剂

掩蔽剂	pH 范围	被掩蔽的离子
KCN	>8	Co^{2+}、Ni^{2+}、Cu^{2+}、Zn^{2+}、Hg^{2+}、Cd^{2+}、Ag^+、Ti^{3+} 及铂族元素
NH_4F	4~6	Al^{3+}、Ti^{4+}、Sn^{4+}、Zr^{4+}、W^{6+} 等
	10	Al^{3+}、Mg^{2+}、Ca^{2+}、Sr^{2+}、Ba^{2+} 及稀土元素
三乙醇胺(TEA)	10	Al^{3+}、Sn^{4+}、Ti^{4+}、Fe^{3+}
	11~12	Fe^{3+}、Al^{3+}、少量 Mn^{2+}
邻二氮菲	1.5~2	Sb^{3+}、Sn^{4+}、Fe^{3+}、Mn^{2+}
	5.5	Fe^{3+}、Al^{3+}、Sn^{4+}
	5~6	Cu^{2+}、Ni^{2+}、Zn^{2+}、Cd^{2+}、Hg^{2+}、Co^{2+}、Mn^{2+}
酒石酸	1.2	Sb^{3+}、Sn^{4+}、Fe^{3+}、5mg 以下的 Cu^{2+}
	2	Fe^{3+}、Sn^{4+}、Mn^{2+}
	5.5	Fe^{3+}、Al^{3+}、Sn^{4+}、Ca^{2+}
	6~7.5	Mg^{2+}、Cu^{2+}、Fe^{3+}、Al^{3+}、Mo^{4+}、Sb^{3+}、W^{6+}
	10	Al^{3+}、Sn^{4+}

2. 沉淀掩蔽法 加入选择性沉淀剂作掩蔽剂与干扰离子生成沉淀以消除 N 的干扰。例如,用 EDTA 滴定 Ca^{2+} 时,Mg^{2+} 有干扰,由于 $\Delta \lg K = \lg K_{CaY} - \lg K_{MgY} = 2.05 < 5$,可加入 NaOH 溶液,使 pH>12,此时 Mg^{2+} 生成 $Mg(OH)_2$ 沉淀,以钙指示剂指示终点,能够准确滴定 Ca^{2+}。

3. 氧化还原掩蔽法 利用氧化还原反应改变干扰离子的价态以消除其干扰。例如,用 EDTA 滴定 Bi^{3+}、Zr^{4+}、Th^{4+} 等离子时,溶液中如果存在 Fe^{3+},将产生干扰。由于 Fe^{3+}-EDTA 配合物的稳定性大于 Fe^{2+}-EDTA 配合物的稳定性($\lg K_{FeY-} = 25.1$,$\lg K_{FeY^{2-}} = 14.33$),可加入抗坏血酸或羟胺等,将 Fe^{3+} 还原成 Fe^{2+},消除 Fe^{3+} 干扰。

第 2 节 配位滴定法的应用

一、标准溶液和基准物质

(一) EDTA 标准溶液的配制与标定

EDTA 的标准溶液常用其二钠盐 Na_2H_2Y 制备。配制时,称取 $Na_2H_2Y \cdot 2H_2O$ 配成水溶液,储存于硬质玻璃瓶中。标定 EDTA 标准溶液常用 ZnO 或 Zn 为基准物,铬黑 T 或二甲酚橙作指示剂。

(二) 锌标准溶液的配制与标定

锌标准溶液的配制方法有直接配制法和间接配制法。直接配制方法用锌粒配制成浓度准确的标准溶液。间接配制方法用分析纯硫酸锌配制,用浓度准确的 EDTA 溶液标定,铬黑 T 或二甲酚橙作指示剂。

二、应用示例

配位滴定法主要用于金属离子的含量测定,在水质分析、矿石分析、食品及药物分析等方面应用广泛。配位滴定方式有直接滴定法、返滴定法、置换滴定法和间接滴定法等。

(一) 直接滴定法

在适宜条件下,金属离子与 EDTA 满足滴定条件,可以直接滴定。大多数金属离子都可以采用 EDTA 直接滴定。

例如,水的硬度测定。水的硬度是水质的一项重要指标,通常用每升水中钙、镁离子总量折算成 $CaCO_3$ 的毫克数表示。测定时先在 pH=10 的氨性溶液中,铬黑 T 为指示剂,用 EDTA 直接滴定测得钙、镁离子总量。另取等量试液,加入 NaOH 至 pH>12,使 Mg^{2+} 以 $Mg(OH)_2$ 沉淀形式被掩蔽,用钙指示剂指示滴定终点测定钙离子含量。前后两次测定之差即为镁离子含量。

(二) 返滴定法

被测金属离子有下列情况之一,可采用返滴定法。

(1) 待测离子(如 Al^{3+}、Cr^{3+} 等)与 EDTA 反应速度很慢,本身易水解或对指示剂有封闭作用。

(2) 待测离子(如 Sr^{2+}、Ba^{2+} 等)与 EDTA 生成的配合物虽稳定,但缺少变色敏锐的指示剂。

例如,在Al^{3+}的滴定中,Al^{3+}与EDTA配位反应缓慢,Al^{3+}对二甲酚橙等指示剂有封闭作用,且Al^{3+}容易水解。故可先加入定量过量的EDTA标准溶液,在pH≈3.5时煮沸,使Al^{3+}与EDTA反应完全;调节溶液pH至5~6,以二甲酚橙为指示剂,用Zn^{2+}或Pb^{2+}标准溶液返滴过量的EDTA以测得铝的含量。

又如,测定Ba^{2+}时没有变色敏锐的指示剂,可先加入定量过量的EDTA溶液,反应完全后,以铬黑T作指示剂,再用Mg^{2+}标准溶液返滴过量的EDTA。

返滴定法中需要注意的是,用来返滴的金属离子与EDTA生成的配合物要有一定的稳定性,但不宜超过被测金属离子配合物的稳定性,否则在返滴的过程中,可将被测金属离子从配合物中置换,使测量结果偏低。一般在pH为4~6时,用Zn^{2+}、Cu^{2+}返滴;pH=10时,用Mg^{2+}标准溶液返滴。

(三) 置换滴定法

利用置换反应,置换出金属离子或者EDTA,然后滴定。

1. 置换出金属离子　被测离子M与EDTA不反应或者生成的配合物不稳定,可用M置换NL中的N,再用EDTA滴定N,从而间接求出M的含量。反应式为:

$$M + NL \rightleftharpoons N + ML$$

例如,Ag^+与EDTA的配合物不稳定($\lg K_{AgY} = 7.32$),可使Ag^+与$Ni(CN)_4^{2-}$反应,置换出Ni^{2+},再用EDTA滴定Ni^{2+},间接求出Ag^+的含量。

2. 置换出EDTA　将被测离子M与干扰离子全部用EDTA配合,再加入对被测离子M选择性高的配位剂L,使生成ML,释放出的EDTA再用其他金属离子标准溶液滴定,即可求出M的含量。反应式为:

$$MY + L \rightleftharpoons ML + Y$$

例如,测定锡合金中的Sn时,在试液中加入定量过量的EDTA,溶液中共存的金属离子都发生配位反应。用Zn^{2+}标准溶液回滴剩余的EDTA。再加入NH_4F,使SnY转变为更稳定的SnF_6^{2-},置换出的EDTA,再用Zn^{2+}标准溶液滴定,即可求出Sn的含量。

通过置换滴定法还可以提高指示剂终点的敏锐性。例如,在pH=10的溶液中,Ca^{2+}与铬黑T生成的配合物不稳定,会导致终点提前,而Mg^{2+}与EDTA生成的配合物比较稳定,故常在滴定前先加入少量MgY。由于CaY($\lg K_{CaY} = 10.69$)的稳定性大于MgY($\lg K_{MgY} = 8.64$),Ca^{2+}置换出Mg^{2+},Mg^{2+}与铬黑T配合物显紫红色,到达滴定终点时,EDTA置换出铬黑T,溶液变为纯蓝色。

(四) 间接滴定法

待测离子(如SO_4^{2-}、PO_4^{3-}等)不与EDTA反应,或待测离子(如Na^+、K^+等)与EDTA生成的配合物不稳定,可采用间接滴定法。例如,测定PO_4^{3-},可加定量过量的$Bi(NO_3)_3$,使PO_4^{3-}转化为$BiPO_4$沉淀,再用EDTA标准溶液返滴剩余的Bi^{3+}。又如,测定K^+,K^+可沉淀为$K_2NaCo(NO_2)_6 \cdot 6H_2O$,沉淀过滤溶解后,再用EDTA滴定$Co^{3+}$,间接求出$K^+$的含量。

案例 5-1

取葡萄糖酸锌约 0.7 g,精密称定,加水 100 ml,微温使溶解,加氨-氯化铵缓冲液(pH = 10.0)5 ml 与铬黑 T 指示剂少许,用乙二胺四乙酸二钠标准溶液(0.05 mol/L)滴定至溶液由紫红色变为蓝色。每 1ml 乙二胺四乙酸二钠(0.05 mol/L)相当于 22.78 mg 的 $C_{12}H_{22}O_{14}Zn$。

问题:

1. 为什么要加氨-氯化铵缓冲溶液?

2. 为什么以铬黑 T 为指示剂?能否用二甲酚橙代替?如能用二甲酚橙代替,应使用什么缓冲溶液?

小 结

1. 配位滴定法是以配位反应为基础的一种滴定分析方法,常用于金属离子的含量测定,配位滴定中常用的滴定剂是 EDTA。EDTA 与金属离子配位特点是:生成配位比为 1 : 1 的稳定配合物,且反应迅速完全;配合物颜色与指示剂的颜色差异明显,便于确定滴定终点。

2. 配位滴定中所用的指示剂称金属指示剂,金属指示剂是一种有机染料(In),通过滴定前后 In 和 MIn 颜色的改变指示终点。配位滴定中注意金属指示剂的封闭现象和掩蔽。

3. 配位滴定法准确滴定金属离子浓度需满足的条件是:$\lg c_M \cdot K'_{MY} \geq 6$。配位反应的副反应系数包括酸效应系数、共存离子效应系数和金属离子副反应系数。配位滴定中可通过控制溶液的酸度和选用掩蔽剂来降低副反应的影响。

4. 配位滴定方式有直接滴定法、返滴定法、置换滴定法和间接滴定法等。

目标检测

一、选择题

1. 当溶液 pH >10.26 时,EDTA 与金属离子配位能力最强,主要存在形式是( )
   A. Y^{4-} B. HY^{3-}
   C. H_2Y^{2-} D. H_4Y

2. 一般情况下,EDTA 与金属离子形成配合物的配位比是( )
   A. 1 : 1   B. 1 : 2
   C. 1 : 3   D. 1 : 4

3. EDTA 不能直接滴定的金属离子是( )
   A. Zn^{2+} B. Ca^{2+}
   C. Mg^{2+} D. Na^+

4. EDTA 与 Mg^{2+} 生成的配合物的颜色是( )
   A. 蓝色   B. 无色
   C. 紫红   D. 绿色

5. EDTA 滴定 Mg^{2+},以铬黑 T 为指示剂,滴定终点的颜色是( )
   A. 蓝色   B. 无色
   C. 紫红   D. 绿色

6. 铬黑 T 指示剂使用在( )
   A. 强酸性溶液   B. pH = 10 的溶液
   C. pH >12 的溶液   D. 弱酸性溶液

7. EDTA 测定 Al^{3+},采用的方法是( )
   A. 直接滴定法   B. 置换滴定法
   C. 返滴定法   D. 连续滴定法

8. 配位滴定中,以铬黑 T 为指示剂,溶液的酸度用什么调节( )
   A. HNO_3 B. HCl
   C. NH_3-NH_4Cl 缓冲液   D. HAc-NaAc 缓冲液

9. Ca^{2+}、Mg^{2+} 共存时,不加掩蔽剂用 EDTA 直接滴定 Ca^{2+},溶液的 pH 应为( )
   A. 4   B. 6
   C. 12   D. 10

10. $\alpha_{M(L)} = 1$ 表示( )

A. M 和 L 没有副反应
B. M 和 L 副反应较大
C. M 的副反应较小
D. [M]=[L]

11. EDTA 滴定金属离子,准确的条件是( )
   A. $\lg K_{MY} \geq 6$
   B. $\lg K'_{MY} \geq 6$
   C. $\lg(c_{sp} K_{MY}) \geq 6$
   D. $\lg(c_{sp} K'_{MY}) \geq 6$

12. 在非缓冲溶液中用 EDTA 滴定金属离子时溶液的 pH 将( )
   A. 升高
   B. 降低
   C. 不变
   D. 与金属离子浓度有关

13. 用 EDTA 滴定 Bi^{3+} 时,消除 Fe^{3+} 干扰宜采用 ( )
   A. 加 NaOH
   B. 加抗坏血酸
   C. 加三乙醇胺
   D. 加 KCN

14. Fe^{3+}、Al^{3+} 对铬黑 T 有( )
   A. 僵化作用
   B. 氧化作用
   C. 还原作用
   D. 封闭作用

15. 配位滴定中,用返滴法测定 Al^{3+} 时,若在 pH = 5~6 时用某种金属离子标准溶液返滴过量的 EDTA,最适合的金属离子是( )
   A. Mg^{2+}
   B. Zn^{2+}
   C. Ag^+
   D. Bi^{3+}

二、简答题

1. 什么是指示剂的封闭现象?怎样消除封闭?
2. 两种金属离子共存时,选择滴定的条件是什么?
3. 配位滴定中缓冲溶液的作用是什么?
4. 常用的掩蔽干扰离子的方法有哪些?
5. 金属指示剂应具备什么条件?

三、计算题

1. 取 100 ml 水样,用氨性缓冲液调至 pH = 10,以铬黑 T 为指示剂,用 EDTA 标准液(0.008 826 mol/L)滴定至终点,共用去 12.58 ml,计算水的总硬度 [$CaCO_3$(mg/L)]。(M_{CaCO_3} = 100.09 g/mol)

2. 称取干燥 $Al(OH)_3$ 0.3986 g 于 250 ml 容量瓶中溶解后,吸取 25 ml,精密加入 EDTA 标准液(0.051 40 mol/L)25.00 ml,过量的 EDTA 溶液用标准锌溶液(0.049 98 mol/L)回滴,用去 15.02 ml,求样品中 Al_2O_3 的含量。($M_{Al_2O_3}$ = 101.96 g/mol)

3. 计算 pH = 10 时,Mg^{2+} 和 EDTA 配合物的条件稳定常数 $\lg K'_{MgY}$,能否用 EDTA 溶液滴定 Mg^{2+}?

4. 计算 EDTA 溶液滴定 Mn^{2+} 时允许的最高酸度。

5. 将 0.2000 g 纯 $CaCO_3$ 溶于 HCl 中得到 $CaCl_2$ 的标准溶液,煮沸除去 CO_2,于容量瓶中稀释至 250.00 ml,移取 25.00 ml,调节 pH = 10.00,用 EDTA 滴定,用去 22.62 ml,计算 EDTA 溶液物质的量浓度。

6. 称取葡萄糖酸钙试样 0.5500 g,溶解后,在 pH = 10 的氨性缓冲溶液中用 EDTA 滴定,铬黑 T 为指示剂,滴定用去 EDTA 溶液(0.049 58 mol/L)24.50 ml。计算葡萄糖酸钙的含量。(葡萄糖酸钙的相对分子质量为 448.40 g/mol)

(孔维雪)

第六章 氧化还原滴定法

学习目标

1. 掌握：碘量法、亚硝酸钠法等常用氧化还原滴定法的滴定原理及操作方法；相关标准溶液的配制与标定方法。
2. 熟悉：氧化还原滴定法的原理；氧化还原滴定法中指示剂类别及变色原理。
3. 了解：氧化还原滴定法的种类、特点及应用。

第1节 概 述

一、氧化还原滴定法

氧化还原滴定法是以氧化还原反应为基础的滴定分析法。该法广泛应用于氧化还原性物质和非氧化还原性物质的测定，是滴定分析中广泛应用的方法之一。

氧化还原反应的特征是得失电子，实质是电子转移，特点是反应机制复杂，常伴有副反应，用于滴定时，必须控制反应条件保证反应定量进行，防止副反应的发生，满足滴定分析的要求。

（一）应用氧化还原滴定法的反应必须具备的条件

(1) 反应的平衡常数必须大于 10^6，即 $\Delta E > 0.4$ V。
(2) 反应迅速，且没有副反应发生，反应完全，具有一定的计量关系。
(3) 应有合适的指示剂确定终点。

（二）氧化还原平衡

1. 电极电位与条件电极电位

(1) 电极电位：物质氧化还原能力的大小，可以用电极电位来衡量。电极电位越高，则电对中氧化型的氧化能力越强，而还原型的还原能力越弱；反之亦然。

标准电极电位是指标准状况（25 ℃；氧化态和还原态的活度为 1 mol/L；分压等于 100 kPa）下的电极电位，标准电极电位为一常数。

(2) 条件电极电位：是指在一定的介质条件下，氧化态和还原态的总浓度均为 1 mol/L 时的电极电位。它在一定条件下为一常数。

任意情况下的电极电位为变量，可通过能斯特方程式求得：

$$\text{Ox(氧化态)} + ne^- \rightleftharpoons \text{Red(还原态)}$$

$$\varphi_{\text{Ox/Red}} = \varphi^\theta_{\text{Ox/Red}} + \frac{0.059}{n}\lg\frac{c_{\text{Ox}}}{c_{\text{Red}}} \quad (25\ ℃) \tag{6-1}$$

条件电极电位反映了离子强度和各种副反应影响的总结果,是氧化还原电对在客观条件下的实际氧化还原能力的真实反映。在进行氧化还原平衡计算时,应采用与给定介质条件相同的条件电极电位。对于没有相应条件电极电位的氧化还原电对,则采用标准电极电位。

2. 氧化还原反应速率 影响氧化还原反应速率的因素除了反应物(氧化剂、还原剂)本身的性质外,还包括以下几方面。

(1) 反应物浓度:根据质量作用定律,反应速率与反应物浓度的乘积成正比,但许多氧化还原反应是分步进行的,整个反应的反应速率由最慢的一步反应决定。因此,不能简单地按总的氧化还原方程式来判断浓度对反应的影响程度。一般来说,增加反应物的浓度能加快反应的速率。

例如,在酸性溶液中,$K_2Cr_2O_7$ 与 KI 作用:

$$Cr_2O_7^{2-} + 6I^- + 14H^+ \rightleftharpoons 2Cr^{3+} + 3I_2 + 7H_2O$$

该反应的反应速率很慢,可通过增大 I^- 的浓度或 H^+ 的浓度来提高该反应的速率。

(2) 催化剂:催化剂的使用是提高反应速率的有效方法。例如,MnO_4^- 与 $C_2O_4^{2-}$ 的反应速率慢,但若加入 Mn^{2+} 能催化反应迅速进行。如果不加入 Mn^{2+},而利用 MnO_4^- 与 $C_2O_4^{2-}$ 发生作用后生成的微量 Mn^{2+} 作催化剂,反应也可进行。这种生成物本身引起的催化作用的反应称为自动催化反应。

(3) 温度:对大多数反应来说,升高溶液的温度可以加快反应速率,通常溶液温度每升高 10 ℃,反应速率可增大 2~4 倍。

例如,在酸性溶液中,用 $C_2O_4^{2-}$ 标定 MnO_4^- 的反应:

$$2MnO_4^- + 5C_2O_4^{2-} + 16H^+ \rightleftharpoons 2Mn^{2+} + 10CO_2\uparrow + 8H_2O$$

该反应在室温下进行得很慢。为了提高反应速率常常将溶液加热,反应速率可大大加快。但温度不宜过高,若高于 90 ℃,部分 $H_2C_2O_4$ 发生分解,使 $KMnO_4$ 的用量减少,导致标定结果偏高。

3. 氧化还原反应进行的程度 氧化还原滴定要求氧化还原反应进行得越完全越好。反应进行的完全程度常用反应的平衡常数(K)的大小来衡量。平衡常数可根据能斯特方程式,从有关电对的条件电位或标准电极电位求出。

$$\lg K^\theta = \frac{n_1 n_2(\varphi_1^\theta - \varphi_2^\theta)}{0.059} \tag{6-2}$$

式中,n_1、n_2 为氧化还原反应的中两电极反应的电子转移数。

由式 6-2 可知,两个电对的条件电位之差(即 $\Delta\varphi$)越大,氧化还原反应的条件平衡常数 K^θ 就越大,反应进行得越完全。一般认为两个电对的条件电位差 $\Delta\varphi \geq 0.40$ V 时,反应就能进行完全,从而达到定量分析的要求。

(三) 氧化还原滴定法的分类

通常根据氧化型滴定剂的不同,将氧化还原滴定法分为以下几种。

1. 碘量法 利用 I_2 的氧化性和 I^- 的还原性进行滴定分析的方法。其可以分为直接碘量法和间接碘量法。

2. 亚硝酸钠法　是以亚硝酸钠为标准溶液的氧化还原滴定法,包括重氮化滴定法和亚硝基化滴定法。

3. 高锰酸钾法　是以高锰酸钾为标准溶液的氧化还原滴定法。它利用了高锰酸钾在酸性介质中可与还原性物质发生定量反应的性质来测定待测物的含量。

4. 重铬酸钾法　是以重铬酸钾为标准溶液的氧化还原滴定法。重铬酸钾是一种较强的氧化剂,在酸性溶液中可以被还原剂还原为 Cr^{3+}。

5. 硫酸铈法　是以硫酸铈为标准溶液的氧化还原滴定法。硫酸铈是强氧化剂,在酸性溶液中可以被还原为 Ce^{3+}。

此外,还有溴酸钾法和钒酸盐法等。

二、氧化还原滴定法原理

(一) 滴定曲线

在氧化还原滴定中,随着滴定剂的加入和反应的进行,氧化型或还原型物质的浓度逐渐改变,有关电对的电位也随之改变,这种改变可以用滴定曲线来表示。绘制滴定曲线常以滴定剂的体积或百分数为横坐标,以反应电对的电位为纵坐标。氧化还原滴定曲线一般用实验的方法绘制,而对于可以得到条件电位的简单体系,也可依据 Nernst 方程式计算出的数据绘制氧化还原滴定曲线。

现以 0.1000 mol/L 硫酸铈标准溶液(25 ℃)滴定 20.00 ml 0.1000 mol/L 硫酸亚铁溶液为例(在 1 mol/L 的硫酸溶液中),说明滴定过程中电位的变化情况。

滴定反应为: $Ce^{4+} + Fe^{2+} \rightleftharpoons Ce^{3+} + Fe^{3+}$

已知: $Ce^{4+} + e^- \rightleftharpoons Ce^{3+}$　　$\varphi^{\theta}_{Ce^{4+}/Ce^{3+}} = 1.44$ V

　　　$Fe^{3+} + e^- \rightleftharpoons Fe^{2+}$　　$\varphi^{\theta}_{Fe^{3+}/Fe^{2+}} = 0.771$ V

由于 $\Delta\varphi = 1.44 - 0.771 = 0.669$ V > 0.40 V,因此反应能进行完全,符合滴定分析条件。该滴定过程分为以下四个阶段:

1. 滴定开始前　溶液中的 Fe^{2+} 被空气中的氧气氧化成 Fe^{3+},组成 Fe^{3+}/Fe^{2+} 电对,但 $c_{Fe^{3+}}$ 未知,故起点电位无法计算。

2. 滴定开始至化学计量点前　根据任意一个电对计算溶液的电位。可采用 Fe^{3+}/Fe^{2+} 电对计算其电位值,计算公式为: $\varphi = \varphi^{\theta'}_{(Fe^{3+}/Fe^{2+})} + 0.059\lg\dfrac{c_{Fe^{3+}}}{c_{Fe^{2+}}}$。

例如,滴入 $V_{Ce^{4+}} = 19.98$ ml 时, Fe^{3+}/Fe^{2+} 电对的电位为:

$$\varphi = \varphi^{\theta'}_{(Fe^{3+}/Fe^{2+})} + 0.059\lg\dfrac{c_{Fe^{3+}}}{c_{Fe^{2+}}} = 0.771 + 0.059\lg 999 \approx 0.771 + 0.059 \times 3 = 0.948 \text{ V}$$

3. 化学计量点时　当滴入的 Ce^{4+} 的体积为 20.00 ml 时,反应完成,即达到化学计量点。由于 $c_{Ce^{4+}} = c_{Fe^{2+}}$, $c_{Fe^{3+}} = c_{Ce^{3+}}$,此时:

$$\varphi_{sp} = \varphi^{\theta'}_{(Ce^{4+}/Ce^{3+})} + 0.059\lg\dfrac{c_{Ce^{4+}}}{c_{Ce^{3+}}}$$

$$\varphi_{sp} = \varphi^{\theta'}_{(Fe^{3+}/Fe^{2+})} + 0.059\lg\dfrac{c_{Fe^{3+}}}{c_{Fe^{2+}}}$$

将上两式相加得:

$$2\varphi_{sp} = \varphi^{\theta'}_{(Ce^{4+}/Ce^{3+})} + \varphi^{\theta'}_{(Fe^{3+}/Fe^{2+})} + 0.059\lg\frac{c_{Ce^{4+}} \cdot c_{Fe^{3+}}}{c_{Ce^{3+}} \cdot c_{Fe^{2+}}}$$

$$= \varphi^{\theta'}_{(Ce^{4+}/Ce^{3+})} + \varphi^{\theta'}_{(Fe^{3+}/Fe^{2+})}$$

故:$\varphi_{sp} = \dfrac{\varphi^{\theta'}_{(Ce^{4+}/Ce^{3+})} + \varphi^{\theta'}_{(Fe^{3+}/Fe^{2+})}}{2} = \dfrac{1.44 + 0.771}{2} = 1.106\ V$

4. 化学计量点后 Ce^{4+} 溶液过量时,Fe^{2+} 几乎全部被 Ce^{4+} 氧化为 Fe^{3+},由于 $c_{Fe^{2+}}$ 很小,不易直接求出,可用 $c_{Ce^{4+}}/c_{Ce^{3+}}$ 电对计算电位值。

例如,滴入 $V_{Ce^{4+}} = 20.02$ ml 时:

$$\varphi = \varphi^{\theta'}_{(Ce^{4+}/Ce^{3+})} + 0.059\lg\frac{c_{Ce^{4+}}}{c_{Ce^{3+}}} = 1.44 + 0.059\lg0.001 \approx 1.44 - 0.059 \times 3 = 1.263\ V$$

滴定过程中,依据 Nernst 方程式计算各相关电对的电极电位,列于表 6-1 中。

表 6-1 0.1000 mol/L 硫酸铈标准溶液滴定 20.00 ml 0.1000 mol/L 硫酸亚铁溶液电极电位变化表(1 mol/L 的硫酸,25 ℃)

滴加 $V_{Ce^{4+}}$(ml)	反应进行的百分数(%)	$c_{Fe^{3+}}/c_{Fe^{2+}}$	φ(V)
0.00	—	—	—
18.00	90.0	9	0.827
19.80	99.0	99	0.889
19.98	99.9	999	0.948
20.00	100.0	1	1.106
20.02	100.1	0.001	1.263
22.00	110.0	0.01	1.322

以各滴定点的电位为纵坐标,以待测液中 Ce^{4+} 的滴定分数为横坐标作图,其滴定曲线见图 6-1。从计算结果及滴定曲线可以看出:滴定曲线的突跃范围由 Fe^{2+} 剩余 0.1% 和 Ce^{4+} 过量 0.1% 时两点的电位所决定,化学计量点附近的电位从 0.948 V 增加到 1.263 V,有一个相当大的突跃范围,即该反应的滴定突跃为 0.948~1.263 V。这个突跃范围是选择氧化还原指示剂的重要依据。

通过以上的讨论可知,对于可逆氧化还原反应 $n_1 Ox_1 + n_2 Red_2 \rightleftharpoons n_1 Red_1 + n_2 Ox_2$,化学计量点前后 0.1% 范围内电位突跃范围的通式为:

$$\varphi'_{Ox_1/Red_1} + \frac{3 \times 0.059}{n_1} \sim \varphi'_{Ox_2/Red_2} + \frac{3 \times 0.059}{n_2}$$

(6-3)

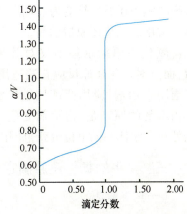

图 6-1 0.1000 mol/L 硫酸铈标准溶液滴定 20.00 ml 0.1000 mol/L 硫酸亚铁溶液的滴定曲线(1mol/L 的硫酸,25 ℃)

从式 6-3 可以看出,影响氧化还原滴定电位突跃范围的主要因素是两电对的条件电位差 $\Delta\varphi'$。$\Delta\varphi'$ 越大,滴定突跃范围越大,可选择的指示剂的品种越多,变色越敏锐,越易准确滴定。实践证明,$\Delta\varphi' \geq 0.4\ V$,用氧化还原指示剂可得比较满意的滴定结果。

（二）氧化还原滴定法的指示剂

氧化还原滴定中常用的指示剂主要有以下几种类型：

1. 自身指示剂　有些滴定剂本身有很深的颜色，而滴定产物为无色或颜色很浅，在这种情况下，滴定时可不必另加指示剂，它们本身的颜色变化就起着指示剂的作用，利用标准溶液或样品溶液本身颜色的变化来指示终点的物质称为自身指示剂。例如，$KMnO_4$ 本身显紫红色，用它来滴定 Fe^{2+}、$C_2O_4^{2-}$ 溶液时，反应产物 Mn^{2+}、Fe^{3+} 等颜色很浅，滴定到化学计量点后，稍微过量的 $KMnO_4$ 溶液就能使溶液呈现淡红色以指示滴定终点的到达，因此 $KMnO_4$ 就是一种自身指示剂。

2. 特殊指示剂　有些物质本身并不具有氧化还原性，但能与滴定剂或被测定物质发生显色反应，而且显色反应是可逆的，通过颜色的变化可指示滴定终点。这类指示剂称为特殊指示剂，也称专属指示剂。例如，可溶性淀粉与碘溶液反应生成深蓝色的化合物，当 I_2 被还原为 I^- 时，蓝色就突然褪去。故可根据其蓝色的出现或消失来指示终点的到达。最常用的特殊指示剂是淀粉，在碘量法中，多用淀粉溶液作指示液。用淀粉指示液可以检出约 10^{-5} mol/L 的碘溶液，但淀粉指示液与 I_2 的显色灵敏度与淀粉的性质和加入时间、温度及反应介质等条件有关。

3. 外指示剂　这类指示剂由于与标准溶液发生氧化还原反应，因此不能加入被滴定的试样溶液中，只能在化学计量点附近，用玻璃棒蘸取微量被滴定溶液在外面与其作用，根据颜色的变化判断滴定终点。这类物质称为外指示剂。例如，亚硝酸钠法就是用碘化钾-淀粉这种外指示剂来指示滴定终点的。

4. 氧化还原指示剂　氧化还原指示剂本身是氧化剂或还原剂，其氧化态和还原态具有不同的颜色。在滴定过程中，指示剂由氧化态转为还原态，或由还原态转为氧化态时，溶液颜色随之发生变化，从而指示滴定终点。例如，用 $K_2Cr_2O_7$ 滴定 Fe^{2+} 时，常用二苯胺磺酸钠为指示剂。二苯胺磺酸钠的还原态无色，当滴定至化学计量点时，稍过量的 $K_2Cr_2O_7$ 使二苯胺磺酸钠由还原态转变为氧化态，溶液显紫红色，从而指示滴定终点的到达。表 6-2 列出了部分常用的氧化还原指示剂。

氧化还原指示剂不仅对某种离子有特效，而且对氧化还原反应普遍适用，因而是一种通用指示剂，应用范围比较广泛。选择这类指示剂的原则是，指示剂变色点的电位应当处在滴定体系的电位突跃范围内。

表 6-2　常用的氧化还原指示剂及其颜色

指示剂	$\varphi^{\theta'}_{In}/V$ $c_{H^+}=1$ mol/L	颜色变化	
		氧化态	还原态
次甲基蓝	0.36	蓝	无色
二苯胺	0.76	紫	无色
二苯胺磺酸钠	0.84	红紫	无色
邻苯胺基苯甲酸	0.89	红紫	无色
邻二氮杂菲亚铁	1.06	浅蓝	红
硝基邻二氮杂菲亚铁	1.25	浅蓝	紫红

三、常用的氧化还原滴定法

（一）碘量法

碘量法是利用 I_2 的氧化性和 I^- 的还原性来进行滴定的氧化还原滴定方法，其半电池反应为：

$$I_2 + 2e^- \rightleftharpoons 2I^- \qquad \varphi^{\theta}_{I_2/I^-} = 0.5355 \text{ V}$$

固体 I_2 在水中溶解度很小（298 K 时为 $1.18×10^{-3}$ mol/L）且易挥发，所以通常将 I_2 溶解于 KI 溶液中，此时它以 I_3^- 配离子形式存在，其半反应为：

$$I_3^- + 2e^- \rightleftharpoons 3I^- \qquad \varphi_{I_3^-/I^-}^{\theta} = 0.536 \text{ V}$$

从 φ^{θ} 值可以看出,两者的标准电极电位值相差很小。习惯上用 $\varphi_{I_2/I^-}^{\theta}$ 表示。I_2 是较弱的氧化剂,能与较强的还原剂作用;而 I^- 是中等强度的还原剂,能与许多氧化剂作用。因此碘量法可以采用直接滴定和间接滴定两种方式进行。

碘量法既可测定氧化剂,又可测定还原剂。I_3^-/I^- 电对反应的可逆性好,副反应少,又有很灵敏的淀粉指示剂指示终点,因此碘量法的应用范围很广。碘量法根据滴定方式可分为直接碘量法和间接碘量法。

1. 直接碘量法 凡标准电极电位值低于 $\varphi_{I_2/I^-}^{\theta}$ 的还原性物质,可用 I_2 标准溶液直接滴定,这种方法称为直接碘量法,又称碘滴定法。该方法不能在强碱性溶液中进行,只能在弱碱性、中性或者酸性溶液中进行。如果溶液的 pH 大于 9,碘与碱发生歧化反应。

$$3I_2 + 6OH^- \rightleftharpoons IO_3^- + 5I^- + 3H_2O$$

直接碘量法可以测定那些能被碘直接迅速氧化的强还原性物质。例如,直接碘量法可测定 S^{2-}、SO_3^{2-}、Sn^{2+}、$S_2O_3^{2-}$、As(Ⅲ)、维生素 C 等物质的含量。

2. 间接碘量法 标准电极电位值比 $\varphi_{I_3^-/I^-}^{\theta}$ 高的氧化性物质,可在一定的条件下,用 I^- 还原,然后用 $Na_2S_2O_3$ 标准溶液滴定释放出的 I_2,这种方法称为间接碘量法,又称滴定碘法。间接碘量法的基本反应为:

$$I_2 + 2S_2O_3^{2-} \rightleftharpoons S_4O_6^{2-} + 2I^-$$

利用这一方法可以测定很多氧化性物质,如 Cu^{2+}、$Cr_2O_7^{2-}$、IO_3^-、BrO_3^-、AsO_4^{3-}、ClO^-、NO_2^-、H_2O_2、MnO_4^- 和 Fe^{3+} 等。

3. 滴定条件控制

(1) 酸度控制:无论是直接碘量法还是间接碘量法,只能在中性、弱酸性或弱碱性(pH = 3~8)溶液中进行。

酸度过高(pH < 3),$Na_2S_2O_3$ 溶液会发生分解反应;I^- 在酸性溶液中易被空气中的 O_2 氧化,反应如下:

$$S_2O_3^{2-} + 2H^+ \rightleftharpoons H_2S_2O_3 \rightleftharpoons SO_2\uparrow + S\downarrow + H_2O$$

$$4I^- + 4H^+ + O_2 \rightleftharpoons 2I_2 + 2H_2O$$

碱度过高(pH > 8),I_2 在碱性溶液中还会发生歧化反应:

$$3I_2 + 6OH^- \rightleftharpoons IO_3^- + 5I^- + 3H_2O$$

同时 I_2 与 $S_2O_3^{2-}$ 发生如下反应:

$$S_2O_3^{2-} + 4I_2 + 10OH^- \rightleftharpoons 2SO_4^{2-} + 8I^- + 5H_2O$$

(2) 终点控制:碘量法通常用淀粉作为指示剂,但加入时机不同。直接碘量法在滴定开始时加入,到达终点时,溶液由无色变为蓝色,以此确定滴定终点。间接碘量法是在临近终点时(I_2 的黄色很浅)再加入淀粉指示液,溶液蓝色消失,以此确定终点。如果过早加入淀粉,它与 I_2 会紧紧吸附在一起,到终点时蓝色不易褪去,使滴定终点延迟,造成误差。

(3) 防止碘的挥发:为减少 I_2 的挥发,配制 I_2 溶液时应加入过量的 KI,使 I_2 形成 I_3^-,从而增大了 I_2 在水中的溶解度。反应温度不宜过高,滴定在室温下进行;间接滴定法最好在碘量瓶中进行,反应完成后立即滴定,减轻振荡幅度,勿剧烈摇动。

(4) 返蓝现象:对于间接法,终点现象是蓝色消失。达到终点之后,蓝色重新出现,该现象称为返蓝现象。返蓝现象原因有两方面:空气中氧气氧化和反应不均匀。如果滴定至终点经过 5 分钟后返蓝,这是由于空气氧化 I^- 所引起,不影响实验结果。

(二) 高锰酸钾法

高锰酸钾法是以高锰酸钾标准溶液为滴定剂的氧化还原滴定法。高锰酸钾是一种强氧化剂。它的氧化能力和溶液的酸度有关。在强酸性溶液中,高锰酸钾被还原成 Mn^{2+}。其半电池反应为:

$$MnO_4^- + 8H^+ + 5e^- \rightleftharpoons Mn^{2+} + 4H_2O \qquad \varphi^\theta_{MnO_4^-/Mn^{2+}} = 1.507\ V$$

在中性、弱酸性、弱碱性溶液中,高锰酸钾与还原剂反应生成褐色的 MnO_2。

其半电池反应为:

$$MnO_4^- + 2H_2O + 3e^- \rightleftharpoons MnO_2 + 4OH^- \qquad \varphi^\theta_{MnO_4^-/MnO_2} = 0.595\ V$$

由于高锰酸钾在中性、弱酸性、弱碱性溶液中被还原成褐色的 MnO_2,在滴定过程中,影响滴定终点的观察,且 $\varphi^\theta_{MnO_4^-/MnO_2} < \varphi^\theta_{MnO_4^-/Mn^{2+}}$,因此高锰酸钾法只能选择在强酸性溶液中进行。一般不用硝酸、盐酸调节溶液的酸性,因为硝酸具有氧化性,而盐酸具有还原性,会影响滴定结果,因此常用硫酸调节溶液的酸性。

用高锰酸钾滴定无色或浅色溶液时,一般不另加指示剂,通常用高锰酸钾作自身指示剂。高锰酸钾标准溶液显紫红色,利用化学计量点后稍微过量的 MnO_4^- 本身的粉红色来指示终点的到达。

高锰酸钾和部分还原性物质在常温下反应较慢,为加快化学反应速率,可在滴定前将溶液加热或加入催化剂(如 Mn^{2+})。但对于在空气中易氧化或加热易分解的物质,如亚铁盐、过氧化物等则不能通过加热的方式来提高化学反应速率。

高锰酸钾的氧化能力强,可以不加指示剂,应用范围广,根据被滴定的物质的性质,可采取以下滴定方式进行滴定。

1. 直接滴定法 许多还原性物质可用高锰酸钾标准溶液直接滴定,如 Fe^{2+}、NO_2^-、H_2O_2、$C_2O_4^{2-}$、AsO_3^{3-} 等。

2. 返滴定法 某些氧化性物质不能用高锰酸钾标准溶液直接滴定,如 MnO_2、PbO_2 等,可采用间接滴定法。具体操作步骤为:在含有氧化性待测物的 H_2SO_4 溶液中加入过量的草酸钠标准溶液,加热待反应完全后,再用高锰酸钾标准溶液滴定剩余的草酸钠间接测定氧化性物质。

3. 间接滴定法 某些物质(如 Ca^{2+}),虽然没有氧化还原性,不能与高锰酸钾直接反应,但能与另一种氧化剂或还原剂定量反应,也可用间接滴定法测定。例如,将 Ca^{2+} 沉淀为 CaC_2O_4,然后用稀硫酸将 CaC_2O_4 溶解,再用高锰酸钾标准溶液滴定溶液中的 $C_2O_4^{2-}$,间接求出 Ca^{2+} 的含量。凡能与 $C_2O_4^{2-}$ 定量地反应生成草酸盐沉淀的金属离子(如 Zn^{2+}、Cu^{2+}、Pb^{2+}、Hg^{2+}、Cd^{2+}、Ba^{2+} 等)都可用间接滴定法测定。

第 2 节　氧化还原滴定法的应用

一、标准溶液和基准物质

(一) I_2 标准溶液的配制与标定

1. I_2 标准溶液(0.05 mol/L)的配制 用升华法制得的纯碘,可直接配制成标准溶液。但纯碘因其具有挥发性和腐蚀性,不宜用电子天平准确称量,故通常采用间接法配制近似浓度的碘标准溶液,然后用基准试剂或已知准确浓度的 $Na_2S_2O_3$ 标准溶液来标定碘标准溶液的准确浓度。由于 I_2 难溶于水,易溶于 KI 溶液,加入 KI 溶液不仅能增大其溶解度,还能降低其挥发性。配制时应将 I_2、KI 与少量水一起研磨后再用水稀释,并保存在棕色试剂瓶中待标定,以防止 KI 的氧化。

2. I_2 标准溶液(0.05 mol/L)的标定 I_2 标准溶液通常可用 As_2O_3 基准物来标定。As_2O_3 难溶于水,可先溶于碱溶液,使之生成 AsO_3^{3-},再用 I_2 标准溶液滴定 AsO_3^{3-}。反应如下:

$$As_2O_3 + 6OH^- \rightleftharpoons 2AsO_3^{3-} + 3H_2O$$

$$AsO_3^{3-} + I_2 + H_2O \rightleftharpoons AsO_4^{3-} + 2I^- + 2H^+$$

上述反应为可逆反应,为使反应快速定量地向右进行,可加入 $NaHCO_3$,以保持溶液 $pH \approx 8$ 左右。

根据称取的 As_2O_3 质量和滴定时消耗 I_2 标准溶液的体积,可计算出 I_2 标准溶液的浓度。计算公式如下:

$$c_{I_2} = \frac{2 \times m_{As_2O_3} \times 10^3}{M_{As_2O_3} \times V_{I_2}} \tag{6-4}$$

(二) $Na_2S_2O_3$ 标准溶液的配制与标定

1. $Na_2S_2O_3$ 标准溶液(0.1 mol/L)的配制 市售硫代硫酸钠($Na_2S_2O_3 \cdot 5H_2O$)一般都含有少量杂质,因此配制 $Na_2S_2O_3$ 标准溶液不能用直接法,只能采用间接法。配制好的 $Na_2S_2O_3$ 溶液在空气中不稳定,容易分解,这是由于在水中的微生物、CO_2、空气中 O_2 作用下,发生下列反应:

$$Na_2S_2O_3 \xrightarrow{微生物} Na_2SO_3 + S\downarrow$$

$$3Na_2S_2O_3 + 4CO_2 + 3H_2O \rightleftharpoons 2NaHSO_4 + 4NaHCO_3 + 4S\downarrow$$

$$2Na_2S_2O_3 + O_2 \rightleftharpoons 2Na_2SO_4 + 2S\downarrow$$

2. $Na_2S_2O_3$ 标准溶液(0.1 mol/L)的标定 标定 $Na_2S_2O_3$ 标准溶液的基准物质有 $K_2Cr_2O_7$、KIO_3、$KBrO_3$ 及升华 I_2 等。除 I_2 外,其他物质均需采用置换滴定法,即在酸性溶液中基准氧化剂与 KI 作用析出 I_2 后,再用待标定的 $Na_2S_2O_3$ 标准溶液滴定。若以 $K_2Cr_2O_7$ 作基准物为例,则 $K_2Cr_2O_7$ 在酸性溶液中与 I^- 发生如下反应:

$$Cr_2O_7^{2-} + 6I^- + 14H^+ \rightleftharpoons 2Cr^{3+} + 3I_2 + 7H_2O$$

反应析出的 I_2 以淀粉为指示剂,用待标定的 $Na_2S_2O_3$ 标准溶液滴定。

$$I_2 + 2S_2O_3^{2-} \rightleftharpoons 2I^- + S_4O_6^{2-}$$

用 $K_2Cr_2O_7$ 标定 $Na_2S_2O_3$ 标准溶液时应注意:$Cr_2O_7^{2-}$ 与 I^- 反应较慢,为加速反应,需加入过量的 KI 并适当提高溶液的酸度,酸度过高会加速空气氧化 I^-。因此,酸度一般应控制在 0.2~0.4 mol/L,而且需在暗处放置,以保证反应顺利进行。

根据称取 $K_2Cr_2O_7$ 的质量和滴定时消耗 $Na_2S_2O_3$ 标准溶液的体积,可计算出 $Na_2S_2O_3$ 标准溶液的浓度。计算公式如下:

$$c_{Na_2S_2O_3} = \frac{6 \times m_{K_2Cr_2O_7} \times 10^3}{M_{K_2Cr_2O_7} \times V_{Na_2S_2O_3}} \tag{6-5}$$

(三) 高锰酸钾标准溶液的配制与标定

1. 高锰酸钾标准溶液的配制 由于市售的高锰酸钾中含有 MnO_2 等杂质,所用的蒸馏水也含微量的还原性物质,以上杂质的存在会影响测定结果,因此高锰酸钾标准溶液不能直接配制。一般先配制近似浓度的高锰酸钾溶液,然后再进行标定以得到准确浓度的高锰酸钾标准溶液。配制时称取稍过量的高锰酸钾,溶解于一定量的蒸馏水中,加热至沸腾使高锰酸钾与还原性杂质完全反应。用垂熔玻璃漏斗过滤,去除沉淀。滤液储存于棕色瓶中,避光保存,待标定。

2. 高锰酸钾标准溶液的标定　可用于标定高锰酸钾溶液的基准物质有 $Na_2C_2O_4$、$H_2C_2O_4 \cdot 2H_2O$、$FeSO_4 \cdot 7H_2O$ 等,其中 $Na_2C_2O_4$ 不含结晶水,纯品易得,因此常用 $Na_2C_2O_4$ 作为标定高锰酸钾溶液的基准物质。在 H_2SO_4 溶液中,其反应如下:

$$2MnO_4^- + 5C_2O_4^{2-} + 16H^+ \rightleftharpoons 2Mn^{2+} + 10CO_2\uparrow + 8H_2O$$

标定时,应注意以下几点:

(1) 温度:在室温下此反应的速度缓慢,须将溶液加热至 75~85 ℃;但温度不宜过高,否则在酸性溶液中部分 $H_2C_2O_4$ 会发生分解:

$$H_2C_2O_4 \rightleftharpoons CO_2\uparrow + CO\uparrow + H_2O$$

(2) 酸度:一般滴定开始时的最适宜酸度约为 $[H^+] = 1$ mol/L。若酸度过低 MnO_4^- 会部分被还原为 MnO_2 沉淀;酸度过高,又会促使 $H_2C_2O_4$ 分解。因此滴定时要严格控制条件,$KMnO_4$ 试剂常含少量杂质,其标准溶液不够稳定。已标定的 $KMnO_4$ 溶液放置一段时间后,应重新标定。

(3) 滴定速度(催化剂):由于 MnO_4^- 与 $C_2O_4^{2-}$ 的反应是自动催化反应,滴定开始时,加入的第一滴高锰酸钾溶液褪色很慢,所以开始时滴定要进行得慢些,在 $KMnO_4$ 红色未褪去之前,不要加入第二滴。当溶液中产生 Mn^{2+} 后,反应速度才逐渐加快,即使这样,也要等前面滴入的 $KMnO_4$ 溶液褪色之后,再滴加 $KMnO_4$ 标准溶液,否则部分加入的高锰酸钾溶液来不及与 $C_2O_4^{2-}$ 反应,此时在热的酸性溶液中会发生分解,导致标定结果偏低。

$$4MnO_4^- + 12H^+ \rightleftharpoons 4Mn^{2+} + 5O_2\uparrow + 6H_2O$$

(4) 指示剂:高锰酸钾自身可作为指示剂。终点后稍微过量的 MnO_4^- 使溶液呈现粉红色而指示终点的到达。该终点不太稳定,这是由于空气中的还原性气体及尘埃等落入溶液中使高锰酸钾缓慢分解,而使粉红色消失,所以经过半分钟不褪色即可认为到达终点。

二、应用示例

(一) 碘量法应用示例

碘量法的应用范围很广泛。采用直接碘量法可以测定很多还原性药物的含量,如维生素 C、安乃近、二巯丙醇等的含量;采用间接碘量法可以测定许多氧化性物质的含量,如高锰酸钾、葡萄糖酸锑钠、葡萄糖、铜盐等。

1. 直接碘量法测定维生素 C 片中的维生素 C 含量　维生素 C 又称抗坏血酸($C_6H_8O_6$,摩尔质量为 171.62 g/mol)。由于维生素 C 分子中的烯二醇基,具有还原性,所以它能被 I_2 定量地氧化成二酮基。

维生素 C 的半反应式为:

$$C_6H_6O_6 + 2H^+ + 2e^- \rightarrow C_6H_8O_6 \qquad \varphi^\theta_{C_6H_6O_6/C_6H_8O_6} = 0.18 \text{ V}$$

应该注意的是:维生素 C 在碱性溶液中还原性更强,故滴定时须加入 HAc,使溶液保持一定的酸度,以减少维生素 C 与 I_2 以外的其他氧化剂作用。维生素 C 的还原能力强,在空气中易被氧化,所以在 HAc 酸化后应立即滴定。由于蒸馏水中有溶解氧,因此蒸馏水必须事先煮沸,否则会使测定结果偏低。如果试液中有能被 I_2 直接氧化的物质存在,对测定会产生干扰。

案例 6-1

取维生素 C 样品约 0.2 g,精密称定,加入新煮沸过的冷蒸馏水 100 ml 与稀乙酸 10 ml 使溶解,加入淀粉指示液 1 ml,立即用 I_2 标准溶液(0.05 mol/L)滴定,至溶液显蓝色并在 30 秒钟内不褪色,即为终点。记录所消耗的 I_2 标准溶液的体积。平行测 3 次。根据 I_2 标准溶液的消耗量,计算维生素 C 的含量(%)。每 1 ml I_2 标准溶液(0.05 mol/L)相当于 8.806 mg 的维生素 C。

维生素 C 的含量计算公式: $\omega_{Vc}(\%) = \dfrac{F \times V_{I_2} \times T}{m_s} \times 100\%$

问题:
1. 待测液中加入稀乙酸的作用是什么?
2. 本案例属于何种滴定方式?

2. 间接碘量法测定胆矾中 $CuSO_4 \cdot 5H_2O$ 的含量 在弱酸性溶液中(pH = 3~4),Cu^{2+} 与过量 I^- 作用生成难溶性的 CuI 沉淀和 I_2。其反应式为:

$$2Cu^{2+} + 4I^- \rightleftharpoons 2CuI \downarrow + I_2$$

生成的 I_2 可用 $Na_2S_2O_3$ 标准溶液滴定,以淀粉溶液为指示剂,滴定至溶液的蓝色刚好消失即为终点。滴定反应为:

$$I_2 + 2S_2O_3^{2-} \rightleftharpoons S_4O_6^{2-} + 2I^-$$

由所消耗的 $Na_2S_2O_3$ 标准溶液的体积及浓度即可求算出铜的含量。

由于 CuI 沉淀表面吸附 I_2 致使分析结果偏低,为此可在大部分 I_2 被 $Na_2S_2O_3$ 溶液滴定后,再加入 NH_4SCN 或 KSCN 使 CuI($K_{sp} = 1.27 \times 10^{-12}$)沉淀转化为溶解度更小的 CuSCN($K_{sp} = 1.77 \times 10^{-13}$)沉淀,释放出被吸附的碘,从而提高测定结果的准确度。

案例 6-2

精密称取胆矾($CuSO_4 \cdot 5H_2O$)试样 0.5~0.6 g(准确至 0.1 mg,平行称 3 份),研成粉末后分别置于锥形瓶中,加 5 ml 1.0 mol/L H_2SO_4 溶液和 40 ml 水使其溶解,加入 10% KI 溶液 5 ml,立即用 $Na_2S_2O_3$ 标准溶液滴定至浅黄色,然后加入 5 ml 淀粉指示液,继续滴至浅蓝色。再加 10% KSCN 10 ml,摇匀后,溶液的蓝色加深,再继续用 $Na_2S_2O_3$ 标准溶液滴定至蓝色刚好消失为终点,此时溶液为粉色的 CuSCN 悬浊液。胆矾中 $CuSO_4 \cdot 5H_2O$ 含量计算公式:

$$\omega_{CuSO_4 \cdot 5H_2O}(\%) = \dfrac{(cV)_{Na_2S_2O_3} \times M_{CuSO_4 \cdot 5H_2O} \times 10^{-3}}{m_s} \times 100\%$$

问题:
1. 该方法属于何种滴定方式?
2. 淀粉指示剂应在何时加入待测液中?为什么?

(二) 高锰酸钾法应用示例

高锰酸钾法的优点是高锰酸钾的氧化能力强，应用范围广，滴定时不用另加指示剂。

直接高锰酸钾法测定 H_2O_2 的含量，在酸性溶液中，H_2O_2 能还原 MnO_4^-，其反应式为：

$$2MnO_4^- + 6H^+ + 5H_2O_2 = 2Mn^{2+} + 5O_2\uparrow + 8H_2O$$

市售 H_2O_2 是浓度为 30% 的水溶液，需适当稀释后方可滴定。反应在常温下即可顺利进行，滴定开始时反应速率较慢，待少量 Mn^{2+} 生成后，反应速率加快。

案例 6-3

吸取 30% H_2O_2 试样 1ml，置于 100 ml 量瓶中，加水稀释至刻度，摇匀。精密量取 10 ml 置于锥形瓶中，加 1 mol/L 稀盐酸 20 ml，用高锰酸钾标准溶液 (0.002 mol/L) 滴定至红色即达终点。

由滴定反应可知以下关系式：1 mol $KMnO_4$ ~ 5/2 mol H_2O_2

H_2O_2 含量计算公式：$\omega_{H_2O_2}(\%) = \dfrac{5 \times c_{KMnO_4} \times V_{KMnO_4} \times 10^{-3} \times M_{H_2O_2}}{2V_s} \times 100\%$

问题：
1. 为什么要将市售的 H_2O_2 进行稀释？
2. 尝试写出 $KMnO_4$ 与 H_2O_2 的反应方程式。
3. 为什么要加入 1 mol/L 的稀盐酸？

反应在室温下进行。反应开始速度较慢，但因 H_2O_2 不稳定，不能加热，随着反应进行，由于生成的 Mn^{2+} 催化反应，使反应速率加快。

小 结

1. **氧化还原滴定法的概念** 氧化还原滴定法是以氧化还原反应为基础的滴定分析方法。应用非常广泛。它以氧化剂或还原剂为滴定剂，直接滴定一些具有还原性或氧化性的物质；或者间接滴定一些本身并没有氧化还原性，但能与某些氧化剂或还原剂起反应的物质。

2. **应用氧化还原反应滴定法的反应必须具备的条件**
1) 反应的平衡常数必须大于 10^6，即 $\Delta E > 0.4$ V。
2) 反应迅速，且没有副反应发生，反应完全，具有一定的计量关系。
3) 应有适当的指示剂确定终点。

3. **电极电位** 物质氧化还原能力的大小，可以用电极电位来衡量。电极电位越高，则电对中氧化型的氧化能力就越强，而还原型的还原能力就越弱；反之情况相反。

4. **影响氧化还原反应速率的因素** 除了反应物（氧化剂、还原剂）本身的性质外，还有浓度、温度、催化剂。

5. **氧化还原滴定要求** 氧化还原反应进行得越完全越好。反应进行的完全程度常用反应的平衡常数 (K) 的大小来衡量。平衡常数可根据能斯特方程式，从有关电对的条件电位或标准电极电位求出。

6. **指示剂的分类**

(1) 自身指示剂：有些滴定剂本身有很深的颜色，而滴定产物为无色或颜色很浅，在这种情况下，滴定时可不必另加指示剂，它们本身的颜色变化就起着指示剂的作用，利用标准溶液或样品溶液本身颜色的变化来指示终点的物质称为自身指示剂,如高锰酸钾。

(2) 特殊指示剂:有些物质本身并不具有氧化还原性,但能与滴定剂或被测定物质发生显色反应,而且显色反应是可逆的,通过颜色的变化可指示滴定终点。这类指示剂称为特殊指示剂,也称专属指示剂,如淀粉溶液。

(3) 外指示剂:这类指示剂由于与标准溶液发生氧化还原反应,因此不能加入被滴定的试样溶液中,只能在化学计量点附近,用玻璃棒蘸取微量被滴定溶液在外面与其作用,根据颜色的变化判断滴定终点。这类物质称为外指示剂。例如,碘化钾-淀粉。

(4) 氧化还原指示剂:氧化还原指示剂本身是氧化剂或还原剂,其氧化态和还原态具有不同的颜色。在滴定过程中,指示剂由氧化态转为还原态,或由还原态转为氧化态时,溶液颜色随之发生变化,从而指示滴定终点。例如,二苯胺磺酸钠。

7. 氧化还原滴定法的分类

(1) 碘量法:利用 I_2 的氧化性和 I^- 的还原性进行滴定分析的方法,又可以分为直接碘量法和间接碘量法。

(2) 亚硝酸钠法:是以亚硝酸钠为标准溶液的氧化还原滴定法,又包括两种方法,即重氮化滴定法和亚硝基化滴定法。

(3) 高锰酸钾法:是以高锰酸钾为标准溶液的氧化还原滴定法。它利用了高锰酸钾在酸性介质中可与还原性物质发生定量反应的性质。

(4) 重铬酸钾法:是以重铬酸钾为标准溶液的氧化还原滴定法。重铬酸钾是一种较强的氧化剂,在酸性溶液中可以被还原剂还原为 Cr^{3+}。

(5) 硫酸铈法:是以硫酸铈为标准溶液的氧化还原滴定法。硫酸铈是强氧化剂,在酸性溶液中可以被还原为 Ce^{3+}。

目标检测

一、选择题

1. 电极电位对判断氧化还原反应的性质很有用,但它不能判断( )
   A. 氧化还原反应的方向 B. 氧化还原的完成程度
   C. 氧化还原的次序 D. 氧化还原反应的速率

2. 在间接碘量法中,加入淀粉指示剂的适宜时间是( )
   A. 滴定开始时
   B. 滴定近终点时
   C. 滴入标准溶液近30%时
   D. 滴入标准溶液近50%时

3. 下列物质中,可以用氧化还原滴定法测定的是( )
   A. 盐酸   B. 乙酸
   C. 草酸   D. 硫酸

4. 直接碘量法应控制的条件是( )
   A. 中性或弱酸性条件
   B. 强酸性物质
   C. 中性物质
   D. 强碱性物质

5. 碘量法中使用碘量瓶的目的是( )
   A. 防止碘的挥发   B. A+D
   C. 防止溶液溅出   D. 防止溶液与空气接触

6. 高锰酸钾法滴定溶液的常用酸碱条件是( )
   A. 弱碱   B. 弱酸
   C. 强碱   D. 强酸

7. 为标定 $KMnO_4$ 溶液的浓度,宜选择的基准物质是( )
   A. $Na_2C_2O_4$ B. Na_2SO_4
   C. $Na_2S_2O_3$ D. As_2O_3

8. 下列不是氧化还原反应的特点的是( )
   A. 反应速度较慢
   B. 反应机制复杂
   C. 反应简单,往往能一步完成
   D. 除主反应外,常常伴有副反应发生

9. 下列不是氧化还原反应滴定法的特点的是( )
   A. 反应能定量完成
   B. 有适当的方法或指示剂判断反应的终点
   C. 有足够快的反应速度
   D. 必须加催化剂

二、计算题

1. 称取含 KI 的试样 1.000 g 溶于水，加 10 ml 0.050 00 mol/L KIO_3 溶液处理，反应后煮沸驱尽所生成的 I_2，冷却后，加入过量 KI 溶液与剩余的 KIO_3 反应。析出的 I_2 需用 21.14 ml 0.1008 mol/L $Na_2S_2O_3$ 溶液滴定。计算试样中 KI 的质量分数。（M_{KI} = 166.00 g/mol）

2. 10.00 ml 市售 H_2O_2（相对密度 1.010）需用 36.82 ml 0.024 00 mol/L $KMnO_4$ 溶液滴定，计算试液中 H_2O_2 的质量分数。（$M_{H_2O_2}$ = 34.015 g/mol）

（吴小琼）

第七章 电化学分析法

学习目标

1. 掌握:指示电极与参比电极的概念及作用,能正确判断两种电极;直接电位法测定溶液 pH 的原理和方法,能熟练使用酸度计;永停滴定法的测定原理及应用。
2. 熟悉:电位滴定法的原理、特点及判断终点的方法。
3. 了解:指示电极的分类;电位法测定其他离子浓度的方法;电位滴定法的应用。

第 1 节 电化学分析法概述

电化学分析法(electrochemical analysis)是根据电化学原理和物质的电化学性质而建立起来的一类分析方法。此类方法通常是将待测液与适当的电极组成化学电池,通过测量电池的某些电化学参数(电导、电流、电压、电量或电阻等)的强度或变化情况,对待测组分进行分析。它是仪器分析法的一个重要组成部分,具有设备简单、选择性高、分析速度快、灵敏度高、易于微型化等优点,广泛用于化工、医药、环境、生物、材料、能源等领域的样品分析及科学研究。

一、电化学分析法的分类

按分析中所测量的电化学参数不同,可将电化学分析法粗略地分为四类,如表 7-1 所示。

1. 电位分析法(potentiometry) 是将合适的指示电极与参比电极插入待测液中组成化学电池,通过测量电池的电动势或滴定过程中电池电动势的变化进行分析的方法。电位分析法可分为直接电位法和电位滴定法。直接电位法(direct potentiometry)是通过测量原电池的电动势直接求得待测离子活(浓)度的方法。例如,用玻璃电极测定溶液的 pH。电位滴定法(potentiometric titration)是通过测量滴定过程中电池电动势的变化来确定滴定终点的一种滴定分析法。对于没有合适的指示剂指示滴定终点,浑浊溶液或颜色较深的

表 7-1 电化学分析法的分类

	电位分析法	直接电位法
		电位滴定法
		电重量法
电化学分析法	电解分析法	库仑分析法
		库仑滴定法
		直接电导法
	电导分析法	电导滴定法
		极谱法
	伏安分析法	溶出伏安法
		电流滴定法(包括永停滴定法)

溶液等,难以用指示剂判断滴定终点,此时若采用电位滴定法便可得到更准确的分析结果。

2. 电解分析法(electrolytic analysis)　是以电解原理为基础而建立起来的分析方法,包括电重量法、库仑分析法及库仑滴定法。电重量法(electrogravimetry)是采用外加电源来电解试样,根据电解产物在电极上定量沉积后电极质量的增加量来确定待测物的含量。库仑分析法(coulometry)是采用外加电源电解试样,根据待测物完全电解时消耗的电量进行分析的方法。从滴定反应类型而言,库仑滴定法(coulometric titration)的基本原理与普通滴定分析类似,不同的是,库仑滴定法中的标准溶液不是经由滴定管向待测液中滴加,而是采用恒定电流,通过电解试样产生,然后与待测组分作用,根据滴定终点消耗的电量求出待测物质含量。

3. 电导分析法(conductometry)　是通过测量溶液的电导或滴定过程中电导的变化进行分析的方法,可分为直接电导法和电导滴定法。根据测量的电导数据与待测物浓度之间的定量关系,直接确定待测物含量的方法称为直接电导法(direct conductometry)。根据滴定过程中溶液电导的变化来确定终点的方法,称为电导滴定法(conductometric titration)。电导分析法虽然灵敏度较高,但因选择性较差,目前已较少使用。

4. 伏安分析法(voltammetry)　是以测量电解过程中电流-电位曲线(又称伏安曲线)为基础的一类电化学分析方法。其中以滴汞电极为指示电极,根据电解过程的电流-电位曲线进行定性、定量分析的方法称为极谱法(polarography)。溶出伏安法(stripping method)是在某一恒定电压下进行电解,使待测物在电极上富集,再用适当的方法溶解富集物,根据溶出时的电流-电位或电流-时间曲线进行分析的方法。而电流滴定法(amperometric titration)是在固定电压下,根据滴定过程中电流的变化来确定滴定终点的分析方法。

二、化学电池及其类型

1. 化学电池　通常由两个电极(相同或不同)插入电解质溶液中组成。两个电极插入同一电解质溶液中组成的电池,称为无液接界电池。而两个电极分别插在两种组成不同,但能相互连通的溶液中所形成的电池,称为有液接界电池。将两种组成不同的电解质溶液之间的接触面称为液接界面。电解质溶液之间的接触面通常用隔膜分开,隔膜为多孔或含细管的固体如多孔玻璃、素烧陶瓷、多孔纸等,允许离子自由通过,有时也常用盐桥将两种溶液连接起来,以消除液接电位。电位分析法中用得较多的是有液接界电池。

2. 相界电位与金属电极电位　当把金属插入到含有此种金属离子的溶液中构成电极时,在金属与溶液两相之间的界面上,由于带电质点的定向迁移会形成双电层,双电层间的电位差称为相界电位,即金属的电极电位。

例如,将锌片插入 $ZnSO_4$ 溶液中构成锌电极。金属锌是强还原剂,很容易失去电子,有离开锌片表面,变成 Zn^{2+} 进入溶液中的倾向。即:

$$Zn \longrightarrow Zn^{2+} + 2e^- \text{(氧化反应)}$$

Zn^{2+} 被溶液中的异性离子吸引进入溶液,使锌片表面留有过剩的电子而带负电荷。而溶液中的 Zn^{2+} 也有得到电子变成 Zn 的倾向。即:

$$Zn^{2+} + 2e^- \longrightarrow Zn \text{ (还原反应)}$$

Zn 的氧化倾向大于 Zn^{2+} 的还原倾向,结果破坏了原来两相的电中性,在金属 Zn 与溶液相接触的界面上形成了双电层,如图 7-1 所示。双电层的形成抑制了电荷的继续迁移倾向,达到平衡时,在相界面两边产生一个稳定的电位差,称为相界电位,也就是锌电极的电极电位。

若金属的氧化倾向小于溶液中该离子的还原倾向时,相界面上双电层的电荷分布则与上述锌电极恰好相反,即金属表面带正电荷,溶液界面带负电荷。

3. 液体接界电位　简称液接电位,又称扩散电位。它是指两种组成不同的溶液或组成相同而浓度不同的溶液接触界面之间所产生的电位差。液接电位是离子在通过相界面时因扩散速率不同而引起的。例如,两种不同浓度的 $AgNO_3$ 溶液,其液接电位产生情况如图 7-2 所示。

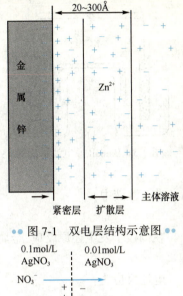

图 7-1　双电层结构示意图

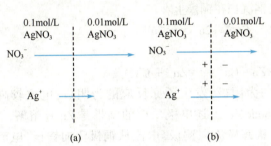

图 7-2　液接电位产生示意图

图 7-2 中,箭头的长短代表离子在溶液中扩散速率的大小。由于 NO_3^- 的扩散速率比 Ag^+ 快(图 7-2a),使界面右侧出现过量的 NO_3^-,带负电荷,而界面左侧 Ag^+ 过量,带正电荷(图 7-2b),这样在液接界面上就形成了双电层,双电层的电场对 NO_3^- 的进一步扩散起阻碍作用,使其扩散速率减慢,对 Ag^+ 的扩散起促进作用,使其扩散速率加快,最终导致两种离子以相同的速率扩散(图 7-2c),即达到稳定状态,此时,在溶液界面上形成的微小电位差即为液接电位。

电位法测定中常使用的有液接界电池,由于液接电位的影响,使测量结果产生误差,因此实验中通常用盐桥将两溶液相连,以降低或消除液接电位。盐桥(salt bridge)是一个倒置的 U 型管或直型管,内充高浓度的 KCl(或 NH_4Cl)溶液,用盐桥将两溶液连接后,盐桥两端产生两个液接界面。扩散作用以高浓度的 K^+ 和 Cl^- 为主,而两者的扩散速率几乎相同,所以形成的液接电位极小(1~2 mV),两个液接电位在整个电路上方向相反,可相互抵消。

4. 化学电池的分类　根据电极反应能否自发进行,可将化学电池分为原电池(galvanic cell)和电解池(electrolytic cell)两类。原电池的电极反应可自发进行,是一种将化学能转化为电能的装置。电解池的电极反应不能自发进行,必须在有外加电压的情况下才能发生,是一种将电能转化为化学能的装置。同一种结构的电池,由于实验条件的不同,有时可作为原电池,有时也可作为电解池使用。

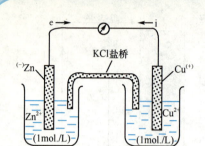

图 7-3 Daniell 原电池示意图

现以 Daniell 电池(铜-锌原电池)为例,讨论原电池电位是如何产生的。电池的构造如图 7-3 所示。

将 Zn 片插入 $ZnSO_4$ 溶液(1 mol/L)中,组成一个半电池;将 Cu 片插入 $CuSO_4$ 溶液(1 mol/L)中,组成另一个半电池。两溶液间用饱和 KCl 盐桥连接,两极之间用导线连接并串联一个灵敏电流计。

由于 $\varphi^{\theta}_{Cu^{2+}/Cu} = 0.3419V > \varphi^{\theta}_{Zn^{2+}/Zn} = -0.7618V$,因此当用导线连接两电极后,就形成了原电池。两个电极的电极反应可自发进行,其中在锌极上发生氧化反应,Zn^{2+} 进入溶液中:

$$Zn \rightleftharpoons Zn^{2+} + 2e^-$$

在铜极上发生还原反应,金属铜沉积在铜极上:

$$Cu^{2+} + 2e^- \rightleftharpoons Cu$$

电池反应为:

$$Zn + Cu^{2+} \rightleftharpoons Zn^{2+} + Cu$$

两个电极中,发生氧化反应的为阳极,发生还原反应的为阴极;电位较高的为正极(anode),电位较低的为负极(cathode)。上述电极反应的结果是 Zn 片溶解,Zn^{2+} 进入溶液中;金属铜沉积在铜片上,电子从锌极流向铜极,电流从铜极流向锌极,电流计指针发生偏转。

Daniell 原电池图解表达式为:

$$(-)Zn(s) | ZnSO_4(1\ mol/L) \| CuSO_4(1\ mol/L) | Cu(s)(+)$$

书写原电池表达式时,一般遵循以下规则:

(1) 电极或原电池物质均用化学式表示,化学式后面用括号注明物质状态(s、l、g),溶液注明活(浓)度,气体注明分压。若未注明,则表示溶液浓度为 1 mol/L,气体分压为 100 kPa;固体或纯液体的活度可看作为 1。

(2) 电池负极(发生氧化反应的电极)写在最左边,用带括号的"-"注明为负极;电池正极(发生还原反应的电极)写在最右边,用带括号的"+"注明为正极。参与电池反应的物质按所在相和各相接触顺序依次写出。最后注明温度,若没有注明均表示温度为 298 K。

(3) 不同相之间的接界,用符号"|"表示;同一相中的不同物质,书写时用逗号",",或"|"隔开;溶液之间通过盐桥相连,已消除液接电位时,用符号"‖"表示盐桥。

(4) 气体或均相的电极反应,反应物本身不能直接作为电极,要用惰性材料(如铂、金或碳等)作电极,以传导电流,常用的有铂电极和石墨电极。

原电池的电动势为正极与负极的电极电位之差,为正值。本例中 Daniell 电池的电动势为:

$$E = \varphi_{(+)} - \varphi_{(-)} = \varphi^{\theta}_{Cu^{2+}/Cu} - \varphi^{\theta}_{Zn^{2+}/Zn} = 0.3419 - (-0.7618) = 1.104\ V$$

如果通过一个外加电源,在电池的两个电极间施加一个与其电动势方向相反的电压,当反向电压小于 1.104 V 时,则电池的电极反应及电流方向均不变,但电流强度变小;若外加反向电压等于 1.104 V,无电极反应,电流为零;当外加反向电压大于 1.104 V 时,电极反应及电流方向均发生改变,此时原电池变成电解池。这是因为在外加电源的作用下,锌极

发生还原反应,铜极发生氧化反应。即:

  锌极 $Zn^{2+} + 2e^- \rightleftharpoons Zn$ (还原反应、阴极)

  铜极 $Cu \rightleftharpoons Cu^{2+} + 2e^-$ (氧化反应、阳极)

  电池反应 $Cu + Zn^{2+} \rightleftharpoons Cu^{2+} + Zn$

此电解池的图解表达式为:

$$(-)Cu(s)|CuSO_4(1\ mol/L)\ \|\ ZnSO_4(1\ mol/L)|Zn(s)(+)$$

由此可以看出,由于实验条件的改变,铜-锌电池既可以作为原电池,也可以作为电解池。

三、指示电极和参比电极

(一) 指示电极

指示电极(indicator electrode)是电极电位值随待测离子的活(浓)度变化而改变的一类电极。电位法中所用的指示电极很多,一般可分为金属基电极和膜电极两大类。

金属基电极是以金属为基体,以电子转移反应为基础的一类电极,按其组成和作用不同可分为以下三类。

(1) 金属-金属离子电极:由金属插入含有该金属离子的溶液中所组成的电极称为金属-金属离子电极,简称金属电极。其电极电位与溶液中金属离子的活(浓)度有关,可作为测定金属离子活(浓)度的指示电极。这类电极只有一个相界面,故又称第一类电极。例如,银电极,可表示为:$Ag|Ag^+$,电极反应为:

$$Ag^+ + e^- \rightleftharpoons Ag$$

电极电位为:$\varphi = \varphi^\theta + 0.059\lg a_{Ag^+}$ 或 $\varphi = \varphi' + 0.059\lg c_{Ag^+}$ (25 ℃)。

(2) 金属-金属难溶盐电极:在金属表面覆盖该金属的难溶盐,再将其插入到含有该难溶盐阴离子的溶液中组成的电极。其电极电位随溶液中阴离子浓度的变化而变化,因此可作为测定难溶盐阴离子浓度的指示电极。这类电极有两个相界面,故又称第二类电极。例如,将表面涂有 AgCl 的银丝插入到 Cl^- 溶液中,组成银-氯化银电极,可表示为 $Ag|AgCl(s)|Cl^-$,电极反应为:

$$AgCl + e^- \rightleftharpoons Ag + Cl^-$$

电极电位为:$\varphi = \varphi^\theta - 0.059\lg a_{Cl^-}$ 或 $\varphi = \varphi' - 0.059\lg c_{Cl^-}$ (25 ℃)。

(3) 惰性金属电极:由惰性金属(铂、金)或石墨插入到同一元素的两种不同氧化态的离子溶液中组成,也称氧化还原电极。其中惰性金属或石墨不参与电极反应,仅在电极反应过程中起传递电子的作用。其电极电位取决于溶液中氧化态和还原态物质活(浓)度的比值,可作为测定溶液中氧化态和还原态物质的活(浓)度及其比值的指示电极。由于氧化态和还原态存在于同一溶液中,没有相界面,故又称零类电极。例如,将铂丝插入到含有 Fe^{3+} 和 Fe^{2+} 的溶液中组成的铂电极,可表示为:$Pt|Fe^{3+},Fe^{2+}$,其电极反应为:

$$Fe^{3+} + e^- \rightleftharpoons Fe^{2+}$$

电极电位为:$\varphi = \varphi^\theta + 0.059\lg \dfrac{a_{Fe^{3+}}}{a_{Fe^{2+}}}$ 或 $\varphi = \varphi' + 0.059\lg \dfrac{c_{Fe^{3+}}}{c_{Fe^{2+}}}$ (25 ℃)。

> **链接**
>
> **膜 电 极**
>
> 膜电极也称离子选择性电极（ion selective electrode, ISE），是20世纪60年代发展起来的一种新型电化学传感器，利用选择性的电极膜对溶液中的待测离子产生选择性响应，而指示待测离子活（浓）度的变化。这类电极的共同特点为：电极电位的形成是以离子的扩散和交换为基础，并无电子的转移。膜电极的电极电位与溶液中某特定离子浓度的关系符合Nernst方程式。膜电极是一类选择性好、灵敏度高、发展较快和应用较广的指示电极。

（二）参比电极

参比电极（reference electrode）是指在一定条件下，电位值已知且基本保持不变的电极。标准氢电极（standard hydrogen electrode, SHE）就是一种参比电极，它可作为测量其他电极电位的基准，国际纯粹与应用化学联合会（IUPAC）规定其电极电位在标准状态下为零。若用标准氢电极与另一电极组成原电池，电池两极之间的电位差即为另一电极的电极电位。因为标准氢电极的制作和使用均不方便，所以实际测量中很少使用，常用的参比电极是甘汞电极和银-氯化银电极。下面重点介绍这两种参比电极。

1. 甘汞电极 是由金属汞、甘汞（Hg_2Cl_2）和KCl溶液组成。其结构如图7-4所示。

电极反应式为：

$$Hg_2Cl_2 + 2e^- \rightleftharpoons 2Hg + 2Cl^-$$

25℃时，其电极电位为：

$$\varphi_{Hg_2Cl_2/Hg} = \varphi'_{Hg_2Cl_2/Hg} - 0.0591 \lg c_{Cl^-} \tag{7-1}$$

上式中 $\varphi'_{Hg_2Cl_2/Hg}$ 为甘汞电极的条件电位，在实际应用中，若不知 $\varphi'_{Hg_2Cl_2/Hg}$，可用 $\varphi^{\theta}_{Hg_2Cl_2/Hg}$ 来代替。

由式（7-1）可知：甘汞电极的电位随Cl^-浓度的变化而变化。当Cl^-浓度一定时，则甘汞电极的电位也为一定值。25℃时，内充三种不同浓度KCl溶液的甘汞电极的电极电位如表7-2所示：

电极电位随温度的不同而改变，饱和甘汞电极在不同温度（T）时的电位可按下式进行估算：

$$\varphi = 0.2412 - 6.61 \times 10^{-4} \times (T-25) - 1.75 \times 10^{-6} \times (T-25)^2 \tag{7-2}$$

表7-2 25℃时不同浓度KCl溶液的甘汞电极的电极电位

KCl溶液浓度	0.1 mol/L	1 mol/L	饱和
电极电位（V）	0.3337	0.2801	0.2412

电位分析法中最常用的参比电极是饱和甘汞电极（saturated calomel electrode, SCE）。其结构简单，电位稳定，使用和保存都很方便，因此得到了广泛应用。

2. 银-氯化银电极 是由涂镀一层氯化银的银丝插入到饱和氯化钾溶液中所构成，属于金属-金属难溶盐电极，结构如图7-5所示。当氯化钾的浓度一定时，其电极电位也为一定值，因此可作为参比电极使用。

第七章 电化学分析法

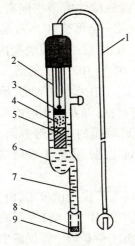

● ● 图 7-4 饱和甘汞电极 ● ●

1. 电极引线；2. 玻璃内管；3. 汞；4. 汞-甘汞糊；
5. 石棉或纸浆；6. 玻璃外套管；7. 饱和 KCl 溶液；
8. 素烧瓷芯；9. 小橡皮塞

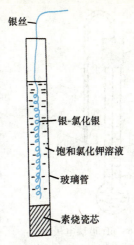

● ● 图 7-5 银-氯化银电极 ● ●

由于银-氯化银电极结构简单，性能可靠，体积轻巧，使用方便，因此常用作其他离子选择性电极的内参比电极。

第 2 节 直接电位法及其应用

直接电位法（direct potentiometry）是将合适的指示电极和参比电极，浸入待测液中，利用电池电动势与待测组分活（浓）度之间的定量关系，通过测量电池电动势而直接求得样品溶液中待测组分活（浓）度的方法。该法通常用于测定溶液的 pH 和其他离子的活（浓）度。

一、电位法测定溶液的 pH

目前采用电位法测定溶液 pH 时，多用饱和甘汞电极作为参比电极，而指示电极有氢电极、氢醌电极和 pH 玻璃电极等，其中最常用的是 pH 玻璃电极。下面着重介绍 pH 玻璃电极。

（一）玻璃电极

1. pH 玻璃电极的构造　pH 玻璃电极（pH glass-sleeved electrode）通常由内参比电极、内参比溶液、玻璃膜、高度绝缘的导线和电极插头等部分组成，其构造如图 7-6 所示。它的主要部分是一个由特殊材料制成的厚度为 0.05~0.1 mm 的球形玻璃薄膜，膜内装有一定浓度的含 KCl 的缓冲溶液（pH=4 或 pH=7），作为内参比溶液，溶液中插入一支银-氯化银电极作为内参比电极。由于玻璃电极的内阻很高（约为 100 MΩ），因此导线和电极的引出端都需高度绝缘，并装有屏蔽隔离罩以防漏电和静电干扰。

2. pH 玻璃电极的原理　当玻璃电极浸入水溶液后，溶液中的 H^+ 可以进入玻璃膜与 Na^+ 进行交换，交换反应如下：

$$H^+ + Na^+GL^- \rightleftharpoons Na^+ + H^+GL^-$$
（溶液）（玻璃膜）（溶液）（玻璃膜）

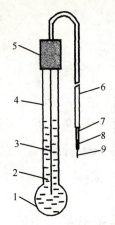

图 7-6 pH 玻璃电极
1. 玻璃球膜;2. 内参比溶液;3. Ag-AgCl 电极;4. 玻璃管;5. 电极帽;6. 外套管; 7. 网状金属;8. 塑料高绝缘;9. 电极导线

此交换反应在中性或酸性溶液中向右进行得较完全,使玻璃膜表面点位几乎全部被 H^+ 所占据。当玻璃电极在水中充分浸泡时,H^+ 可继续向玻璃膜内渗透,达到平衡后可形成厚度为 $10^{-5} \sim 10^{-4}$ mm 的溶胀水化层(简称水化层或水化凝胶层)。在水化层表面,最外层的 Na^+ 点位几乎全被 H^+ 所占据,越深入水化层内部,H^+ 数量越少,Na^+ 数量越多。在玻璃膜的中间部分因为没有交换反应,其点位全部被 Na^+ 占据,称为干玻璃层(厚度约为 0.1 mm)。

将充分浸泡的玻璃电极浸入试液中,由于试液中的 H^+ 活(浓)度与水化层中的 H^+ 活(浓)度不同,H^+ 将由活(浓)度高的一侧向低的一侧扩散。若试液中 H^+ 活(浓)度高于水化层中 H^+ 活(浓)度,则 H^+ 就从试液向水化层扩散,扩散的结果改变了膜的外表面与试液间两相界面原来的电荷分布,形成双电层,电位差由此产生。此电位差可阻碍 H^+ 的继续扩散,当扩散达到动态平衡时,电位差达到一个恒定值,此电位差即为外相界电位,用 $\varphi_{外}$ 表示。同理在膜内表面与内参比溶液间产生的电位差称为内相界电位,用 $\varphi_{内}$ 表示,如图 7-7 所示。

经热力学证明,相界电位值 $\varphi_{外}$、$\varphi_{内}$ 均符合 Nernst 方程(注意这里相界电位的方向是指玻璃膜对溶液而言):

$$\varphi_{外} = K_1 + \frac{2.303RT}{F} \lg \frac{a_{外}}{a'_{外}} \quad (7-3)$$

$$\varphi_{内} = K_2 + \frac{2.303RT}{F} \lg \frac{a_{内}}{a'_{内}} \quad (7-4)$$

式中,$a_{内}$ 和 $a_{外}$ 分别为内参比溶液和试液中 H^+ 的活度;$a'_{内}$ 和 $a'_{外}$ 分别为玻璃膜内、外水化层中 H^+ 的活度;K_2 和 K_1 分别为内、外水化层的结构参数。

将跨越整个玻璃膜的电位差称为膜电位,用 $\varphi_{膜}$ 表示,则:

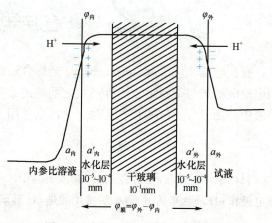

图 7-7 玻璃电极膜电位产生示意图

$$\varphi_{膜} = \varphi_{外} - \varphi_{内} = \left(K_1 + \frac{2.303RT}{F} \lg \frac{a_{外}}{a'_{外}}\right) - \left(K_2 + \frac{2.303RT}{F} \lg \frac{a_{内}}{a'_{内}}\right) \quad (7-5)$$

只要玻璃膜内、外表面结构相同,膜内、外表面原来的 Na^+ 点位几乎全部被 H^+ 所占据,此时有 $K_1 = K_2$,$a'_{外} = a'_{内}$,则:

$$\varphi_{膜} = \frac{2.303RT}{F} \lg \frac{a_{外}}{a_{内}} \quad (7-6)$$

由于玻璃电极中内参比溶液的浓度是一定值,则 $a_{内}$ 为定值,因此:

$$\varphi_{膜} = K' + \frac{2.303RT}{F} \lg a_{外} \quad (7-7)$$

对于整个玻璃电极而言,其电极电位应为:

$$\varphi_{GE} = \varphi_{内参} + \varphi_{膜} = \varphi_{AgCl/Ag} + \left(K' + \frac{2.303RT}{F}\lg a_{外}\right)$$

$$= (\varphi_{AgCl/Ag} + K') - \frac{2.303RT}{F}pH$$

$$= K - \frac{2.303RT}{F}pH \tag{7-8}$$

$$\varphi_{GE} = K - 0.059pH\,(25\ ℃) \tag{7-9}$$

式中,K 称为电极常数,它与玻璃电极本身的性能有关。

由式(7-8)及(7-9)可见,玻璃电极的电位与试液的 pH 之间的关系符合 Nernst 方程式。因此可以用 pH 玻璃电极作为测定溶液 pH 的指示电极。

> **链接**　　　　　　　　　　**复合 pH 电极**
>
> 　　复合 pH 电极是在玻璃电极和甘汞电极的基础上研制开发出来的新一代电极。它将玻璃电极和甘汞电极组合在一起,构成单一电极体,具有体积轻巧、使用方便、经久耐用、待测液用量少、可在小容器中测试等优点。复合 pH 电极发展很快,现已取代常规的玻璃电极,广泛用于溶液的 pH 测定。
>
> 　　如图 7-8 所示,复合 pH 电极由内外两个同心管组成。内管为普通玻璃电极,相当于指示电极。外管相当于参比电极,内盛参比液,插有 Ag-AgCl 电极原件或 Hg-Hg_2Cl_2 电极原件,下端是起盐桥作用的微孔隔离材料。复合电极的外管下端做成栅栏状,环绕玻璃膜,防止玻璃膜破碎。

3. pH 玻璃电极的性能

（1）电极斜率:当溶液的 pH 改变一个单位时,玻璃电极电位的变化值称为电极斜率,用 S 表示。即:

$$S = -\frac{\Delta\varphi}{\Delta pH} \tag{7-10}$$

S 的理论值为 $2.303RT/F$,称为能斯特斜率,25 ℃时,其理论值为 0.059 V(即 59 mV)。由于玻璃电极长期使用会老化,因此玻璃电极的实际斜率都略小于其理论值。在 25 ℃时,实际斜率若低于 52 mV/pH 时就不宜再继续使用。

（2）碱差和酸差:在 pH 1~9 范围内,pH 玻璃电极的 φ -pH 关系曲线呈线性关系。普通玻璃电极在 pH 大于 9 的溶液中测定时,电极对 Na^+ 也有响应,因此 pH 读数低于真实值,产生负误差,这种误差称为碱差或钠差。若改用锂玻璃制成的高碱玻璃电极,则可消除碱差。若用 pH 玻璃电极测定 pH 小于 1 的酸性溶液时,pH 读数会大于真实值,产生正误差,称为酸差。

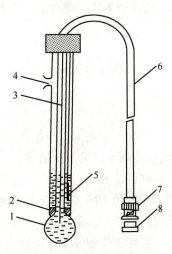

●● 图 7-8　复合 pH 电极 ●●
1. 玻璃电极;2. 瓷塞;3. 内参比电极;
4. 充液口;5. 参比电极体系;6. 导线;
7. 插口;8. 防尘塞

（3）不对称电位:从理论上讲,当玻璃膜内、外两侧溶液的 H^+ 浓度相等时,膜电位（φ_m）应为零。但实际上并不为零,仍有 1~30 mV 的电位差存在,此电位差称为不对称电位。它主要是由于制造工艺、表面玷污、机械或化学侵蚀等原因使玻璃膜内、外表面的性能不同而引起的。每一支玻璃电极的不对称电位不完全相同,但同一支玻璃电极,在一定条件下的不对称电位却是一个常数。因此,在使用前将玻璃电极放入水或酸性溶液中充分浸泡(一般浸泡24小时左右),可使不对称电位值降至最低,并趋于稳定,同时也使玻璃膜表面充分活化,有利于对H^+产生响应。

(4) 温度:一般玻璃电极只能在 0~50 ℃ 范围内使用,因为温度过低,玻璃电极的内阻增大;温度过高,对离子交换不利,且使电极的寿命下降。测定标准缓冲溶液和待测液的 pH 时,温度必须相同,以减小测量误差。

(二) 测定原理和方法

1. 测定原理 电位法测定溶液 pH,常以玻璃电极为指示电极,饱和甘汞电极为参比电极,插入待测液中组成原电池。其原电池符号表示为:

$$(-)GE|待测溶液‖SCE(+)$$

25℃时,该电池的电动势 E 为:

$$E = \varphi_{SCE} - \varphi_{GE} = 0.2412 - (K' - 0.059pH) = 0.2412 - K' + 0.059pH$$

由于 K' 是和玻璃电极的性质有关的常数,因此上式可表示为:

$$E = K + 0.059pH \tag{7-11}$$

该式表明,在一定条件下,电池的电动势与溶液 pH 呈线性关系。常数 K 由饱和甘汞电极的电位和玻璃电极的性质常数 K' 两项组成。实际上每支玻璃电极的 K' 均不相同,并且每一支玻璃电极的不对称电位也不相同,因此导致公式中常数 K 的数值难以确定。在具体测定时通常采用两次测量法消除其影响。

2. 测定方法 先测量已知 pH_s 的标准缓冲溶液的电池电动势为 E_s,然后再测量未知 pH_x 的待测液的电池电动势为 E_x。在 25 ℃ 时,电池电动势与 pH 之间的关系满足下式:

$$E_x = K + 0.059 pH_x$$
$$E_s = K + 0.059 pH_s$$

将两式相减并整理得:

$$pH_x = pH_s + \frac{E_x - E_s}{0.059} \tag{7-12}$$

两次测量法可以消除玻璃电极的不对称电位和公式中由 K 的不确定因素所带来的误差,提高测量结果的准确度。

在两次测量法中,由于饱和甘汞电极在 pH 相差较大的标准缓冲溶液和待测液中产生的液接电位不同,因此会引入测量误差。若两者的 pH 极为接近($\Delta pH<3$),则液接电位不同而引起的测量误差可忽略。因此,测量时选用的标准缓冲溶液与待测液的 pH 应尽量接近。

实际工作中,pH 计可直接显示出溶液的 pH,而不必通过上式计算待测液的 pH。测定时,根据《中国药典》规定应进行两次校准,即先根据待测液的 pH,选择 pH 与其接近的标准缓冲溶液作校准液,对仪器进行校准后,再测定待测液的 pH,然后再选择与第一种标准溶液的 pH 相差约 3 个单位的第二种标准缓冲液作为核对液,对仪器进行核对,误差不应超过仪器性能指标的相应规定。

用直接电位法测定溶液的 pH 不受氧化剂、还原剂或其他活性物质存在的影响,可用于有色溶液、胶体溶液或浑浊溶液的 pH 测定。并且测定前无须对待测液进行预处理,测定后不破坏、玷污溶液,因此应用极为广泛。在药物分析中常用于注射液、大输液、滴眼液等制剂及原料药物的酸碱度检查。

3. 酸度计　是一种利用玻璃电极测量溶液 pH 的仪器。目前市售的酸度计型号较多,实验室常用的有 pHS-25 型、pHS-2 型、pHS-3 型、pHS-3C 型等,也有适合户外操作,轻巧灵便的便携式、笔式酸度计。由于电极斜率与温度有关,故酸度计上装有温度补偿器。测定前,需将温度补偿器调至待测液的温度。由于不对称电位的影响,酸度计上均装有定位调节器,即用标准缓冲溶液校准仪器时,调节定位调节器,使仪器上显示的 pH 读数正好与标准缓冲溶液的 pH 一致,以消除不对称电位。定位之后,测定待测液的 pH,直接读取 pH 计显示的数值即可。pH 计上设有毫伏换档键,因此可作为电位计直接测量电池电动势。

(三) 测定实例

盐酸普鲁卡因注射液是一种局麻药,常用稀 HCl 调节其 pH 为 3.5~5.0,酸性条件下可抑制其分解,使之性质稳定。若 pH 过低,则麻醉能力降低,稳定性差;pH 过高则容易分解,影响麻醉效果。因此检查其 pH 时,常用邻苯二甲酸氢钾标准缓冲溶液定位,再用四草酸氢钾或磷酸盐标准缓冲液核对后进行测定。

荧光素钠滴眼液是用于眼角膜损伤和角膜溃疡的诊断药。它在碱性溶液中具有染色活性,在酸性溶液中则失去荧光,因此常用 $NaHCO_3$ 作稳定剂,调节 pH 至 8.0~8.5,才能发挥其诊断作用。检查其 pH 时,常用磷酸盐标准缓冲溶液定位,再用硼砂标准缓冲溶液核对后进行测定。

二、电位法测定其他离子浓度

测定其他离子浓度,目前多采用离子选择性电极(ISE)作指示电极。下面简要介绍离子选择性电极。

(一) 离子选择性电极

1. 电极基本结构与电极电位　离子选择性电极是一种对溶液中待测离子有选择性响应的电极,属于膜电极。其构造不同,电极性能也不同,但一般都包括电极膜、电极管、内充溶液和参比电极四个部分,如图 7-9 所示。

当膜表面与待测液接触时,对某些离子有选择性的响应,通过离子交换或扩散作用在膜两侧产生电位差。因为内参比溶液的浓度是一恒定值,所以离子选择性电极的电位与待测离子的浓度之间满足能斯特方程式。因此,测定原电池的电动势,便可求得待测离子的浓度。

对阳离子 M^{n+} 有响应的电极,其电极电位为:

$$\varphi = K + \frac{0.059}{n} \lg c_{M^{n+}} \tag{7-13}$$

对阴离子 R^{n-} 有响应的电极,其电极电位为:

$$\varphi = K - \frac{0.059}{n} \lg c_{R^{n-}} \tag{7-14}$$

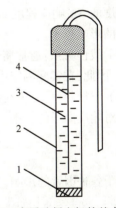

图 7-9　离子选择电极的基本结构
1. 电极膜;2. 电极管;
3. 内充液;4. 内参比电极

应当指出,离子选择性电极的膜电位不仅仅是通过简单的离子交换或扩散作用建立的,还与离子的缔合、配位作用等有关;另外,有些离子选择电极的作用机制,目前还不太清楚,有待于进一步研究。

2. 离子选择性电极的分类　　1975年国际纯粹与应用化学联合会推荐的离子选择性电极的分类方法为:

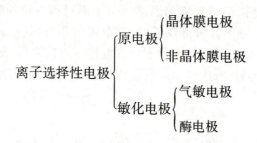

3. 电极性能

(1) 响应时间:是指离子选择性电极与参比电极一起浸入待测液后,达到稳定电动势时所需要的时间。响应时间越短,则电极性能越好。

(2) 选择性:理想的离子选择性电极应只对一种离子产生电位响应。但事实并非如此,它往往对某些共存离子也能产生不同程度的响应。例如,pH玻璃电极产生的"钠差",就说明玻璃电极除对H^+有响应外,对Na^+也有某种程度的响应。因此,把这种能表示电极对待测离子和共存离子响应程度差异的特性称为选择性,它的大小通常用选择性系数$K_{A,B}^{pot}$表示,其中A代表被测离子,B代表干扰离子。如$K_{H^+,Na^+}^{pot}=10^{-11}$,表示玻璃电极对$H^+$的响应是同浓度的$Na^+$响应程度的$10^{11}$倍。$K_{A,B}^{pot}$值越小,电极对被测离子响应的选择性越高,而干扰离子的影响越小。

(3) 线性关系:通常离子选择性电极的电位与待测离子浓度之间的关系应符合能斯特方程式,因此,在实际测定中应控制离子活度在电极的线性范围内,否则会产生测量误差。

(4) 电极斜率:电极在线性范围内,响应离子浓度变化10倍所引起的电位变化值称为该电极对响应离子的斜率。

$$S_{实}=\frac{\Delta\varphi}{\Delta pc_i}=\frac{\varphi_2-\varphi_1}{pc_2-pc_1} \tag{7-15}$$

由于各种因素的影响,实际斜率与能斯特斜率往往存在一定的偏差。

(二) 测定方法

由于液接电位和不对称电位的存在,以及难以计算活度因子等原因,导致在直接电位法中一般不采用能斯特方程式直接计算待测离子浓度,而是采用以下几种方法。

1. 标准曲线法　　在离子选择性电极的线性范围内,分别测定浓度从大到小的标准溶液的电动势,并作E-$\lg c_i$或E-pc_i的标准曲线,继而在相同条件下测量待测液的电池电动势(E_x),然后在标准曲线上查出对应待测液的$\lg c_x$或pc_x,进而求得c_x。这种方法称为标准曲线法。该法适用于大批量样品的分析。

2. 两次测定法　　与测定溶液pH的方法类似,因此不再赘述。

除上述两种方法外,还有标准加入法等其他方法。

> **链接**
>
> **离子选择性电极**
>
> 1. 离子选择电极　简称氟电极，是目前最成功的一种单晶电极，常作为测定 F^- 的指示电极。氟电极的敏感膜由 LaF_3 的单晶片制成。在单晶中掺有 Ca^{2+} 和 Eu^{2+}，使 LaF_3 晶格缺陷增多，膜的导电性增强。溶液中的 F^- 能扩散进入膜相的缺陷空穴，膜相中的 F^- 也能进入溶液中，因而在两相界面上建立双电层结构而产生膜电势。由于 LaF_3 晶体缺陷的大小、形状和电荷分布只允许 F^- 进入，而其他离子无法进入，因此电极对 F^- 有很高的选择性。
>
> 2. 阳离子玻璃电极　属于刚性基质电极，除玻璃电极外，还有用于测定 Na^+、K^+、Li^+、Ag^+ 和 Cs^+ 等各类离子的玻璃电极，它们的结构与 pH 玻璃电极相似，只不过因玻璃膜组成不同而响应机制不同而已。
>
> 3. 流动载体电极　亦称液膜电极，属于非晶体膜电极。将与响应离子能发生反应的配位剂或缔合剂作为载体，溶于与水不相混溶的有机溶剂中组成一种离子交换剂，将该离子交换剂吸着到一种微孔惰性物质的薄膜片中，以此类膜片制成电极的敏感膜。活性载体可以在膜相中流动，但不能离开电极膜，所以称为流动载体电极。
>
> 4. 气敏电极　是由气体渗透性膜与离子选择性电极组成的复合电极。由透气膜、内充溶液、指示电极、参比电极等四部分组成。电极本身就是一个完整的电池装置，测量时无须另设参比电极。

第3节　电位滴定法

一、方法原理和特点

电位滴定法（potentiometric titration）是根据滴定过程中电池电动势的变化来确定滴定终点的方法。进行电位滴定时，在待测液中插入一支指示电极和一支参比电极组成原电池。随着标准溶液的加入，标准溶液与待测液发生化学反应，使待测离子的浓度不断降低，因而指示电极的电位也相应发生变化。在化学计量点附近，溶液中待测离子浓度发生急剧变化，而使指示电极的电位发生突变，引起电池电动势也发生突变。因此，通过测量电池电动势的变化，可确定滴定终点。电位滴定法与滴定分析法的主要区别是指示终点的方法不同，前者是通过电池电动势的突变来指示，而后者是通过指示剂的颜色变化来指示。电位滴定的装置如图7-10 所示。

电位滴定法与指示剂滴定法相比较具有客观可靠，准确度高，易于自动化，不受溶液有色、浑浊的限制等优点，是一种重要的仪器分析方法。尤其对于没有合适指

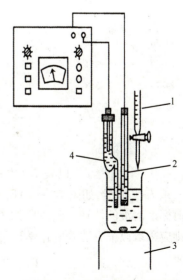

▶▶ 图 7-10　电位滴定装置示意图 ◀◀
1. 滴定管；2. 指示电极；
3. 电磁搅拌器；4. 参比电极

示剂确定滴定终点的滴定反应,电位滴定法就更为有利,只要能为待测物找到合适的指示电极,就可用于相应类型的滴定。随着离子选择性电极的迅速发展,可选用的指示电极越来越多,电位滴定法的应用也越来越广泛。

二、确定终点的方法

进行电位滴定时,需要记录加入标准溶液的体积和相应的电动势。在化学计量点附近,减小标准溶液的加入量,每加入 0.05~0.1 ml,记录一次数据,并保持每次加入标准溶液的体积相等,以使数据处理更为方便、准确。电位滴定数据的处理方法,如表 7-3 所示。

表 7-3 电位滴定的部分数据

标准溶液体积 V(ml)	电动势 E(mV)	ΔE	ΔV	$\Delta E/\Delta V$(mV/ml)	平均体积 (ml)	$\Delta(\Delta E/\Delta V)$	$(\Delta^2 E/\Delta V^2)$
5.00	62						
15.00	85	23	10.00	2.3	10.00		
20.00	107	22	5.00	4.4	17.50		
20.00	123	16	2.00	8.0	21.00		
23.00	138	15	1.00	15	22.50		
23.50	146	8	0.50	16	23.25		
23.80	161	15	0.30	50	23.65		
24.00	174	13	0.20	65	23.90		
24.10	183	9	0.10	90	24.05	20	200
24.20	194	11	0.10	110	24.15	280	2800
24.30	233	39	0.10	390	24.25	440	4400
24.40	316	83	0.10	830	24.35	-590	-5900
24.50	340	24	0.10	240	24.45	-130	-1300
24.60	351	11	0.10	110	24.55	-40	-400
24.70	358	7	0.10	70	24.65		
25.00	373	15	0.30	50	24.85		

(一)图解法

1. E-V 曲线法 以表 7-3 中标准溶液体积 V 为横坐标,电池电动势为纵坐标作图,得到一条 E-V 曲线,如图 7-11(a)所示。此曲线的转折点(拐点)所对应的体积即为化学计量点时标准溶液的体积。此法应用方便,适用于在突跃范围内电动势变化明显的滴定曲线,否则应采取以下方法确定化学计量点。

2. $\Delta E/\Delta V$ - $\overline{V}$ 曲线法 以表 7-3 中的 $\Delta E/\Delta V$(相邻两次的电位差与相应标准溶液体积差之比)为纵坐标,平均体积 $\overline{V}$(计算 ΔE 值时,前后两体积的平均值)为横坐标作图,得到一条峰状曲线,如图 7-11(b)所示。该曲线可看作 E-V 曲线的一阶导数曲线,所以该法又称为一级微商法。峰状曲线的最高点(极大值)所对应的体积即为化学计量点时标准溶液的体积。

3. $\Delta^2E/\Delta V^2 - \overline{V}$ 曲线法，用表 7-3 中的 $\Delta^2E/\Delta V^2$（相邻 $\Delta E/\Delta V$ 值之间的差与相应标准溶液体积差之比）对标准溶液体积 $\overline{V}$ 作图，得到一条具有两个极值的曲线，如图 7-11（c）所示。该曲线可看作 $E-V$ 曲线的近似二阶导数曲线，所以该法又称为二级微商法。曲线上 $\Delta^2E/\Delta V^2$ 为零时所对应的体积，即为化学计量点时标准溶液的体积。

（二）内插法

用图解法确定化学计量点较繁琐，实际工作中用内插法计算化学计量点体积比图解法简单。此方法是根据表中的 $\Delta^2E/\Delta V^2$ 数据，利用内插法进行计算。因为，从 $\Delta^2E/\Delta V^2 - V$ 曲线可知，当 $\Delta^2E/\Delta V^2 = 0$ 时所对应的体积为化学计量点时标准溶液的体积，那么这一点肯定在发生符号变化的两个 $\Delta^2E/\Delta V^2$ 值所对应的标准溶液体积之间，因此就可以利用符号发生变化的两个 $\Delta^2E/\Delta V^2$ 所对应的标准溶液体积，计算化学计量点的体积。

例如，从表中查得加入标准溶液体积为 24.30 ml 时，其二阶微商 $\Delta^2E/\Delta V^2 = 4400$；加入 24.40 ml 标准溶液时，$\Delta^2E/\Delta V^2 = -5900$。设化学计量点（$\Delta^2E/\Delta V^2 = 0$）时，加入标准溶液的体积为 V_{sp}，则按下图进行比例计算：

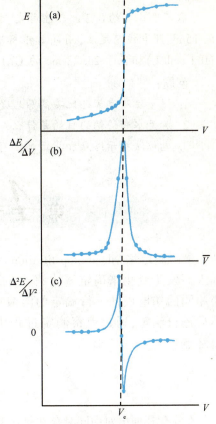

图 7-11 电位滴定终点的确定
A. $E-V$ 曲线；B. $\Delta E/\Delta V - \overline{V}$ 曲线；
C. $\Delta^2E/\Delta V^2 - \overline{V}$ 曲线

V	24.30	V_{sp}	24.40
$\Delta^2E/\Delta V^2$	4400	0	-5900

$(24.40-24.30):(-5900-4400)=(V_{sp}-24.30):(0-4400)$

解得：V_{sp} = 24.34 ml。

还可以采用一个简便适用的方法，即在化学计量点附近逐滴加入标准溶液，并观察电位计，当加入一滴或半滴标准溶液引起电动势读数变化最大时，所对应的滴定管读数即为化学计量点时标准溶液的体积。用这种方法不必逐一记录对应每一个标准溶液体积的电动势，也不必进行数据处理，可大大提高工作效率，但对于突跃不明显的滴定，不宜使用此法。

除此之外，还可以用二级导数内插法计算滴定终点体积。在实际的电位滴定中，传统的操作方法正逐渐被自动电位滴定所取代，自动电位滴定能自动判断滴定终点，并能自动绘制出 $E-V$ 曲线或 $\Delta E/\Delta V - \overline{V}$ 曲线，在很大程度上提高了测定的灵敏度和准确度。

> **案例 7-1**
>
> 取苯巴比妥约 0.2 g,精密称定,加甲醇 40 ml 使溶解,再加新制的 3% 无水碳酸钠溶液 15ml,照电位滴定法,用硝酸银标准溶液(0.1 mol/L)滴定。每 1 ml 硝酸银标准溶液 (0.1 mol/L) 相当于 23.22 mg 的 $C_{12}H_{12}N_2O$。
>
> **问题:**
> 1. 银量法测定苯巴比妥的原理是什么?
> 2. 加无水碳酸钠的目的是什么?
> 3. 电位法指示终点和指示剂法有何不同?优点何在?

第4节 永停滴定法

永停滴定法(dead-stop titration)是根据电池中两支铂电极的电流,随标准溶液的加入而发生变化来确定滴定终点的电流滴定法,又称双电流滴定法。测量时,把两个相同的铂电极插入待滴定的溶液中,在两个铂电极间外加低电压(10~100 mV),然后进行滴定,通过观察滴定过程中电流计指针的变化与电流变化的特性,确定滴定终点。

▶▶ 一、原理

在氧化还原电对中同时存在氧化型及与其对应的还原型物质,如在 I_2/I^- 溶液中含有 I_2 和 I^-,此时若同时插入两支相同的铂电极,因两个电极的电位相等,电极间不发生反应,则没有电流通过。若在两个电极间外加一低电压,在两支铂电极上即发生如下电解反应:

阳极　　　　$2I^- \rightleftharpoons I_2 + 2e^-$

阴极　　　　$I_2 + 2e^- \rightleftharpoons 2I^-$

因此两电极间就会有电流通过。像 I_2/I^- 这样的电对,在溶液中与两支铂电极组成电池,当外加一个低电压时,一支电极发生氧化反应,另一支电极则发生还原反应,同时发生电解,并有电流通过。这样的电对称为可逆电对。

若溶液中的电对是 $S_4O_6^{2-}/S_2O_3^{2-}$,在该电对溶液中同时插入两支相同的铂电极,同样外加一低电压,则在阳极上 $S_2O_3^{2-}$ 能发生氧化反应,而在阴极上 $S_4O_6^{2-}$ 不能发生氧化还原反应,不能进行电解,无电流通过,这样的电对称为不可逆电对。

根据滴定过程中电流的变化情况,永停滴定法常分为三种不同类型。

1. 标准溶液为可逆电对,待测液为不可逆电对　用 I_2 标准溶液滴定 $Na_2S_2O_3$ 溶液即属于这种类型。$Na_2S_2O_3$ 溶液中插入两支铂电极,外加一低电压,用灵敏电流计测量通过两电极间的电流。终点前,溶液中只有 I^- 和不可逆电对 $S_4O_6^{2-}/S_2O_3^{2-}$,电极间无电流通过,电流计指针停在零点。终点后,I_2 标准溶液略过量,溶液中出现了可逆电对 I_2/I^-,在两支铂电极上发生电解反应。

此时电极间有电流通过,电流计指针突然偏转,从而指示终点的到达。随着过量 I_2 标准溶液的加入,电流计指针偏转角度增大。其滴定过程中电流变化曲线如图 7-12

所示。

2. 标准溶液为不可逆电对,待测液为可逆电对　用 $Na_2S_2O_3$ 标准溶液滴定含有 KI 的 I_2 溶液即属于这种类型。化学计量点前,溶液中有 I_2/I^- 可逆电对,因此有电解电流,随着滴定的进行,I_2 浓度不断降低,电流也逐渐变小,计量点时降至零;计量点后,溶液中只有 $S_4O_6^{2-}/S_2O_3^{2-}$ 不可逆电对及 I^-,故电解反应基本停止,此时电流计指针将停在零电流附近并保持不动。滴定过程中电流变化曲线如图 7-13 所示。

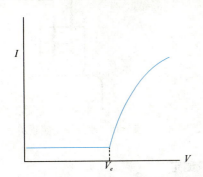 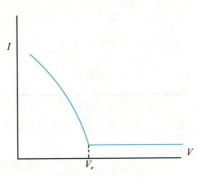

●● 图 7-12　I_2 滴定 $Na_2S_2O_3$ 的电流变化曲线 ●●　　●● 图 7-13　$Na_2S_2O_3$ 滴定 I_2 的电流变化曲线 ●●

此类滴定法是根据滴定过程中,电解电流突然下降至不再变动的现象来确定终点,因此称为永停滴定法。

3. 标准溶液与待测液均为可逆电对　用硫酸铈标准溶液滴定硫酸亚铁溶液即属于这种类型。终点前,溶液中有 Ce^{3+} 和可逆电对 Fe^{3+}/Fe^{2+},电极间有电流通过,滴定曲线类似于上述第二种类型,终点时,溶液中只有 Ce^{3+} 和 Fe^{3+},无可逆电对,电流计指针停在零点附近。终点后,硫酸铈标准溶液略过量,溶液中有 Fe^{3+} 和可逆电对 Ce^{4+}/Ce^{3+},电流计指针又远离零点,随着 Ce^{4+} 的增大,电流也逐渐增大。滴定过程中电流变化曲线如图 7-14 所示。

二、应用与示例

永停滴定法仪器简单,操作方便,测定结果准确可靠,因此应用日益广泛。《中国药典》(2010 年版)规定亚硝酸钠滴定法可采用永停滴定法确定化学计量点。采用永停滴定法确定化学计量点要比使用内、外指示剂更加方便准确。例如,用亚硝酸钠标准溶液滴定芳香族伯胺,在化学计量点前溶液中不存在可逆电对,电流计指针停留在零位,当到达化学计量点后,溶液中稍有过量的亚硝酸钠存在,便产生 HNO_2 及其分解产物 NO,并组成可逆电对 HNO_2/NO,使两个电极上发生电解反应,反应式如下:

阳极　　　　　$NO + H_2O \rightleftharpoons HNO_2 + H^+ + e^-$
阴极　　　　　$HNO_2 + H^+ + e^- \rightleftharpoons NO + H_2O$

电路中将有电流通过,电流计指针发生偏转,并不再回到零位。永停滴定装置如图7-15 所示。

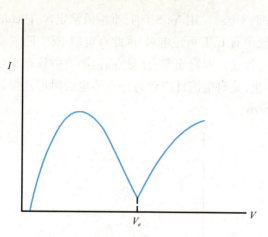

●● 图 7-14　Ce^{4+} 滴定 Fe^{2+} 的电流变化曲线 ●●

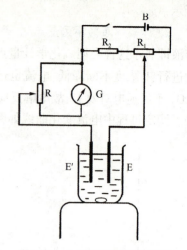

●● 图 7-15　永停滴定装置示意图 ●●

> **链接**
>
> **磺胺嘧啶的含量测定**
>
> 《中国药典》(2010 年版)采用永停滴定法测定磺胺嘧啶的含量。因为磺胺嘧啶为芳香伯胺，在酸性条件下与 $NaNO_2$ 能发生重氮化反应，到达滴定终点时，由于 $NaNO_2$ 过量，溶液中产生 HNO_2 和 NO，并组成可逆电对，两个电极上发生电解反应，电路中有电流通过，电流计指针发生偏转，并不再回零，从而指示终点的到达。为了使反应速率加快，通常在待测液中加入少量溴化钾。滴定时采用"快速滴定法"，即将滴定管尖端插入液面下约 2/3 处，用 $NaNO_2$ 标准溶液迅速滴定，随滴随搅拌，至近终点时，将滴定管的尖端提出液面，用少量水淋洗尖端，洗液并入溶液中，继续缓缓滴定，至电流计指针突然偏转，并不再回复，即为滴定终点。

采用永停滴定法测定样品含量时，如供试品为氢卤酸盐，应在加入乙酸汞试液 3～5 ml 后，再进行滴定；供试品如为磷酸盐，可以直接滴定；如为硫酸盐，也可直接滴定，但滴定至其成为硫酸氢盐为止；供试品如为硝酸盐，因硝酸可使指示剂褪色，终点极难观察，遇此情况应以电位滴定法指示终点为宜。

小　结

1. 按分析中所测量的电化学参数不同，可将电化学分析法粗略分为四类：电位分析法、电解分析法、电导分析法和伏安分析法。

2. 两个电极插入同一电解质溶液中组成的电池称为无液接界电池。两个电极分别插在两种组成不同，但能相互连通的溶液中形成的电池，称为有液接界电池。

3. 把金属插入到含有此种金属离子的溶液中构成电池时，在金属与溶液两相之间的界面上，由于带电质点的定向迁移会形成双电层，双电层之间的电位差称为相界电位，即金属的电极电位。

4. 原电池的电极反应可自发进行，是一种将化学能转化为电能的装置。电解池的电极反应不能自发进行，必须在有外加电压的情况下才能发生，是一种将电能转化为化学能的装置。

5. 电极电位值随待测离子的活(浓)度变化而改变的一类电极，称为指示电极。

6. 在一定条件下，电位值已知且基本保持不变的电极，称为参比电极。

7. 玻璃电极的电极电位与溶液 pH 的关系为：$\varphi_{GE} = K - 0.059\text{pH}$（25 ℃）。

8. 电池电动势与溶液 pH 的关系为：$E = K + 0.059\text{pH}$。

9. 两次测量法测溶液 pH 的原理：$\text{pH}_x = \text{pH}_s + \dfrac{E_x - E_s}{0.059}$。

10. 电位滴定法确定滴定终点的方法有：①$E-V$ 曲线法；②$\Delta E/\Delta V - \overline{V}$ 曲线法；③$\Delta^2 E/\Delta V^2 - V$ 曲线法；④内插法。

11. 永停滴定法是根据电池中两支铂电极的电流，随标准溶液的加入而发生变化来确定滴定终点的电流滴定法，又称双电流滴定法。在滴定过程中，电解电流突然下降至不再变动的现象来确定终点，因此称为永停滴定法。

目标检测

一、选择题

1. 用盐桥连接两溶液可以消除（　）
   A. 相界电位　　B. 液接电位
   C. 析出电位　　D. 不对称电位

2. 电位滴定法的电池组成为（　）
   A. 两支相同的指示电极
   B. 两支相同的参比电极
   C. 两支不同的参比电极
   D. 一支参比电极，一支指示电极

3. 在永停滴定法中，当通过电池的电流达到最大时，反应电对中氧化态和还原态的浓度关系为（　）
   A. 氧化态浓度等于还原态浓度
   B. 氧化态浓度大于还原态浓度
   C. 氧化态浓度小于还原态浓度
   D. 氧化态的浓度为零

4. 在电位滴定法中，用曲线的转折点（拐点）来确定滴定终点的方法是（　）
   A. 内插法　　B. $\Delta E/\Delta V - \overline{V}$ 曲线法
   C. $E-V$ 曲线法　　D. 一阶微商法

5. pH 玻璃电极产生的不对称电位主要来源于（　）
   A. 内外玻璃膜表面特性不同
   B. 内外溶液中 H^+ 浓度不同
   C. 内外参比电极不同
   D. 内外溶液中 H^+ 活度不同

二、填空题

1. Daniell 原电池的正极是_____电极，发生_____反应；负极是_____电极，发生_____反应。

2. 采用 pH 玻璃电极测量溶液的 pH 时，当溶液的 pH<1 时，易产生_____，pH>9 时，易产生_____。

3. 使用 pH 玻璃电极测定溶液的 pH 时，为了消除不对称电位的影响，通常采用_____进行测量。

4. 电位滴定法中，若采用 $E-V$ 曲线法确定滴定终点，应以_____所对应的体积作为化学计量点时标准溶液的体积。

5. 在永停滴定法中通常使用_____标准溶液，采用_____法进行滴定。

三、简答题

1. 什么是指示电极？什么是参比电极？标准氢电极和饱和甘汞电极分别属于金属基电极中的哪一类电极？为什么两者既可作指示电极又可作参比电极？甘汞电极中为什么常选饱和甘汞电极（SCE）为参比电极？

2. 简述 pH 玻璃电极膜电位产生的原理。为什么在使用前必须将玻璃电极在蒸馏水中浸泡一天？

3. 待测液、定位用标准缓冲液及核对用标准缓冲液三者的 pH 有何关系？为什么？请说明在 20 ℃ 时，测定 pH≈4 的硫酸阿托品滴眼液、pH≈6 的葡萄糖注射液、pH≈8 的碳酸氢钠注射液、pH≈9 的苯巴比妥原料应分别选择何种标准缓冲溶液进行校准和核对。

4. 玻璃电极的 pH 适用范围是多少？何谓酸差？何谓碱差？它们是如何产生的？

5. 简述电位滴定法和永停滴定法确定滴定终点的方法。

四、计算题

1. 用 pH 玻璃电极测定 pH = 7 的溶液，其电极电位为 +0.0360 V；测定另一未知待测液时，电极电位为 +0.0524 V，计算未知待测液的 pH。

2. 用电位滴定法测定苯巴比妥原料的含量时，得到如下数据，试分别用 $E-V$ 曲线法和内插法求滴定终点时消耗硝酸银的体积。

V_{AgNO_3} (ml)	11.10	11.20	11.30	11.40	11.50	12.00
E(mV)	210	224	250	303	328	365

3. 称取某一元酸 HA 1.00 g,溶于 50.00 ml 纯化水中,25 ℃时,以氢电极作负极,饱和甘汞电极作正极,用 NaOH 标准溶液(0.2000 mol/L)滴定,当 HA 被中和一半时,测得电动势为 0.660 V,滴定终点时,测得电动势为 0.824 V。已知 25 ℃时, φ^0_{SCE} = 0.282 V,请计算:

(1) HA 的解离常数;
(2) 终点时溶液的 pH;
(3) 终点时消耗 NaOH 标准溶液的体积;
(4) 试样中 HA 的百分含量为多少?

(邹继红)

第八章 紫外-可见分光光度法

学习目标

1. 掌握：紫外-可见分光光度法的原理和定性定量分析方法。
2. 熟悉：紫外-可见分光光度计的结构及各部分作用。
3. 了解：紫外-可见分光光度法实验条件的选择；不同类型分光光度计的结构。

第 1 节 紫外吸收光谱的基本概念

紫外-可见分光光度法(Ultraviolet-Visible Spectrophotometry)是根据物质分子对 200~760 nm 范围电磁辐射的吸收特性而建立起来的一种定性和定量方法，根据辐射本质属于分子光谱法，根据能量传递方式属于吸收光谱法。

一、物质对光的选择性吸收

光与物质作用时，物质可对光产生不同程度的吸收。光被吸收后，其能量通常以热的形式释放出来，这种微小的能量一般察觉不到。人们通过测量物质对某种波长的光的吸收来研究物质的特性。

物质的结构决定了物质在吸收光时只能吸收某些特定波长的光，也就是说，物质对光的吸收具有选择性。

例如，当一束复合光(白光)通过硫酸铜溶液时，水合铜离子中的电子发生跃迁，选择性地吸收复合光中的黄光，其他颜色的光不被吸收而透过溶液，因此，溶液呈现出黄色的互补色——蓝色。通常，我们见到的有色物质，都是由于这些物质吸收了可见光的部分光，从而呈现出吸收光颜色的互补色。

二、透光率与吸光度

光的吸收程度与光通过物质前后的光的强度变化有关。光强度是指单位时间(1 秒)内照射在单位面积(1 cm²)上的光的能量，用 I 表示。它与单位时间照射在单位面积上的光子的数目有关，与光的波长无关。

当一束强度为 I_0 的平行单色光通过一种均匀、非散射和反射的吸收介质时，由于吸光物质与光子的作用，一部分光子被吸收，一部分光子透过介质(图 8-1)。设透过的光强度为

I_t,则 I_t 与入射光强度 I_0 之比定义为透光率(transmitance)或透射比,用 T 表示,即:

$$T = \frac{I_t}{I_0} \times 100\% \tag{8-1}$$

通常用吸光度 A(absorbance)表示物质对光的吸收程度,吸光度的定义为:

$$A = -\lg T = \lg \frac{I_0}{I_t} \tag{8-2}$$

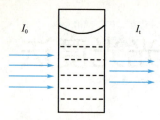

● ● 图 8-1 溶液吸光示意图 ● ●

透光率 T 和吸光度 A 都是表示物质对光的吸收程度的一种量度。透光率 T 越大,则吸光度 A 越小;反之,透光率 T 越小,则吸光度 A 越大。

三、吸收光谱曲线

在溶液浓度和液层厚度一定的条件下,测定溶液对不同波长单色光的吸光度,以波长 λ 为横坐标,以吸光度 A 为纵坐标作图,得到光吸收程度随波长变化的关系曲线称为吸收光谱。一定浓度的溶液对不同波长光的吸收程度不同,在光谱吸收曲线中吸收最大且均高于左右相邻的凸起处,称为吸收峰,对应的波长为最大波长用 λ_{max} 表示,如图 8-2 所示。其中峰与峰之间均低于左右相邻的凹陷处,称为谷,其对应波长用 λ_{min} 表示。在吸收峰旁曲折处的峰称为肩峰,其对应波长用 λ_{sh} 表示。在吸收光谱中曲线波长最短,呈现出强吸收,吸光度大但不成峰形的部分称为末端吸收。

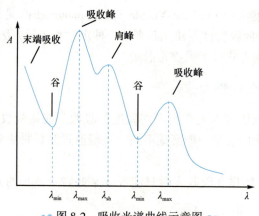

● ● 图 8-2 吸收光谱曲线示意图 ● ●

光谱曲线随着浓度的增加逐渐向吸光度增加的方向移动。分析物质的吸收光谱会发现:

(1)同一种物质,在不同波长的吸光度不同;

(2)不同浓度的同一物质,光的吸收曲线形状相似,其最大吸收波长 λ_{max} 不变,但在同一波长处的吸光度随溶液浓度降低而减小,这也是吸收光谱作为定量分析的依据;

(3)不同物质的吸收峰的形状、峰数、峰位、峰强度等吸收曲线特性不同,吸收曲线特性与物质的特性有关。

四、紫外-可见分光光度法的特点

紫外-可见分光光度法具有灵敏度高、选择性好、准确度高等特点。

(1)灵敏度高:一般紫外可见吸收光谱法可以测定微克级或浓度为 $10^{-5} \sim 10^{-4}$ mol/L 的

物质,有的甚至达到 10^{-7} g/ml,因此,该方法特别适用于低浓度和微量组分的分析。

(2) 选择性好:可以在不经分离的情况下,从多种组分共存的溶液中测定某待测组分的性质和含量。

(3) 准确度高:一般情况下此方法测定的相对误差为 2%,因此,紫外-可见分光光度法适用于微量组分的测定,而不适用于高、中含量组分的分析。

(4) 操作简单、快速、安全、分析成本低,测试所需样品量少(< 2 mg)。

第2节 紫外-可见分光光度法的基本原理

一、光的吸收定律

朗伯(Lambert)和比尔(Beer)分别于 1760 年和 1852 年研究了光的吸收与溶液的液层厚度及溶液浓度的关系,得出光的吸收定律为:

$$A = K \cdot L \cdot c \tag{8-3}$$

该式也称为朗伯-比尔定律。式中,A 为吸光度,c 为溶液浓度,L 为液层厚度,K 为吸光系数,它与入射光的波长、溶液的性质、温度等因素有关。当一束平行的单色光通过某一均匀、无散射的含有吸光物质的溶液时,在入射光的波长、强度及溶液的温度等因素保持不变的情况下,该溶液的吸光度 A 与溶液的浓度 c 及液层的厚度 L 的乘积成正比。

光的吸收定律不仅适用于可见光,也适用于红外光、紫外光;不仅适用于均匀、无散射的溶液,也适用于均匀、无散射的气体和固体。

吸光度具有加和性,即如果溶液中同时存在多种吸光物质,那么,测得的吸光度则是各吸光物质吸光度的总和。其表达式为:

$$A = A_1 + A_2 + \cdots + A_n = \sum_{i=1}^{n} A_i \tag{8-4}$$

这也是利用朗伯-比尔定律能够对多组分物质进行分光光度分析的理论基础。

二、吸光系数

光的吸收定律中吸光系数 K 的物理意义为:液层厚度为 1 cm 的单位浓度溶液的吸光度。表示物质对特定波长光的吸收能力。K 越大,表示该物质对光的吸收能力越强,测定的灵敏度越高。当溶液的浓度 c 单位不同时,吸光系数的表示方法和意义也不相同,常用摩尔吸光系数和百分吸光系数表示。

(一) 摩尔吸光系数 ε

当溶液的浓度 c 以物质的量浓度表示时,K 称为摩尔吸光系数,用符号 ε 表示。它的物理意义是指浓度为 1 mol/L 的样品溶液置于 1 cm 样品池中,在一定波长下测得的吸光度值。其量纲为 L/(mol·cm)。通常认为 $\varepsilon \geq 10^4$ 时为强吸收,$\varepsilon < 10^2$ 时为弱吸收,ε 介于两者之间时为中强吸收。在显色反应中,可以利用 ε 来衡量显色反应的灵敏度,ε 越大表示该显色反应越灵敏,因此为了提高分析的灵敏度,必须选择 ε 数值较大的化合物,以及选择具有较大 ε 的波长作为入射光。

(二) 百分吸光系数 $E_{1cm}^{1\%}$

百分吸光系数也称为比吸光系数,指溶液浓度在 1%(1 g/100 ml),液层厚度为 1 cm

时,在一定波长下的吸光度值,用符号 $E_{1cm}^{1\%}$ 表示,其量纲为 100 ml/(g·cm)。百分吸光系数和摩尔吸光系数有如下关系:

$$\varepsilon = E_{1cm}^{1\%} \times \frac{M}{10} \qquad (8\text{-}5)$$

例 8-1 用氯霉素(相对分子质量为 323.15 g/mol)纯品配制 100 ml 含 2.00 mg 的溶液,使用 1 cm 的吸收池,在波长为 278 nm 处测得其透光率为 24.3%,试计算氯霉素在 278 nm 波长处的摩尔吸光系数和百分吸光系数。

解:已知 $\lambda = 278$ nm,$M = 323.15$ g/mol,$c = 2.00 \times 10^{-3}$ g/100 ml,$T = 24.3\%$

$$A = -\lg T = -\lg 0.243 = 0.614$$

$$E_{1cm}^{1\%} = \frac{A}{c \cdot L} = \frac{0.614}{2.00 \times 10^{-3} \times 1} = 307$$

$$\varepsilon = E_{1cm}^{1\%} \times \frac{M}{10} = 307 \times \frac{323.15}{10} = 9921 \text{ L/(mol·cm)}$$

三、偏离光的吸收定律的主要因素

根据朗伯-比尔定律,对于同一种物质,当吸收池的厚度一定,以吸光度对浓度作图时,应得到一条通过原点的直线。但在实际工作中,吸光度与浓度之间的线性关系常常发生偏离,产生正偏差或负偏差,如图 8-3 所示。偏离朗伯-比尔定律的主要原因有:

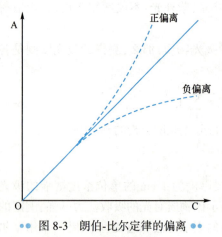

图 8-3 朗伯-比尔定律的偏离

1. 非单色光的影响 在紫外-可见分光光度计中,使用连续光源和单色器分光时,得到的不是严格的单色光。且在实际测定中,为了保证足够的入射光强度,分光光度计的狭缝必须保持一定的宽度。因此由出射狭缝投射到待测样品上的光,并不是理论上要求的单色光,而是具有较窄波长范围的复合光带,复合光带会引起实际测量与理论值之间存在一定的差异,从而使实际得到的曲线偏离朗伯-比尔定律。

2. 非均相体系的影响 当待测样品溶液含有悬浮物或胶粒等散射质点时,入射光经过不均匀的样品时,会有一部分光因发生散射而损失,从而使透光强度减小,致使偏离朗伯-比尔定律。

3. 溶液本身发生化学变化的影响 在测定过程中,被测组分发生解离、缔合、光化等作用,使本身化学性质发生变化,从而导致偏离朗伯-比尔定律。例如,在铬酸盐的非缓冲溶液体系中存在如下平衡:

$$Cr_2O_7^{2-} + H_2O \rightleftharpoons 2HCrO_4^- \rightleftharpoons 2CrO_4^{2-} + 2H^+$$

$Cr_2O_7^{2-}$ 呈橙色,其吸收光谱在 350 nm 和 450 nm 分别有最大吸收峰,而 CrO_4^{2-} 呈黄色,其在 375 nm 处有最大吸收峰。当铬的总浓度一定时,溶液的吸光度取决于 $Cr_2O_7^{2-}$ 与 CrO_4^{2-} 的浓度比。随着溶液的稀释,$Cr_2O_7^{2-}$ 与 CrO_4^{2-} 的浓度将发生显著的变化,从而使溶液的吸光度与铬的总浓度之间的线性关系发生明显的偏离。

4. 浓度的限制 朗伯-比尔定律假定吸光质点之间不发生相互作用,因此只有在稀溶液时才基本符合。当溶液浓度较高(通常认为 $c > 0.01$ mol/L)时吸光质点间可能发生缔合等相互作用,直接影响物质对光的吸收。

综上所述,利用朗伯-比尔定律进行测定时,应使用平行的单色光对浓度较低的均匀、无散射、具有恒定化学环境的待测样品溶液进行分析。

第3节 紫外-可见分光光度计

紫外-可见分光光度计(UV-Vis spectrophotometer)是对紫外、可见光区波长的单色光的吸收程度进行测量的仪器。

一、主要部件

目前,紫外-可见分光光度计的型号繁多,虽然各种型号的仪器操作方法略有不同,但仪器的主要组成及工作原理相似,其基本结构都是由五部分组成(图8-4),即光源、单色器(分光系统)、吸收池、检测器和信号处理系统。

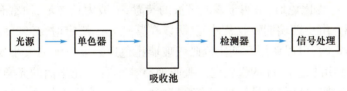

图 8-4 紫外-可见分光光度计基本结构图

1. 光源 主要作用是提供仪器分析所需光谱区域内的连续光,使待测分子产生光吸收。要求有足够的辐射强度和良好的稳定性。分光光度计常使用的光源有热辐射光源和气体放电光源两类。热辐射光源主要有钨灯、碘钨灯,气体放电光源主要有氢灯、氘灯。热辐射光源可发出 320~2500 nm 的连续可见光谱,可用作可见分光光度计(如 721 型、722 型)的光源。气体放电光源可发出波长范围为 160~375 nm 的紫外光,有效的波长范围一般为 200~375 nm,是紫外光区应用最广泛的一种光源。

由于同种光源不能同时产生紫外光和可见光,因此,紫外-可见分光光度计需要同时安装两种光源。从节约能源和延长灯的使用寿命方面考虑,实际工作中可根据需要分别开启钨灯或氘灯。

2. 单色器 又称为分光系统,是从复合光中分出波长可调的单色光的光学装置。棱镜或光栅是单色器的主要部件,通常单色器还包含狭缝和透镜系统。单色器的性能直接影响入射光的单色性,从而影响测定的灵敏度、选择性及校正曲线的线性关系。

单色器的工作原理如图8-5所示,由光源发出并聚焦于入口狭缝的光,经准直镜变为平行光投射至色散元件(棱镜或光栅),由于不同波长的光的折射率不同,色散元件使不同波长的平行光有不同的偏转角度,形成按波长顺序排列的光谱,再经准直镜将色散后的平行光聚焦于出射狭缝,从而得到所需波长的单色光。

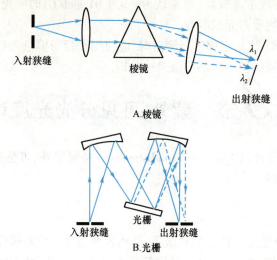

图 8-5 单色器工作原理

3. 吸收池 也称比色皿，是用于盛放溶液的装置，一般为长方形，通常有玻璃比色皿和石英比色皿两种。由于玻璃能吸收紫外光，所以在紫外光区测定时，必须使用石英比色皿；而在可见光区测定时，可以使用石英比色皿或玻璃比色皿。吸收池的大小规格从几毫米到几厘米不等，最常用的是 1 cm 的吸收池。吸收池材料本身及光学面的光学特性、吸收池光程长度的精确性对吸光度的测量结果都有直接影响，所以，在精度较高的分析测定中，同一套吸收池的性能要基本一致，同时在使用过程中，应注意保持透光面洁净。

4. 检测器 是用于检测单色光通过溶液后透射光的强度，并把这种光信号转变为电信号的装置。要求在测量的光谱范围内具有较高的灵敏度；对辐射能量的响应快、线性好、线性范围宽；对不同波长的辐射响应性能相同且可靠；有很好的稳定性和低水平的噪声等。常见的检测器有光电池、光电管和光电倍增管等。

5. 信号处理系统 该系统的作用是放大信号并将该信号以适当的方式显示或记录下来。常用的信号指示装置有电表指示、数字显示及自动记录装置等。近年来很多型号的分光光度计装配有微机处理，一方面对分光光度计进行操作控制，另一方面可以自动进行数据处理。

二、紫外-可见分光光度计类型

紫外-可见分光光度计的类型很多，根据仪器结构可分为单光束分光光度计、双光束分光光度计和双波长分光光度计三种，其中单光束分光光度计和双光束分光光度计属于单波长分光光度计。

1. 单光束分光光度计 1945 年美国贝克曼公司推出的第一台较成熟的紫外-可见分光光度计商品仪器就是单光束分光光度计。由光源发出的光经单色器分光后得到一束单色光，单色光轮流通过参比溶液和样品溶液，从而完成对溶液吸光度的测定，如图 8-6 所示。该类型的分光光度计结构简单、价格便宜，但由于其杂散光、光源波动等影响很大，所以准确度较差。国产 721 型、722 型、751 型等分光光度计都属于单光束分光光度计。

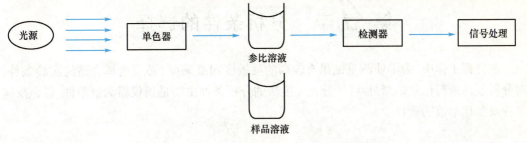

•• 图 8-6 单光束分光光度计工作流程示意图 ••

2. 双光束分光光度计 双光束分光光度计中,同一波长的单色光分成两束进行辐射。由单色器分光后的单色光分为强度相等的两束光,分别通过参比溶液和样品溶液,如图 8-7 所示。由于两束是同时通过参比溶液和样品溶液,因此能够自动消除光源强度变化所引起的误差,其灵敏度较好,但结构较复杂、价格较贵。日本的 UV-2450 型及我国的 UV-2100 型、UV-763 型等均属于此类型。

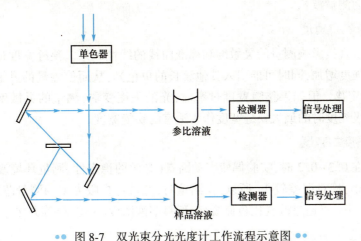

•• 图 8-7 双光束分光光度计工作流程示意图 ••

3. 双波长分光光度计 由同一光源发出的光被分成两束,分别经过两个单色器,得到两束不同波长的单色光,再利用切光器使两束不同波长的单色光以一定频率交替照射同一溶液,然后再经过光电倍增管和电子控制系统,经过信息处理最后得到两波长处的吸光度的差值,如图 8-8 所示。双波长分光光度法在一定程度上消除了背景干扰及共存组分的干扰,提高了分析的灵敏度。

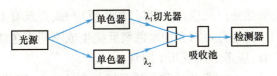

•• 图 8-8 双波长分光光度计光路示意图 ••

第4节 分析条件的选择

在分析工作中,为了使测量结果有较高的灵敏度和准确度,必须选择合适的实验条件,对分析条件进行优化。紫外-可见分光光度法的分析条件主要是指仪器测量条件、显色反应条件及参比溶液的选择。

一、仪器测量条件的选择

(一) 测量波长

根据待测组分的吸收光谱,通常选择吸收强度最大的吸收峰的最大波长 λ_{max} 为入射波长。因为在 λ_{max} 处待测组分每单位浓度所改变的吸光度最大,从而使得到的光谱具有很好的灵敏度;且在 λ_{max} 处吸光度随波长的变化最小,从而使测量具有较高的准确度。但如果 λ_{max} 处吸收峰太尖锐,则在满足分析灵敏度的前提下,选择次一级的吸收强度的吸收峰或肩峰对应波长作为测量波长。

(二) 仪器狭缝宽度

狭缝的宽度直接影响测量的灵敏度和标准曲线的线性关系。狭缝宽度过宽时,通过样品溶液的光的强度增加,同时可能引入其他波长的单色光,从而使测量的灵敏度降低,以致偏离朗伯-比尔定律。但如果狭缝宽度过窄时,光的强度变弱,测量的灵敏度也可能降低。通常将不减少吸光度时的最大狭缝宽度作为适宜的狭缝宽度。

(三) 吸光度的范围

吸光度 A 在 $0.3 \sim 0.7$ 时,实验偶然变动因素(光源的稳定性、测量环境改变等)对测量结果的影响较小,相对误差较小,所以,在测量时,通常选择吸光度的测量范围在 $0.2 \sim 0.8$ 内。若超出该范围,可通过改变比色皿规格、稀释溶液浓度($A>0.8$)等方法进行调节。

二、显色反应条件的选择

分光光度法的许多分析都是建立在比色分析基础上的。如果待测组分本身没有颜色或本身颜色很浅,那么就无法直接进行测定,需利用显色反应将待测组分转变为有色物质,然后进行测定。这种将试样中待测组分转变成有色化合物的化学反应,称为显色反应。与待测组分形成有色化合物的试剂称为显色剂。

(一) 显色反应的要求

常用的显色反应是氧化还原反应,也可以是配位反应,或是兼有上述两种反应,其中配位反应应用最普遍。同一种组分可与多种显色剂反应生成不同有色物质。在分析时,究竟选用何种显色反应较适宜,应考虑以下几个因素。

1. 显色反应灵敏度高 比色分析中待测样品组分含量很少,因此要求显色剂与待测组分之间的显色反应具有很好的灵敏度。有机化合物的摩尔吸光系数 ε 是显色反应灵敏度的重要标志。

2. 显色剂选择性好 显色剂只与待测组分发生显色反应,而与溶液中的共存组分不发生反应,这样仪器测量的数据才有很好的准确度。

3. 显色剂的对照性要高 显色剂与产物的颜色差异明显,通常用被测物质(或产物)与溶剂的最大吸收波长之差来衡量,差值越大,颜色差异越明显。

4. 显色反应产物稳定 要求待测组分与显色剂的反应产物有很好的稳定性,不易受空气、光等因素的影响。

(二) 显色反应条件的选择

1. 显色剂浓度及用量 显色剂的适宜浓度或用量通过实验确定。在一系列相同待测组分溶液中加入不同浓度的显色剂,测定溶液的吸光度随显色剂的浓度变化曲线,在吸光度随显色剂浓度变化不大的范围内,确定显色剂的加入量。

2. 溶液 pH 多数显色剂是有机弱酸或弱碱,溶液的 pH 直接影响显色剂的解离程度,从而影响显色反应的完全程度。选择合适的 pH 是显色反应最基本的实验条件。溶液酸度对显色反应的影响是多方面的,如影响显色剂的平衡浓度和颜色变化、有机弱酸类的配位剂的存在形式、待测组分与配位剂形成的配合物的稳定性等。显色反应的最适宜酸度范围可以通过实验来确定。通常做法是测定某一固定浓度待测组分溶液吸光度随溶液酸度变化曲线,吸光度恒定(或变化较小)所对应的酸度为显色反应的最适宜酸度。

3. 显色反应的时间和温度 有些显色反应瞬间完成,而且颜色稳定,在较长的时间内变化不大。但有些显色反应速度较慢,溶液颜色需要经过一段时间才能稳定,而且经过一段时间后,由于氧化、光照、试剂挥发等因素使颜色减退。实际工作中,确定适宜显色时间的方法是配制一份显色溶液,从加入显色剂开始,每隔一定时间测吸光度一次,绘制吸光度-时间关系曲线。曲线平坦部分对应的时间就是测定吸光度的最适宜时间。

显色反应通常在室温下进行,但对于反应速率较慢的反应体系,则需要改变反应条件,如对体系加热,从而加快反应速率。显色反应最适宜的温度也是通过实验确定的。

▶▶ 三、参比溶液的选择

使用紫外-可见分光光度计时,先要用参比溶液调节透光率,设定通过参比溶液的透光率为 100%,视具体情况选择合适的参比溶液。

1. 溶剂参比溶液 当样品组成较简单,共存的其他组分和显色剂对测定波长无吸收时,可用溶剂作为参比溶液,从而消除比色皿、溶液对测量结果的影响。

2. 试剂参比溶液 如果显色剂在测定波长处有吸收时,则测量时应消除显色剂对测量的影响,此时可在溶剂中加入与样品溶液中相同含量的显色剂作为参比溶液。

3. 样品参比溶液 如果样品溶液组分较复杂,其他共存离子在测定波长下有吸收且与显色剂不发生显色反应的溶液,则可按与显色反应相同的条件处理样品,以不加显色剂的为参比溶液。

4. 平行操作参比溶液 若显色剂、样品溶液中各组分均在设定波长下有吸收,则可采用显色剂与除待测组分外的其他共存组分作为参比溶液。

第 5 节 定性与定量分析方法

紫外-可见分光光度法因其具有灵敏度高、准确度高、选择性好、操作简单等特点,已成为应用较广泛的分析方法。它的应用范围已涉及生物制药、药物分析、医疗卫生、化学化工、石油冶金等领域,是一种广泛应用的定量分析方法,也是对物质进行定性分析和结构分析的一种手段。

一、定性分析方法

1. 光谱对照 在相同条件下,测定未知物和已知标准物的吸收光谱,并进行图谱对比,如果两者的图谱完全一致,则可初步认为待测物质与标准物是同一种化合物。当没有标准化合物时,可以将未知物的吸收光谱与《中国药典》中收录的该药物的标准谱图进行对照比较。如果两者的图谱有差异,则两者非同一物质。需要注意的是测定条件必须与标准谱图的测定条件一致。

2. 特征数据比较 最大吸收波长 λ_{max} 和吸光系数,是用于定性鉴别的主要光谱数据。在不同化合物的吸收光谱中,最大吸收波长 λ_{max} 和摩尔吸光系数 ε 可能很接近,但因分子质量不同,百分吸光系数 $E_{1cm}^{1\%}$ 数值会有差别,所以在比较 λ_{max} 的同时还应比较它们的 $E_{1cm}^{1\%}$。例如,黄体酮、睾酮、皮质激素等及其衍生物,在无水乙醇中测得 λ_{max} 都在 240 ± 1 nm,且 ε_{max} 差别不大,但 $E_{1cm}^{1\%}$ 差别很大,其数值可从 350~600 变化,由此可以鉴别它们。

3. 吸光度比值的比较 有些物质的光谱上有几个吸收峰,可在不同的吸收峰(谷)处以测得的吸光度比值作为鉴别的依据。例如,维生素 B_{12} 有三个吸收峰,分别在 278 nm、361 nm、550 nm 波长处,它们的吸光度比值应为:A_{361nm}/A_{278nm} 在 1.70~1.88,A_{361nm}/A_{550nm} 在 3.15~3.45。

二、定量分析方法

根据朗伯-比尔定律,在一定条件下,待测溶液的吸光度与其浓度呈线性关系,据此可对待测组分进行定量分析。

1. 单一组分的测定

(1) 吸光系数法:如果待测样品的吸光系数已知或可查,从紫外-可见分光光度计上读出吸光度 A 的数值,就可直接利用朗伯-比尔定律计算出待测物质的浓度 c,因此该法也称吸光系数法。

例 8-2 已知维生素 B_{12} 在 361 nm 处的百分吸光系数 $E_{1cm}^{1\%}$ 为 207。精密称取样品 30.0 mg,加水溶解后稀释至 1000 ml,在该波长处用 1 cm 吸收池测定溶液的吸光度为 0.618,计算样品溶液中维生素 B_{12} 的质量分数。

解:根据朗伯-比尔定律 $A = K \cdot L \cdot c$,待测溶液中维生素 B_{12} 的质量浓度为:

$$c_{测} = \frac{A}{E_{1cm}^{1\%} \cdot L} = \frac{0.618}{207 \times 1} = 2.99 \times 10^{-3} \text{ g}/100 \text{ ml} = 2.99 \times 10^{-2} \text{ g/L}$$

样品中维生素 B_{12} 的质量分数为:

$$\omega(\%) = \frac{2.99 \times 10^{-2}}{3.00 \times 10^{-2}} \times 100\% = 99.7\%$$

案例 8-1

《中国药典》(2005 年版)测定盐酸异丙嗪注射液时,取供试品(2 ml∶50 mg)2 ml,置于 100 ml 量瓶中,用盐酸溶液(9→1000)稀释至刻度,摇匀,精密量取 10 ml,置另一 100 ml 量瓶中,用水稀释至刻度,摇匀,照紫外-可见分光光度法,在 299 nm 的波长处测定吸光度,按盐酸异丙嗪 $C_{17}H_{20}N_2S \cdot HCl$ 的吸光系数 $E_{1cm}^{1\%}$ 为 108 计算。

问题:

1. 测定吸光度时,盐酸异丙嗪溶液的浓度为 50 μg/ml,能否用盐酸异丙嗪注射液不经稀释直接配制?为什么?

2.《中国药典》(2010 年版)采用高效液相色谱法测定盐酸异丙嗪注射液的含量,与紫外-可见分光光度法相比,有哪些优点?

(2) 标准对比法:相同的条件下,配制浓度为 c_s 的标准溶液和浓度为 c_x 的待测溶液,平行测定待测溶液和标准溶液的吸光度 A_x 和 A_s,根据朗伯-比尔定律:

$$A_x = K \cdot L \cdot c_x \tag{8-6}$$

$$A_s = K \cdot L \cdot c_s \tag{8-7}$$

因为标准溶液和待测溶液中的吸光物质是同一物质,所以,在相同条件下,其吸光系数相等。如选择相同的比色皿,可得待测溶液的浓度:

$$c_x = \frac{A_x c_s}{A_s} \tag{8-8}$$

这种方法不需要测量吸光系数和样品池厚度,但必须有纯的或含量已知的标准物质用来配制标准溶液。

例 8-3 为测定维生素 B_{12} 原料药含量,准确称取试样 25.0 mg,用蒸馏水溶解后,定量转移至 1000 ml 容量瓶中,加蒸馏水至刻度后,摇匀。另称取同样质量的维生素 B_{12} 对照品,用蒸馏水溶解后,稀释至 1000 ml,摇匀。在 361 nm 波长处,用 1cm 比色皿分别测得样品溶液和对照品溶液的吸光度分别为 0.512 和 0.518。求试样中维生素 B_{12} 的百分含量。

解: $\omega_{VB_{12}}(\%) = \dfrac{A_x}{A_s} \times 100\% = \dfrac{0.512}{0.518} \times 100\% = 98.8\%$

(3) 标准曲线法:首先,配制一系列浓度不同的标准溶液,分别测量它们的吸光度,将吸光度与对应浓度作图(A-c 图)。在一定浓度范围内,可得一条直线,称为标准曲线或工作曲线。然后,在相同的条件下测量未知溶液的吸光度,再从工作曲线上查得浓度。

当测试样品较多,且浓度范围相对较接近的情况下,如产品质量检验等,这种方法比较适用。制作标准曲线时,标准溶液浓度范围应选择在待测溶液的浓度附近。这种方法与对比法一样,也需要标准物质。

2. 多组分的测定 如果在一个待测溶液中需要同时测定两个以上组分的含量,就是多组分同时测定。多组分同时测定的依据是吸光度的加和性,即公式(8-4),现以两组分为例进行介绍。两种纯组分的吸收光谱可能存在以下三种情况。

(1) 吸收光谱互不重叠:如果混合物中 a、b 两个组分的吸收曲线互不重叠,则相当于两个单一组分,如图 8-9A 所示。此时可用单一组分的测定方法分别测定 a、b 组分的含量。由于紫外吸收带很宽,所以对于多组分溶液,吸收带互不重叠的情况很少见。

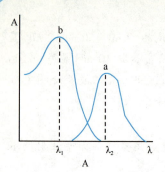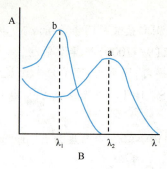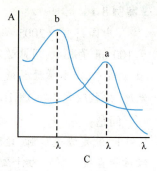

图 8-9 混合组分吸收光谱相互重叠的三种情况

(2) **吸收光谱部分重叠**：如果 a、b 两组分吸收光谱部分重叠，如图 8-9B 所示，则表明 a 组分对 b 组分的测定有影响，而 b 组分对 a 组分的测定没有干扰。

首先测定纯物质 a 和 b 分别在 λ_1、λ_2 处的吸光系数 $\varepsilon_{\lambda_1}^a$、$\varepsilon_{\lambda_2}^a$ 和 $\varepsilon_{\lambda_1}^b$、$\varepsilon_{\lambda_2}^b$，再单独测量混合组分溶液在 λ_2 处的吸光度 $A_{\lambda_2}^a$，求得组分 a 的浓度 c_a。然后在 λ_1 处测量混合溶液的吸光度 $A_{\lambda_1}^{a+b}$，根据吸光度的加合性，得：

$$A_{\lambda_1}^{a+b} = A_{\lambda_1}^a + A_{\lambda_1}^b = \varepsilon_{\lambda_1}^a \cdot L \cdot c_a + \varepsilon_{\lambda_1}^b \cdot L \cdot c_b \tag{8-9}$$

从而可求出组分 b 的浓度为：

$$c_b = \frac{A_{\lambda_1}^{a+b} - \varepsilon_{\lambda_1}^a L c_a}{\varepsilon_{\lambda_1}^b L} \tag{8-10}$$

(3) **吸收光谱相互重叠**：两组分在 λ_1、λ_2 处都有吸收，两组分彼此相互干扰，如图 8-9C 所示。在这种情况下，需要首先测定纯物质 a 和 b 分别在 λ_1、λ_2 处的吸光系数 $\varepsilon_{\lambda_1}^a$、$\varepsilon_{\lambda_2}^a$ 和 $\varepsilon_{\lambda_1}^b$、$\varepsilon_{\lambda_2}^b$，再分别测定混合组分溶液在 λ_1、λ_2 处的吸光度 $A_{\lambda_1}^{a+b}$、$A_{\lambda_2}^{a+b}$，然后列出联立方程：

$$\begin{cases} A_{\lambda_1}^{a+b} = A_{\lambda_1}^a + A_{\lambda_1}^b = \varepsilon_{\lambda_1}^a L c_a + \varepsilon_{\lambda_1}^b L c_b \\ A_{\lambda_2}^{a+b} = A_{\lambda_2}^a + A_{\lambda_2}^b = \varepsilon_{\lambda_2}^a L c_a + \varepsilon_{\lambda_2}^b L c_b \end{cases} \tag{8-11}$$

从而求得 a、b 的浓度为：

$$\begin{cases} c_a = \dfrac{\varepsilon_{\lambda_2}^b A_{\lambda_1}^{a+b} - \varepsilon_{\lambda_1}^b A_{\lambda_2}^{a+b}}{(\varepsilon_{\lambda_1}^a \varepsilon_{\lambda_2}^b - \varepsilon_{\lambda_2}^a \varepsilon_{\lambda_1}^b) L} \\ c_b = \dfrac{\varepsilon_{\lambda_2}^a A_{\lambda_1}^{a+b} - \varepsilon_{\lambda_1}^a A_{\lambda_2}^{a+b}}{(\varepsilon_{\lambda_1}^b \varepsilon_{\lambda_2}^a - \varepsilon_{\lambda_2}^b \varepsilon_{\lambda_1}^a) L} \end{cases} \tag{8-12}$$

如果有 n 个组分的光谱相互干扰，就必须在 n 个波长处分别测得试样溶液吸光度的加和值，以及 n 处波长下 n 个纯物质的摩尔吸光系数，然后解 n 元一次方程组，进而求出各组分的浓度，这种方法称为解方程组法。

对于多组分样品，还有等吸收波长消去法。假设试样中含有 x、y 两种组分，若要测定 x 组分，y 组分有干扰，采用双波长法进行 x 组分测量时方法如下：为了要能消除 y 组分的吸收干扰，一般首先选择待测组分 x 的最大吸收波长 λ_1 为测量波长，然后用作图法选择参比波长 λ_2，做法如图 8-10 所示。

在 λ_1 处作波长横轴的垂直线，交于组分 y 吸收曲线上的一点，再从这点作一条平行于波长横轴的直线,交于组分 y 吸收曲线的另一点,该点所对应的波长即为参比波长 λ_2。可见组分 y 在 λ_2 和 λ_1 处是等吸收点,即 $A^y_{\lambda_2} = A^y_{\lambda_1}$。由吸光度的加和性可知,混合试样在 λ_2 和 λ_1 处的吸光度可表示为:

$$\begin{cases} A_{\lambda_2} = A^x_{\lambda_2} + A^y_{\lambda_2} \\ A_{\lambda_1} = A^x_{\lambda_1} + A^y_{\lambda_1} \end{cases} \quad (8\text{-}13)$$

双波长分光光度计的输出信号为 ΔA,则:

$$\Delta A = A_{\lambda_2} - A_{\lambda_1} = (A^x_{\lambda_2} + A^y_{\lambda_2}) - (A^x_{\lambda_1} + A^y_{\lambda_1})$$

因为,$A^y_{\lambda_2} = A^y_{\lambda_1}$

所以,$\Delta A = A^x_{\lambda_2} - A^x_{\lambda_1} = (\varepsilon^x_{\lambda_2} - \varepsilon^x_{\lambda_1}) \cdot L \cdot c_x$
$\quad (8\text{-}14)$

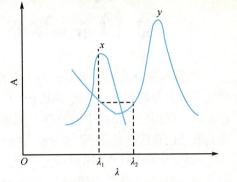

图 8-10 等吸收波长消去法示意图

> **链接**
>
> **银黄口服液含量测定**
>
> 银黄口服液是临床上的一种常用药,常用于上呼吸道感染、急性扁桃体炎和咽炎。其有效成分测定方法如下:精密量取银黄口服液 2 ml,置 100 ml 量瓶中,加水至刻度,摇匀;再精密量取 2 ml,置 100 ml 量瓶中,加 0.2 mol/L 盐酸溶液稀释至刻度,摇匀;在 278 nm 与 318 nm 的波长处分别测定吸光度,按下式计算绿原酸和黄芩苷含量。
>
> $$\begin{cases} c_1 = 2.599 \times A_{318} - 1.522 \times A_{278} \\ c_2 = 2.121 \times A_{278} - 0.9169 \times A_{318} \end{cases}$$
>
> 绿原酸 $(C_{16}H_{18}O_9)$ (mg/ml) $= \dfrac{c_1 \times 100 \times 100}{100 \times 2 \times 2} \times 1000$
>
> 黄芩苷 $(C_{21}H_{18}O_{11})$ (mg/ml) $= \dfrac{c_2 \times 100 \times 100}{100 \times 2 \times 2} \times 1000$
>
> 式中,c_1 为供试品溶液中绿原酸浓度,mg/100ml;
>
> c_2 为供试品溶液中黄芩苷浓度,mg/100ml;
>
> A_{278} 为供试品溶液在 278 nm 波长处测得的吸收度;
>
> A_{318} 为供试品溶液在 318 nm 波长处测得的吸收度。
>
> 合格的银黄口服液,每支含金银花提取物以绿原酸($C_{16}H_{18}O_9$)计,不得少于 0.108 g;含黄芩提取物以黄芩苷($C_{21}H_{18}O_{11}$)计,不得少于 0.216 g。

可见仪器的输出讯号 ΔA 与干扰组分 y 无关,它只正比于待测组分 x 的浓度,即消除了 y 的干扰。

三、比色法

比色法是利用比较有色溶液颜色的深浅来测定物质含量的分析方法。以往大多数用肉眼观察比较,故又称为目视比色法。随着近代分析仪器的发展,目前普遍使用分光光度计通过测量有色溶液对入射光的吸收程度,从而对物质进行分析。

第6节 紫外-可见分光光度法的应用

紫外-可见分光光度法主要用于有机化合物的分析。在医药学领域,紫外-可见分光光度法有很重要的用途。药物中由于含有在紫外-可见光区能产生吸收的基团,因而能显示吸收光谱。利用药物结构中的这些官能团,可以对其进行紫外光谱分析。目前,紫外-可见分光光度法已在医学检验、药物分析、含量检测等方面得到了广泛的应用。

例如,全血中铁含量的测定。首先将全血中各种形式的铁转化为游离的 Fe^{3+},然后采用消化法,用钨酸沉淀除去蛋白质,取无蛋白的滤液,在一定条件下加 KSCN 显色剂,生成血红色的配合物 $[Fe(SCN)_2]^+$,在 520 nm 波长处测量其吸光度,与标准溶液比较,求出其含量。

小 结

1. 紫外-可见分光光度法是根据物质对光具有选择性吸收而建立起来的分析方法,其吸收符合朗伯-比尔定律。

2. 在溶液浓度和液层厚度一定的条件下,测定溶液对不同波长单色光的吸光度,从而得到光吸收程度随波长变化的吸收光谱,通过吸收光谱中吸收峰的位置和吸收峰的形状等信息,可以进行化合物的定性或定量分析。

3. 朗伯-比尔定律: $A = k \cdot c \cdot L$

4. 当溶液的浓度 c 以物质的量浓度表示时,k 称为摩尔吸光系数,用符号 ε 表示。它的物理意义是指浓度为 1 mol/L 的样品溶液置于 1 cm 样品池中,在一定波长下测得的吸光度值。其量纲为 L/(mol·cm)。

5. 百分吸光系数也称为比吸光系数,指溶液浓度在 1% (1 g/100 ml),液层厚度为 1 cm 时,在一定波长下的吸光度值,用符号 $E_{1cm}^{1\%}$ 表示,其量纲为 100 ml/(g·cm)。

6. 紫外-可见分光光度计的常见类型有单光束分光光度计、双光束分光光度计和双波长分光光度计,其基本结构由五部分组成:光源、单色器、吸收池、检测器和信号处理系统。在使用时对于实验条件的选择,直接影响测量结果。通常选择最大吸收波长为入射波长,控制样品溶液的吸光度在 0.3~0.7。

7. 紫外-可见分光光度法定性分析是通过比较光谱、比较特征数据及比较吸光度比值等方法;定量分析的依据是朗伯-比尔定律,单组分测量有吸光系数法、标准对比法、标准曲线法等,多组分测量利用吸光度的加和性根据情况进行分析。

目标检测

一、填空题

1. 在分光光度法中以_____为横坐标,以_____为纵坐标作图,可得光吸收曲线。

2. 在紫外-可见分光光度法中,吸光度与透射率之间关系为:_____。

3. 朗伯-比尔定律中吸光度与溶液浓度之间的关系式为:_____,其具体意义为_____。

4. 当溶液浓度以物质的量浓度表示时,此时吸光系数称为_____,用符号_____表示。

5. 紫外-可见分光光度计的基本组成包括_____、_____、_____、_____和_____。

6. 各种物质都有特征的吸收曲线和最大吸收波长,这种特性可作为物质_____的依据;同种物质的不同浓度溶液,任一波长处的吸光度随物质的浓度的增加而增大,这是物质_____的依据。

7. 朗伯-比尔定律表达式中的吸光系数在一定条件下是一个常数,它与_____、_____及_____无关。

8. 符合朗伯特-比尔定律的 Fe^{2+}-邻菲罗啉显色体系,当 Fe^{2+} 浓度 c 变为 $3c$ 时,A 将_____;T 将

_____；ε将_____。

二、选择题

1. 指出下列哪种是紫外-可见分光光度计常用的光源（   ）
   A. 硅碳棒   B. 激光器
   C. 空心阴极灯 D. 卤钨灯

2. 在一定波长处，用 2.0 cm 吸收池测得某样品溶液的百分比透光率为 71%，若改用 3.0 cm 吸收池时，该溶液的吸光度 A 为（   ）
   A. 0.10   B. 0.37
   C. 0.22   D. 0.45

3. 常见紫外-可见发光光度计的波长范围为（   ）
   A. 200～400 nm   B. 400～760 nm
   C. 200～760 nm   D. 400～1000 nm

4. 测定一系列浓度相近的样品溶液时，常选择的测定方法为（   ）
   A. 标准曲线法   B. 标准对比法
   C. 绝对法   D. 解方程计算

5. 在分光光度法中，运用朗伯-比尔定律进行定量分析采用的入射光为（   ）
   A. 白光   B. 单色光
   C. 可见光   D. 紫外光

6. 许多化合物的吸收曲线表明，它们的最大吸收常常位于 200～400 nm，对这一光谱区应选用的光源为（   ）
   A. 氘灯或氢灯   B. 能斯特灯
   C. 钨灯   D. 空心阴极灯

7. 双波长分光光度计和单波长分光光度计的主要区别是（   ）
   A. 光源的个数   B. 单色器的个数
   C. 吸收池的个数   D. 单色器和吸收池的个数

8. 符合朗伯-比尔定律的有色溶液稀释时，其最大吸收峰的波长位置（   ）
   A. 向长波方向移动
   B. 向短波方向移动
   C. 不移动，但最大吸收峰强度降低
   D. 不移动，但最大吸收峰强度增大

9. 在符合朗伯-比尔定律的范围内，溶液的浓度、最大吸收波长、吸光度三者的关系是（   ）
   A. 增加、增加、增加
   B. 减小、不变、减小
   C. 减小、增加、减小
   D. 增加、不变、减小

10. 在紫外-可见分光光度法测定中，使用参比溶液的作用是（   ）
    A. 调节仪器透光率的零点
    B. 吸收入射光中测定所需要的光波
    C. 调节入射光的光强度
    D. 消除试剂等非测定物质对入射光吸收的影响

11. 在比色法中，显色反应的显色剂选择原则错误的是（   ）
    A. 显色反应产物的 ε 值越大越好
    B. 显色剂的 ε 值越大越好
    C. 显色剂的 ε 值越小越好
    D. 显色反应产物和显色剂，在同一光波下的 ε 值相差越大越好

12. 常用作光度计中获得单色光的组件是（   ）
    A. 光栅（或棱镜）+反射镜
    B. 光栅（或棱镜）+狭缝
    C. 光栅（或棱镜）+稳压器
    D. 光栅（或棱镜）+准直镜

13. 某药物的摩尔吸光系数（ε）很大，则表明（   ）
    A. 该药物溶液的浓度很大
    B. 光通过该药物溶液的光程很长
    C. 该药物对某波长的光吸收很强
    D. 测定该药物的灵敏度不高

三、计算题

1. 某化合物的最大吸收波长 λ_{max} = 270 nm，当使用 1 cm 的吸收池，光线通过溶液浓度为 $1.0×10^{-5}$ mol/L 时，透射率为 50%，试求该化合物在 270 nm 处的吸光度及摩尔吸光系数。

2. 称取维生素 C 0.0500 g 溶于 100 ml 的 5 mol/L 硫酸溶液中，准确量取此溶液 2.00 ml 稀释至 100 ml，取此溶液于 1 cm 吸收池中，在 λ_{max} = 245 nm 处测得 A 值为 0.498。求样品中维生素 C 的百分质量分数。[$E_{1cm}^{1\%}$ = 560 ml/(g·cm)]

3. 今有 A、B 两种药物组成的复方制剂溶液。在 1 cm 吸收池中，分别以 295 nm 和 370 nm 的波长进行吸光度测定，测得吸光度分别为 0.320 和 0.430。浓度为 0.01 mol/L 的 A 对照品溶液，在 1 cm 的吸收池中，波长为 295 nm 和 370 nm 处，测得吸光度分别为 0.08 和 0.90；同样条件，浓度为 0.01 mol/L 的 B 对照品溶液测得吸收度分别为 0.67 和 0.12。计算复方制剂中 A 和 B 的浓度（假设复方制剂其他试剂不干扰测定）。

(许小青)

第九章 色谱分析法

学习目标

1. 掌握:柱色谱法的分离原理;纸色谱法、薄层色谱法的基本原理及定性与定量分析方法;气相色谱法、高效液相色谱法的原理和定性定量分析方法。
2. 熟悉:纸色谱法和薄层色谱法的操作步骤;离子交换柱色谱法的操作方法。
3. 了解:气相色谱仪和高效液相色谱仪。

第 1 节 概 述

色谱法也称层析法,是一种物理或物理化学的分离分析方法。随着薄层色谱法、气相色谱法及高效液相色谱法的飞速发展,该方法逐渐成为一门专门的科学,称为色谱学。它已被广泛应用于社会生活的各个领域,成为分离分析多组分混合物的最重要方法。

> **链接** 　　**色谱法的由来**
>
> 1906 年,俄国植物学家 M. Tswett 将固体碳酸钙装入竖直的玻璃管中,从其顶端倒入植物色素的石油醚提取液,并用石油醚连续进行淋洗。结果在玻璃管的不同部位形成色带,因而将该分离方法命名为"色谱法"。其中玻璃管内填充的碳酸钙称为固定相,起分离作用;石油醚冲洗液在管内不断流动,称为流动相。随着这一技术的不断发展,色谱法的分离对象不再限于有色物质,已大量用于无色物质的分离,但色谱法的名称却被沿用至今。

色谱法的分离原理主要是利用组分在固定相与流动相之间的吸附作用、溶解能力、分配系数等物理或物理化学性质的不同而实现分离,组分经分离后再采用合适的方法进行定性或定量分析。当固定相与流动相发生相对运动时,样品中的组分将在两相中进行多次分配,其中分配系数大的组分迁移速度慢,分配系数小的组分迁移速度快,因此可将不同组分进行分离。

根据分子聚集状态不同,可分为气相色谱法、液相色谱法和超临界流体色谱法。按分离原理不同,可分为吸附色谱法、分配色谱法、空间排阻色谱法、离子交换色谱法和亲和色谱法等多种类型,其中前四种为较常见的类型。按操作形式不同,可分为柱色谱法、平面色谱法和毛细管电泳法。

第九章 色谱分析法

色谱法是分析化学领域中发展最快、应用最广的分析方法之一。因为现代色谱法具有分离和分析两种功能,能排除组分间的相互干扰,逐个将组分进行定性、定量分析,而且还可制备纯组分。因此,在药物分析中分析成分复杂的药品、含量相差悬殊的成分、杂质检查或痕量分析时,多数情况都首选色谱分析法。

第2节 色谱法基本理论

色谱法自建立以来,为了解释色谱曲线的流出形状及影响因素,科学家提出了热力学理论和动力学理论。其中热力学理论是从相平衡的角度来研究色谱过程,主要以塔板理论为代表;动力学理论以热力学观点——速率,来研究色谱过程中各种动力学因素对色谱峰扩展的影响,以 Van Deemter 方程式为代表。两种理论从不同的角度成功解释了色谱曲线的形状及影响因素,为了更好地理解这两种理论,下面先简要介绍色谱法中用来描述色谱流出曲线的一些基本概念。

一、色谱法的基本概念

(一) 色谱流出曲线与色谱峰

1. 色谱流出曲线 样品在流动相的携带下通过色谱柱,流经检测器,所形成的浓度信号(通常被转化为电信号)随洗脱时间而绘制的曲线,称为色谱流出曲线,即浓度-时间曲线。

2. 基线 只有流动相通过检测器或因样品浓度太低无法被检测器检出时,所得到的流出曲线。

3. 色谱峰或色谱带 色谱流出曲线上的凸起部分称为色谱峰。根据色谱峰的形状是否对称,可分为正常色谱峰和不正常色谱峰。正常色谱峰为对称形正态分布曲线。不正常色谱峰又可分为拖尾峰和前延峰。

正常色谱峰与不正常色谱峰可通过对称因子来衡量,如图 9-1 所示。

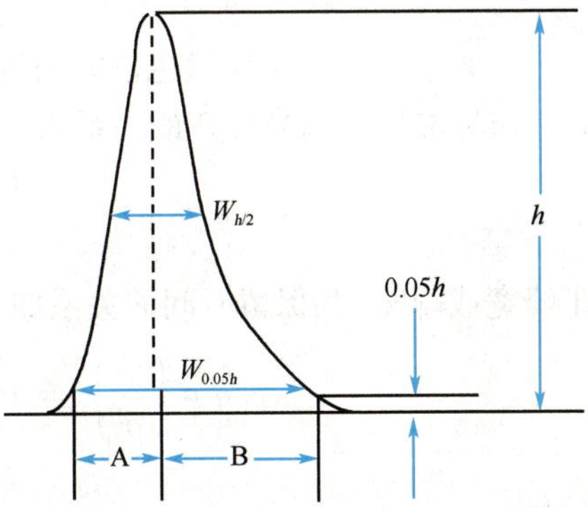

对称因子的计算公式如下:

$$f_s = \frac{W_{0.05h}}{2A} = \frac{B+A}{2A}$$

图 9-1 对称因子计算示意图

式中,$W_{0.05h}$ 为峰高 0.05 倍处的峰宽,$f_s < 0.95$ 时为前沿峰,$f_s > 1.05$ 时为拖尾峰。《中国药典》现行版要求色谱峰的拖尾因子应为 0.95~1.05,若不符合,可调整色谱条件使之达到要求。

(二) 定性参数

1. 保留时间 从进样开始至某个组分的色谱峰顶的时间间隔,通常用 t_R 表示。

2. 死时间 不被固定相吸附或溶解的组分的保留时间,通常用 t_0 或 t_m 表示。

3. 调整保留时间 某组分由于被固定相溶解或吸附,而比不溶解或不被吸附的组分在柱中多停留的时间,通常用 t_R' 表示。它与保留时间之间的关系如下:

$$t'_R = t_R - t_0 \tag{9-1}$$

4. 保留体积 又称洗脱体积,当流动相携带样品进入色谱柱,由进样开始至某个组分在柱后出现极大值时,通过色谱柱的流动相体积。保留体积与保留时间的关系如下:

$$V_R = t_R \cdot F_m \tag{9-2}$$

式中,F_m 为流动相的流速,单位为 ml/min。

5. 死体积 色谱仪中由进样器至检测器出口未被固定相占据的空间。死体积越大,被分离组分越容易扩散,使色谱峰展宽,柱效降低。

6. 相对保留值 指两种物质的调整保留值之比,以 $r_{2,1}$ 表示,它的数学表达式如下:

$$r_{2,1} = \frac{t'_{R_2}}{t'_{R_1}} = \frac{V'_{R_2}}{V'_{R_1}} = \frac{K_2}{K_1} \tag{9-3}$$

7. 保留指数 气相色谱法中常以正构烷烃系列作为组分相对保留值的标准,即用两个保留时间紧邻待测组分的基准物质来确定组分的保留,这个相对值称为保留指数。因为保留指数是柯瓦特(Kovats)最先提出的,因此又称 Kovats 指数,它的计算公式如下:

$$I_x = 100 \times \left[z + n \times \frac{\lg t'_{R(x)} - \lg t'_{R(z)}}{\lg t'_{R(z+n)} - \lg t'_{R(z)}} \right] \tag{9-4}$$

式中的 z 与 $z+n$ 分别代表含有 z 与 $z+n$ 个碳原子的正构烷烃,n 可为 1 或 2,通常 $n=1$。

(三) 柱效参数

1. 标准偏差(standard deviation) 正态色谱流出曲线上两拐点间距离的一半,通常以 σ 来表示。σ 的大小表示组分被洗脱出色谱柱时的分散程度。

2. 半峰宽(half width) 峰高一半处的峰宽,也曾称为半高峰宽,常用 $W_{1/2}$ 表示,它与标准偏差的关系为:

$$W_{1/2} = 2.355\sigma \tag{9-5}$$

3. 峰宽(width) 通过色谱峰两侧拐点做切线,在基线上截得的距离为峰宽,常用 W 表示,它与标准偏差和半峰宽的关系为:

$$W = 1.669 W_{1/2} = 4\sigma \tag{9-6}$$

4. 理论塔板数(number of theoretical plate) 常用 n 表示理论塔板数,它与标准偏差(半峰宽或峰宽)和保留时间的关系如下:

$$n = \left(\frac{t_R}{\sigma}\right)^2 = 16 \times \left(\frac{t_R}{W}\right)^2 = 5.54 \times \left(\frac{t_R}{W_{1/2}}\right)^2 \tag{9-7}$$

5. 理论塔板高度(height equivalent to a theoretical plate)

$$H = \frac{L}{n} \tag{9-8}$$

式中,L 为色谱柱的长度,n 为理论塔板数。

由于仪器中存在死体积,而消耗在死体积上的死时间与分配平衡无关,因此常用调整保留时间 t'_R 代替保留时间 t_R 计算塔板数,称为有效塔板数(number of effective plates,n_{eff}),求得的塔板高度称为有效塔板高度(height of an effective plate,H_{eff})。有效塔板数与有效塔板高度的计算公式如下:

$$n_{eff} = \left(\frac{t'_R}{\sigma}\right)^2 = 16 \times \left(\frac{t'_R}{W}\right)^2 = 5.54 \times \left(\frac{t'_R}{W_{1/2}}\right)^2 \tag{9-9}$$

$$H_{\text{eff}} = \frac{L}{n_{\text{eff}}} \tag{9-10}$$

由上述几个计算式可以看出,色谱区域宽度能够反映柱效的高低,而色谱柱的柱效可以通过实验测定。

(四)定量参数

药物分析中经常采用峰高或峰面积等定量参数(quantitative parameters)进行定量计算,对于正常色谱峰可以采用峰高进行定量,而不正常色谱峰通常采用峰面积进行定量。

1. 峰高(peak height) 指组分在柱后出现浓度极大值时的检测信号,即色谱峰顶至基线的距离,通常用 h 表示。

2. 峰面积(peak area) 指某色谱峰曲线与基线间所包围的面积,通常用 A 表示。对于正常色谱峰可以按下式计算峰面积:

$$A = 1.065 \times h \times W_{1/2} \tag{9-11}$$

对于不正常色谱峰,可以用平均峰宽代替半峰宽计算峰面积。所谓平均峰宽是指峰高 0.15 倍处的峰宽($W_{0.15h}$)和 0.85 倍处的峰宽($W_{0.85h}$)的平均值。此时峰面积的计算公式为:

$$A = \frac{1.065 \times (W_{0.15h} + W_{0.85h}) \times h}{2} \tag{9-12}$$

目前的色谱仪均配有数字积分仪或微机处理系统,能够自动记录、储存色谱峰高、峰面积等数据,并能进行定量运算、给出定量结果及打印报告等。

(五)分离参数

分离参数能够用来衡量分离条件的优劣,常用的分离参数(separation parameters)为分离度。分离度(resolution)是相邻两组分的色谱峰保留时间之差与两色谱峰峰宽的平均值之比,常用 R 表示,其计算公式如下:

$$R = \frac{t_{R_2} - t_{R_1}}{(W_1 + W_2)/2} = \frac{2 \times (t_{R_2} - t_{R_1})}{W_1 + W_2} \tag{9-13}$$

式中,t_{R_1}、t_{R_2} 分别为组分 1、2 的保留时间;W_1、W_2 分别为组分 1、2 色谱峰的峰宽。

对于正常色谱峰来说,当 $R=1.5$ 时,两峰恰好完全分开,因此在定量分析中,为了获得较好的精密度和准确度,《中国药典》现行版规定应保证 $R \geq 1.5$。

(六)相平衡参数(phase equilibrium parameters)

相平衡参数用以描述色谱过程中,样品组分在相对运动的两相中的质量或浓度的比例关系,常用的相平衡参数有分配系数与保留因子。

1. 分配系数 在一定温度和压力下,达到分配平衡时,组分在固定相与流动相中的浓度之比,称为分配系数(partition coefficient),常用 K 表示,其数学表达式为:

$$K = \frac{c_s}{c_m} \tag{9-14}$$

式中,c_s 为组分在固定相中的浓度,c_m 为组分在流动相中的浓度。

分配系数仅与组分、固定相和流动相的性质及温度有关。在一定条件下,分配系数是组分的特征常数。

2. 保留因子 在一定温度和压力下,达到分配平衡时,组分在固定相和流动相中的质量之比,称为保留因子(retention factor),又称质量分配系数(mass partition coefficient)或分配比(partition ratio),也曾称为容量因子(capacity factor),常用 k 表示,其数学表达式如下:

$$k = \frac{m_s}{m_m} \tag{9-15}$$

式中,m_s 为组分在固定相中的质量,m_m 为组分在流动相中的质量。

二、色谱法的基本理论

在色谱法中,若要使两种物质的色谱峰之间有足够的分离度,一方面要使它们的保留时间的差值足够大,而保留时间与分配系数有关,即与色谱热力学过程有关;另一方面还要使色谱峰足够窄,而色谱峰展宽与色谱的动力学过程有关,因此色谱理论的研究包括热力学和动力学两个方面。热力学理论以相平衡观点来研究分配过程,塔板理论为其代表;动力学理论是从动力学角度来研究各种动力学因素对峰展宽的影响,以速率理论为代表。下面简述之:

(一) 塔板理论

色谱分离的塔板理论始于马丁和辛格提出的塔板模型。塔板理论(plate theory)把色谱柱看作一个由许多塔板组成的分馏塔。该理论认为在每个塔板的间隔内,试样组分在两相间瞬间达到分配平衡,经过多次的分配平衡后,分配系数小的组分先流出色谱柱。由于一根色谱柱的塔板数要比精馏塔多得多(一般高效液相色谱柱为 $10^5/m$),因此只要组分间的分配系数存在微小的差别,即可通过色谱柱(或薄层板)而得到分离。

塔板理论的基本假设可归纳为以下四点。

(1) 色谱柱中存在塔板,样品中的某组分在色谱柱内一小段长度,即一个塔板高度 H 内,可以很快达到分配平衡。

(2) 样品的各组分都加在第一块塔板上,且样品在柱内的纵向扩散可以忽略。

(3) 流动相不是连续地而是间歇式地进入色谱柱,且每次只能进入一个塔板体积。

(4) 各组分的分配系数在所有塔板上是常数,与组分在塔板上的量无关。

(二) 速率理论

塔板理论把色谱过程看作为一连串不连续的单个分配平衡过程,在解释流出曲线的形状、浓度极大点的位置及评价色谱柱的效能等方面很成功,但是它不能解释柱效随流动相流速的改变而不同的原因。这是因为塔板理论中的某些基本假设与实际色谱过程不符。

速率理论(rate theory)是把色谱过程看作为一个动态过程,研究色谱过程中动力学因素对色谱峰窄宽的影响。1952 年 Martin 最早提出,在气相色谱过程中溶质分子的纵向扩散是引起色谱峰窄宽的主要因素。在此基础上,其他科学家又提出了纵向扩散理论。1956 年范第姆特(Van Deemter)全面概括了影响气相色谱柱效的动力学因素,提出了气相色谱速率理论方程式——Van Deemter 方程式。1958 年 Giddings 与 Snyder 等根据液体与气体性质的差别,提出了液相色谱速率方程式——Giddings 方程式。本节主要以 Van Deemter 方程式为例,讨论影响色谱柱效的一些动力学因素。

1. Van Deemter 方程式 在气相色谱法中,科学家通过大量的实验发现:当载气流速很低时,随着流速的增大,色谱峰变锐,即柱效增加;超过某一速度后,流速增加,色谱峰变钝,即柱效降低。以塔板高度 H 对载气流速 u 作图得到二次曲线。曲线最低点所对应的塔板高度最小,以 $H_{最小}$ 或 H_{min} 表示,此时的柱效最高,对应的流速称为最佳流速(optimum flow rate),以 $u_{最佳}$ 或 u_{opt} 表示。H-u 曲线如图 9-2 所示。

塔板高度随载气流速而改变,而且有最佳流速的现象是塔板理论所无法解释的。Van Deemter 充分考虑了组分在两相间的扩散和传质过程,以非平衡研究方法导出了速率理论方程,称为 Van Deemter 方程,其简化方程式为:

$$H = A + B/u + Cu \quad (9-16)$$

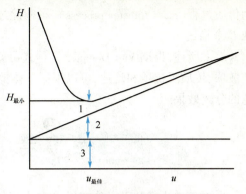

图 9-2　塔板高度-载气流速曲线图
1. B/u; 2. Cu; 3. A

式中,H 为塔板高度(cm),A 为涡流扩散系数(cm),B 为纵向扩散系数(cm²/s),C 为传质阻抗系数(s),u 为流动相的线速度(cm/s),可由色谱柱的长度 L(cm) 和死时间 t_0(s) 求得。

根据 Van Deemter 方程式可以成功地解释塔板高度-载气流速曲线。当载气流速较低时(即 $0 \sim u_{最佳}$),u 越小,B/u 项越大,Cu 项越小,此时 Cu 项可以忽略,B/u 项占主导地位,u 增加则 H 降低,柱效增高。当载气流速较高时(即 $u > u_{最佳}$),u 越大,Cu 项越大,B/u 项越小,此时 Cu 项起主导作用,u 增加则 H 增加,柱效降低。

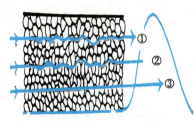

图 9-3　涡流扩散对色谱峰展宽的影响

2. 影响柱效的动力学因素

(1) 涡流扩散(eddy diffusion):又称多径扩散(multipath diffusion)。如图 9-3 所示,在填充色谱柱中,由于填料粒径大小不等,填充不均匀,使同一组分的分子经过多个不同长度的路径流出色谱柱时,某些分子沿较短的路径运行,较快地通过色谱柱,而另一些分子沿较长的路径迁移,发生滞后,结果使色谱峰扩展。涡流扩散系数 A 的表达式如下:

$$A = 2\lambda d_p \quad (9-17)$$

式中,λ 为填充不规则因子,其大小与填料颗粒大小、分布和填充均匀性有关。填充越不均匀,则 λ 越大。d_p 为填料颗粒的平均直径,d_p 越小越好,但 d_p 越小,越不易填充均匀,而且色谱柱的压力越高。

(2) 纵向扩散(longitudinal diffusion):又称分子扩散(molecule diffusion)。组分进入色谱柱时,其浓度分布呈"塞子"状,由于浓度梯度的存在,组分将向"塞子"前、后扩散,造成区带展宽。纵向扩散系数 B 的表达式如下:

$$B = 2\gamma D_m \quad (9-18)$$

式中,γ 为扩散阻碍因子,也称弯曲因子,与填充物有关,反映地是固定相颗粒导致扩散路径弯曲而对分子扩散产生的阻碍。D_m 为组分在流动相中的扩散系数,与流动相和组分的性质有关。

(3) 传质阻抗(mass transfer impedance):是组分分子与固定相或流动相分子间相互作用的结果。组分被流动相带入色谱柱后,在两相界面进入固定相,并扩散至固定相内部,进而达到动态分配平衡。当流动相或含有组分的流动相(低于"平衡"浓度)经过时,固定相中的该组分的分子将回到两相界面,因逸出而被流动相带走。这种溶解、扩散、转移的过程称为传质过程(mass transfer process),影响此过程进行的阻力称为传质阻抗,通过传质阻抗系数 C 来描述。

综上所述,根据 Van Deemter 方程式可知,影响色谱柱效能的因素有涡流扩散项、纵向扩散项、传质阻抗项和流速,可以根据具体情况分别采取不同的措施提高柱效,从而获得满意的分离效果。

第3节 平面色谱法

平面色谱法是基于组分在以平面为载体的固定相和流动相之间吸附或分配平衡而进行的一种色谱方法。该法操作简单,不需要昂贵的仪器设备,分析速度快,结果直观,并具有较高的分离能力。平面色谱法主要包括纸色谱法和薄层色谱法。纸色谱法始于20世纪40年代,主要用于微量分析,特别是在生化和医药分析中的应用十分广泛,但纸色谱法的机械强度差,传质阻力大,使该法的应用和推广受到了限制。20世纪60年代,薄层色谱法的发展和普及,使得纸色谱法的应用逐渐减少。20世纪80年代出现了仪器化薄层色谱法,它的每一步骤均由仪器来代替以往的手工操作,再配以薄层扫描仪,使得在较长时期内被认为只能用来定性和半定量的薄层色谱法定量结果的重现性和准确度大大提高,成为一种有价值的分离分析方法。

一、概述

平面色谱法按操作形式不同可分为薄层色谱法和纸色谱法。

1. 薄层色谱法(thin layer chromatography) 是将固定相均匀地涂布在玻璃板、塑料板或铝箔上形成厚度均匀的薄层,在此薄层上进行混合组分分离的色谱法。按照分离机制不同,薄层色谱法又可分为吸附薄层色谱法(adsorption thin layer chromatography)、分配薄层色谱法(partition thin layer chromatography)和薄层电泳法(thin layer electrophoresis)。

2. 纸色谱法(paper chromatography) 固定相一般为纸纤维上吸着的水分,流动相为与水互不相溶的有机溶剂,根据被分离混合组分在水与有机溶剂中的溶解能力的不同,在色谱纸上产生差速迁移而得到分离的方法。纸色谱法的分离原理属于分配色谱法的范畴。

3. 薄层电泳法(thin layer electrophoresis) 是带电荷的被分离物质在纸、醋酸纤维素、琼脂糖凝胶或聚丙烯酰胺凝胶等惰性支持体上,以不同速度向与其电荷相反的电极方向泳动,产生差速迁移而得到分离的方法。薄层电泳法属于平面色谱法范围,但由于电泳的驱动力、仪器设备及测定对象与薄层色谱法和纸色谱法有较大差别,因此本章不予介绍。

平面色谱法与柱色谱法的基本原理相同,但操作方法不同,因此各种参数也略有差异。以下主要介绍平面色谱法的定性参数、相平衡参数、面效参数和分离参数。

二、基本参数

(一)定性参数(qualitative parameters)

薄层色谱法的定性参数是色谱过程热力学特性参数,包括比移值和相对比移值。

1. 比移值 在一定条件下,组分移动距离与流动相移动距离之比,称为比移值(retardation factor, R_f)。比移值既是表征平面色谱图上斑点位置的基本参数,也是平面色谱法用于定性的常用参数。其数学表达式如下:

$$R_f = \frac{L}{L_0} \tag{9-19}$$

式中,L 为原点至斑点中心的距离,L_0 为原点至溶剂前沿的距离,如图 9-4 所示。

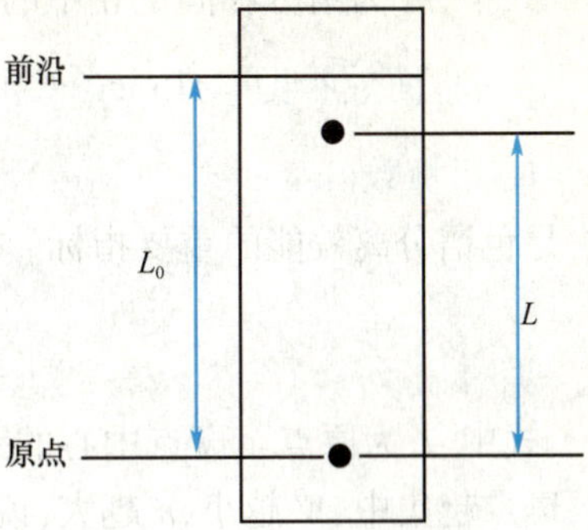

由式 9-19 可看出,当 $R_f = 0$ 时,组分不随流动相展开,停留在原点,表示组分在固定相上完全保留;当 $R_f = 1$ 时,组分随流动相展开至溶剂前沿,表示组分在固定相上完全不保留,因此 R_f 应为 0~1。实际工作中,最适宜的 R_f 范围是 0.2~0.8,最佳范围是 0.3~0.5。

由于 R_f 受被分离组分的结构及性质、固定相和流动相的种类及性质、展开室内的饱和度、温度等多种因素的影响,因此在不同实验室或不同实验者之间进行同一化合物 R_f 的比较时,重现性较差。

●● 图 9-4 平面色谱示意图 ●●

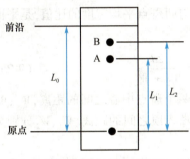

●● 图 9-5 相对比移值示意图 ●●

2. 相对比移值 在一定条件下,被测组分的比移值与参考物质的比移值之比,称为相对比移值(relative retardation factor, R_r)。如图 9-5 所示,若 B 为参考物质,A 为待测物质,则 A 的相对比移值为:

$$R_r = \frac{R_{f(A)}}{R_{f(B)}} = \frac{L_1/L_0}{L_2/L_0} = \frac{L_1}{L_2} \tag{9-20}$$

式中,L_1 为原点至斑点 A 中心的距离,L_2 为原点至斑点 B 中心的距离。

与比移值有所不同,相对比移值在一定程度上消除了测定中的系统误差,因此具有较高的重现性和可比性。测定 R_r 时,可以将纯物质加到试样中作为参考物质,也可以将试样中的某一已知组分作为参考物质。由式(9-20)可知:R_r 既可以大于 1,也可以小于 1。相对比移值与被测组分、参考物质和色谱条件等因素有关。

(二)相平衡参数(phase equilibrium parameters)

1. 分配系数 在一定温度和压力下,达到分配平衡时,组分在固定相与流动相中的浓度之比,称为分配系数(partition coefficient),常用 K 表示,其数学表达式为:

$$K = \frac{c_s}{c_m} \tag{9-21}$$

式中,c_s 为组分在固定相中的浓度,c_m 为组分在流动相中的浓度。

2. 保留因子 在一定温度和压力下,达到分配平衡时,组分在固定相和流动相中的质量之比,称为保留因子(retention factor),常用 k 表示,其数学表达式如下:

$$k = \frac{m_s}{m_m} \tag{9-22}$$

式中,m_s为组分在固定相中的质量,m_m为组分在流动相中的质量。

(三) 面效参数(efficiency parameters of plate)

1. 塔板数(number of plates) 是反映组分在固定相和流动相中动力学特性的色谱参数,是色谱分离效能的重要指标。塔板数的计算公式如下:

$$n = 16 \times \left(\frac{L}{W}\right)^2 \tag{9-23}$$

式中,L为原点至斑点中心的距离,W为组分斑点的宽度。在斑点移动距离相等的条件下,斑点越集中,W越小,n越大,说明面效越高。

2. 塔板高度(height equivalent to a plate) 是根据塔板数、原点至展开剂前沿的距离而计算出的单位塔板高度,即:

$$H = \frac{L_0}{n} \tag{9-24}$$

式中,L_0为原点至展开剂前沿的距离,n为塔板数。

由式9-24可见,H与n成反比,n越大,H越小,面效越高。

(四) 分离参数(separation parameters)

1. 分离度(resolution) 是指两个相邻斑点中心距离与两斑点平均宽度的比值,是平面色谱法的重要分离参数,以R表示,其数学表达式如下:

$$R = \frac{L_2 - L_1}{(W_1 + W_2)/2} = \frac{2(L_2 - L_1)}{W_1 + W_2} = \frac{2d}{W_1 + W_2} \tag{9-25}$$

式中,L_1、L_2分别为原点至两个斑点中心的距离,d为两个斑点中心之间的距离,W_1、W_2分别为两个斑点的宽度;在薄层扫描图上,d为两个色谱峰峰顶之间的距离,W_1、W_2分别为两个色谱峰的峰宽。在平面色谱法中,$R>1$较适宜。

2. 分离数(separation number) 是指在相邻两个斑点的分离度为1.177时,在$R_f=0$和$R_f=1$的两个组分斑点之间所能容纳的色谱斑点数,常用SN表示,其数学表达式为:

$$SN = \frac{L_0}{(W_{1/2})_0 + (W_{1/2})_1} - 1 \tag{9-26}$$

式中,$(W_{1/2})_0$和$(W_{1/2})_1$分别为由薄层扫描所得的$R_f=0$和$R_f=1$的组分的半峰宽,L_0为展开剂的移动距离。

三、薄层色谱法

薄层色谱法(thin layer chromatography,TLC)是平面色谱法中应用最广泛的方法之一。将细粉状的吸附剂或载体涂布在玻璃板、塑料板或铝箔上,形成均匀薄层并进行活化,将试样溶液与对照品溶液分别点于同一薄层板的一端,在密闭的容器中用适当的溶剂进行展开,采用适当的方法显色后,将样品斑点与对照品斑点进行比较,可用于药物的定性鉴别、杂质检查和含量测定。

薄层色谱法具有以下特点:①分析速度快,一般只需十至几十分钟即可完成,且一次可同时展开多个试样;②分离能力较强,分析结果直观;③试样预处理简单,对被分离组分的性质无限制;④载样量较大;⑤所用仪器简单,操作方便。

（一）薄层色谱法的主要类型

根据分离机制不同,薄层色谱法可分为吸附薄层色谱法、分配薄层色谱法、分子排阻薄层色谱法和胶束薄层色谱法。根据分离效能不同,可分为经典薄层色谱法和高效薄层色谱法。本节主要讨论吸附薄层色谱法。

1. 吸附薄层色谱法（adsorption thin layer chromatography） 是以吸附剂为固定相的薄层色谱法。在吸附薄层色谱法中,将含有 A、B 两种组分的混合溶液点于薄层板的一端,在密闭的容器中,用适当的溶剂展开。在展开过程中,A、B 两组分首先被吸附剂吸附,然后被展开剂溶解而解吸附,并随展开剂向前移动,遇到新的吸附剂时,A、B 两组分又被吸附,随后又被展开剂解吸附。由于两种组分在吸附剂和展开剂中的吸附系数不同,在薄层板上进行无数次的吸附、解吸附、再吸附、再解吸附……其中吸附系数大的组分在板上移动速度慢,R_f 较小;吸附系数小的组分在板上的移动速度快,R_f 较大,这样两者在薄层板上产生差速迁移而得到分离。在吸附色谱法中,极性大的组分与固定相之间的作用力强,因此 R_f 较小,而极性小的组分则 R_f 较大。

2. 分配薄层色谱法（partition thin layer chromatography） 是以液体为固定相的薄层色谱法。利用试样中各组分在固定相与流动相之间的分配系数不同,在薄层板上进行无数次的分配,其中分配系数大的组分在板上移动速度慢,R_f 较小;而分配系数小的组分在板上的移动速度快,R_f 较大,这样两者在薄层板上产生差速迁移而得到分离。

（二）吸附薄层色谱法的实验条件

吸附薄层色谱法中的固定相称为吸附剂（adsorbent）,流动相称为展开剂（developing solvent;developer）,两者决定分离结果的优劣,下面分别加以介绍。

1. 吸附剂

（1）硅胶（silica gel）：是薄层色谱法中最常用的固定相。硅胶吸附水分后,表面的硅醇基成为水合硅醇基,从而失去吸附能力,但将硅胶在 105～110℃ 左右加热时,可失去水分而提高活度,此过程称为"活化"（activation）。

薄层色谱法中常用的硅胶有硅胶 H、硅胶 G、硅胶 GF_{254} 等。硅胶 H 为不含黏合剂的硅胶,铺成硬板时需另加黏合剂。硅胶 G 为添加无机黏合剂煅石膏的硅胶。含有荧光剂的商品吸附剂和预涂板,常标记以"F",并用下标表示出其激发光波长,如硅胶 GF_{254} 中含有锰激活的硅酸锌荧光剂,在 254 nm 紫外光照射下呈强烈黄绿色荧光背景。此外,还有硅胶 HF_{254}、硅胶 $HF_{254+365}$。实际工作中,应根据样品的性质选择适宜的吸附剂。

（2）氧化铝（aluminum oxide）：是由氢氧化铝在 400～500℃ 灼烧而成。根据其性质不同,可分为中性（pH 7.5）、碱性（pH 9.0）和酸性（pH 4.0）三种。通常情况下,碱性氧化铝用于分离中性或碱性化合物,如生物碱、脂溶性维生素等;中性氧化铝适用于酸性及对碱不稳定的化合物的分离;酸性氧化铝可用于酸性化合物的分离。

（3）聚酰胺（polyamide）：是由酰胺聚合而成的高分子化合物,常用的有聚己内酰胺。聚酰胺可用于酚类、酸类、醌类及硝基化合物的分离。

2. 展开剂 在吸附薄层色谱法中,选择展开剂的一般原则是根据被分离物质的极性、吸附剂的活度和展开剂的极性三者的相对关系进行选择,通过组分分子与展开剂分子争夺吸附剂表面活性中心而达到分离。Stahl 设计了选择吸附薄层色谱条件的三者关系示意图,如图 9-6 所示。

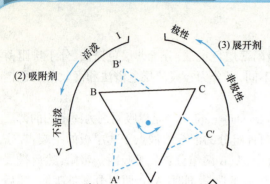

图 9-6 被分离物质的极性、吸附剂活性和展开剂极性之间的关系

由图9-6可以看出,将图中的三角形A角指向非极性物质,则B角指向活度高的吸附剂,C角指向非极性展开剂。也就是说,如果要分离的是非极性物质,应选择吸附活性较强的吸附剂和极性较小的展开剂,才能得到满意的分离效果。薄层色谱法中常用的展开剂按极性由强到弱的顺序为:

水>酸>吡啶>甲醇>乙醇>正丙醇>丙酮>乙酸乙酯>乙醚>三氯甲烷>二氯甲烷>甲苯>苯>三氯乙烷>四氯化碳>环己烷>石油醚。

在薄层色谱法中,通常根据被分离组分的极性,首先用单一溶剂展开,根据分离效果进一步考虑改变展开剂的极性或选择混合展开剂。例如,某物质用三氯甲烷展开时,R_f太大,斑点在溶剂前沿附近,此时应考虑使用另一种极性更弱的展开剂或加入一定比例极性小的溶剂,如环己烷、石油醚等;如果R_f太小,则应考虑使用另一种极性更强的展开剂或加入一定比例的极性溶剂,如乙醇、丙酮等。

(三)薄层色谱法的基本操作

薄层色谱法的操作程序可分为制板、点样、预饱和、展开、斑点定位、定性和定量分析。

1. 薄层板的制备(preparation of thin layer plate) 根据制备方法不同,可将薄层板分为加黏合剂的硬板和不加黏合剂的软板两种类型。其中软板虽然制备简便,但表面松散、容易吹散和脱落,因此现已很少使用。下面主要介绍硬板的制备方法。

(1)薄层板的选择(selection of thin layer plate):薄层板应选择表面光滑、平整、洁净,厚度一致的玻璃板、塑料板或铝箔。薄层板大小可根据实验需要进行选择,如20 cm × 20 cm的玻璃板等。

(2)薄层板的涂布(coating of thin layer plate):将固定相、黏合剂和水按一定比例混合,研磨至均匀,且无气泡,即可得到固定相匀浆。将固定相匀浆涂铺在准备好的薄层板上,使整板涂布均匀,一般厚度为0.25 mm为宜。薄层的厚度及均匀性直接影响试样的分离效果和比移值的重复性。

(3)薄层板的活化(activation of thin layer plate):将涂铺好的薄层板在空气中自然晾干后,在105~110℃活化0.5~1小时,取出,冷却至室温,存放于干燥器中。采用聚酰胺铺成的薄层板需要保存在一定湿度的空气中。

除手工制板外,还可以采用自动机械铺板器制板。铺板器制板速度快,薄层厚度均匀,重现性好,定量分析结果可靠。此外,还有商品薄层板可供选择。

2. 点样(sample application) 是薄层色谱分离的主要步骤。选择适当的溶剂,将试样配制成浓度为0.01%~0.1%的溶液。溶剂一般选择乙醇、甲醇等易挥发性有机溶剂,尽量避免使用水作溶剂,因为水溶液斑点易扩散,且不易挥发除去。点样工具一般采用点样毛细管或微量注射器。点样原点直径以2~4 mm为宜,采用分量多次点样,每次点样时需待其自然干燥或用电吹风吹干后,才能二次点样,以免斑点扩散。点样体积一般以几微升为宜,

若进行薄层定量或薄层制备时,可多至几百微升。点样形状可以是点状,也可以是带状。自动点样仪可进行程序控制点样。在进行定量分析时,为了获得较高的定量精确度,必须保证原点直径一致,点样间距精确。

3. 预饱和(presaturation) 预饱和与展开过程使用的器皿一般为长方形密闭玻璃缸,称为层析缸或色谱缸(chromatographic tank)。在展开前,应将点样后的薄层板置于盛有展开剂的层析缸内饱和15~30分钟,此时薄层板不与展开剂直接接触。待层析缸内展开剂的蒸气、薄层和缸内大气达到动态平衡时,体系即达到饱和。预饱和的目的是为了避免边缘效应。所谓边缘效应(edge effect)就是在同一块薄层板上,对于同一组分来说,处于边缘部分的斑点的 R_f 比处于中心的 R_f 大的现象。产生此种现象的原因是由于展开剂的蒸发速度从薄层中央到两边缘逐渐增加,即处于边缘的溶剂挥发速度较快,因此在相同条件下,致使同一组分在边缘的迁移距离大于在中心的迁移距离。

4. 展开(development) 将预饱和后的薄层板浸入盛有展开剂的层析缸中,展开剂浸没薄层板下端的高度不超过0.5 cm,原点不得浸入展开剂中。展开剂借助毛细管作用向上展开,待展开剂前沿达到一定距离(如10~20 cm)时,将薄层板取出,标记溶剂前沿。

通常采用上行法进行展开,此外还有下行法(展开剂从上向下展开)、径向展开(展开剂由原点径向展开)、多次展开(同一展开剂,重复多次展开)、双向展开(展开一次后,旋转90°再用另一种展开剂展开)。选用自动多次展开仪,可进行程序多次展开。

5. 斑点的定位(localization of the spot) 为了对薄层色谱法分离的组分进行定性和定量分析,必须对从层析缸中取出的薄层板上的斑点进行定位。确定斑点位置的方法有:

(1) 在日光下观察,画出有色物质的斑点位置。

(2) 在紫外灯(254 nm 或 365 nm)下观察有无荧光斑点或暗斑,并记录其颜色、位置及强弱。能产生荧光的物质或少数有紫外吸收的物质可用此法检出。

(3) 在 254 nm 紫外灯下,掺入少量荧光物质的薄层板呈黄绿色荧光,被测组分在荧光薄层板上淬灭荧光而产生暗斑进行检出。

(4) 利用显色剂对斑点进行显色定位。薄层色谱法常用的显色剂有碘、硫酸溶液、荧光黄溶液和芳香醛等。

(四) 定性与定量分析

利用薄层色谱法可以对药物进行定性鉴别、杂质检查和定量测定,以下分述之。

1. 定性鉴别(qualitative identification)

(1) 利用比移值 R_f 定性:前已述及,在一定色谱条件下,某一组分的 R_f 为定值,可用于定性分析。但是影响比移值的因素较多,如吸附剂的种类和活度、展开剂的种类和极性、薄层的厚度、展开距离、层析缸中溶剂蒸气的饱和程度、温度等均对其产生影响,因此通过将所测得的 R_f 与文献收载的 R_f 进行比较来对组分定性难度较大。通常是将试样与对照品在同一块薄层板上展开,通过比较试样和对照品的 R_f 及其斑点颜色来进行定性鉴别。必要时,可经过多种展开系统,若样品的 R_f 及其颜色与对照品相同,可进一步认定该组分与对照品为同一化合物。

(2) 利用相对比移值 R_r 定性:与 R_f 相比,利用组分的 R_r 进行定性可靠性较大。可通过与文献收载的 R_r 进行比较来定性,也可与对照品的 R_r 比较进行定性。

此外,利用斑点与显色剂反应生成的有色斑点也可初步推断化合物的类型。

2. 杂质检查(determination of foreign matter)

(1) 杂质对照品比较法：配制一定浓度的试样溶液和规定限度浓度的杂质对照品溶液，在同一薄层板上展开，试样中杂质斑点颜色不得比杂质对照品斑点颜色深。

(2) 主成分自身对照法：首先配制一定浓度的试样溶液，然后将其稀释一定倍数后得到另一低浓度溶液，作为对照溶液。将试样溶液和对照溶液在同一薄层板上展开，试样溶液中杂质斑点颜色不得比对照溶液主斑点颜色深。

3. 定量测定（quantitative determination）

(1) 洗脱法（elution method）：试样经薄层色谱分离后，选用适宜溶剂将斑点中的组分洗脱下来，再用适当的方法进行定量分析。定量分析前需要预先对斑点进行定位。采用显色剂定位时，可在试样两边同时点上待测组分的对照品作为定位标记，展开后只对两边对照品喷洒显色剂，由对照品斑点位置来确定未显色的试样待测斑点的位置。

(2) 直接定量法（direct quantitative method）：试样经薄层色谱分离后，可在薄层板上对斑点直接进行测定。

1) 目视比较法（visual comparison method）：将一系列已知浓度的对照品溶液和试样溶液点在同一块薄层板上，展开并显色后，以目视法直接比较试样斑点与对照品斑点的颜色深度或面积大小，求出待测组分的近似含量。

2) 薄层扫描法（TLC scanning method）：是以一定波长的光照射薄层板上被分离组分的斑点，测定斑点对光吸收的强度或发出荧光强度，进行定量分析的方法。根据测量方法的不同，可分为透射法（transmission method）和反射法（reflection method）。透射法是指光源发出的光，经单色器分光后得到的单色光交替照射在薄层斑点和空白薄层上，测定透射光的强度。反射法是指光源发出的光，经单色器分光后得到的单色光交替照射在薄层斑点和空白薄层上，测定反射光的强度。实际工作中常使用反射法。

薄层扫描仪（thin layer chromatogram scanner）的种类较多，常用的是双波长薄层扫描仪（dual wavelength TLC scanner）。目前所用的薄层扫描仪都是光源不动，只移动薄层板，扫描方式可分为线形扫描（linear scan）和曲线形扫描（shaped form scan）两种。

薄层扫描法主要采用外标法中的校正曲线法进行定量分析，即先用系列浓度的被测组分对照品溶液作校正曲线，得到线性范围，然后再进行含量测定。实际工作中常采用外标一点法和外标两点法。

（五）薄层色谱法在中蒙药研究中的应用

薄层色谱法具有简便、快速等特点，可以使用本法进行中蒙药鉴别、杂质检查和含量测定，下面分别加以介绍。

1. 定性鉴别 使用本法鉴别中蒙药，通常是将样品溶液和适宜的对照物溶液点于同一薄层板上，采用同一方法进行展开，经显色或其他方法检出色谱斑点后，将样品与对照物所得的色谱图进行对比，然后进行判断。薄层色谱法可鉴别中蒙药的真伪，区别多基源或类同品种，控制成分或有毒成分的限度。《中国药典》和国外药典均将薄层色谱法作为鉴别天然药物最主要的方法。

2. 杂质检查 药物中的杂质是指存在于药物中的无治疗作用、影响药品的质量、疗效或稳定性，甚至对人体健康有害的物质。中蒙药的杂质按来源分为一般杂质和特殊杂质。

一般杂质(ordinary impurity)是指在自然界中分布较广,在多种药材的采收、加工及制剂的生产和储存过程中容易引入的杂质,如酸、碱、水分、氯化物、硫酸盐、砷盐、重金属等。特殊杂质(special impurity)是指在该药物的生产或储藏过程中,由其生产方法、工艺条件及该药物本身性质等因素可能引入的特定杂质,是某药物所特有的杂质,如大黄流浸膏中的土大黄苷,附子理中丸中的乌头碱等。

案例 9-1

取本品 9 g,剪碎,加乙醇 40 ml,加热回流 10 分钟,滤过,滤液蒸干,残渣加水 10 ml,加热使溶解,用正丁醇 15 ml 振摇提取,分取正丁醇液,蒸干。残渣加甲醇 5 ml 使溶解,滤过,滤液作为供试品溶液。另取熊果酸对照品,加甲醇制成每 1 ml 含 1 mg 的溶液,作为对照品溶液。精密吸取上述两种溶液各 2 μl,分别点于同一硅胶 G 薄层板上,以三氯甲烷-丙酮(9:1)为展开剂,展开,取出,晾干,喷以 10% 硫酸乙醇溶液,在 105℃ 加热至斑点显色清晰。供试品色谱中,在与对照品色谱相应的位置上,显相同的紫红色斑点,色谱结果如图 9-7 所示。

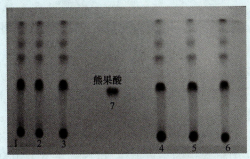

图 9-7　大山楂丸的薄层色谱鉴别
1~6. 样品;7. 熊果酸对照品

中蒙药的杂质可以由生长、采收、加工、生产和储藏等多个途径引入。药材中混存的杂质主要来源于以下几个方面:①种源不纯或假劣;②采收、加工和储藏等过程;③人为掺假。中蒙药制剂中存在的杂质,则主要来源于三个方面:①中蒙药材原料带入;②药物的生产制备过程中引入;③药物的储存过程中产生。

色谱分析法是利用药物与杂质在色谱性质方面的差异,采用适当的色谱分离方法,有效地将杂质与药物进行分离和检测,判断供试品中待检杂质是否符合限量规定。常用的色谱分析方法有薄层色谱法、高效液相色谱法和气相色谱法。

案例 9-2

(1) 供试品溶液的制备:取伤湿祛痛膏 4 片,剪成条状,除去盖衬,置 250 ml 具塞锥形瓶中,加三氯甲烷 100 ml,振摇 5 分钟使脱膏。再加乙醇 50 ml,摇匀,静置 10 分钟,过滤。残渣用乙醇洗涤 3 次,每次 10 ml。洗液与滤液合并,置分液漏斗中,加体积分数 1% HCl 溶液振摇提取 2 次,每次 50 ml。合并酸提取液,用乙醚 50 ml 洗涤,用 100 g/L NaOH 溶液调至 pH=12,用三氯甲烷振摇提取 2 次,每次 50 ml。合并三氯甲烷提取液,水浴蒸干,残渣加三氯甲烷 1 ml 使溶解,作为供试品溶液。

(2) 对照品溶液的制备：取乌头碱对照品，准确称定，加三氯甲烷制成 1.0 mg/ml 溶液，作为对照品溶液。

(3) 阴性对照溶液的制备：取伤湿祛痛膏阴性对照样品 4 片，按供试品溶液制备方法制备阴性对照溶液。

(4) 检查法：精密吸取供试品溶液 30 μl，对照品溶液 5 μl，分别点于同一以羧甲基纤维素钠为黏合剂的硅胶 G 薄层板上，以正己烷-乙酸乙酯-无水乙醇 (6.4 : 3.6 : 1) 为展开剂，置氨蒸气饱和的层析缸内，展开约 15 cm，取出，晾干，喷以稀碘化铋钾试液。供试品色谱中，在与对照品色谱主斑点相应的位置上，不出现斑点或斑点小于对照品色谱的主斑点。色谱结果如图 9-8 所示。

图 9-8 伤湿祛痛膏中乌头碱的薄层色谱检查
1. 阴性对照样品；2~4. 供试品；5. 乌头碱对照品

3. 含量测定 对中药材及中蒙药制剂中的主要成分进行定量分析时，可采用目视比较法和薄层扫描法，通常采用薄层扫描法。前已述及，根据扫描方法不同，薄层扫描法可分为透射法和反射法。一般来说透射法具有较高的灵敏度，但由于薄层介质的透明度极差，导致测量噪声较大。同时，透射法必须避开玻璃板和硅胶的光吸收区，即测量波长必须大于 320 nm。因此薄层扫描法中更常用的是反射法，可得到更宽的可利用波长范围，有利于提高信噪比，降低检测限。

案例 9-3

(1) 对照品溶液的制备：分别精密称取栀子苷、盐酸小檗碱对照品适量，加无水乙醇分别制成 0.566 mg/ml 及 0.967 mg/ml 的对照品溶液。

(2) 供试品溶液的制备：取本品细粉 1.0 g，精密称定，置索氏提取器中用无水乙醇提取至无色，减压回收溶剂，残渣以无水乙醇溶解并稀释至 10 ml，即得。

(3) 测定方法：精密吸取供试品溶液 12 μl、栀子苷对照品溶液 3 μl 与 4 μl、盐酸小檗碱对照品溶液 2 μl 与 3 μl，分别点于同一硅胶 GF_{254} 薄层板上，以苯-乙酸乙酯-异丙醇-甲醇-浓氨水 (12 : 6 : 4 : 4 : 0.5) 为展开剂，饱和 10 分钟，上行展开 18 cm，自然挥发干，在紫外灯 (254 nm) 下定位，栀子苷在测定波长 $\lambda_S = 238$ nm，参比波长 $\lambda_R = 370$ nm；小檗碱在测定波长 $\lambda_S = 345$ nm，参比波长 $\lambda_R = 370$ nm 处双波长反射法锯齿扫描测定，用外标两点法计算。薄层色谱扫描图如图 9-9 所示。

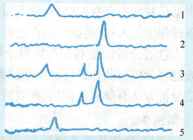

图 9-9 沙日毛都-8(黄柏八味散)中栀子苷和盐酸小檗碱的薄层扫描图

1. 栀子苷对照品；2. 盐酸小檗碱对照品；3. 供试品；4. 栀子阴性对照；5. 黄柏阴性对照

四、纸色谱法

（一）分离原理

纸色谱法（paper chromatography）是以纸为载体的平面色谱法。纸色谱过程可以看成是溶质在固定相和流动相之间连续萃取的过程，依据溶质在两相间分配系数的不同而达到分离的目的，所以纸色谱法属于分配色谱法。与薄层色谱法相同，纸色谱法也常用 R_f 来表示各组分在色谱中的位置。

纸色谱法以纸纤维中吸附的水分为固定相，采用有机溶剂为展开剂，因此属于正相分配色谱法。当流动相不变时，化合物的极性越大或亲水性越强，分配系数越大，R_f 越小；化合物的极性越小或亲脂性越强，分配系数越小，R_f 越大。当化合物一定时，流动相极性越大，化合物分配系数越小，R_f 越大；流动相极性越小，分配系数越大，R_f 越小。

（二）纸色谱法的实验条件

1. 色谱滤纸　色谱滤纸的质量和纸纤维的粗细均影响色谱分离效果，因此应根据分离目的和分离对象选择合适的色谱滤纸。选择色谱滤纸时，应遵循以下原则。

（1）色谱滤纸应质地均匀，平整且无折痕，有一定的机械强度。

（2）纸纤维的松紧应适宜，过于疏松斑点易扩散，过于紧密则流速太慢。

（3）色谱滤纸的纸质要纯，应无明显的荧光斑点。

（4）分离 R_f 相差较小的混合物时，宜选用慢速滤纸；分离 R_f 相差较大的混合物时，宜选用快速滤纸。

（5）制备或进行定量分析时，宜选用较厚且载样量大的滤纸；进行定性分析时，宜选用较薄且载样量小的滤纸。

采用纸色谱法进行分离时，可根据被分离物质的性质及分离目的的不同而选择适宜的色谱滤纸。

2. 固定相　滤纸纤维有较强的吸湿性，通常含 20%～25% 的水分，而其中有 6%～7% 的水是以氢键缔合的形式与纤维素上的羟基结合在一起，一般条件下较难除去。所以纸色谱法实际上是以吸附在纤维素上的水作固定相，而纸纤维则是起到一个惰性载体的作用。

3. 展开剂　选择展开剂时，要根据待测物质在两相中的溶解度和展开剂的极性来确定。在展开剂中溶解度较大的物质移动得快，R_f 较大。分离极性物质时，若增加展开剂中极性溶剂的比例，可以增大 R_f；增加展开剂中非极性溶剂的比例，可以减小 R_f。

纸色谱法中最常用的展开剂是含水的有机溶剂，如水饱和的正丁醇、正戊醇和酚等。为了防止弱酸、弱碱的解离，也可加入少量的酸或碱，如甲酸、乙酸、吡啶等。

纸色谱法的操作步骤与薄层色谱法相似，有点样、预饱和、展开、显色、定性与定量分析几个步骤。但应注意，在纸色谱法中不能使用具有腐蚀性的显色剂，如硫酸等。定量分析可用剪洗法，即将色谱斑点剪下，经溶剂浸泡、洗脱后，用比色法或分光光度法测定。

第4节 气相色谱法

一、概述

(一) 气相色谱法

气相色谱法(gas chromatography,GC)是以气体为流动相的色谱方法,主要用于分离分析易挥发的物质。气相色谱法可按分离机制、固定相的聚集状态和操作形式进行分类。按照分离机制,可分为吸附色谱法和分配色谱法。按固定相的聚集状态,可分为气-液色谱法和气-固色谱法。一般来说,气-固色谱法属于吸附色谱法,气-液色谱法属于分配色谱法。根据操作形式来看,气相色谱法属于柱色谱法的范畴。按色谱柱的粗细不同,可分为填充柱色谱法和毛细管柱色谱法两种。

气相色谱法是一种高效能、高选择性、高灵敏度、操作简便、应用广泛的分离分析方法。它具有以下几个主要特点:

1. 分离效能高 在气相色谱法中,一般填充柱可具有数千块理论塔板,而毛细管色谱柱最高可达 10^6 块理论塔板,因此它具有很高的分离效能,可以使一些分配系数很接近的、难以分离的物质获得满意的分离。

2. 样品用量少、灵敏度高 由于使用了高灵敏度的检测器,样品用量一般以 μg 计,有时甚至以 ng 计,可以检测低至 0.1~10 pg(即 10^{-13}~10^{-11} g)的物质,适用于痕量物质和超纯物质的分析,如检测药品中的残留溶剂、中药、农副产品、食品和水质中的残留农药,运动员体液中的兴奋剂等。

3. 选择性高 通过选择合适的固定相,气相色谱法可分离同位素、对映异构体等性质极为相似的组分。

4. 操作简便、分析速度快 通常一个试样的分析可在几分钟至几十分钟内完成,最快时可在几秒钟内完成,而且色谱操作及数据处理都实现了自动化,这是一般的化学分析法所无法企及的。

5. 应用范围广 气相色谱法广泛应用于气体和易挥发物或可转化为易挥发物的液体和固体样品的定性与定量分析。只要沸点低于 500℃,热稳定性好,相对分子质量小于 400 的物质,原则上都可直接采用气相色谱法进行分析;对于挥发性小或受热不稳定的化合物,可通过衍生化制成挥发性大和热稳定性好的化合物后再进行分析;部分无机物可转化为金属卤化物或金属螯合物等进行分析;部分高分子或生物大分子可先进行裂解,再用裂解色谱法分析。

(二) 气相色谱仪

气相色谱仪型号众多,功能各异,但其基本结构是相似的。气相色谱法的一般流程如图 9-10 所示。载气由高压钢瓶或气体发生器供给,经减压阀减压后,进入载气净化干燥管以除去其中的水分、氧气等杂质。由针形阀控制载气的压力和流量,流量计和压力表指示的是载气的柱前流量和压力。再经过进样器,将试样带入色谱柱。由于各组分在两相中的分配系数不同,它们将按分配系数大小的顺序,依次被载气带出色谱柱。分离后的各组分被载气带入检测器中,检测器将各组分的浓度或质量的变化,转变为电信号,经数据处理后得到色谱图。色谱图是进行定性与定量分析的依据。

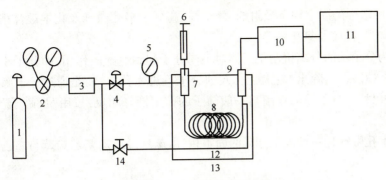

图 9-10 气相色谱流程示意图
1. 载气钢瓶;2. 减压阀;3. 净化管;4. 稳压阀;5. 压力表;6. 注射器;7. 气化室;8. 色谱柱;9. 检测器;
10. 放大器;11. 数据处理系统;12. 尾吹气;13. 柱温箱;14. 针形阀

气相色谱仪通常由五部分组成,分别介绍如下:

1. 气路系统(gas supply system) 包括载气和检测器所需气体的气源、气体净化、气体流速控制装置。气体从钢瓶或气体发生器经减压阀、流量控制器和压力调节阀,然后通过色谱柱,由检测器排出。整个系统必须保持密封,不得有气体泄漏。

2. 进样系统(sampling system) 包括进样器、气化室,此外还有加热系统,以保证试样气化。其作用是将样品气化,并有效地导入色谱柱。

3. 色谱柱系统(chromatographic column system) 包括色谱柱和柱温箱,是色谱仪的心脏部分,其中色谱柱是分离成败的关键。

4. 检测和记录系统(detection and recording system) 包括检测器、放大器和数据处理装置。

5. 控制系统(control system) 控制整台仪器的运行,包括进样器、柱温箱和检测器的温度控制,进样控制、气体流速控制及各种信号控制。

气相色谱法自1952年问世以来,经过60多年的发展,现在已经成为一种重要的分离分析方法。早期主要用于分离分析石化产品,目前,除了分析石化产品外,在有机合成、医药卫生、生物化学、食品分析和环境检测等方面都有广泛的应用。气相色谱法已成为药物分析和中药制剂分析中有关杂质检查、原料药与制剂、中蒙药材及中蒙药制剂含量测定的首选方法之一。在医学上,作为疾病诊断的手段,也得到了广泛的应用。

二、气相色谱法的流动相与固定相

(一)流动相

气相色谱法中的流动相通常称为载气(carrier gas)。气相色谱法中的载气种类并不多,主要有氦气、氢气、氮气和氩气等,其中应用最多的是氢气和氮气。氮气使用安全、价格低廉,所以较为常用,但其热导系数与大多数有机化合物相近,故使用热导检测器时其灵敏度较低,因此很少使用。氢气具有相对分子质量小、热导系数大、黏度小等特点,因此在使用热导检测器时,常用它作载气。使用氢焰离子化检测器时,氢气为必用的燃气,但氢气易燃、易爆,操作时应特别注意安全。

(二) 气-固色谱法的固定相

气-固色谱法中的固定相有吸附剂、分子筛、高分子多孔微球及化学键合相等。吸附剂常用石墨化炭黑、硅胶及氧化铝等。

一般认为分子筛的分离机制是它能对不同分子起到过筛的作用，即分子小于孔穴直径的分子，可进入孔穴中，晚出柱；大于孔穴的分子不进入孔穴，而是通过分子筛颗粒间隙流出色谱柱，先出柱。分子筛的作用与一般筛子的作用恰好相反，故用"反筛子"来形容它的分离作用。

高分子多孔微球是一种人工合成的固定相，由苯乙烯或乙基乙烯苯与二乙烯苯交联共聚而成。

(三) 气-液色谱法的固定相

气-液色谱法的固定相也称填料，由固定液和载体共同组成。载体是一种惰性固体颗粒，用作支持物。固定液是涂渍在载体上的高沸点物质。下面分别加以介绍：

1. 固定液　一般是高沸点液体，在室温下为固态或液态，在操作温度下为液态。固定液必须满足下列条件：①操作温度下应呈液态，且蒸气压应低于 10 Pa，若蒸气压太高，则固定液易流失，色谱柱寿命变短，检测器本底增高。②稳定性要好，在高温下不分解，不与载体和试样组分发生化学反应。③对被分离的组分应有较高的选择性，即对各组分的分配系数应有较大差别，这样才能将两种沸点或性质相近的组分成功分离。④对试样中的各组分应有足够的溶解能力，否则因分配系数太小，达不到分离的目的。⑤对载体具有良好的浸润性，以形成均匀的液膜。⑥黏度要小，凝固点要低。

2. 固定液的分类　目前可作为固定液的化合物大约有 700 多种，如何对众多固定液进行科学分类，对迅速、合理地选择固定液是至关重要的。为便于在使用时选择合适的固定液，可按化学结构和相对极性两种方式对固定液进行分类。

(1) 按化学结构分类：根据固定液的化学结构不同，可将其分为烃类、聚硅氧烷类、聚二醇类和酯类等。烃类中常用的是角鲨烷和阿皮松，聚硅氧烷类是目前最常用的固定液。聚乙二醇是常用的聚二醇类固定液。酯类主要有中等极性的邻苯二甲酸酯和强极性的线状脂肪族聚酯，其中邻苯二甲酸二壬酯是分析低沸点化合物最常用的固定液之一。

(2) 按相对极性分类：1959 年，罗胥耐德(Rohrschneider)提出用相对极性表示固定液的分离特性，并人为规定非极性固定液角鲨烷的相对极性为 0，强极性固定液 β,β'-氧二丙腈的相对极性为 100。以苯和环己烷(或正丁烷与丁二烯)为分离物质对，分别在以角鲨烷和 β,β'-氧二丙腈为固定液的色谱柱上，测定它们的相对保留值的对数 q_1 和 q_2，然后在待测固定液柱上测定 q_x，按下式计算待测固定液的相对极性 P_x：

$$P_x = 100 \times \left(1 - \frac{q_1 - q_x}{q_1 - q_2}\right) \qquad (9-27)$$

式中，根据所用的分离物质对不同，q 分别为：

$$q = \lg \frac{t'_{R(苯)}}{t'_{R(环己烷)}} \text{ 或 } q = \lg \frac{t'_{R(丁二烯)}}{t'_{R(正丁烷)}} \qquad (9-28)$$

根据相对极性 P_x 的大小可将固定液分为 6 级，0 为 0 级，1~20 为 +1 级，21~40 为 +2 级，依此类推。0 或 +1 级为非极性固定液，+2 和 +3 级为中等极性固定液，+4 和 +5 级为极性固定液。

按相对极性对固定液分类的情况,见表 9-1。

表 9-1　气相色谱法中常用的固定液

名称	级别	最高使用温度(℃)	用途
角鲨烷	0	150	标准非极性固定液
液体石蜡	+1	100	分析非极性化合物
甲基硅油	+1	350	分析高沸点、非极性化合物
邻苯二甲酸二壬酯	+2	150	分析中等极性化合物
中苯基甲基聚硅氧烷	+2	350	分析中等极性化合物
三氟丙基甲基聚硅氧烷	+2	250	分析中等极性化合物
氰基硅橡胶	+3	250	分析中等极性化合物
聚乙二醇	+4	250	分析氢键型化合物
丁二酸二乙二醇聚酯	+4	220	分析极性化合物
β,β'-氧二丙腈	+5	100	标准极性固定液

3. 固定液的选择　在气相色谱法中,分离度的改善主要取决于固定相和柱温的选择。在气-液色谱法中,载体仅起支持物的作用,所以固定液的选择就显得十分重要。在实际工作中所遇到的样品往往十分复杂,其来源又各不相同,因此固定液的选择并没有严格的规律可循,有的仅凭经验规则,有的则依据文献资料确定。

4. 载体(carrier)　也称担体(supporter),是一种固体支持物,它可提供一个大的惰性固体表面,让固定液分布于其上,形成一薄层均匀液膜,使固定液具有比较大的物质交换表面,样品易于在气-液间建立分配平衡。气-液色谱法的固定相就是由载体和固定液共同构成的。

▶ 三、检测器

检测器(detector)是将流出色谱柱的载气中被分离组分浓度(或质量)的变化,转变为电信号(电压或电流)变化的装置。色谱柱是色谱仪的"分离"部件,检测器是色谱仪的"分析"部件,它们是气相色谱仪的最重要组成部分。

据统计,目前已经有 30 余种气相色谱检测器,但最常用的只有几种。本节主要介绍热导、氢焰离子化和电子捕获检测器。

(一) 检测器的分类

检测器可分为积分型检测器和微分型检测器两类。在常用的微分型检测器中,根据检测器的输出信号与组分含量间的关系不同,又可分为浓度型检测器和质量型检测器两种。

1. 浓度型检测器(concentration detector)　其响应值与载气中组分的浓度成正比,因此称为浓度型检测器。它的响应值 R 只取决于组分的浓度 c,与载气流速 F 无关。常用的此类检测器有热导检测器和电子捕获检测器等。

2. 质量型检测器(mass detector)　其响应值正比于单位时间内进入检测器的组分质量,因此称为质量型检测器。它的响应值与进入检测器的样品速度成正比。

(二) 检测器的性能指标

气相色谱法的分离效率高,分析速度快,多数检测器的信号形式是微分型,也就是测量色谱柱流出组分的瞬时变化,因此要求检测器的灵敏度高,选择性好,噪声低,稳定性好,线性范围宽,死体积小,响应快。检测器的主要性能指标包括以下几个方面:

1. 灵敏度(sensitivity) 又称响应值或应答值,检测器类型不同,灵敏度的表示方法也不同。浓度型检测器的灵敏度常用 S_c 表示, S_c 为 1 ml 载气携带 1 mg 的某组分通过检测器时产生的电压,单位为$(mV·ml)/mg$;质量型检测器常用 S_m 表示, S_m 为每秒钟有 1 g 的某组分被载气携带通过检测器时所产生的电压,单位为$(mV·s)/g$。

2. 噪声与漂移 无样品通过检测器时,由于仪器本身和工作条件等偶然因素引起的基线起伏称为噪声(noise),以 N 表示。噪声的大小用基线波动的最大宽度来衡量,单位一般以 mV 表示。漂移(shift)通常指基线在单位时间内单方向缓慢变化的幅值,单位为 mV/h。噪声和漂移与检测器的稳定性、载气及辅助气的纯度、流速的稳定性、柱温的稳定性和固定相的流失等因素有关。

3. 检测限(detectability) 也称敏感度。某组分的峰高恰为噪声的 2 倍(或 3 倍)时,单位时间内进入检测器的该组分的质量或单位体积载气中所含该组分的质量称为检测限,以 D 表示,单位为 g/s 或 mg/ml。低于此检测限时,组分峰将被噪声所淹没而无法检测出来。检测限越低,检测器性能越好。检测限与灵敏度和噪声的关系如下:

$$D = \frac{2N}{S} \text{ 或 } D = \frac{3N}{S} \tag{9-29}$$

式中, D 为检测限, N 为噪声, S 为灵敏度。

(三) 常用的检测器

1. 热导检测器(thermal conductivity detector, TCD) 利用被测组分与载气之间热导率的差异来检测组分的浓度变化,属于浓度型检测器,在药物分析中使用较广泛。

在一块不锈钢板上钻出孔道,装入热敏元件,构成热导池(thermal conductivity cell)。热敏元件通常由钨丝或铼钨丝等制成,它们的电阻随温度的升高而增大,并且具有较大的电阻温度系数,故称为"热敏"元件。热导池有双臂热导池和四臂热导池两种。将两个材质和电阻均相同的热敏元件,装入一个双腔池体中,即构成双臂热导池(two-arm thermal conductivity cell)。其中一臂连接在柱后,称为测量臂(measuring arm);另一臂连接在色谱柱前,只通载气,称为参考臂(reference arm)。两臂的电阻分别为 R_1 与 R_2 ,将 R_1 、 R_2 与两个阻值相等的固定电阻 R_3 、 R_4 组成惠斯顿电桥,具体结构和检测原理如图 9-11 和图 9-12 所示。

当载气以恒定的速度通过热导池,电源以恒定的电压为钨丝通电时,钨丝温度升高,产生的热量主要由载气以热传导方式传给温度低于钨丝的池体,其余部分则由载气的"强制"对流带走,通过辐射损失的热量很少,可忽略不计。当产热与散热建立动态平衡时,钨丝的温度恒定,其电阻值也恒定。若测量臂中无样品组分通过时,两个热导池的温度相同,此时 $R_1 = R_2$, $R_1/R_2 = R_3/R_4$,电桥处于平衡状态,检流计无电流通过。

当测量臂中有样品组分通过时,若组分与载气的热导率不同,钨丝温度会发生变化,此时测量臂的电阻 R_1 也发生改变,使得 $R_1 \neq R_2$, $R_1/R_2 \neq R_3/R_4$,检流计指针发生偏转,因此产生信号。

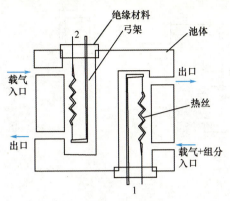
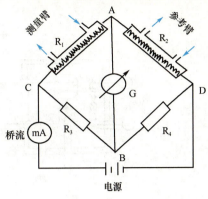

● ● 图 9-11　双臂热导池的结构示意图 ● ●
1. 测量臂；2. 参考臂

● ● 图 9-12　双臂热导池的检测原理图 ● ●

如将 R_3 和 R_4 也换成热敏元件，则构成四臂热导池（four-arm thermal conductivity cell），其灵敏度高于双臂热导池。

热导检测器具有结构简单、测定范围广、热稳定性好、线性范围宽、样品不被破坏、通用性强等特点，但与其他检测器相比，灵敏度较低。

在实际应用中，采用热导检测器时，通常选氢气为载气，可获得较高的检测灵敏度，而且不出倒峰，但其缺点是使用不安全。氦气较理想，但价格较贵。

使用热导检测器时，需注意以下几点：①热导检测器为浓度型检测器，当浓度一定时，峰面积与流速成反比，而峰高受流速影响较小。因此采用峰面积定量时，需严格保持流速恒定。②为避免热敏元件被烧断，在未通载气时不能先通桥电流，而在关仪器时，应先切断桥电流，再关载气。③热导检测器的响应值与桥电流的三次方成正比，增加桥电流可提高灵敏度，但是桥电流增加时，钨丝易被氧化，噪声也会变大，还容易烧坏热敏元件。所以在灵敏度足够的情况下，应尽量降低桥电流，以保护热敏元件。④检测器温度不得低于柱温，以防样品组分在检测室发生冷凝现象，引起基线不稳，但检测室温度也不宜过高，否则会降低灵敏度，通常检测室温度高于柱温 20~50℃为宜。

2. 氢焰离子化检测器（hydrogen flame ionization detector, FID）　是利用有机物在氢火焰的作用下，发生化学电离而形成离子流，通过测定离子流强度进行检测。

氢焰离子化检测器由离子化室、火焰喷嘴、发射极（负极）和收集极（正极）组成，具体结构如图 9-13 所示。在收集极和发射极之间加有 150~300 V 的极化电压，形成一个外加电场。检测时，载气携带被测组分，与氢气混合后进入离子化室，在氢气燃烧产生的高温（约 2100℃）火焰中电离形成正离子和电子。产生的离子和电子在收集极与发射极的外电场作用下，发生定向运动而形成电流。产生的电流很微弱，需经放大器放大后才能得到色谱峰。微电流的大小与进入离子室的被测组分的含量有关，含量越大，产生的微电流越大。

氢焰离子化检测器对大多数有机化合物都有很高的灵敏度，故适用于痕量有机物的分析。

氢焰离子化检测器具有灵敏度高、响应速度快、噪声小、线性范围宽等优点，是目前最常用的检测器之一，但这种检测器属于专属型检测器，一般只能测定含碳有机物，而且检测时样品容易被破坏。

使用氢焰离子化检测器时需注意：①氢焰离子化检测器为质量型检测器，峰面积取决

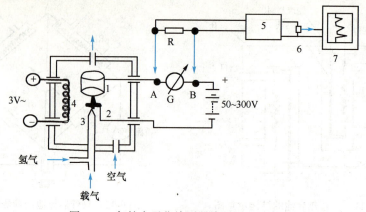

●● 图9-13 氢焰离子化检测器检测原理示意图 ●●
1. 收集极；2. 极化环；3. 氢火焰；4. 点火线圈；5. 微电流放大器；6. 衰减器；7. 记录器

于单位时间内进入检测器中的组分的质量。当进样量一定时，峰高与载气流速成正比。因此在采用峰高定量时，应保证载气流速恒定，而用峰面积定量时，则与载气流速无关。②氢焰离子化检测器需要使用三种气体，其中氮气为载气，氢气为燃气，空气为助燃气。通常 $N_2：H_2=(1：1)\sim(1：1.5)$，$H_2：空气=(1：5)\sim(1：10)$。③使用氢焰离子化检测器时，若以硅油为固定相，需选分子质量较大的硅油，并且在较低温度下使用，否则常因硅油流失，在收集极的表面形成一层绝缘层，导致检测器不产生信号。此时，应清洗后才能恢复正常使用。

3. 电子捕获检测器（electron capture detector，ECD） 是一种高选择性、高灵敏度的检测器，它只对含有强电负性元素的物质产生响应，如含有卤素、硝基、羰基、氰基的化合物。元素的电负性越强，检测灵敏度越高，其检测下限可达 10^{-14} g/ml。

电子捕获检测器实际上是一种放射性离子化检测器，它需要一个能源和一个电场，其结构如图9-14所示。在检测器的池体内，装有一个圆筒状的β射线放射源作为负极，以一个不锈钢棒为正极，在两极之间施加直流电或脉冲电压。可用 ^3H 或 ^{63}Ni 作为放射源，由于前者的使用温度较低，寿命较短，而后者的使用温度较高，寿命较长，因此通常采用后者。

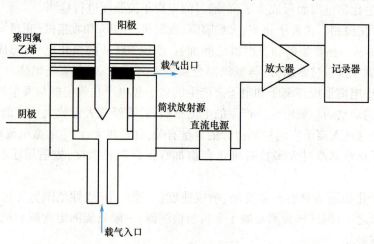

●● 图9-14 电子捕获检测器结构示意图 ●●

电子捕获检测器为专属型检测器,它是目前分析痕量电负性有机化合物最有效的检测器。它对含卤素、硫、氧、硝基、羰基、氰基、共轭双键体系、有机金属化合物等均有很高的检测响应值,但对烷烃、烯烃和炔烃等的响应值很低。此种检测器的线性范围窄,只有 1000 左右,且响应值易受实验条件的影响,分析结果的重现性较差。

使用电子捕获检测器时,应注意以下几点:①使用电子捕获检测器时,应使用高纯度载气,一般采用氮气(纯度≥99.999%),载气中若含有少量的 O_2 和 H_2O 等电负性组分,对检测器的基流和响应值有很大的影响,长期使用将严重污染检测器。因此除使用高纯度的载气外,还应采用活性铜进行脱氧,用分子筛脱水,以除去其中的微量杂质。②载气流速对基流和响应信号有影响,可通过试验选择最佳载气流速,通常为 40~100 ml/min。③检测器中含有放射源,应注意安全,不可随意拆卸。④检测器温度应高于柱温,但不能太高,否则会加速放射源的放射,导致其寿命缩短,因此在满足灵敏度的要求下,检测器温度应适当低些。⑤一般使用低于饱和基流所对应的极化电压。因为极化电压低,电子能量小,分子捕获电子的可能性大,检测灵敏度高,但电子能量也不能太低,否则基流过小,灵敏度下降。⑥检测器出口必须连接几米长的金属或塑料管道后再与大气相通,防止氧气逆向扩散进入检测器,使检测器受到污染。

四、分离条件的选择

(一) 分离度方程

在色谱分离中,通常将两个相邻的色谱峰所对应的组分称为"物质对"(substance pair)。混合物质分离条件的选择,主要是提高需要分离的或最难分离的物质对之间的分离度,而分离度大小又由定量分析误差、最难分离物质对的峰高比等因素决定。

在进行定量分析时,只有组分完全分离(即:$R \geq 1.5$),才能获得较好的精密度和准确度。由速率理论可知,若要提高相邻组分的分离度,固定液、柱温及载气是需要重点考虑的三个因素。

假设两个组分的峰宽近似相等,可推导出分离度与柱效(n)、分离因子(α)及保留因子(k)之间的关系式如下:

$$R = \frac{\sqrt{n}}{4} \times \frac{\alpha - 1}{\alpha} \times \frac{k_2}{1 + k_2} \tag{9-30}$$

式 9-30 称为分离度方程式,其中 $\frac{\sqrt{n}}{4}$ 为柱效项,$\frac{\alpha - 1}{\alpha}$ 为柱选择项,$\frac{k_2}{1 + k_2}$ 为柱容量项,k_2 为色谱图上两个相邻组分中第二个组分的保留因子,α 为分离因子,是两个相邻组分的分配系数或保留因子之比,即:$\alpha = \frac{K_2}{K_1} = \frac{k_2}{k_1}$。

(二) 影响分离度的因素

由分离度方程式可知:分离度是分离因子(α)、保留因子(k)和色谱柱柱效(n)的函数。其中 α 受流动相、固定相的性质和色谱系统温度的影响;k 与流动相组成、固定相用量和配比、柱温等因素有关;n 由 Van Deemter 方程中各项参数决定,一般随色谱柱的柱长、流动相的流速和温度等操作条件的变化而变化。α、k 和 n 对分离度的影响如图 9-15 所示。

下面分两种情况分别讨论 α、k 和 n 对分离度 R 的影响。

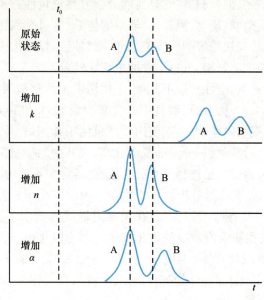

••• 图 9-15　k、n、α 对 R 的影响 •••

1. $\alpha = 1$ 时　此时 $k_2 = k_1$，$\dfrac{\alpha - 1}{\alpha}$ 为零，此时无论色谱柱的柱效有多高，柱容量项有多大，分离度仍然为零，即：组分 1 与组分 2 在此条件下不能分离。这说明两种组分的分配系数不同是分离的前提。

2. $\alpha > 1$ 时

（1）柱效项的影响：n 越大，则 R 越大。因此选用粒度均匀的高效固定相，均匀填充，降低死体积及选用最佳的载气流速，均可提高柱效项，从而增大分离度。

（2）柱容量项的影响：柱容量项越大，则分离度 R 越大。从这个角度来讲，只有保留因子尽可能的大，才能使柱容量项变大。

综上所述，增加 k，分离度增加，但峰变宽；增加 n，则峰变锐，分离度改善；增加 α，分离选择性增加，因此分离度增加。在实际应用过程中，应综合考虑几个影响因素，合理选择实验条件。

（三）实验条件的选择

选择的实验条件是否合适，常常决定分离目的能否达到。选择实验条件主要是依据分离度方程和 Van Deemter 方程，下面分别加以讨论：

1. 色谱柱的选择　包括固定相、固定液的配比和柱长的选择三个方面。以下主要讨论固定液的配比和柱长的选择。

（1）固定液的配比：配比与样品性质有关，样品若为高沸点化合物，最好采用低固定液配比。低配比一般从 3% 开始，若保留时间仍过长，可再适当减少。但配比过低时，固定液不易涂渍均匀，常常造成色谱峰拖尾。低沸点化合物，宜用高固定液配比，因为它们的分配系数很小，只有通过增加固定液的体积来增大保留因子 k，以达到良好的分离。

（2）柱长：由分离度方程可以看出，柱长增加，分离度提高，但分析时间也随之延长，峰宽加大，因此单纯追求长柱并不可取。气相色谱填充柱长度一般为 0.5 ~ 6 m，超过 6 m 的柱子很少使用。在色谱柱长度不变时,更有效的办法是增加塔板数 n,即减小柱的塔板高度 H。这就要求按速率理论制备出一支性能优良的色谱柱,并在最佳条件下使用。

柱长的确定可按下面的方法进行:先选择一支极性适宜、任意长度(假设 L_1 为 2 m)的色谱柱,测出两个组分在该柱上的分离度,若 $R_1 = 1.0$,则使两组分的分离度达到 $R_2 = 1.5$ 时的柱长 L_2,可依据分离度方程和 $n = \dfrac{L}{H}$ 来计算。

$$\left(\frac{R_1}{R_2}\right)^2 = \frac{L_1}{L_2} \tag{9-31}$$

$$L_2 = \left(\frac{R_2}{R_1}\right)^2 \times L_1 = \left(\frac{1.5}{1.0}\right)^2 \times 2 = 4.5 \text{ m}$$

在其他条件不变时,柱长增加至 4.5 m 就可达到 $R = 1.5$ 的分离要求。

2. 柱温的选择 柱温是改善分离度的重要参数,它会直接影响分离效能和分析速度。柱温升高使组分的挥发加快,分配系数减小,不利于分离;降低柱温,传质阻力增加,峰形扩张,严重时引起拖尾,并延长分析时间。因此选择柱温时要进行综合考虑,通常的选择原则是:在使难分离物质对能得到良好的分离,分析时间适宜且色谱峰不拖尾的前提下,尽可能降低柱温。具体可按试样沸点不同而选择:

(1) 高沸点试样(300~400℃):柱温可低于沸点 100~150℃,采用 1%~3% 的低固定液配比。

(2) 沸点低于 300℃ 的试样:柱温可在比平均沸点低 50℃ 至平均沸点的范围内,固定液配比为 5%~25%。

(3) 宽沸程试样:对于复杂的宽沸程(沸程大于 100℃)试样,恒定的柱温常常不能兼顾各个组分,此时需采取程序升温方法,即:在一个分析周期内,按照一定程序改变柱温,使不同沸点组分在合适的温度得到分离。程序升温可以是线性的,也可以是非线性的。

3. 载气种类和流速的选择

(1) 载气的种类:选择载气主要从三个方面考虑,即对峰展宽、柱压降和检测器灵敏度的影响。当载气流速较低时,分子扩散占主导地位,为提高柱效,宜选用分子质量较大的载气,如 N_2;当流速较高时,传质阻抗占主导地位,宜选用分子质量较小的载气,如 H_2 和 He。使用低分子质量载气,有利于提高线速度,实现快速分析。对于较长的色谱柱,由于在柱上会产生较大的压力,此时宜采用 H_2 作载气,因其黏度较小,柱压较低。考虑对检测器灵敏度的影响,使用热导检测器时应选用 H_2 或 He;使用氢焰离子化检测器时,一般使用 N_2。

(2) 载气的流速:载气流速会影响分离效率和分析时间。为了获得高柱效,应选用最佳流速,但在此流速下,分析时间较长。为了缩短分析时间,一般载气流速要高于最佳流速,这样能节省很多分析时间,而柱效却下降很少。常用的载气流速为 20~80 ml/min。

(四) 进样量的选择

进样量的大小直接关系到谱带的初始宽度,只要检测器的灵敏度足够高,进样量越小,越有利于得到良好的分离效果。对于填充柱,气体样品为 0.1~1 ml,液体样品为 0.1~1 μl,最大不超过 4 μl 为宜。此外进样速度要快,进样时间要短,此时样品在载气中扩散时间短,有利于分离。

(五) 气化温度的选择

气化温度取决于样品的挥发性、沸点范围和进样量等因素。气化温度一般等于或高于样品沸点,以保证瞬间气化,但一般不应超过沸点50℃以上,以防样品分解。对于一般色谱分析,气化温度高于柱温10~50℃即可。

以上讨论的是分离条件选择的基本原则,是色谱理论在实际工作中的具体应用,对于实际问题还需要结合具体情况灵活应用这些原则。

五、定性分析方法

色谱定性主要指的是鉴定试样中各组分,即每个色谱峰代表的是何种化合物。色谱法按其性质来讲是一种分离方法,一般来说,色谱分析数据不能直接鉴定各个组分。从色谱分离来看,不同组分的色谱保留值与分子结构有关,然而这种关系的规律远未能阐明,更未能建立起具有使用价值、指导色谱定性的保留值——分子结构理论,因此目前以色谱保留值进行定性仅仅是一个相对的方法。从色谱检测技术来看,多数检测器给出的信号,缺乏典型的分子结构特征。因此色谱定性只能用来鉴定已知物,对未知的新化合物的定性常常需要结合其他方法来进行。

利用色谱法对已知物进行定性鉴别时,可以采用以下几种方法。

(一) 利用保留值定性

1. 已知物对照法 是依据同一种物质在同一支色谱柱上,在相同的色谱操作条件下具有相同的保留值来定性。

已知物对照法可用于组分已知的复方药物分析,特别是对工厂的定性产品分析,更为方便。条件若不变,一次分析即可定性确认。

2. 利用相对保留值定性 上面介绍的方法属于利用绝对保留值进行定性的方法,要精确测定它们需要严格控制操作条件,而且重复性较差。如果利用某物质与另一标准物质的相对保留值来定性,就会消除某些条件的影响,使用也比较方便。

利用此法进行定性分析时,可根据气相色谱手册规定的实验条件及所用标准物质进行实验。将规定的标准物质加入到待测样品中,混匀,进样,计算相对保留值 $r_{2,1}$,再与手册数据对比定性。

也可将此法与已知物对照法结合,用此法缩小定性物质范围,再用已知物进行对照,进一步确认。

3. 利用保留指数定性 前已述及,绝对保留值过多地依赖于实验条件,因此重复性较差。采用相对保留值定性时,若只用一个标准物质,那些保留时间与标准物质相差较远的组分的相对保留值测定误差较大;若选用多种标准物质,又容易造成混乱。为了克服上述定性指标的缺点,1958年Kovats提出了保留指数。到目前为止,保留指数仍是柱保留值的最有价值的表述形式。

保留指数由于具有较好的准确度和重现性,只要柱温和固定液与文献相同,就可利用文献的保留指数对物质进行定性。这是因为当固定液与柱温一定时,保留指数为物质的特征常数的缘故。

(二) 利用选择性检测器定性

对于同一种样品来说,不同类型的检测器产生的响应信号也不同,即检测器的信号是有选择性的,因此可根据检测器响应信号的大小对物质进行定性。例如,要鉴定某一气体试样中是否存在有机物质,可在氢焰离子化检测器上分析,如有信号,则说明气体试样中有含碳的有机物。

使用两种或两种以上的检测器,有助于未知组分的分类与鉴定。将一种选择性检测器与另一种非选择性检测器,或两种不同类型的选择性检测器平行安装,使色谱柱后的流出物分成两部分,分别进入两个不同的检测器中,得到两张不同的色谱图,进行对照鉴定。

由于选择性检测器只对部分物质具有高响应值,因此其应用受到限制。如果能对样品进行衍生化,就可扩大选择性检测器的应用范围。

(三) 利用化学反应定性

最常用的方法是将欲鉴定的色谱流出物,通入官能团分类试剂中,利用显色反应或沉淀反应,粗略地判断该组分含有哪些官能团或属于哪类化合物。

例如,检查醛类或酮类物质时,可以采用2,4-二硝基苯肼试剂。若产生橙色沉淀,则说明组分是含1~8个碳原子的醛或酮。

需要注意的是,使用氢焰离子化检测器时,在色谱柱与检测器之间装有分流阀,应从分流阀收集待测组分进行鉴定。因为样品在氢焰离子化检测器中将被破坏,故不能用尾气检查。

(四) 利用两谱联用定性

气相色谱法具有很高的分离效率,但是单靠色谱数据定性是很难的,而红外吸收光谱法和质谱法等是鉴别未知物结构的有利手段,但却要求所分析的样品尽可能具有较高的纯度。因为它们本身不具有分离能力,为此人们将气相色谱仪作为分离工具,将红外光谱仪或质谱仪作为气相色谱的检测器,承担定性任务,两者取长补短,构成了两谱联用装置。

目前比较成熟的在线联用仪器有气相色谱-红外光谱联用仪。它是将气相色谱仪分离出的组分,通入傅立叶变换红外光谱仪中,绘制各个组分的红外光谱图。红外光谱对纯物质具有很高的特征性,可对各组分进行鉴定。另一种在线联用仪器是气相色谱-质谱联用仪。由于质谱仪灵敏度高,扫描速度快,并能准确测定出未知物分子质量,因此气相色谱-质谱联用技术,是目前解决未知物定性问题的最有效工具之一,在药物分析、药物化学和天然药物化学中的应用越来越广泛。

▶▶ 六、定量分析方法

(一) 定量校正因子

1. 定义 利用色谱法进行定量分析的基础是被测物质的量与其峰高或峰面积成正比。大量事实表明,相同量的同一种物质在不同类型检测器上具有不同的响应灵敏度;同一种检测器对不同的物质产生不同的响应值,即对相同量的不同物质得到不同的峰高或峰面积。例如,氢焰离子化检测器对不同类型物质的响应灵敏度相差可达2~3个数量级,这将导致混合物中各组分峰面积(或峰高)的相对百分数不等于各组分的百分含量,为此引入校正因子的概念:

$$f'_i = \frac{m_i}{A_i} \tag{9-32}$$

式中,f'_i是单位峰面积所代表的被测组分i的量,称为绝对校正因子(absolute correction factor),m_i为组分的量,它既可以是质量,也可以是物质的量,对应的校正因子分别称为绝对质量校正因子(absolute mass correction factor)和绝对摩尔校正因子(absolute mole correction factor),A_i 为被测组分的峰面积。

由于测定绝对校正因子 f_i' 需要知道准确的进样量,这是比较困难的,因此在实际工作中常用相对校正因子代替绝对校正因子。

2. 相对校正因子(relative correction factor)　可分为相对质量校正因子和相对摩尔校正因子。

(1) 相对质量校正因子(relative mass correction factor):是指某物质与另一标准物质的绝对质量校正因子之比,即:

$$f_m = \frac{f_{m(i)}}{f_{m(s)}} = \frac{m_i/A_i}{m_s/A_s} = \frac{A_s \cdot m_i}{A_i \cdot m_s} \tag{9-33}$$

式中,f_m 为相对质量校正因子,下标 i 和 s 分别代表被测物质和标准物质。

标准物质的选择取决于所用检测器的类型,同时还要注意所选取的标准物质最好与待测物质具有相近的色谱保留行为和响应值,因此在使用氢焰离子化检测器时,通常以正庚烷为标准物质,使用热导检测器时常以苯为标准物质。

在实际应用中,由于绝对定量校正因子很少使用,因此常将相对质量校正因子和相对摩尔校正因子中的"相对"二字省略,简称为质量校正因子和摩尔校正因子。因为质量校正因子较常用,有时也将其对应的符号 f_m 简写为 f。

(2) 校正因子的测定:手册中记载很多校正因子,可供使用时查阅。但有时查找不到某物质的校正因子或所用载气与文献不符无法利用手册查找校正因子时,可自行测定。

首先要准备好待测定校正因子的物质 i 的纯品,再选用一种标准物质 s。准确称取质量为 m_i 的被测物质 i 的纯品,质量为 m_s 的标准物质 s,配制成混合溶液。精密吸取一定体积的混合溶液,进样,得到两个色谱峰面积 A_i 和 A_s,即可根据式 9-33 计算待测组分的质量校正因子。

(二) 定量分析方法

色谱定量分析方法可分为归一化法、外标法、内标法、内标加校正因子法和标准溶液加入法等,下面分述之。

1. 归一化法

(1) 峰面积归一化法:如果样品中所有组分都能流出色谱柱,且在检测器上均可得到相应的色谱峰,同时已知各组分的峰面积校正因子时,可根据峰面积计算各组分的质量分数:

$$\omega_i(\%) = \frac{A_i \cdot f_i}{A_1 \cdot f_1 + A_2 \cdot f_2 + \cdots + A_n \cdot f_n} \times 100\% \tag{9-34}$$

(2) 峰高归一化法:如果样品中所有组分都能流出色谱柱,且在检测器上均可得到相应的色谱峰,同时已知各组分的峰高校正因子时,可根据峰高计算各组分的质量分数:

$$\omega_i(\%) = \frac{h_i \cdot F_i}{h_1 \cdot F_1 + h_2 \cdot F_2 + \cdots + h_n \cdot F_n} \times 100\% \tag{9-35}$$

式中,F_i 为组分的峰高校正因子,它与峰面积校正因子不能通用,需另行测定。

归一化法计算简便,定量结果与进样量无关,操作条件变化对结果影响较小,但是只有所有组分在一个分析周期内都能流出色谱柱,而且检测器对它们均能产生信号时才能使用。该法不能用于微量杂质的含量测定。

例 9-1 使用热导检测器分析乙醇、庚烷、苯及乙酸乙酯的混合物,测得它们的色谱峰面积分别为 5.0 cm², 9.0 cm², 4.0 cm² 和 7.0 cm²。已知各组分的质量校正因子分别为 0.64、0.70、0.78 及 0.79,按归一化法分别计算各组分的质量分数。

解: 已知各组分的峰面积和质量校正因子,根据式 9-34 可得:

$$乙醇(\%) = \frac{0.64 \times 5.0}{0.64 \times 5.0 + 0.70 \times 9.0 + 0.78 \times 4.0 + 0.79 \times 7.0} \times 100\% = \frac{3.2}{18.2} \times 100\% = 18\%$$

$$庚烷(\%) = \frac{0.70 \times 9.0}{18.2} \times 100\% = \frac{6.3}{18.2} \times 100\% = 35\%$$

$$苯(\%) = \frac{0.78 \times 4.0}{18.2} \times 100\% = \frac{3.1}{18.2} \times 100\% = 17\%$$

$$乙酸乙酯(\%) = \frac{0.79 \times 7.0}{18.2} \times 100\% = \frac{5.5}{18.2} \times 100\% = 30\%$$

2. 外标法 可分为校正曲线法和外标一点法。

(1) 校正曲线法(calibration curve method):在一定操作条件下,用对照品配成不同浓度的溶液,定量进样,以峰面积或峰高为纵坐标、对照品的质量(或浓度)为横坐标,作校正曲线,求出回归方程,而后在相同条件下分析试样,计算含量,这种方法称为校正曲线法。通常截距近似为零,若截距较大,说明存在一定的系统误差。若校正曲线的线性较好,截距近似为零,此时可用外标一点法进行定量分析。

(2) 外标一点法(one-point external standard method):精密称取物质 i 的纯品适量,配制成与供试品溶液浓度接近的溶液,作为对照品溶液。精密吸取一定量进样,重复 2~3 次,计算峰面积的平均值作为 A_R。供试品溶液在相同条件下进样分析,按下式计算供试品溶液的浓度:

$$c_i = \frac{A_i}{A_R} \times c_R \tag{9-36}$$

式中,A_i 为供试品中待测组分 i 的峰面积,A_R 为对照品的峰面积,c_i 和 c_R 分别为供试品溶液和对照品溶液的浓度。

如果供试品溶液和对照品溶液的配制方法与稀释倍数完全相同,则可按下式直接计算供试品中待测组分 i 的质量:

$$m_i = \frac{A_i}{A_R} \times m_R \tag{9-37}$$

式中,m_i 为供试品中待测组分 i 的质量,m_R 为对照品的质量。

外标法不必加内标物,无需使用校正因子,常用于日常分析控制,分析结果的准确度主要取决于进样的准确性和操作条件的稳定程度。由于微量注射器不易精确控制进样量,因此当采用外标法测定供试品的含量时,以定量环或自动进样器进样为宜。

3. 内标法(internal standard method) 当样品中的所有组分不能全部流出色谱柱,或检测器不能对每个组分都产生信号或只需测定样品中某几个组分的含量时,可以采用内标法。根据校正因子是否已知,可将内标法分为已知校正因子和未知校正因子两种情况。

(1) 已知校正因子的内标法:以校正因子已知的纯物质作为内标物质,准确称取一定量,加入到样品溶液中,混匀后进样分析,根据待测组分 i 和内标物质的质量及峰面积,按下式计算待测组分 i 的质量分数：

$$\omega_i(\%) = \frac{A_i \cdot f_i}{A_{is} \cdot f_{is}} \times \frac{m_{is}}{m} \times 100\% \tag{9-38}$$

式中，A_{is} 为内标物质的峰面积，A_i 为样品溶液中待测组分 i 的峰面积，f_i 为待测组分的质量校正因子，f_{is} 为内标物质的质量校正因子，m_{is} 为内标物质的质量，m 为样品的质量。

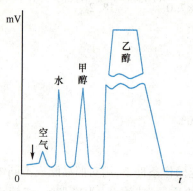

图 9-16 无水乙醇中的微量水分测定

例 9-2 无水乙醇中微量水分的测定

实验条件：上试 401 有机载体或 GDX-203 固定相，柱长 2 m。柱温 120℃，进样口温度 160℃，TCD 检测器，载气 N_2，流速 40 ml/min，内标物甲醇。色谱图如图 9-16 所示。

试样配制：准确量取被测无水乙醇 100 ml，称重为 79.37 g，通过减重称量法加入无水甲醇约 0.25 g，精密称定为 0.2572 g，混匀待用。

测得数据：

水：$h = 4.60$ cm，$W_{1/2} = 0.130$ cm；甲醇：$h = 4.30$ cm，$W_{1/2} = 0.187$ cm。

已知数据：

以峰面积表示的质量校正因子分别为 $f_{水} = 0.55$，$f_{甲醇} = 0.58$；以峰高表示的质量校正因子分别为 $F_{水} = 0.224$，$F_{甲醇} = 0.340$。

计算水的质量分数和水的质量浓度。

解：①根据峰面积校正因子计算水的质量分数：

$$H_2O(\%) = \frac{A_{水} \cdot f_{水}}{A_{甲醇} \cdot f_{甲醇}} \times \frac{m_{甲醇}}{m_{样品}} \times 100\% = \frac{1.065 \times 4.60 \times 0.130 \times 0.55}{1.065 \times 4.30 \times 0.187 \times 0.58} \times \frac{0.2572}{79.37} \times 100\%$$
$$= 0.23\%$$

②根据峰高校正因子计算水的质量分数：

$$H_2O(\%) = \frac{h_{水} \cdot F_{水}}{h_{甲醇} \cdot F_{甲醇}} \times \frac{m_{甲醇}}{m_{样品}} \times 100\% = \frac{4.60 \times 0.224}{4.30 \times 0.340} \times \frac{0.2572}{79.37} \times 100\% = 0.228\%$$

③根据峰高校正因子计算水的质量浓度：

$$H_2O(\%) = \frac{h_{水} \cdot F_{水}}{h_{甲醇} \cdot F_{甲醇}} \times \frac{m_{甲醇}}{V_{样品}} \times 100\% = \frac{4.60 \times 0.224}{4.30 \times 0.340} \times \frac{0.2572}{100} \times 100\% = 0.181\%$$

（2）未知校正因子的内标法：如果在手册中查找不到待测物和内标物的校正因子，可以采用以下方法测定待测物的含量。

精密称（量）取对照品和内标物质，分别配制成溶液，精密量取适量混合，配成测定校正因子用的对照溶液。取一定量注入色谱仪，记录色谱图。测量对照品和内标物质的峰面积，按下式计算校正因子：

$$f = \frac{A_{is}/c_{is}}{A_R/c_R} \tag{9-39}$$

式中，A_{is} 为内标物质的峰面积，A_R 为对照品的峰面积，c_{is} 为内标溶液的浓度，c_R 为对照品溶液的浓度。

按同样的方法制备含有内标物质的供试品溶液,注入色谱仪,记录色谱图,测量待测组分和内标物质的峰面积,按下式计算供试品溶液的浓度:

$$c_i = f \cdot \frac{A_i}{A'_{is}/c'_{is}} \tag{9-40}$$

式中,A_i 为供试品溶液中待测组分 i 的峰面积,A'_{is} 为内标物质的峰面积,c_i 为供试品溶液的浓度,c'_{is} 为内标溶液的浓度,f 为测定所得的校正因子。

由式 9-38 和 9-40 可看出,内标法是通过测量待测组分与内标物的峰面积之比进行计算的,因此由于操作条件变化而引起的误差,将同时反映在内标物及待测组分上而相互抵消,所以分析结果准确度高。该法对进样量准确度的要求相对较低。

在分析工作中,内标物的选择非常重要,常常需要花费大量时间寻找合适的内标物。寻找内标物时应遵循以下原则:①内标物应为试样中不存在的组分;②内标物的色谱峰应位于待测组分的色谱峰附近或在几个待测组分的色谱峰之间,并与这些组分完全分离;③内标物必须是纯度合乎要求的纯物质。

内标法只要求待测组分与内标物产生信号即可,因此,适用于单方药物或复方药物中某些有效成分的含量测定及药物中微量杂质的测定。由于杂质与主要成分的含量相差悬殊,无法用归一化法测定杂质含量,此时可加入一个与杂质量相当的内标物,通过增大进样体积来增加杂质峰面积,测定杂质与内标物的峰面积之比,即可求出杂质的含量。内标法的不足之处是样品制备比较麻烦,有时内标物不易寻找。

4. 标准溶液加入法(standard addition method) 精密称(量)取某个待测成分的对照品适量,配制成适当浓度的对照品溶液,精密吸取一定量,加入到供试品溶液中,根据外标法或内标法测定主成分含量,再扣除加入的对照品溶液含量,即得供试品溶液中主成分的含量。因为加入对照品溶液前后待测组分的校正因子相同,此时可按下式进行计算:

$$\frac{A'_i}{A_i} = \frac{c_i + \Delta c_i}{c_i} \tag{9-41}$$

则待测组分的浓度 c_i 可通过下式进行计算:

$$c_i = \frac{\Delta c_i}{(A'_i/A_i) - 1} \tag{9-42}$$

式中,c_i 为供试品溶液的浓度,A_i 为供试品中组分 i 的峰面积,Δc_i 为所加入的浓度已知的对照品溶液浓度,A'_i 为加入对照品后组分 i 的峰面积。

由于气相色谱法的进样体积一般仅为数微升,为减小进样误差,尤其是当采用手工进样时,由于留针时间和室温等因素对进样量也有影响,故以内标法定量为宜;当采用自动进样器时,由于进样重复性的提高,在保证分析误差的前提下,也可采用外标法定量。当采用顶空进样时,由于供试品和对照品处于不完全相同的基质中,故可采用标准溶液加入法以消除基质效应的影响;当标准溶液加入法与其他定量方法结果不一致时,应以标准加入法结果为准。

七、气相色谱法在医药领域的应用

气相色谱法具有分析速度快、分离效果好、检测灵敏度高等优点,因此在医学和药学中的应用日益广泛,特别是在药物分析及临床诊断方面有着广泛的用途。

(一) 在药学中的应用

1. 合成药物

案例 9-4

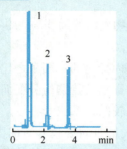

图 9-17 利鲁唑的气相色谱图
1. 乙醇(溶剂);2. 利鲁唑;3. 咖啡因(内标)

利鲁唑是一种用于治疗肌萎缩侧索硬化症(ALS)的新药,是至今国内唯一获准用于 ALS 治疗的药物。田中云等采用气相色谱法测定利鲁唑的含量,色谱结果如图 9-17 所示。

色谱条件:DB-1 弹性石英毛细管柱(30 m × 0.53 mm,1.5 μm);柱温 230℃;进样口和 FID 温度均为 260℃;载气:高纯氮气,流速 5.0 ml/min;尾吹 30 ml/min,分流比 5∶1。

样品溶液的制备:精密称取本品 50 mg,加无水乙醇溶解,配成浓度为 0.5 mg/ml 的溶液。

对照品溶液的制备:精密称取干燥的利鲁唑对照品 50 mg,置 100 ml 量瓶中,加无水乙醇溶解并稀释至刻度,摇匀,即得。

内标溶液的制备:精密称取咖啡因 100 mg,置 100 ml 量瓶中,加无水乙醇振摇溶解,并稀释至刻度,摇匀,即得。

测定方法:精密量取样品溶液 5 ml,精密加入内标溶液 5 ml,混匀,取 3 μl 注入气相色谱仪,按上述色谱条件测定,以内标法计算样品中利鲁唑的含量。

2. 中蒙药材及其制剂

(1) 定性鉴别:采用气相色谱法对中蒙药材或中蒙成药进行鉴别时,主要利用保留值进行定性,多用已知物对照作为鉴别的依据。对照物可以是原药材的制备液,也可以是中药中的有效成分。固体样品应制成溶液,但应了解溶剂的峰位。大分子或不挥发成分可将其分解或制成衍生物,将样品组分的保留值(保留时间、保留体积、相对保留体积或保留指数)与已知物质在相同分析条件下测得的结果进行比较,如果数值在误差允许的范围内,则此项鉴别符合要求。

链接

柴胡药材芳香水的指纹图谱鉴别

通过模仿西药的模式来控制中药的质量,反映的是单方面的质量信息,而中药的药效并不是来自单一的活性化学成分,而是来自多种活性成分之间的协同作用,甚至是与某些"非活性成分"的协同效应或"生克作用"。任何单一的活性化学成分或指标成分都难以评价中药的真伪和优劣,因此药物分析工作者提出了"指纹图谱"这一概念,指纹图谱是以各种波谱、色谱技术为依托的又一种质量控制模式。它强调色谱的"完整面貌"即整体性,反映地是综合的质量信息,即使是突出指纹图谱中的"部分特征",也是通过分析整体面貌,从中抽取出来的特征,这与人的指纹中提取具有唯一性的特征有相似之处。 图 9-18 为柴胡药材的气相色谱指纹图谱。

色谱条件:采用 HP-5 毛细管柱 (30 m ×0.32 mm);程序升温:初始温度 35℃,维持 2 分钟,以 1.0℃/min 的速率升至 40℃,维持 2 分钟,再以 1.0℃/min 的速率升至 60℃，最后以 7.0℃/min 的速率升至 200℃；进样口温度 230℃；检测器温度 260℃；分流比 15∶1；载气为氮气，燃气比例为：氢气-空气-氮气（1∶10∶1）。

测定方法：取收集的柴胡芳香水 1 ml 密封于顶空进样小瓶中，测定，记录 40 分钟的色谱图。

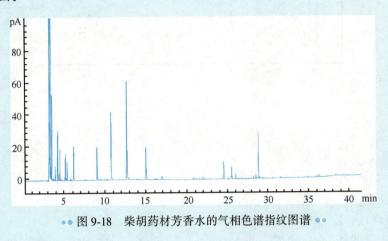

图 9-18　柴胡药材芳香水的气相色谱指纹图谱

（2）农药残留量测定

案例 9-5

色谱条件：SE-54 弹性石英毛细管柱（30 m × 0.32 mm，1.0 μm），程序升温：初始温度 140℃，以 10℃/min 升至 270℃，保持 5 分钟，再以 20℃/min 升至 290℃，保持 15 分钟；进样口温度 260℃；ECD 温度 320℃；载气为高纯氮气；流速 50 ml/min；进样量 1 μl。

混合对照品溶液的制备：精密称取 α-BHC、β-BHC、γ-BHC、δ-BHC、pp'-DDE、op'-DDT、pp'-DDD、pp'-DDT、甲氰菊酯、氯菊酯、S-氰戊菊酯、溴氰菊酯各 1 mg，分别于 25 ml 量瓶中，加正己烷溶解，定容。再分别精密吸取以上 12 种对照品溶液各 0.1 ml，置于 100 ml 量瓶中，加正己烷稀释至刻度，摇匀，制成 40 μg/ml 有机氯和拟除虫菊酯类农药的混合对照品溶液。

供试品溶液的制备：称取 50 g 充分混匀的样品，加 80 ml 丙酮浸泡过夜，于多功能搅拌机中搅碎，减压抽滤，滤液转入 500 ml 分液漏斗中，加 150 ml 2% $NaSO_4$ 溶液和 50 ml 石油醚，振摇萃取，无机相再分别用 30 ml 石油醚萃取 2 次，合并有机相于 250 ml 磨口瓶中，于 60~70℃ 水浴上旋转蒸发至约 2 ml，通过石油醚预淋的层析柱（层析柱由下至上：少许玻璃棉 + 2 cm 无水硫酸钠 + 4 cm 弗罗里硅土 + 2 cm 无水硫酸钠），再用 75 ml 石油醚分多次冲洗柱子，滤液收集于 250 ml 磨口烧瓶中，旋转蒸发至约 2 ml，再转入 10 ml 量瓶中，用石油醚定容至刻度，作为供试品溶液。

测定方法：分别精密吸取供试品溶液和混合对照品溶液 1 μl，注入气相色谱仪，以外标法定量。色谱结果如图 9-19 所示。

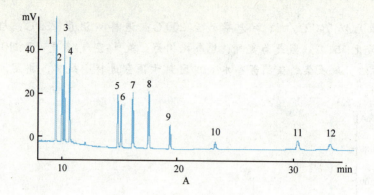

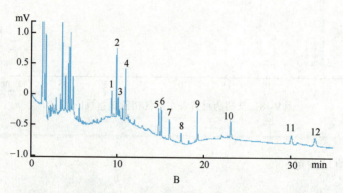

●● 图 9-19 蔬菜中残留的有机氯和拟除虫菊酯农药气相色谱图 ●●

A. 混合对照品；B. 加标样品

1. α-BHC；2. β-BHC；3. γ-BHC；4. δ-BHC；5. pp'-DDE；6. pp'-DDD；7. op'-DDT；8. pp'-DDT；9. 甲氰菊酯；10. 氯菊酯；11. S-氰戊菊酯；12. 溴氰菊酯

(3) 含量测定

案例 9-6

色谱条件：HP-5 毛细管色谱柱（30 m × 0.25 mm, 0.25 μm）；程序升温：初始温度 85℃，以 2℃/min 升至 95℃，再以 1℃/min 升至 110℃，最后以 8℃/min 升至 200℃，保持 2 分钟；进样口和 FID 温度：200℃；载气为氮气，流速 0.7 ml/min，分流比为 25∶1；氢气流速 40 ml/min；空气流速 400 ml/min；尾吹 30 ml/min。

内标溶液的制备：精密称取萘适量，置 25 ml 量瓶中，用乙酸乙酯溶解并稀释至刻度，制成质量浓度为 2.727 mg/ml 的溶液，摇匀，即得。

混合对照品溶液的制备：精密称取樟脑、冰片和薄荷脑对照品适量，置于同一 25 ml 量瓶中，加乙酸乙酯溶解并稀释至刻度，制成质量浓度分别为 8.184 mg/ml、9.702 mg/ml、8.764 mg/ml 的混合溶液，摇匀，即得。

校正因子的测定：精密吸取对照品溶液 8 ml，内标溶液 2 ml，置于 10 ml 量瓶中，摇匀，吸取 1 μl，注入气相色谱仪，计算校正因子。

样品测定:取本品1片,剪成适当大小,置圆底烧瓶中,加水100 ml,内标溶液2 ml。将挥发油测定器接妥,由上端加水10 ml,再加甲苯1 ml,连接冷凝管,加热回流提取3小时,放冷,将挥发油测定器中的液体转移至分液漏斗中,分取有机溶剂层,置10 ml量瓶中,以适量乙酸乙酯洗涤挥发油测定器及分液漏斗,洗涤液并入量瓶中,以乙酸乙酯稀释至刻度,摇匀,吸取1 μl,注入气相色谱仪,色谱结果如图9-20所示。

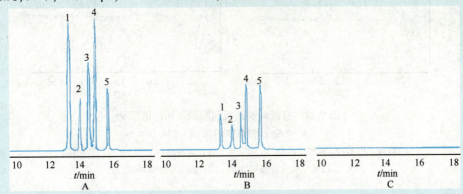

图9-20 透骨灵橡胶膏的气相色谱图
A. 混合对照品;B. 样品;C. 阴性样品
1. 樟脑;2. 异龙脑;3. 龙脑;4. 薄荷脑;5. 萘(内标物)

(二) 在医学中的应用

链 接　　尿中有机磷农药代谢产物的测定

有机磷农药是农业和园艺使用最广泛的杀虫剂和除草剂,是国内产量最大的农药品种,也是农药中毒和食品残留的主要种类。根据有机磷农药的化学和毒理学性质,可以通过生物监测来评价人体接触毒物的程度及可能产生的潜在健康影响。由于大多数有机磷农药在进入体内后能迅速分解破坏,代谢为一种或数种二烷基磷酸酯类化合物,通常在接触有机磷农药24~48小时后从尿中排出。因此测定尿中的有机磷农药代谢产物是一种评价有机磷农药接触的敏感方法,它可以特征性地揭示接触剂量,反映暴露途径和危害程度。邬春华等采用气相色谱法测定尿样中的有机磷农药代谢物,取得了令人满意的结果,色谱结果如图9-21所示。

色谱条件:DB-17石英毛细管色谱柱(30 m ×0.32 mm, 0.25 μm),程序升温:初始温度110℃,保持1分钟,以8℃/min的速率升至210℃,保持10分钟;进样口温度280℃,FPD温度300℃;载气为高纯氮气;进样量:1.0 μl。

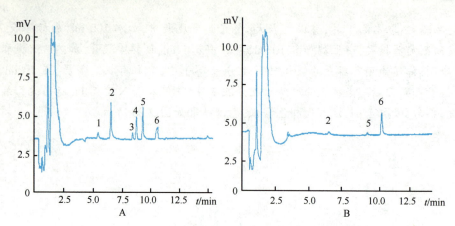

●● 图9-21 有机磷农药代谢物的气相色谱图 ●●
A. 含混合对照品的尿液;B. 尿样
1. 磷酸二甲酯;2. 磷酸二乙酯;3. 二甲基二硫代磷酸酯;4. 二乙基硫代磷酸酯;
5. 二乙基二硫代磷酸甲酯;6. 二丁基磷酸酯(内标物)

第5节 高效液相色谱法

一、概述

高效液相色谱法(HPLC)与经典液相色谱法相比,其优越性体现在"四高",即高速、高效、高灵敏度和高自动化四个方面。"高速"是指其分析速度比经典液相色谱法快数百倍,高效液相色谱法配备高压泵,流动相流速最高可达 10 ml/min。"高效"是指其分离效率远远高于经典液相色谱法。"高灵敏度"是由于现代高效液相色谱仪均配有高灵敏度检测器,使其分析灵敏度较经典液相色谱法高很多。"高自动化"是指高效液相色谱法的自动化程度较高,样品制备完成后,可采用自动进样装置进样,进行在线分析。

由于高效液相色谱法具有以上四大优点,故又将其称为高速液相色谱法或高压液相色谱法。

与气相色谱法相比,高效液相色谱法具有以下三个优点。

1. 分析对象范围广 气相色谱法的分析对象仅限于气体和沸点较低的化合物,而它们仅占有机物总数的 20% 左右。对于在有机物中所占比例较大,无法用气相色谱法进行检测的沸点高、热稳定性差、挥发性低、摩尔质量大的物质,目前主要采用高效液相色谱法进行分离和分析。

2. 流动相选择范围大 气相色谱法所用的流动相是"惰性"气体,它和组分之间没有相互作用力,仅起运载作用。而高效液相色谱法可选用不同极性的液体作为流动相,选择范围扩大,同时流动相对组分可产生一定的亲和力,能与固定相同时争夺组分,因此,流动相会影响分离效果。

3. 操作温度低 为了使待测物气化,气相色谱法一般都在较高温度下进行分析,而高效液相色谱法则无此限制,可以在室温下工作,操作条件比气相色谱法温和。

二、基本原理

高效液相色谱法的分离原理与经典液相色谱法是一致的,而其工作流程和柱效与气相色谱法类似,因此塔板理论、速率理论、保留值及分离度等基本理论和概念均可用于高效液相色谱法,所不同的是高效液相色谱法的流动相为液体,而气相色谱法的流动相为气体。由于液体与气体的性质不同,因此在应用这些基本理论时,必须充分考虑方法本身的特点。其中最重要的是 Van Deemter 方程式中各项动力学因素对高效液相色谱法中色谱峰展宽的影响,其影响既包括柱内因素,也包括柱外因素,这两种因素都会导致色谱峰展宽。下面分别介绍柱内展宽和柱外展宽。

(一) 柱内展宽

由色谱柱内的各种因素而引起的色谱峰扩展称为柱内展宽。根据气相色谱速率理论可知,Van Deemter 方程式概括了影响柱效的各种动力学因素,将此方程加以修正后即可用于高效液相色谱法。色谱过程中谱带展宽主要源于以下几种动力学因素。

1. 涡流扩散项(A)

$$A = 2\lambda d_p \tag{9-43}$$

式中,λ 为填充不规则因子,色谱柱内的填料填充越均匀,λ 越小。d_p 为固定相颗粒的平均直径。由于高效液相色谱法的固定相是高效填料,其颗粒直径 d_p 比气相色谱法更小,且多采用匀浆法填装,填充很均匀,λ 很小,因此 A 值较小。

2. 纵向扩散项 $\left(\dfrac{B}{u}\right)$ 当流动相分子携带组分在色谱柱内流动时,组分分子本身的运动所引起的纵向扩散同样也会引起色谱峰的扩展。其扩展的大小与纵向扩散系数 B 成正比,与流动相的线速度 u 成反比,而纵向扩散系数 B 与组分在流动相中的扩散系数 D_m 成正比。

$$B = 2\gamma D_m \tag{9-44}$$

式中,γ 为扩散障碍因子,D_m 为组分在流动相中的扩散系数。由于流动相为液体,黏度(η)比气相色谱法中的载气大很多,柱温多采用室温,而且为了节省分析时间,一般采用的流动相流速至少是最佳流速的 3~5 倍。这些因素都促使纵向扩散项 $\dfrac{B}{u}$ 降低,因此在高效液相色谱法中纵向扩散项对色谱峰扩展的影响可忽略不计。由于纵向扩散项 $\dfrac{B}{u}$ 可以忽略不计,则高效液相色谱法速率方程式为:

$$H = A + Cu \tag{9-45}$$

3. 传质阻力项(Cu) 由于组分分子在固定相与流动相之间传质缓慢而导致局部浓度不一致,从而引起色谱峰扩展。这种传质阻力(C)由固定相传质阻力(C_s)、流动相传质阻力(C_m)与静态流动相传质阻力(C_{sm})三部分组成,即 $C = C_s + C_m + C_{sm}$。

在高效液相色谱法中,由于通常都采用化学键合相,它的"固定液"是键合在载体表面的一层单分子层,因此固定液的传质阻力可以忽略,于是 $C = C_m + C_{sm}$。

综上所述,高效液相色谱法中的 Von Deemter 方程式应为:

$$H = A + (C_m + C_{sm})u \tag{9-46}$$

由式 9-46 可以看出,在高效液相色谱法中,影响柱效的主要因素是传质阻力,可以近似地认为塔板高度与流动相的流速成正比,为降低塔板高度,提高柱效,通常可采用以下四种方法:①使用颗粒直径较小的固定相(多采用 3~10 μm 的填料),可明显提高柱效;②降低流动相的黏度;③在一定范围内降低流动相的流速(多采用 1 ml/min),有利于减小塔板高度;④提高色谱柱装填技术,降低涡流扩散项 A,提高柱效。

(二) 柱外展宽

柱外展宽是指色谱柱外各种因素引起的色谱峰展宽。这里的柱外因素是指从进样阀到检测器之间(不包括色谱柱本身)的所有死体积,如连接管、进样器、接头及检测器等,都能导致色谱峰展宽。为了减少柱外展宽,应尽可能减小液相色谱仪中进样器、连接管和检测器的体积,并采用无接头连接管。

三、高效液相色谱法的分类

高效液相色谱法根据分离机制的不同,主要分为以下几种类型:液-液分配色谱法、液-固吸附色谱法和化学键合相色谱法。

(一) 液-液分配色谱法(liquid-liquid partition chromatography)

在液-液分配色谱法中,流动相和固定相均为液体,作为固定相的液体(固定液)是涂渍在粒度很小的惰性载体上,无论是极性和非极性化合物,水溶性和脂溶性化合物,还是离子型和非离子型化合物,都能采用此方法进行分离和分析。

1. 分离原理　液-液分配色谱法的分离原理与液-液萃取基本相同,都是根据物质在两种互不相溶的溶剂中溶解度的不同而进行分离的,即因分配系数不同而实现分离。不同的是液-液分配色谱法的分配是在色谱柱中进行的,因此这种分配平衡可反复多次进行,导致各组分的差速迁移,提高分离效率,从而能分离各种复杂组分。

2. 固定相　由于液-液分配色谱法中的流动相参与选择竞争,因此,对固定相的选择就显得相对简单一些,只需使用几种极性不同的固定液即可解决分离问题。常用的固定液有强极性的 β,β'-氧二丙腈、中等极性的聚乙二醇和非极性的角鲨烷等。

液-液分配色谱法的缺点是在使用过程中固定液不断流失,导致柱效也逐渐降低。为了更好地解决固定液在载体上流失的问题,化学键合固定相因此产生。它是将各种不同的有机基团通过化学反应键合到载体表面上的一种方法。它以化学键合方式替代了以往的固定液的机械涂渍,因此它的产生对液相色谱法的迅速发展起着非常重要的作用,可以认为它的出现是液相色谱法的一项重大突破。据初步统计,约有 3/4 以上的分离问题是在化学键合固定相上进行的。

3. 流动相　在液-液分配色谱法中,为了避免固定液的流失,流动相要尽可能不与固定相互溶,而且流动相与固定相的极性差别越大越好。根据所使用的流动相和固定相的相对极性大小,将其分为正相分配色谱法和反相分配色谱法。若流动相的极性小于固定相的极性,称为正相分配色谱法(normal phase chromatography)。它适用于分离极性化合物,组分的流出顺序为极性小的先出柱,极性大的后出柱。若流动相的极性大于固定相的极性,则称为反相分配色谱法(reversed phase chromatography)。它适用于非极性化合物的分离,组分的流出顺序与正相分配色谱法恰恰相反,极性大的先出柱,极性小的后出柱。

(二) 化学键合相色谱法(bonded phase chromatography)

以化学键合相为固定相的液相色谱法称为化学键合相色谱法,简称键合相色谱法。因为键合固定相非常稳定,在使用中不易流失,能用于梯度洗脱,特别适合分离容量因子 k 值范围分布较宽的样品。由于键合到载体表面的官能团可以是各种极性的,因此它可用于各种复杂样品的分离。

1. 键合固定相的类型　通常用硅胶来制备键合固定相的载体,利用硅胶表面的硅醇基(Si—OH)与有机分子之间成键,即可得到各种不同极性的固定相。一般可分为三类:

(1) 非极性键合相:该键合相表面键合的基团为非极性的烷基,如十八烷基、辛基、甲基和苯基等,其中十八烷基硅烷(octadecylsilane,ODS 或 C_{18})键合相是最常用的非极性键合相,主要用于反相键合相色谱法。

(2) 弱极性键合相:常用的有醚基和双羟基键合相,此类键合相可作为正相色谱法的固定相,也可作为反相色谱法的固定相。

(3) 极性键合相:该键合相表面键合的是极性较大的基团,如氰基(—CN)、氨基(—NH_2)等,常作为正相色谱法的固定相,但有时也用于反相色谱法中。

2. 键合相的性质和特点

(1) 键合相的表示方法:键合相通常用符号来表示,前面的字符表示载体,后面为键合的基团,如国产 YWG-$C_{18}H_{37}$ 为无定形硅胶 YWG 上键合了十八硅烷基。

(2) 含碳量和覆盖度:键合相表面基团的键合量,可通过对键合硅胶进行元素分析,以碳的百分含量来表示。例如,十八烷基硅烷键合相的含碳量通常在 5%~40% 的范围内。含碳量不同,ODS 的极性不同,载样量也有差别。基团的键合量也可用表面覆盖度来表示,即参加反应的硅醇基数目占硅胶表面硅醇基总数的比例。

(3) 键合相的特点:①化学稳定性高,通常在 pH2~7.5 的溶液中不变质;②使用过程中固定相不流失,色谱柱使用寿命长;③均匀性和重现性好;④柱效高,分离选择性好;⑤可用于梯度洗脱;⑥载样量大,比硅胶大约高 10 倍;⑦热稳定性好,一般在 70℃ 以下不变性。

需要注意的是:不同厂家、不同批号的同一种类型的键合相可能会表现出不同的色谱特性。

3. 化学键合相色谱法的分类

(1) 反相键合相色谱法:此法的固定相是采用非极性的键合固定相,如十八烷基硅烷键合相、苯基硅烷键合相等;流动相采用极性较强的溶剂,如甲醇、乙腈、水和无机盐的缓冲溶液等,主要用于分离多环芳烃等低极性化合物;如果采用不同配比的甲醇或乙腈的水溶液为流动相,也可用于分离极性化合物;如果采用水和无机盐的缓冲溶液为流动相,则可分离一些易解离的样品,如有机酸、有机碱和酚类化合物等。反相键合相色谱法具有柱效高、色谱峰对称性好的优点。

(2) 正相键合相色谱法:此法是以极性的有机基团,如氰基、氨基、双羟基等键合在硅胶表面作为固定相;而在非极性或极性小的溶剂(如烃类)中加入适量的极性溶剂(如醇、乙腈、氯仿等)作为流动相,用于分离极性化合物。此时,组分的容量因子 k 值随固定相极性的增加而增大,但随流动相极性的增加而减小。

正相键合相色谱法主要用于分离异构体或极性不同的化合物,特别适用于分离不同类型的化合物。

(3) 离子交换键合相色谱法:当以薄壳型或全多孔微粒型硅胶为基质,采用化学方法键合各种离子交换基团,如—SO_3H、—CH_2NH_2、—COOH、—$R_3\overset{+}{N}Cl$ 等时,就形成了离子交换键合相色谱法的固定相；流动相一般采用缓冲溶液，其分离原理与离子交换色谱法类似。

综上所述，键合相色谱法的最大优点是：通过改变流动相的组成和种类，可有效地分离各种类型化合物（非极性、极性和离子型）。此外，由于键合到载体上的化学基团不易流失，因此特别适用于梯度洗脱。据统计，在高效液相色谱法中，约有80%的分离问题是采用键合相色谱法来实现的。此法的最大缺点是不能用酸性或碱性过强或含有氧化剂的缓冲溶液作为流动相。在实际应用过程中可参考表9-2，根据样品的极性来选择化学键合固定相。

表 9-2　化学键合固定相的选择

样品性质	键合基团	流动相	色谱类型	样品实例
弱极性可溶于烃类	—C_{18}	甲醇-水	反相	多环芳烃、三酰甘油、类脂、脂溶性维生素、甾体化合物、氢醌
中等极性可溶于醇	—CH —NH_2 —C_{18} —C_8 —CN	乙腈、正己烷 氯仿、异丙醇 甲醇、水、乙腈	正相 反相	脂溶性维生素、甾体化合物、芳香醇、胺、油脂、有机氯农药、苯二甲酸 甾体化合物、可溶于醇的天然产物、维生素、芳香酸、黄嘌呤
强极性可溶于水	—C_8 —CN —C_{18} —SO_3H —NR_3Cl	甲醇、乙腈、水、缓冲溶液 水、甲醇、乙腈 水、缓冲溶液 磷酸盐缓冲液	反相 反相离子对 阳离子交换 阴离子交换	水溶性维生素、有机胺、芳醇、抗生素、止痛药 酸、磺酸类染料、儿茶酚胺 无机阳离子、氨基酸 核苷酸、糖、无机阴离子、有机酸

（三）液-固吸附色谱法（liquid – solid adsorption chromatography）

液-固吸附色谱法是以固体吸附剂作为固定相，吸附剂一般为多孔性颗粒物质，在它们的表面存在吸附中心。液-固吸附色谱法实质上就是根据物质在固定相上的吸附能力不同来进行分离的。

1. 分离原理　当流动相流经固定相（吸附剂）时，吸附剂表面的活性中心就要吸附流动相分子。同时，当试样分子（X）被流动相携带进入色谱柱时，只要它们在固定相上有一定程度的保留，就会置换出大量的已被固定相吸附的流动相分子（S）。于是，在固定相表面发生竞争性吸附：

$$X + n\,S_{ad} \rightleftharpoons X_{ad} + n\,S$$

其中 S_{ad} 和 X_{ad} 分别表示被固定相吸附的流动相分子和试样分子，达到平衡时，有：

$$K_{ad} = \frac{[X_{ad}][S]^n}{[X][S_{ad}]^n} \tag{9-47}$$

式中，K_{ad} 为吸附平衡常数，K_{ad} 值越大，表示组分在吸附剂上保留越强，难以洗脱。K_{ad} 值越小则保留越弱，容易洗脱。试样中的各组分若 K_{ad} 值不相同，则可实现分离。

2. 固定相　吸附色谱法所采用的固定相大多数都是一些吸附活性强弱不等的吸附剂，如氧化铝、硅胶、聚酰胺等。由于硅胶具有容量高、不溶胀、机械性能好、与大多数试样不发生化学反应等优点，因此应用最广泛。但硅胶遇水容易失去吸附活性，若硅胶含水量超过某一限度时则完全失活，此时则变成分配色谱，因此在使用硅胶进行吸附色谱分析时，必须使用不含水的流动相。

在高效液相色谱法中,表面多孔型和全多孔型吸附剂都可用作吸附色谱法的固定相,因为它们均具有填料均匀、粒度小、孔穴浅的优点,能显著提高柱效。但表面多孔型吸附剂由于试样容量小,不如全多孔型吸附剂使用范围广。

3. 流动相　对于以硅胶为吸附剂的液-固吸附色谱法来说,改变溶剂即可得到在适宜范围内的 k 值,并使分离选择性得到改善。通常把吸附色谱法中的流动相称作洗脱剂,对极性大的试样往往采用强极性洗脱剂,对极性小的试样宜选用弱极性洗脱剂。洗脱剂的极性强弱可用溶剂强度参数 ε° 来衡量。ε° 越大,表示洗脱剂的极性越强。表 9-3 列出一些常用溶剂在硅胶吸附剂中的 ε° 值。溶剂在氧化铝吸附剂中 ε° 值的大小顺序相同,数值可换算($\varepsilon^\circ_{硅胶} = 0.77 \times \varepsilon^\circ_{氧化铝}$)。

表 9-3　常用溶剂的溶剂强度参数

溶剂	ε°	溶剂	ε°	溶剂	ε°
己烷	0.00	二氯甲烷	0.32	乙腈	0.50
异辛烷	0.01	四氢呋喃	0.35	异丙醇	0.63
四氯化碳	0.11	乙醚	0.38	甲醇	0.73
四氯丙烷	0.22	乙酸乙酯	0.38	水	20.73
三氯甲烷	0.26	二噁烷	0.49	乙酸	20.73

在液-固吸附色谱法中,二元以上的混合溶剂系统常常比纯溶剂使用更广泛,这是因为使用混合溶剂系统能使溶剂强度随溶液组成的变化而连续变化,这样就能找到溶剂强度适宜的溶剂系统,而且混合溶剂系统可以保持溶剂的低黏度,提高选择性,从而降低柱压、提高柱效,并改善分离效果。

四、高效液相色谱法的流动相和洗脱方式

(一) 流动相

在气相色谱法中,可供选择的流动相(载气)只有少数几种,它们的性质差别不大,所以若想提高色谱柱的选择性,主要是通过改变固定相的种类来实现。而在液相色谱法中,可供选择的流动相(溶剂)有几十种,流动相的种类和比例能显著影响分离效果,因此流动相的选择就显得至关重要。

1. 对流动相的基本要求

(1) 对样品有一定的溶解性,使组分的 k 在 1~10,且不与样品和固定相发生化学反应。

(2) 纯度要高,最好使用色谱纯,如果没有色谱纯试剂,也可用分析纯试剂代替。

(3) 在液-液色谱法中,流动相应与固定相不互溶,否则会造成固定液流失,使色谱柱的保留特性发生改变。

(4) 黏度要尽可能小,这样可减小传质阻力,提高柱效。

(5) 应与检测器匹配,不妨碍检测器对样品的检测。例如,采用紫外检测器时,不能使用对紫外光有吸收的溶剂。

(6) 化学惰性好,沸点适宜,安全、低毒。

2. 流动相的选择　高效液相色谱法中,流动相的选择虽然有一些通用指导原则,但主要通过实践经验来确定。很显然,溶剂的极性是重要的依据,因此必须了解溶剂的极性顺

序。常用溶剂的极性顺序排列如下：

水（极性最大）>甲酰胺>乙腈>甲醇>乙醇>丙醇>丙酮>二氧六环>四氢呋喃>甲乙酮>乙酸乙酯>乙醚>异丙醚>二氯甲烷>三氯甲烷>溴乙烷>苯>氯丙烷>甲苯>四氯化碳>二硫化碳>环己烷>乙烷>庚烷>煤油

在正相色谱法中，可根据溶剂的极性强度参数选择溶剂，先选中等极性溶剂作流动相，若保留时间太短，表示溶剂的极性太大，再改用弱极性溶剂；若组分保留时间太长，则选择极性处于上述两种物质之间的溶剂作流动相。这样通过快速试差法，经过实践摸索，就可找到强度最适宜的溶剂。在反相色谱法中，一般以水为基础溶剂，再加入一定量的可与水互溶的有机溶剂作调节剂，常用的有机溶剂有甲醇、乙腈、二氧六环和四氢呋喃等。如果样品比较复杂，则需采用梯度洗脱方式，即在整个分离过程中，溶剂强度按一定程序连续变化，使不同极性的样品组分在最适宜的 k 值下得到最佳分离。

（二）洗脱方式

1. 恒组成溶剂洗脱（isocratic elusion）或等强度洗脱 是指使用恒定比例的溶剂系统作为流动相进行洗脱，它是最常用的色谱洗脱方式，具有方法简便、基线稳定、色谱柱易再生等优点，但对于成分复杂的样品，往往不能达到理想的分离效果，此时需采用梯度洗脱程序进行洗脱。

2. 梯度洗脱（gradient elusion） 又称为梯度淋洗或程序洗脱。所谓梯度洗脱，是指在分离过程中流动相的组成或流速随时间的改变而改变。通过连续改变色谱柱中流动相的极性、离子强度或 pH 等因素，使被测组分的相对保留值发生改变，从而提高分离效率。梯度洗脱按改变的因素不同可分为两种，即流速梯度和组成梯度。流速梯度是指在洗脱过程中流动相的流速随时间的改变而改变。组成梯度是指在分离过程中流动相的组成随时间的变化而变化，具体可分为极性梯度、离子强度梯度和 pH 梯度三种。

梯度洗脱可实现复杂样品的分离，改善峰形，减少拖尾并缩短分析时间。由于它能使色谱峰变锐，很容易检出微量组分，因而提高了检测灵敏度。此外，由于滞留组分全部流出色谱柱，避免色谱柱污染，使柱效稳定，延长色谱柱的使用寿命。当梯度洗脱完成后，更换流动相时，要注意流动相的极性与色谱柱的平衡时间，由于不同溶剂的紫外吸收程度存在差异，因此会导致基线漂移，且重现性较差。

▶▶ 五、高效液相色谱仪

高效液相色谱仪的结构如图 9-22 所示，一般可分为四个主要部分：高压输液系统、进样系统、分离系统和检测系统，此外还配有辅助系统。高压泵将流动相泵入色谱系统中，组分通过进样阀注入定量环中，流动相携带组分进入色谱柱进行分离，分离后依先后顺序进入检测器，然后从检测器的出口流出，同时记录仪将检测器输出的信号记录下来，由此得到液相色谱图。

（一）输液系统

1. 高压输液泵 由于高效液相色谱法所用的固定相颗粒极细，因此对流动相阻力很大，为了加快流动相的流速，缩短分析时间，必须配备高压输液泵，它是高效液相色谱仪的核心部件。性能优良的高压输液泵应符合密封性好、流量恒定、压力平稳、可调范围宽、耐腐蚀，便于迅速更换流动相等要求。常用的输液泵根据输出液体的情况可分为恒压泵和恒

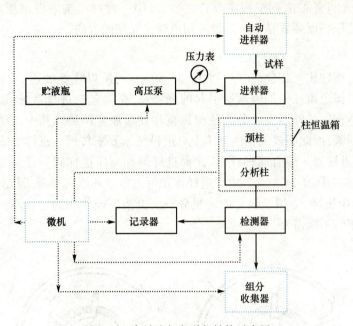

图 9-22 高效液相色谱仪结构示意图

流泵两种。恒流泵在一定操作条件下,无论色谱系统的阻力如何变化,流量始终保持恒定,目前恒流泵已经完全取代恒压泵。恒流泵分为螺旋泵和往复泵两种,应用最多的是柱塞往复泵,结构如图 9-23 所示。

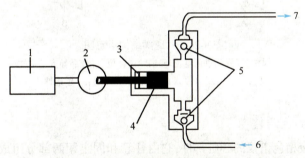

图 9-23 柱塞往复泵示意图
1. 电动机;2. 偏心轮;3. 密封垫圈;4. 宝石柱塞;5. 球形单向阀;6. 流动相入口;7. 流动相出口

柱塞往复泵的液缸容积小,可达到 0.1 ml,因此易于清洗和更换流动相,特别适用于梯度洗脱和再循环,但其输液的脉动性较大,目前多采用双泵补偿法来克服脉动性,按双泵的连接方式不同可分为并联式和串联式两种,目前高效液相色谱仪通常采用串联泵。

为了延长泵的使用寿命和维持其输液的稳定性,操作时应注意以下问题:①防止任何固体颗粒进入泵体;②流动相中应不含任何腐蚀性物质;③泵运转时要防止溶剂瓶内的流动相用尽;④不要超过泵的最高压力,否则会使高压密封圈变形,产生漏液,可以在控制系统中设置一个保护压力(略低于泵的最高压力);⑤流动相使用前必须脱气。

2. 梯度洗脱装置 通常有两种实现梯度洗脱的装置,即高压梯度和低压梯度。高压梯度装置是由两台高压输液泵将溶剂增压后,送入梯度混合室进行混合,混合后再送入色谱柱,程序控制每台泵的输出量就能获得各种形式的梯度曲线。低压梯度装置是在常压下通过一个比例阀,先将各种溶剂按程序混合,然后再用一台高压输液泵增压后送入色谱柱。多溶剂、单泵、低压梯度装置是目前高效液相色谱仪发展的方向。

(二) 进样系统

高效液相色谱柱比气相色谱柱短得多(5～30 cm),所以柱外展宽(又称柱效应)较突出。柱外展宽是指色谱柱外的因素所引起的峰展宽,主要包括进样系统、连接管道及检测器中存在的死体积。柱外展宽可分为柱前展宽和柱后展宽两种。其中进样系统是导致柱前展宽的主要因素,因此高效液相色谱法中对进样技术要求较严。进样器安装在色谱柱的进口处,常用的进样器一般有两种:隔膜注射进样器和高压进样阀。目前多采用六通阀进样,六通阀的结构如图9-24所示。由于进样体积可由定量环严格控制,因此进样准确、重复性好,而且可带压进样,适用于组分的定量分析。更换不同体积的定量环,可调整进样量,以满足分析工作的不同需要。

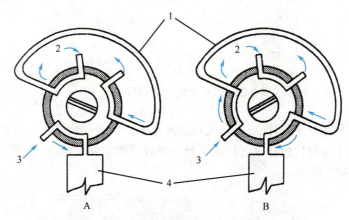

•• 图9-24 六通阀结构示意图 ••
A. 载样位置(样品进入定量环);B. 进样位置(样品导入色谱柱)
1. 定量环;2. 样品入口;3. 流动相入口;4. 色谱柱

(三) 分离系统-色谱柱

色谱柱是高效液相色谱仪的心脏部件,它由柱管和固定相两部分组成。柱管的材料有玻璃、不锈钢、铜、铝及内衬光滑聚合材料的其他金属。由于玻璃管耐压有限,故不锈钢金属管使用较广泛,内壁通常具有很高的光洁度。一般分析型色谱柱长5～30 cm,内径为4～5 mm。为了提高分离效果,通常在分析柱前连接一个预柱(guard column),预柱内的填料和分析柱完全相同,这样流动相在经过预柱时即被其中的固定相所饱和,使它在流经分析柱时不再洗脱其中的固定相,保证分析柱的性能不受影响。

色谱柱内填料的装填质量对柱效影响很大,对于细粒度的填料(<20 μm)一般采用匀浆填充法装柱。色谱柱装好后,连接到色谱仪上,通入流动相,待基线平稳后,即可进行柱效检查。

为了延长色谱柱的使用寿命,在使用时应注意以下事项:
(1) 避免压力、温度过高或发生急剧变化;
(2) 应使用适宜的流动相;
(3) 应使用预柱,并且用强极性溶剂清除色谱柱中的杂质;

(4) 一般情况下不能将色谱柱反冲；

(5) 色谱柱用完后，要保存在适宜的溶剂中。

（四）检测系统

高效液相色谱法中所用的检测器与气相色谱法中的检测器一样，是反映色谱过程中组分浓度变化的部件，必须具有灵敏度高、噪声低、线性范围宽、重复性好、适用范围广等特点。

液相色谱法中的检测器按其使用范围不同可大致分为两类。一类是专属型检测器，它只能检测某些组分的某一种性质，属于这种类型的检测器有紫外、荧光检测器等，它们只对有紫外吸收或荧光发射的组分有响应。另一类是通用型检测器，它检测的是一般物质均具有的性质，属于这种类型的检测器有示差折光、蒸发光散射检测器等。现将常用的检测器进行简单介绍：

1. 紫外检测器（ultraviolet detector，UV 或 UVD） 是高效液相色谱法中应用最广泛的一类检测器，它适用于对紫外光（或可见光）有吸收的样品的检测。据统计，在采用高效液相色谱法进行分离分析的样品中，约有80%可以使用这种检测器，它分为固定波长型和可调波长型两类。固定波长型紫外检测器的可用波长很少，因此目前已很少使用。可调波长型紫外检测器通常采用氘灯作为光源，能够根据分析需要选择组分的最大吸收波长作为测定波长，从而提高检测灵敏度。紫外检测器的灵敏度高，噪声低，线性范围宽，对流速和温度的波动不敏感，且通用性较好，因此也可用于制备色谱。但它只能检测有紫外吸收的物质，而且要求流动相的截止波长应小于检测波长。

2. 荧光检测器（flurescence detector，FD） 是利用某些试样或其衍生物能发射荧光的特性进行检测的。许多有机化合物具有天然荧光，其中带有芳香基团的化合物荧光活性很强，因此可以采用荧光检测器直接进行检测，如维生素、生物胺和甾体化合物等；通过荧光衍生化可以使本来没有荧光的化合物转变成荧光衍生物，从而扩大了荧光检测器的使用范围，如氨基酸的检测。

3. 示差折光检测器（refractive index detector，RID） 按其工作原理，可分为偏转式和反射式两种。它是利用组分与流动相的折射率之差进行检测。几乎所有物质都有各自不同的折射率，因此示差折光检测器是一种通用型检测器，其灵敏度可达 10^{-7} g/ml，对糖类的检测限可达 10^{-8} g/ml，但是它对多数物质的灵敏度较低，而且对温度变化敏感，不能用于梯度洗脱。

4. 蒸发光散射检测器（evaporative light scattering detector，ELSD） 是20世纪90年代出现的通用型检测器，适用于挥发性低于流动相的组分，主要用于检测糖、高级脂肪酸、磷脂、维生素、氨基酸和甾体化合物等。它对各种物质的响应几乎相同，但是其灵敏度比较低，尤其是对有紫外吸收的组分。此外选择的流动相必须是挥发性的，而且不能含有缓冲盐，因为盐不挥发，形成的本底较高，影响检测灵敏度。

5. 光电二极管阵列检测器（photodiode array detector，PDAD 或 diode array detector，DAD） 是20世纪80年代出现的一种光学多通道检测器。其结构是在晶体硅上紧密排列一系列光电二极管，当光照射到晶体硅上时，二极管输出的电信号强度与光强度成正比。每个二极管相当于一个单色仪的出口狭缝。二极管越多，分辨率越高。一般是一个光电二极管对应接受光谱上约1 nm谱带宽的单色光。例如，Agilent 1100高效液相色谱仪的光电二极管阵列检测器的波长范围是200~900 nm，有1024个光电二极管，平均0.7 nm对应一个光电二极管。

光电二极管阵列检测器与二极管阵列分光光度计相似，只是以流通池代替了吸收池。

其工作原理是复光通过流通池被组分选择性吸收后进入光栅,分光后照射到二极管阵列装置上,可获得各波长单色光的电信号强度,即获得组分的吸收光谱。经过计算机处理,将每个组分的吸收光谱和试样的色谱图结合在一张三维坐标图上,而获得三维光谱-色谱图,如图 9-25 所示。吸收光谱用于组分的定性分析,色谱峰面积用于定量分析。

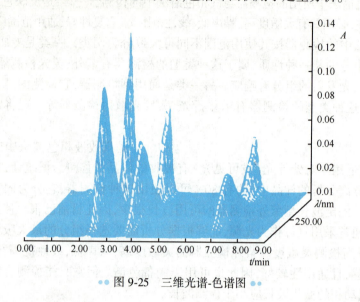

图 9-25　三维光谱-色谱图

(五) 附属系统

附属系统包括在线脱气、恒温、自动进样、流出组分收集及数据处理等装置。

六、应用示例

(一) 分离方法的选择

高效液相色谱法中的每种分离方法各有其自身特点和应用范围,哪种方法都不是万能的,它们往往是相辅相成的。测定样品时应根据分离分析目的、试样的性质和数量及现有设备条件等因素来选择最适宜的方法。一般可根据试样的相对分子质量、溶解度及分子结构等情况初步选择分离方法。下面分别从这三个方面简要介绍分离方法的选择。

1. 根据相对分子质量选择　相对分子质量较低的样品,其挥发性好,适用于气相色谱法。常规液相色谱法(液-固、液-液及离子交换色谱法)最适合的相对分子质量范围是 200~2000。对于相对分子质量大于 2000 的样品,则以分子排阻色谱法为最佳。

2. 根据溶解度选择　测定前有必要了解样品在水、异辛烷、苯、四氯化碳和异丙醇中的溶解性。如果样品可溶于水并且能够解离,以采用离子交换色谱法为佳;若样品可溶于烃类(如苯或异辛烷),则可采用液-固吸附色谱法;如果样品可溶于四氯化碳,则多采用常规的分配或吸附色谱法分离;若样品既溶于水又溶于异丙醇时,则采用液-液分配色谱法进行分离,以水和异丙醇的混合液为流动相,以疏水性化合物为固定相。

3. 根据分子结构选择　首先采用红外光谱法判断样品中存在哪些官能团,然后再确定采用什么方法最合适。例如,酸、碱化合物常采用离子交换色谱法;脂肪族或芳香族化合物采用液-液分配色谱法或液-固吸附色谱法;同分异构体通常采用液-固吸附色谱法;同系物、官能团不同及能形成氢键的化合物则采用液-液分配色谱法。

分离方法的选择可参照图9-26进行。

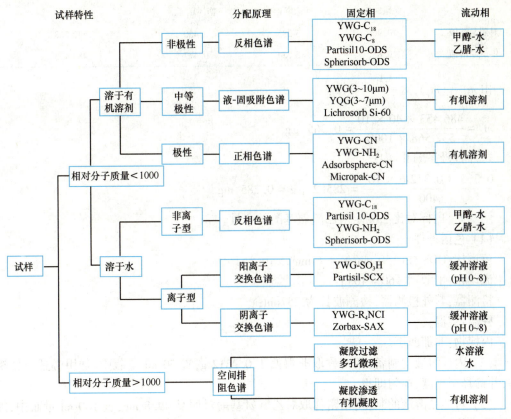

• • 图9-26 HPLC分离方法选择示意图 • •

(二) 应用示例

高效液相色谱法主要用于有机化合物的分离、鉴定及定量分析。现举例如下：

例9-3 复方丹参片主要由丹参、冰片和三七制成，采用外标法定量计算。《中国药典》2010年版规定每片含丹参以丹参酮II_A计不得少于0.20 mg。

(1) 色谱条件：岛津 LC-10AT 泵；浙大 N2000 色谱工作站。

色谱柱：十八烷基硅烷键合硅胶为填充剂；理论塔板数按丹参酮II_A峰计算应不低于2000。

流动相：甲醇-水(73∶27)；

检测器：SPD-10A 检测器，检测波长为 270 nm。

(2) 对照品溶液的制备：精密称取丹参酮II_A对照品 10 mg，置 50 ml 棕色量瓶中，用甲醇溶解并稀释至刻度，摇匀，精密量取 5 ml，置 25 ml 棕色量瓶中，加甲醇稀释至刻度，摇匀，即得(每 1 ml 含丹参酮II_A 40 μg)。

(3) 供试品溶液的制备：取本品 10 片，糖衣片除去糖衣，精密称定，平均片重为 0.3126 g。研细，取 1 g，精密称定，精密加入甲醇 25 ml，称定质量，超声处理 15 分钟，放冷，再称定质量，用甲醇补足减失的质量，摇匀，滤过，取续滤液，即得。

(4) 测定：分别精密吸取对照品溶液和供试品溶液各 10 μl，注入液相色谱仪(相当于对照品 0.4 μg、供试品 400 μg)测定，即得。

(5) 数据记录与计算

	保留时间	理论塔板数	拖尾因子	峰面积
对照品溶液	10.965	5 285	0.400	532 568
供试品溶液	10.832	5 734	0.477	486 453

由 $m_i = (m_i)_s \times \dfrac{A_i}{(A_i)_s}$ 可得：

$$m_i = \frac{486\,453 \times 40 \times 10}{532\,568 \times 1000} = 0.365 \ \mu g$$

每片含丹参酮 II_A 为：

$$\frac{0.365 \times 0.312\,6 \times 10^6}{400} = 285.2 \ \mu g = 0.285 \ mg$$

例 9-4 内标对比法测定对乙酰氨基酚的含量。

(1) 色谱条件

色谱柱：ODS 柱(150 mm × 4.6 mm, 5 μm)；

流动相：甲醇-水(60∶40)；

检测器：紫外检测器，检测波长为 257nm；

柱温：室温；

内标物：非那西丁。

(2) 内标溶液的制备：精密称取非那西丁 0.2512 g，置 50 ml 量瓶中，加甲醇适量使溶解，并稀释至刻度，摇匀即得。

(3) 对照品溶液的制备：精密称取对乙酰氨基酚对照品 49.8 mg，置 100 ml 量瓶中，加甲醇适量使溶解，再精密加入内标溶液 10 ml，用甲醇稀释至刻度，摇匀；精密吸取 1 ml，置 50 ml 量瓶中，用流动相稀释至刻度，摇匀即得。

(4) 供试品溶液的制备：精密称取本品 49.9 mg，置 100 ml 量瓶中，加甲醇适量使溶解，再精密加入内标溶液 10 ml，用甲醇稀释至刻度，摇匀；精密吸取 1 ml，置 50 ml 量瓶中，用流动相稀释至刻度，摇匀即得。

(5) 测定：用微量注射器吸取对照品溶液，进样 20 μl，记录色谱图，重复 3 次。同法测定供试品溶液，记录色谱图，重复 3 次。

(6) 数据记录

	参数	1	2	3	平均值
对照品溶液	A_i	10 596	10 604	10 589	
	A_{is}	9 976	9 980	9 975	
	A_i/A_{is}	1.062	1.063	1.062	1.062
供试品溶液	A_i	9 987	9 983	9 976	
	A_{is}	9 980	9 979	9 972	
	A_i/A_{is}	1.001	1.000	1.000	1.000

(7) 结果计算：按下式计算对乙酰氨基酚的百分含量。

$$\omega(\%) = \frac{(A_i/A_{is})_{供试品}}{(A_i/A_{is})_{对照品}} \times \frac{m_{i\,对照品}}{m_{供试品}} \times 100\% = \frac{1.000}{1.062} \times \frac{49.8}{49.9} \times 100\% = 93.97\%$$

第九章 色谱分析法

小 结

一、色谱法的基本概念

（一）色谱流出曲线与色谱峰

1. 样品在流动相的携带下通过色谱柱，流经检测器，所形成的浓度信号（通常被转化为电信号）随洗脱时间而绘制的曲线，称为色谱流出曲线，即浓度-时间曲线。

2. 只有流动相通过检测器或因样品浓度太低无法被检测器检出时，所得到的流出曲线为基线。

3. 色谱流出曲线上的凸起部分称为色谱峰。

（二）定性参数

1. 从进样开始至某个组分的色谱峰顶的时间间隔称为保留时间，通常用 t_R 表示。

2. 不被固定相吸附或溶解的组分的保留时间称为死时间，通常用 t_0 或 t_m 表示。

3. 某组分由于被固定相溶解或吸附，而比不溶解或不被吸附的组分在柱中多停留的时间称为调整保留时间，通常用 t'_R 表示。它与保留时间之间的关系如下：

$$t'_R = t_R - t_0$$

4. 保留体积又称洗脱体积，当流动相携带样品进入色谱柱，由进样开始至某个组分在柱后出现极大值时，通过色谱柱的流动相体积。保留体积与保留时间的关系如下：

$$V_R = t_R \cdot F_m$$

5. 色谱仪中由进样器至检测器出口未被固定相占据的空间为死体积。

6. 两种物质的调整保留值之比称为相对保留值，以 $r_{2,1}$ 表示，它的数学表达式如下：

$$r_{2,1} = \frac{t'_{R_2}}{t'_{R_1}} = \frac{V'_{R_2}}{V'_{R_1}} = \frac{K_2}{K_1}$$

7. 气相色谱法中常以正构烷烃系列作为组分相对保留值的标准，即用两个保留时间紧邻待测组分的基准物质来确定组分的保留，这个相对值称为保留指数。

（三）柱效参数

1. 正态色谱流出曲线上两拐点间距离的一半为标准偏差，通常以 σ 来表示。

2. 峰高一半处的峰宽为半峰宽，也曾称为半高峰宽，常用 $W_{1/2}$ 表示，它与标准偏差的关系为：

$$W_{1/2} = 2.355\sigma$$

3. 通过色谱峰两侧拐点做切线，在基线上截得的距离为峰宽，常用 W 表示，它与标准偏差和半峰宽的关系为：

$$W = 1.669 W_{1/2} = 4\sigma$$

4. 常用 n 表示理论塔板数，它与标准偏差（半峰宽或峰宽）和保留时间的关系如下：

$$n = \left(\frac{t_R}{\sigma}\right)^2 = 16 \times \left(\frac{t_R}{W}\right)^2 = 5.54 \times \left(\frac{t_R}{W_{1/2}}\right)^2$$

5. 理论塔板高度（height equivalent to a theoretical plate）

$$H = \frac{L}{n}$$

（四）定量参数

1. 峰高是指组分在柱后出现浓度极大值时的检测信号，即色谱峰顶至基线的距离，通常用 h 表示。

2. 峰面积是指某色谱峰曲线与基线间所包围的面积，通常用 A 表示。

（五）分离参数

分离度（resolution）是相邻两组分的色谱峰保留时间之差与两色谱峰峰宽的平均值之比，常用 R 表示，其计算公式如下：

$$R = \frac{t_{R_2} - t_{R_1}}{(W_1 + W_2)/2} = \frac{2 \times (t_{R_2} - t_{R_1})}{W_1 + W_2}$$

（六）相平衡参数

1. 在一定温度和压力下，达到分配平衡时，组分在固定相与流动相中的浓度之比，称为分配系数（partition coefficient），常用 K 表示，其数学表达式为：

$$K = \frac{c_s}{c_m}$$

2. 在一定温度和压力下，达到分配平衡时，组分在固定相和流动相中的质量之比，称为保留因子（retention factor），又称质量分配系数（mass partition coefficient）或分配比（partition ratio），也曾称为容量因子（capacity factor），常用 k 表示，其数学表达式如下：

$$k = \frac{m_s}{m_m}$$

二、色谱法的基本理论

1. 塔板理论的基本假设可归纳为以下四点：

（1）色谱柱中存在塔板，样品中的某组分在色谱柱内一小段长度，即一个塔板高度 H 内，可以很快达到分配平衡。

（2）样品的各组分都加在第一块塔板上，且样品在柱内的纵向扩散可以忽略。

（3）流动相不是连续地而是间歇式地进入色谱柱，且每次只能进入一个塔板体积。

（4）各组分的分配系数在所有塔板上是常数，与组分在塔板上的量无关。

2. 速率理论的方程式：$H = A + B/u + Cu$

三、薄层色谱法

1. 吸附薄层色谱法是以吸附剂为固定相的薄层色谱法。
2. 分配薄层色谱法是以液体为固定相的薄层色谱法。
3. 薄层色谱法的基本操作：制板、点样、预饱和、展开、斑点定位、定性和定量分析。

四、气相色谱法

1. 是以气体为流动相的色谱方法，主要用于分离分析易挥发的物质。
2. 定量分析方法：①归一化法；②外标法；③内标法；④标准溶液加入法。

五、高效液相色谱法

高效液相色谱法是以液体为流动相的色谱方法，主要以化学键合相色谱法为主。

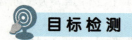

目标检测

一、选择题

1. 在高效液相色谱法中，Van Deemter 方程式中的哪一项对柱效的影响可以忽略不计（　　）
   A. 纵向扩散项　　B. 流动相传质阻力
   C. 涡流扩散项　　D. 静态流动相传质阻力

2. 一般而言，流动相的选择对分离基本无影响的是（　　）
   A. 液-液分配色谱法　B. 液-固吸附色谱法
   C. 分子排阻色谱法　D. 离子交换色谱法

3. 在 10 cm 的色谱柱上两组分的分离度为 0.95，若要使两者完全分离，色谱柱至少应为（　　）
   A. 20 cm　　B. 30 cm

   C. 15 cm　　D. 25 cm

4. 在反相液-液分配色谱法中，选择固定相、流动相的极性与分离组分的性质相适应的是（　　）
   A. 极性、弱极性、弱极性至中等极性
   B. 非极性、极性、离子化合物
   C. 极性、弱极性、强极性
   D. 非极性、极性、弱极性至中等极性

5. 以硅胶为固定相的液-固色谱法，分离以下组分时最后流出的是（　　）
   A. 邻羟基苯胺　　B. 苯酚
   C. 对羟基苯胺　　D. 苯胺

二、填空题

1. 在反相键合相色谱法中固定相的极性_____流动相的极性,常用_____作固定相,以_____作为流动相。
2. 液相色谱法中常使用的专属型检测器是_____检测器。
3. 在反相键合相色谱法中,若增加流动相的极性,则其洗脱能力会_____。
4. 欲测定一种有机弱酸($pK_a = 10$),可选用_____色谱法进行检测。
5. 可用于正相键合相色谱法的固定相有_____和_____。

三、简答题

1. 什么是化学键合相色谱法?与液-液分配色谱法相比有何特点?
2. 何谓梯度洗脱?它与气相色谱法中的程序升温有何异同?
3. 什么是反相色谱法?从固定相、流动相、被分离组分流出顺序、流动相极性对洗脱能力的影响等几方面比较正相色谱法和反相色谱法的区别。
4. 高效液相色谱仪由哪几部分组成?常用的高压泵是哪种?
5. 在液相色谱法中,提高色谱柱柱效的最有效的途径是什么?简述理由。

6. 指出下列物质在正(反)相色谱法中的洗脱顺序。
   (1) 正己烷,正己醇,苯;(2) 乙酸乙酯,乙醚,硝基丁烷。

四、计算题

1. 在一根长 3 m 的色谱柱上,分离两个组分得到如下数据:它们的调整保留时间分别为 13 分钟和 16 分钟,且两者的峰宽均为 1 分钟,若要使两者的分离度达到 1.5,试问需用多长的色谱柱?
2. 采用高效液相色谱法分离 A 和 B 两种组分,两者的保留时间分别为 16.0 分钟和 20.0 分钟,半峰宽分别为 0.70 分钟和 0.90 分钟,死时间为 2.0 分钟,试计算:①两组分的分离度;②以 B 物质计算该色谱柱的有效塔板数。
3. 高效液相色谱法测定对乙酰氨基酚原料时,选用咖啡因为内标。精密称取对乙酰氨基酚对照品 113.4 mg,咖啡因对照品 253.2 mg,溶解定容后稀释一定倍数,进样 20 μl,得到对乙酰氨基酚和咖啡因的峰面积分别为 353 287 和 236 329。精密称取样品 0.2116 g,加入咖啡因对照品 259.7 mg,同法处理,在相同的色谱条件下得到对乙酰氨基酚和咖啡因的峰面积分别为 721 569 和 268 724。计算该原料中对乙酰氨基酚的百分含量。

(邹继红)

第十章 其他仪器分析法简介

学习目标

1. 掌握：荧光光谱法、红外光谱法、原子吸收光谱法、核磁共振波谱法和质谱法的基本原理。
2. 熟悉：荧光分光光度计、红外光谱仪、原子吸收分光光度计、核磁共振波谱仪和质谱仪的基本结构和各类谱图。
3. 了解：荧光光谱法、红外光谱法、原子吸收光谱法、核磁共振波谱法和质谱法应用。

第1节 荧光分析法

物质吸收光子能量而被激发，然后从激发态的最低振动能级回到基态时所发射出的光为荧光。根据物质荧光谱线的位置及其强度鉴定物质并测定物质含量的方法，称为荧光分析法，又称荧光光谱法。

如果待测的物质是分子，则称分子荧光；如果待测物质是原子，则称原子荧光。根据激发光波长范围不同，可分为紫外-可见荧光、红外荧光和 X 线荧光等。

一、基本原理

（一）分子荧光的产生

物质的分子吸收紫外光或可见光后，从基态最低振动能级跃到第一电子激发态或更高电子激发态的不同振动能级，变成激发态分子，激发态分子不稳定，可以通过以下几种途径释放能量返回基态，如图 10-1 所示。

（1）振动弛豫：在溶液中，处于激发态的分子与溶剂分子碰撞，将部分振动能量传递给溶剂分子，以 $10^{-13} \sim 10^{-11}$ s 的速度返回同一分子激发态的最低振动能级，这一过程称为振动弛豫。由于能量不能以光能形式释放，所以振动弛豫属于无辐射跃迁。

（2）内转换：激发态分子将部分能量转变为内能，从较高电子能级降至较低电子能级。因能量不是以光能的形式释放，而是以热能形式释放，所以内转换也属于无辐射跃迁。

（3）荧光发射：处于激发单重态最低振动能级的分子，如以光辐射形式释放能量，回到基态各振动能级，此过程称为荧光发射，这时的发射光为荧光。

（4）系间窜跃：处于激发单重态的分子由于电子自旋方向的改变，跃迁回到同一激发态的三重态的过程称为系间窜跃，系间窜跃也是无辐射跃迁。对于大多数物质，系间窜跃

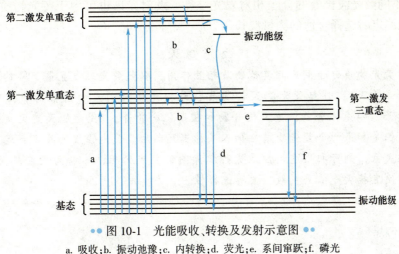

图 10-1 光能吸收、转换及发射示意图
a. 吸收；b. 振动弛豫；c. 内转换；d. 荧光；e. 系间窜跃；f. 磷光

是禁阻的。如果较低单重态振动能级与较高的三重态振动能级重叠或分子中有原子(如 I、Br 等)存在,系间窜跃则较为常见。

(5) 磷光发射：分子经系间窜跃后,再通过振动弛豫降至激发三重态的最低振动能级,然后以光辐射形式放出能量返回到基态各振动能级,此过程称为磷光发射,这时的发射光称为磷光。由于激发三重态能量比激发单重态最低振动能级能量低,因此磷光辐射的能量比荧光更小,所以磷光波长比荧光更长。

(6) 猝灭："猝灭"是指处于激发态的分子与溶剂分子或其他溶质分子相互作用,发生能量转移,使荧光或磷光强度减弱,甚至消失的现象。

荧光的平均寿命很短,除去激发光源,荧光立即熄灭。

(二) 激发光谱和荧光光谱

1. 激发光谱 是通过固定发射的荧光波长,扫描激发光波长而获得的荧光强度(F)与激发光波长(λ)的关系曲线,如图 10-2 所示。激发光谱反映了在一固定的荧光波长下,不同波长的激发光激发荧光的效率。激发光谱可用于荧光物质的鉴别,并在进行荧光测定时选择合适的激发光波长。

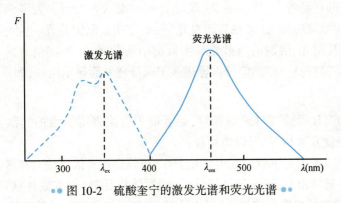

图 10-2 硫酸奎宁的激发光谱和荧光光谱

2. 荧光光谱(又称发射光谱) 是通过固定激发光的波长和强度,扫描发射光波长所获得的荧光强度(F)与荧光波长(λ)的关系曲线,如图 10-2 所示。发射光反映了在相同的激

发条件下,不同荧光波长处的分子相对发光强度。发射光谱也可用于荧光物质的鉴别,并在进行荧光测定时选择合适的测量波长。

> **链接**
>
> **荧光熄灭**
>
> 由于荧光物质分子间或与其他物质相互作用,引起荧光强度显著下降的现象称为荧光熄灭或猝灭。引起荧光熄灭的物质称为荧光熄灭剂,如卤素离子、重金属离子、氧分子、硝基化合物、重氮化合物和羧基化合物等。荧光熄灭是荧光分析的不利因素,但是如果一个荧光物质在加入某种熄灭剂后,荧光强度的减小与熄灭剂的浓度呈线性关系,则可利用这一性质进行熄灭剂的荧光分析法,称为荧光熄灭法。荧光熄灭法比直接荧光法更灵敏、更有选择性。

二、荧光分光光度计

荧光分光光度计和紫外-可见分光光度计的结构基本相同,主要有激发光源、激发单色器、发射单色器、样品池、检测器等部件构成,如图 10-3 所示。

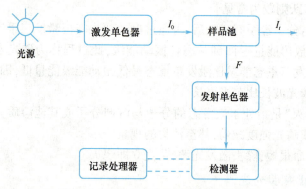

图 10-3 荧光分光光度计结构示意图

(一) 工作原理

由光源发出的光束经激发单色器色散后,得到单色性较好的所需波长的激发光,照射到盛有荧光物质的样品池上,产生荧光,荧光将向四面八方发射。为了消除透射光和散射光的干扰,提高检测灵敏度,通常在与激发光呈 90°方向上测定荧光。荧光再经单色器滤去激发光所产生的反射光、溶剂的杂散光和溶液的杂质荧光,让被测组分的一定波长的荧光通过,到达检测器被检测。检测信号被输送入记录处理器而显示出来,如图 10-3 所示。

(二) 主要部件

1. 光源 为高压汞蒸气灯或氙弧灯,后者能发射出强度较大的连续光谱,且在 300~400 nm 范围内强度几乎相等,所以使用较多。

2. 检测器 一般用光电管或光电倍增管作检测器,将光信号放大并转为电信号。

3. 样品室 通常由石英池(液体样品用)或固体样品架(粉末或片状样品)组成。测量液体时,光源与检测器成直角安排;测量固体时,光源与检测器成锐角安排。

4. 发射单色器 置于样品室和检测器之间的为发射单色器或第二单色器,常采用光栅为单色器。目的是筛选出特定的发射光谱。

5. 激发单色器　置于光源和样品室之间的为激发单色器或第一单色器，筛选出特定的激发光谱。

三、定量方法及应用

荧光分析法由于灵敏度高、选择性好、取样量少，因此广泛应用于临床生物化学检验、药物分析、卫生理化检验和基因测定等领域。

目前，采用与有机试剂反应以配合物形式进行荧光分析的元素有近70种。其中铍、铝、硼、镓、硒、镁等常用荧光法测定；在有机物分析测定方面的应用更加广泛，如常用荧光分析法测定的有多环芳烃化合物、维生素、抗生素、胺类和甾族化合物、蛋白质、酶和辅酶等物质。

荧光分析法常用定量方法有：标准曲线法和标准对比法。

1. 标准曲线法　在制作标准曲线时，常将标准系列中浓度最大的标准溶液作基准，调节其荧光强度为100(或某一较高值)，然后测出其他待测溶液的相对荧光强度。

2. 标准对比法　如果荧光物质的标准曲线通过零点，则可选择在其线性范围内，用标准对比法进行测定。先测定某标准溶液(c_s)的荧光强度F_s，在相同条件下再测定样品溶液(c_x)的荧光强度F_x，则：

$$F_s - F_0 = Kc_s \tag{10-1}$$

$$F_x - F_0 = Kc_x \tag{10-2}$$

上式中，F_0为空白溶液荧光强度，对同一荧光物质且测定条件相同时，则：

$$\frac{F_s - F_0}{F_x - F_0} = \frac{c_s}{c_x} \qquad c_x = c_s \times \frac{F_x - F_0}{F_s - F_0} \tag{10-3}$$

> **链接**
>
> **荧光分析新技术**
>
> 随着计算机和仪器技术的发展，荧光分析技术和交叉学科或边缘学科的结合更加紧密，使新的分析技术不断出现。如先后出现了激光荧光分析技术、同步荧光分析技术、时间分辨荧光技术、偏振荧光分析技术、显微荧光分析技术、多维荧光分析技术、荧光免疫分析技术、光学多道分析技术等。在化学、材料、医学、食品、环境等领域广泛应用。

第2节　原子吸收分光光度法

原子吸收分光光度法，又称原子吸收光谱法(atomic absorption spectrometry,简称AAS)，是在20世纪50年代中期出现并逐渐发展起来的一种新型仪器分析方法，是基于蒸气中被测元素的基态原子对其原子共振辐射的吸收强度来测定试样中被测元素含量的一种分析方法。

目前，原子吸收分光光度法已成为痕量和超痕量元素分析的主要方法之一。它的广泛应用和快速发展，既与经济和科学技术发展有关，也与原子吸收分光光度法本身的特点密切相关。原子吸收分光光度法具有如下特点：

(1) 检出限低，灵敏度高。火焰原子吸收分光光度法(FAAS)的检出限为$10^{-9} \sim 10^{-6}\,\mu g/$

ml,石墨炉原子吸收分光光度法(GFAAS)的检出限可达到 $10^{-14} \sim 10^{-13}$ g。

（2）选择性好。每种元素都有自己的特征谱线,大多数情况下共存元素不产生干扰。

（3）准确度高。试样只需简单处理,就可直接分析,易得到准确结果。例如,火焰原子吸收分光光度法的相对误差<1%,石墨炉原子吸收分光光度法相对误差为 3%~5%。平行测定结果之间的相对标准偏差一般可达到 1%,甚至达到 0.3% 或更好。

（4）测定元素多。用原子吸收分光光度法测定的元素达 70 多种。

（5）分析速度快,应用范围广。

（6）仪器设备相对比较简单,操作简便。

原子吸收分光光度法的缺点是：每测定一种元素都要换上该元素的灯,还要改变某些操作条件,给操作带来不便;对于某些易生成难熔氧化物的元素,测定的灵敏度不高;对于某些非金属元素的测定,尚存在一定困难等。

一、基本原理

从光源发射出的具有待测元素的特征谱线的光,通过试样蒸气时,被蒸气中待测元素的基态原子所吸收,根据发射光被减弱的程度来测得试样中待测组分的含量,如图 10-4 所示。

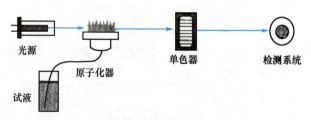

图 10-4 火焰原子吸收光谱仪工作示意图

1. 共振线、吸收线和特征谱线 原子的核外电子以一定的规律在不同的轨道上运动,每一轨道都具有确定的能量,称为原子能级。当核外电子排布具有最低能级时,原子的能量状态称基态。基态是原子的稳定状态。

当基态的原子吸收一定能量的光子而跃迁到较高的能级时,原子的能量状态称激发态。基态原子被激发的过程,也就是原子吸收的过程。

激发态的能量较高,很不稳定,在 $10^{-8} \sim 10^{-7}$ s 的时间内,电子又会自发地从高能级回到低能级,同时向各个方向辐射出一定能量的光子。这个过程也就是原子发射过程。基态原子被激发所吸收的能量,等于相应激发态原子跃迁回到基态所释放出的能量,此能量等于两个能级的能量差：

$$\Delta E = E_j - E_0 = \frac{hc}{\lambda} \tag{10-4}$$

式中,h 为普朗克常数,c 为光速,λ 为光子频率。

原子被外界能量激发时,最外层电子可能跃迁至不同能级,因此原子有不同的激发态。能量最低的激发态为第一激发态。电子从基态跃迁到第一激发态需要吸收一定频率的光,这一吸收谱线称为共振吸收线。电子从第一激发态跃迁回到基态时,要发射出一定频率的光,这种发射谱线称为共振发射线。共振吸收线和共振发射线都简称为共振线。对大多数元素来说,共振跃迁最易发生,因此,共振线通常是元素的灵敏线。

各种元素的原子结构和外层电子的排布不同,它们的原子能级具有各自的特征,因此,其共振线的波长也各不相同,元素的共振线也就是元素的特征谱线。这些特征谱线一般位于紫外和可见光区。原子吸收光谱分析,就是利用待测元素的基态原子蒸气对其特征谱线的吸收来进行测定的。

2. 原子吸收度与原子浓度关系　基态原子蒸气对该元素的共振线的吸收遵循光吸收定律。在通常温度下(2000~3000 K)下,原子蒸气中处于激发态的原子数非常少,仅占基态原子数的万分之几(可以忽略不计),蒸气中的原子总数可近似认为是蒸气中基态原子总数。

由于蒸气中基态原子对特征谱线的吸收度与单位体积空气中的基态原子浓度成正比,所以根据试样对特征谱线的吸收度来测定试样中待测元素浓度。

$$A = kc \tag{10-5}$$

式中,k 为常数,A 为吸光度,c 为浓度。这是原子吸收分光光度法中常用的定量公式。

二、原子吸收分光光度计

原子吸收分光光度计由光源、原子化器系统、分光系统和检测系统四大部分组成。

1. 光源　功能是发射被测元素基态原子所吸收的特征谱线。对光源的要求是锐线光源、辐射强度大、稳定性好、背景干扰少。目前最常用的光源是空心阴极灯。

> **链接**
>
> **空心阴极灯**
>
> 空心阴极灯是一种特殊的辉光放电管,如图 10-5 所示。玻璃灯管内封有能发射被测元素特征谱线材料制成的空心阴极和一个钨制阳极,并充有低压惰性气体(如氖、氩等),前端有一个石英玻璃窗。

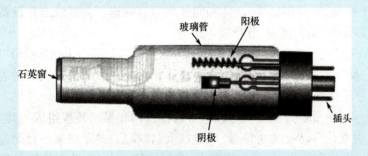

●● 图 10-5　空心阴极灯 ●●

当在阴阳两极间加上 300~500 V 电压时,产生辉光放电现象。即阴极上发出的电子在电场作用下高速射向阳极过程中,使充入的惰性气体电离产生电子和阳离子,阳离子以高速射向阴极内壁,使阴极表面原子溅射出来。溅射出来的原子与其他粒子相互碰撞而被激发成激发态原子;激发态原子不稳定,很快回到基态,并发射出阴极材料的特征谱线。

2. 原子化系统　作用是提供能量,使试样中的待测元素转变为基态原子蒸气,即原子化。按待测元素原子化的方法,分火焰原子化法和非火焰原子化法两类。

(1) 火焰原子化器:是目前使用最广泛的原子化器,它由雾化器、雾化室和燃烧器三部分组成。

雾化器的作用是将试样变成细微的雾粒,以使其在火焰中产生更多待测元素的基态原子。雾化器结构一般由同轴喷管、节流管、撞击球、吸液毛细管组成,如图10-6所示。

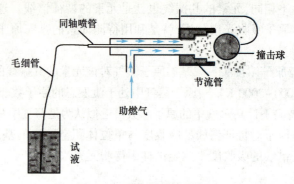

•• 图10-6　雾化器结构示意图 ••

雾化室,也称预混合室,其作用是使细微雾粒与燃气、助燃气混合均匀后再进入燃烧器,提高原子化率。同时较大雾粒在雾化室内壁凝聚成液体,从废液口排出,从而避免或减少了对火焰的影响,降低噪声。

燃烧器的作用是形成稳定火焰,使从雾化室进来的混合气体燃烧,从而使待测元素在火焰中原子化。

火焰原子化器操作简单、火焰稳定、重现性好、精密度高,应用范围广。由于原子化效率低,通常只采用液体进样。

(2) 非火焰原子化器:分石墨炉原子化器和石英管原子化器两种,它是利用电能加热盛放试样的石墨管或石英管,以实现试样的蒸发和原子化。它的优点是原子化效率高、灵敏度高、化学干扰少,试样用量少,液体和固体均可直接进样。其缺点是设备复杂,操作不如火焰原子化器简便,精密度差,分析成本高等。

3. 分光系统(单色器)　作用是将待测元素的共振线与其他干扰谱线分开,它由入射狭缝和出射狭缝、反射镜、色散元件组成。为防止原子化器内发射的干扰辐射进入检测器,单色器通常位于原子化器的后面。

4. 检测系统　主要由检测器、放大器、对数变换器和显示装置组成。其主要作用是将分光系统的出射光信号转变为电信号,经过放大、转换后,显示出来。目前,高级原子吸收分光光度计还设有标度扩展、背景自动校正、自动取样等装置,并有计算机程序控制、数据处理和打印系统。

▶ 三、定量分析方法

原子吸收法的定量分析方法有许多种,如标准曲线法、标准加入法、内标法、浓度直读法等,其中应用最广泛的是标准曲线法和标准加入法。

(一) 标准曲线法

这是最简单、最常用的分析方法。在仪器设计的浓度线性范围内,先配制待测元素的系列标准溶液,用原子吸收分光光度计测出其相应的吸光度值,然后绘制吸光度-浓度关系曲线(标准曲线)。然后在相同条件下测得试样的吸光度,从标准曲线上查找出对应的浓度(或质量),最后计算出原始试样中被测元素浓度(或含量)。

(二) 标准加入法

若不知道试样成分，基体干扰较大，配制与试样组成一致或相似的标准溶液又困难时，可采用标准加入法。当试样的量足够、待测元素含量较低时，采用标准加入法可较好地消除基体或干扰元素的影响。

方法：至少取 4 份同体积试样溶液，1 份不加入任何溶液，另外 3 份分别加入不同体积含待测元素的标准溶液，然后用溶剂全部稀释至相同体积，使加入的待测元素浓度为 0、c_0、$2c_0$、$4c_0$。在相同条件下分别测定吸光度值 A_0、A_1、A_2、A_3，以 A 对浓度 c 作图，得到如图 10-7 所示直线，延长直线与横坐标交于 c_x，c_x 即为试样中待测元素的浓度。

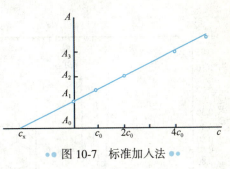

图 10-7 标准加入法

使用标准加入法测待测元素含量时，应注意以下几点：

（1）待测元素浓度与其对应的吸光度呈线性关系，线性关系不好时，曲线不能延长，所以只能测含量较低的试样。

（2）为了得到较为精确的外推结果，最少采用 4 个点（包括试样溶液本身）来作外推曲线，且第 1 份加入标准溶液与样品溶液的浓度之比应适当。加入的增量值大小的选择，应使第 1 个加入量产生的吸收值约为试样原吸收值的 0.5~1 倍，否则，直线斜率过大或过小，均可产生较大的误差。

（3）本法可消除基体效应的影响，但不能抵消背景吸收的影响，所以必须扣除背景的影响，否则结果偏高。

四、原子吸收光谱法在医药卫生领域中的应用

由于原子吸收光谱法具有灵敏度高、检出限低、干扰少、操作简便、快速等优点，因此在测定生物医药试样中元素含量测定方面有较强的适应性。一般试样不需做很复杂的预处理，有些试样只要用适当的稀释液稀释后，就可直接进行分析。另外，随着新型高性能原子吸收光谱仪的问世，所需试样用量不是很多，因此可以分析临床试样，如血液、脑脊液、组织、毛发、指甲等，还可以一次同时分析多种元素的含量（最多达 16 种元素），故原子吸收光谱法能够满足医学检验复杂的分析要求。

原子吸收光谱法分析生物试样时，对含量较高的 K、Na、Ca、Mg、Fe、Cu、Zn 等元素，可通过稀释直接用火焰法测定；在试样量较少，而元素的分析灵敏度较高时，如婴儿血清中的 Cu、Zn 的测定，可用火焰脉冲雾化技术进行分析；对试样量少，含量又低的元素，如 Ni、Cr、Cd 等，可用无火焰原子化法进行测定。

第 3 节 红外吸收光谱法

一、概述

红外吸收光谱是由于分子振动和转动能级的跃迁而产生的分子吸收光谱，故红外吸收光谱又称为振动-转动光谱。当一束红外光照射物质时，被照射的物质的分子将吸收一部分

相应的光能,转变为分子的振动和转动的内能,使分子固有的振动和转动跃迁到较高的能级,光谱上出现吸收光谱带,即为该物质的红外吸收光谱,简称红外光谱。图 10-8 所示为聚苯乙烯的红外光谱图。利用红外光谱图进行定性分析、定量分析和结构分析的方法,称为红外光谱法,又称红外分光光度法。

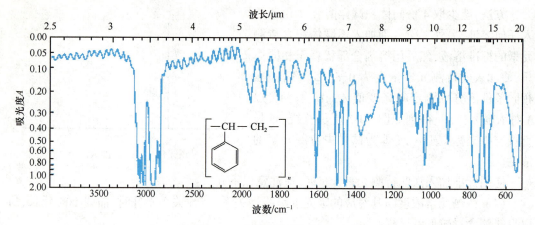

•• 图 10-8 聚苯乙烯的红外光谱 ••

红外光谱法的优点如下:

(1) 任何气态、液态和固态样品均可进行测定。

(2) 每种化合物均有红外线吸收,一般有机物的红外线吸收至少有十几个吸收峰。官能团区的吸收峰表明化合物中所存在的官能团的类型,指纹区的吸收峰可对化合物结构的确定提供可靠依据。

(3) 常规红外光谱仪价格便宜。

(4) 样品用量少,高级红外光谱仪的样品用量可少到微克级。

(一) 波长和波数

在红外光谱中,横坐标表示吸收峰的位置。过去传统表示方法是以波长 λ 标度,以 μm 为单位。目前红外光谱图的横坐标多数用波数 $\bar{\nu}$ (cm^{-1})。

电磁波的传播描述公式:

$$c = \lambda \nu \qquad (10\text{-}6)$$

式(10-6)中,c 为真空中电磁波传播速度,即光速(3.0×10^{10} cm/s);ν 为频率,单位为周/秒或赫兹(Hz);λ 为波长,单位 cm。

波长与频率的关系为:

$$\nu = \frac{c}{\lambda} \qquad (10\text{-}7)$$

波数是波长的倒数,波长越短,波数越大,两者的换算公式为:

$$\bar{\nu} = \frac{1}{\lambda} \qquad (10\text{-}8)$$

式(10-8)中,$\bar{\nu}$ 为波数,单位为 cm^{-1},它表示电磁波在单位距离(cm)中振动的次数,即每厘米中所含波的数目。

第十章 其他仪器分析法简介

（二）红外区域的划分

按红外线波长不同，红外区又可进一步分为近红外、中红外和远红外三个区域。

1. 近红外区 指可见光末端的红外区，波数在 12 500~4000 cm^{-1}（0.8~2.5 μm），主要用于研究分子中 O—H、N—H、C—H 键的倍频与合频。

2. 中红外区 一般是指波数为 4000~625 cm^{-1}（2.5~16 μm）的红外区，这个区域适用于研究大部分有机物的振动基频，是有机化合物红外吸收的最重要光波范围，所以本节重点讨论中红外区吸收光谱法。

3. 远红外区 指波数在 625~12 cm^{-1}（16~830 μm）的波长较长的红外光区，这个区域主要用来研究气体分子的转动光谱，以及重原子成键的振动、氢键的伸缩振动、弯曲振动及一些配合物的振动光谱。

（三）红外吸收强度的表示

谱图纵坐标反映红外吸收的强弱，最常用的标度是透过率 T 和吸光度 A，现代红外光谱仪常把两者同时在谱图上标出。

透过率 T 和吸光度 A 的关系为：

$$A = \lg \frac{T_0}{T} \qquad (10\text{-}9)$$

式（10-9）中，T_0 为入射光（基线）透过率，T 为透过光的透过率。

红外光谱中光的吸收与浓度 c、池长 L 关系遵循朗伯-比尔定律（单色平行光、稀溶液、无散射）。

$$A = \lg \frac{I_0}{I} = \varepsilon c L \qquad (10\text{-}10)$$

式（10-10）中，ε 为摩尔吸收系数，其大小表示被检测物质对某波数红外线吸收程度；I_0 为入射光强度；I 为出射光强度。

根据红外线吸收峰值处的峰强弱（ε 大小），将其定性为 5 级（表 10-1）。

表 10-1 红外线吸收峰的强度

ε	吸收峰的类型	ε	吸收峰的类型
>100	很强的吸收峰（vs）	10~1	弱吸收峰（w）
100~20	强吸收峰（s）	<1	很弱吸收峰（vw）
20~10	中强吸收峰（m）		

当红外光谱用于结构鉴定时，经常使用相对强度，此时所指的强吸收峰或弱吸收峰是对整个光谱图相对强度而言，并不代表一定的 ε 值范围。

二、基本原理

红外吸收光谱法主要是研究化合物的结构与红外光谱的关系。红外光谱图可由吸收峰位置（λ 或 $\bar{\nu}$）和吸收峰的强度来描述。

（一）红外光谱的产生

红外光谱是由于分子吸收中红外区电磁辐射导致振动和转动能级的跃迁而形成的分

子吸收光谱。分子吸收红外辐射必须满足两个条件：

1. 电磁辐射的能量应刚好满足分子振动转动能级跃迁所需的能量　即红外光的频率要与分子振动的频率相匹配，分子才能吸收这部分红外光。例如，水分子中氢氧原子间的对称伸缩振动频率为 3652 cm^{-1}，不对称伸缩振动频率为 3756 cm^{-1}，弯曲振动频率为 1595 cm^{-1}，则水分子会吸收这 3 个频率的红外光，在红外区产生三个相应的吸收峰，如图 10-9 所示。

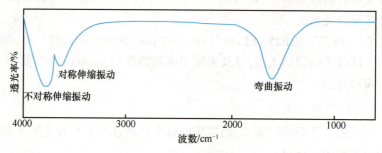

图 10-9　水分子的红外吸收光谱

又如，二氧化碳分子碳氧原子间不对称伸缩频率为 2439 cm^{-1}，弯曲振动频率为 667 cm^{-1}，则二氧化碳分子会吸收相应频率的红外光，而产生相应的吸收峰，如图 10-10 所示。

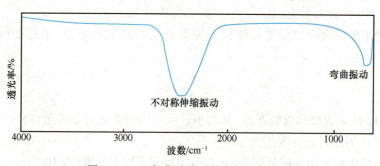

图 10-10　二氧化碳分子的红外吸收光谱

2. 分子在振动过程中，分子偶极矩要发生变化　只有引起偶极矩变化的活性振动才能产生红外吸收光谱。不引起偶极矩变化的非活性振动，不能产生红外吸收光谱。例如，二氧化碳分子中碳氧原子间的对称振动频率为 1388 cm^{-1}，但由于振动过程中没有偶极矩变化，也就不能吸收相应频率的红外光，在红外光谱图上就没有此吸收峰。而二氧化碳不对称伸缩振动和弯曲振动为活性振动，可产生红外吸收峰，如图 10-10 所示。

（二）分子振动的形式

双原子分子只有伸缩振动，多原子分子有两种振动形式。

1. 伸缩振动　原子沿着连接它们的键做周期性的伸长及缩短振动称伸缩振动，用 ν 表示。由于伸缩振动能量高，同一基团的伸缩振动吸收峰常出现在高频端；同时，周围环境的改变对伸缩振动的影响较小。多原子分子伸缩振动可分为对称伸缩振动和不对称伸缩振动，如图 10-11 所示。

（1）对称伸缩振动：振动时各键同时伸长或缩短的振动，用 ν_s 表示。

（2）不对称伸缩振动：振动时有的键伸长，有的键缩短的振动，用 ν_{as} 表示。

•• 图 10-11　对称伸缩振动和不对称伸缩振动 ••

一般来说,同一基团的不对称伸缩振动的频率比对称振动的频率高,如图 10-9 所示水分子的红外吸收光谱。

2. 弯曲振动　基团中原子间键角发生周期性变化的振动称为弯曲振动,一般用 β 表示。由于弯曲振动的能量比较低,所以同一基团的弯曲振动吸收峰出现在低频端。同时,周围环境的改变对弯曲振动的影响相对较大。弯曲振动可分为以下几种情况,如图 10-12 所示。

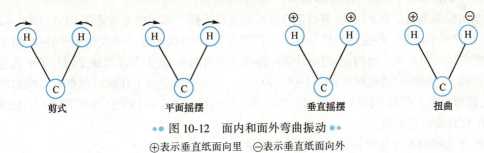

•• 图 10-12　面内和面外弯曲振动 ••
⊕表示垂直纸面向里　⊖表示垂直纸面向外

(1) 面内弯曲振动:指振动方向位于键角平面内的弯曲振动,它又分剪式弯曲振动和平面摇摆振动。

1) 剪式弯曲振动:两个原子在同一平面内彼此相向弯曲,或键角发生周期性变化的振动。振动时,键角的变化犹如剪刀的开或闭,用 δ 表示。

2) 平面摇摆振动:振动时基团键角不发生变化,基团作为一个整体在键角平面内摇摆,用 ρ 表示。

(2) 面外弯曲振动:指垂直分子所在平面的弯曲振动用 γ 表示,它又分为扭曲振动和垂直摇摆振动。

1) 扭曲振动:振动时原子离开键角平面,向相反方向来回扭动,用 τ 表示。

2) 垂直摇摆振动:基团作为整体做垂直于键角平面的前后摇摆,基团键角不发生变化,用 ω 表示。

3. 红外吸收峰强度　红外光谱中,吸收曲线上吸收峰相对强度称为吸收峰强度,简称峰强。吸收峰的强度可用摩尔吸收系数 ε 来表示。

分子振动时偶极矩的变化不仅决定该分子是否吸收红外辐射,而且还关系到吸收谱带的强度。偶极矩变化越大,吸收谱带强度越大。一般极性较强的分子、基团或化学键,它们振动时偶极矩变化大,因此谱带也强。例如,C=O、O—H、—COOH 等的极性大,其相应的红外吸收谱带也强。而极性较弱的分子、基团或化学键,由于偶极矩变化小,吸收谱带也比较弱。例如,O—H 键的吸收强度一般比 C—H 键的吸收强度大,而 C—H 键的吸收强度又比 C—C 键的吸收强度大。非极性分子 H_2、O_2、Cl_2 等偶极矩变化为零,因此它们无红外吸收谱带。

总体来说,红外吸收峰的强度都比紫外-可见吸收峰的强度小。例如,紫外-可见吸收的摩尔吸收系数可达 $10^4 \sim 10^5$,而红外吸收的摩尔吸收系数大约为 10^2。红外吸收图谱中常用透光率为纵坐标,透光率越小,吸光度越大。一般将透光率小于 60% 的峰看作吸收峰,将透光率小于 10% 的峰看作强吸收峰。

4. 振动频率 从红外光谱图可以看出,同一种基团或同一种化学键都在一个较窄的频率区间呈现吸收谱带,几乎与分子的其他部分组成、结构及其振动无关,这种吸收谱带是基团特有的,称为基团特征吸收频率或基团频率。

红外光谱图上的吸收峰可分为基频峰、倍频峰和组频峰。振动能级由基态跃迁至第一激发态时吸收红外线产生的吸收峰为基频峰。由基态跃迁至第二激发态或第三激发态时所产生的吸收峰为倍频峰。通常基频峰的吸收强度比倍频峰强,因此基频峰是红外光谱中最主要的吸收峰。倍频跃迁的概率很小,峰强很弱,常常检测不到。此外,还有组频峰,包括合频峰和差频峰,它们的强度都很弱,一般不易识别。

基团频率是确定分子结构,进行定性分析的重要依据。基团频率通常在 $4000 \sim 1300 \text{ cm}^{-1}$。此外,在分子中还有一些振动与整个分子的特征有关,即取决于分子中其他原子种类、质量及它们的空间排列方式。例如,单键的骨架伸缩振动和弯曲振动,大多强烈地受到分子中其他结构的影响。这种振动吸收频率多在 $1300 \sim 400 \text{ cm}^{-1}$。由于每个分子在此区间都有不同的吸收特征,就像每个人都有不同的指纹一样,因此称为指纹区。这个区间的红外光谱对于区别结构类似的化合物很有价值。

红外光谱的 8 个重要波段,如表 10-2 所示。

表 10-2 红外光谱的 8 个重要波段

波数/cm^{-1}	引起吸收的基团	波数/cm^{-1}	引起吸收的基团
3750~3000	—O—H, N—H(伸缩振动)	1850~1650	C=O(伸缩振动)
3300~3010	Ar—H, —C≡C—H(C—H 伸缩振动)	1675~1500	苯环骨架, C=C, C=N—(伸缩振动)
3000~2700	—CH₃, —CH₂, —C—H(C—H 伸缩振动)	1475~1300	C—H(弯曲振动), Ar—H(面内弯曲振动)
2400~2100	—C≡C—, —C≡N(伸缩振动)	1000~650	Ar—H(面外弯曲振动)

三、红外光谱仪与样品制备

目前,红外光谱仪主要有色散型红外光谱仪和傅里叶变换红外光谱仪。

(一) 色散型红外光谱仪

1. 主要部件 色散型红外光谱仪的组成部件与紫外-可见分光光度计相似,也是由光源、吸收池、单色器、检测器和记录系统等组成。但每种部件的材料、性能、排列顺序等与紫外-可见分光光度计不同。

(1) 光源:能够稳定发射高强度的连续红外光,最常用的红外光源有能斯特灯、硅碳棒两种。

(2) 吸收池:红外样品吸收池分为气体吸收池和液体吸收池两种,分别用于气体样品和液体样品的测定。

(3) 单色器:将通过样品池和参比池后的复合光分解为单色光,它是由色散元件、准直镜和狭缝组成。目前最常用的色散元件是衍射光栅,它分辨率高、容易维护、价格便宜。为了防止各种光谱相互重叠,需配备几个适当滤光片,或将几个光栅串联起来使用。

(4) 检测器:紫外-可见分光光度计所用的光电管或光电倍增管不适用于红外区,因为红外光的光子能量较弱,不足以引发光电子发射。现常用的红外检测器有真空热电偶、热释电检测器和碲镉汞检测器。

(5) 记录系统:红外光谱仪一般都有自动记录仪记录图谱。现代仪器都配有计算机和数据处理工作站,以控制仪器操作和记录与处理图谱中的各种参数。

2. 工作原理　色散型红外光谱仪一般均采用双光束,如图 10-13 所示。光源发出连续红外光,一束通过参比池,另一束通过样品池。这两束光经过扇形镜斩光器后,交替性地进入单色器和检测器。随着斩光器的转动,检测器也随之交替接受这两束光。不进样时,这两束光强度相同,信号无变化,仪表指示为零。进样后,测试光路有吸收,使两束光的吸收强度有差别,在检测器上产生与光强度差成正比的交流信号,再经过放大器放大,通过机械装置推动锥齿形光楔,使参比光束减弱,直到与试样光束强度相等,与此同时,与光楔连动的记录笔在图纸上描绘出样品的吸收情况,得到光谱图。

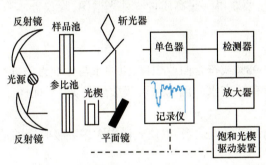

●● 图 10-13　色散型红外光谱仪工作原理示意图 ●●

(二) 傅里叶变换红外光谱仪

1. 主要部件　傅里叶变换红外光谱仪是利用光的干涉方法,经过傅里叶变换从而获得物质红外光谱信号的仪器。其主要由光源、麦克尔逊干涉仪、吸收池、检测器和计算机五个基本部分组成。与色散型红外光谱仪的主要区别在于麦克尔逊干涉仪和计算机两部分。

2. 工作原理　傅里叶变换红外光谱仪工作原理,如图 10-14 所示。由光源发出的红外光,通过傅里叶变换仪产生两束干涉光,给出干涉图,透过样品后,样品池吸收部分光,即得到带有样品信息的干涉图,通过计算机进行傅里叶变换后得到样品的红外光谱图。

3. 傅里叶变换红外光谱仪的特点

(1) 扫描速度快,测量时间短。可在 1 秒至数秒内获得光谱图,因此可用于测定不稳定物质的红外光谱,并可与色谱仪联用。

(2) 灵敏度高,检测限低,可达 $10^{-12} \sim 10^{-9}$ g。

(3) 分辨率高。分辨率可达 0.01 cm^{-1},而光栅红外光谱仪分辨率只有 0.2 cm^{-1}。

(4) 测量光谱范围宽,可涵盖整个红外光区。

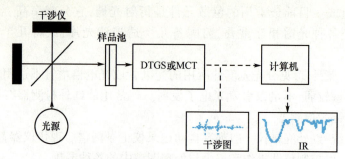

图 10-14　傅里叶变换红外光谱仪工作原理示意图

（5）测量精度高、重现性好,可达 0.1%,而且杂散光小于 0.01%。

此外,仪器结构简单,体积小,应用日益广泛。

（三）样品的制备方法

利用红外光谱仪可以测定气体、液体及固体样品,同一物质有不同的存在形式,当物质处于不同的状态时,由于原子间的相互作用不同,吸收谱带的频率也会随之改变,并使红外光谱呈现差异性。因此,要获得一张高质量红外光谱图,除仪器本身的因素外,还必须有合适的样品制备方法。

1. 试样的要求

（1）试样纯度大于 98% 或符合商业规格,以便于与标准光谱进行对照。

（2）试样中不应含有游离水。因为水可吸收红外光,干扰样品光谱,也易侵蚀吸收池的盐窗。

（3）试样浓度和测试厚度应适当,以使光谱中大多数吸收峰的透光率处于 10%~80%。

2. 制样方法

（1）气体试样:气体样品、低沸点液体样品和一些饱和蒸气压较大的试样,可采用气体试样灌入气体槽内进行测定。气体槽的主体是玻璃筒,直径 40 mm,长度 100~500 mm,两端粘有红外透光的 NaCl 或 KBr 窗片,红外光从此窗片透过。先将气体槽抽成真空,再将试样注入,槽内压力一般为 6.7 kPa。

（2）液体试样

1）液体池法:一般液体样品及有合适溶剂的固体样品,均可采用此法。常用的溶剂有四氯化碳、三氯甲烷、环己烷等。液体池法特别适合于沸点低、黏度小和充分除去水分的样品的定量分析。测量时,用注射器将样品或样品溶液直接注入密封的吸收池中即可测量。

2）涂片法:对挥发性小、沸点较高、黏度较大的液体样品,可用不锈钢刮刀取少量样品直接均匀地涂在空白的溴化钾基片上,用红外灯除去溶剂后测定。对吸收弱、黏度低的样品,要反复几次涂上样品后再进行测定。由于涂膜的厚度难以掌握,所以涂片法一般用于定性分析。

3）液膜法:对沸点较高、黏度较低、吸收很强的液体样品,可以将溶液夹于两块盐片之间,通过毛细管作用吸住液层形成液膜,然后置于样品架上测定。液膜法制样简便,在液体样品定性分析中广泛应用。

（3）固体试样

1）KBr 压片法:是固体样品最常用的制样方法。在红外灯下,取 1~2 g 试样在玛瑙研钵中磨细后加入 100~200 mg 已干燥磨细的光谱纯 KBr 粉末,充分混合并研磨均匀至小于 2 μm。将研磨好的混合物均匀放入模具中,在压片机上用 10 kPa 左右的压力压制均匀透明薄片。KBr 压片法可用于固体粉末和结晶样品的分析。易吸水、潮解的样品不宜用此方法。

2) 糊膏法:把干燥的固体样品放入玛瑙研钵中充分研细,滴入液体石蜡继续研磨至呈均匀的糨糊状,夹在盐片中测定。鉴定羟基峰、氨基峰时,采用糊膏法是一种非常有效的方法,但糊膏法不适合做定量分析。

3) 薄膜法:薄膜厚度为 10~100 μm,且厚薄均匀。对于一些熔点低、熔融时不分解、不产生化学变化的样品可做熔融薄膜;对于热塑性聚合物,可将样品放在模具中加热至软化点以上或熔融后加压制成薄膜。此法既不受溶剂的影响,也没有分散介质的影响。

四、红外光谱解析与应用

(一) 红外光谱定性分析的一般程序

红外光谱定性分析也称红外光谱解析,它包括官能团定性和结构分析两部分。

1. 了解样品基本情况和谱图的测试方法　首先要了解样品的来源、基本性质和提纯方法。由于同一样品用不同方法测得的谱图有一定的差异,所以还应了解谱图的测试方法。

2. 由分子式计算不饱和度　通常由元素分析和质谱分析等方法可以确定化合物的分子质量和分子式。由分子式计算出样品分子的不饱和度,用 Ω 表示。不饱和度表示有机分子中碳原子的不饱和程度,也称缺氢度。与相应的饱和分子相比,每缺 2 个 H,就相应于 1 个不饱和度。因此,一个环有 1 个不饱和度,一个双键有 1 个不饱和度,一个三键有 2 个不饱和度。Ω 的计算公式如下:

$$\Omega = \frac{3n_5 + 2n_4 + n_3 - n_1 + 2}{2} \tag{10-11}$$

式中,n_5 为分子中 5 价原子数目,n_4 为分子中 4 价原子数目,n_3 为分子中 3 价原子数目,n_1 为分子中 1 价原子数目。

例 10-1　计算苯、$CHCl_3$、$C_{10}H_{12}O_2$ 等分子不饱和度。

解:苯的 $\Omega = (2\times6-6+2)/2 = 4$,因此,如果 $\Omega \geq 4$ 时,该分子可能含有苯环结构。$CHCl_3$ 的 $\Omega = (2\times1-4+2)/2 = 0$,为饱和分子。$C_{10}H_{12}O_2$ 的 $\Omega = (2\times10-12+2)/2 = 5$,该分子可能有一个苯环和一个双键。

3. 解析谱图中的特征峰和相关峰　在解析红外谱图时,首先需要确定谱图中的主要吸收峰所对应基团的振动方式,这时既要考虑其峰位,也要考虑其强度和形状,再结合经验规律,提出各种特征吸收峰的可能归属。然后在其他区段查找该基团的相关峰。只有特征峰和相关峰同时存在时,才能基本确定该基团的存在。

4. 提出化合物的可能结构　确定了化合物可能含有的各个基团后,进而可以推测它们的组合方式。各个基团不同的连接方式和不同的空间位置通常会在红外光谱中得到反映。根据以上推测,结合分子中各个基团相互影响和规律,提出化合物可能具有的各种结构式,然后对照谱图验证,或与其他谱图分析相互印证,最后确定样品分子的结构。

使用标准谱图或纯物质谱图与样品对照的前提是,两者必须是相同的测试条件。如果样品红外光谱的峰位、强度和峰形与标准谱图都能一一对应,就可以断定试样与标准为同一物质。否则,两者就不是同一物质。

尽管标准谱图集和计算机谱图库能提供很多有意义的结构信息,但红外光谱的解析还是需要有较多的经验和灵活性。对于复杂的化合物,仅仅用红外光谱确定其结构是困难的,通常需要结合其他谱图进行综合分析,才能得到可靠的结论。

5. 红外光谱解析举例

例 10-2 某化合物的分子式为 C_8H_7N,其 IR 谱图如下,请推断其可能的结构。

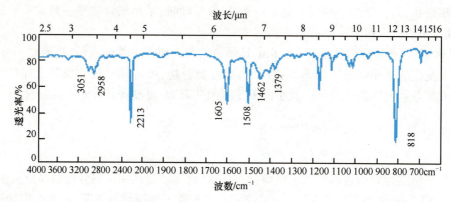

解:由分子式计算 $\Omega=(2\times8+1-7+2)/2=6$,估计应有苯环或其他不饱和结构。

在 3051 cm^{-1} 左右有一中强吸收峰,可能为芳氢 ν_{Ar-H} 吸收带;在 1605 cm^{-1}、1508 cm^{-1} 处有两个中强吸收峰,1450 cm^{-1} 左右有弱吸收峰,可能是苯环骨架振动产生;在 1650～2000 cm^{-1} 的几个小峰与芳氢面外弯曲振动的倍频与合频吸收带相对应;由这些特征峰和相关峰可以确定分子中有苯环结构。

而 818 cm^{-1} 处的强吸收峰正是对二取代苯芳氢面外弯曲振动吸收峰,故可认定化合物中有对二取代苯。2213 cm^{-1} 处为氰基 $\nu_{C\equiv N}$ 吸收峰,氰基不饱和度为 2。2958 cm^{-1} 处应为甲基 $\nu_{C-H(as)}$ 吸收峰,1462 cm^{-1}、1379 cm^{-1} 处为甲基 $\delta_{C-H(面内)}$ 吸收峰,故能肯定—CH_3 存在。

综上所述,该化合物的结构是 H_3C—◯—$\equiv N$。对照谱图作进一步验证,各吸收峰与结构式中相应基团的振动频率相符,结构式中各元素原子个数与分子式相同,结构式 $\Omega=6$,与计算值相同。因此可以确定该化合物为对甲基苯腈。

(二)红外光谱定量分析

紫外-可见分光光度法定量分析的原理和方法,也适用于红外光谱的定量分析。红外光谱中有许多谱带可供选择,不用分离,直接进行含量测定。例如,利用红外光谱中 1793 cm^{-1} 的吸收峰测定牛骨髓中脂肪酸酯的含量。另外,红外光谱定量分析可不受样品状态的限制。

但是,由于红外光谱复杂,红外吸收谱带较窄,光的散射现象和吸收谱带重叠严重,实验条件严格,定量分析的灵敏度和准确度均低于紫外-可见分光光度法。因此,红外吸收光谱在定量分析中的应用,远不如紫外-可见分光光度法广泛,一般只在特殊情况下使用。例如,混合物中待测组分与其他组分在物理和化学性质上极其相似,特别是同分异构体,紫外光谱几乎相同,但红外光谱的指纹区差别较大,这种情况下可用红外光谱进行定量分析。

第 4 节 核磁共振波谱法

核磁共振波谱法(简称 NMR)是研究处于强磁场中的原子核磁能级跃迁时对射频

辐射的吸收,进而获得有关化合物分子结构信息的分析方法。以 ^1H 核为研究对象获得的谱图称为氢核磁共振波谱(^1H-NMR),以 ^{13}C 核为研究对象获得的谱图称为碳核磁共振波谱(^{13}C-NMR)等。核磁共振波谱法与红外光谱具有很强的互补性,已成为有机和无机化合物结构分析强有力的工具之一,在化学、材料、医药、生物等许多领域应用日益广泛。

一、核磁共振基本原理

(一) 原子核的自旋和磁矩

原子核是由质子和中子组成的带有正电荷的粒子,有的原子核具有自旋运动,它们在自旋运动的同时,要产生磁矩,并具有自旋角动量。

原子核的自旋角动量($\vec{P}$)是量化的,它与核的自旋量子数(I)的关系为:

$$\vec{P} = \frac{h}{2\pi}\sqrt{I(I+1)} \tag{10-12}$$

式中,h 为普朗克常数。

自旋量子数(I)可以为 0、整数或半整数。I 的取值与原子的质量数和原子序数的奇偶性的关系,见表 10-3。

例如:$^{12}_{6}C$、$^{16}_{8}O$、$^{28}_{14}Si$ 等的 $I = 0$,$^{2}_{1}H$、$^{14}_{7}N$ 等的 $I = 1$,$^{58}_{27}Co$ 的 $I = 2$,$^{10}_{5}B$ 的 $I = 3$,$^{1}_{1}H$、$^{13}_{6}C$、$^{19}_{9}F$、$^{31}_{15}P$ 等的 $I = 1/2$,$^{35}_{17}Cl$、$^{79}_{35}Br$ 等的 $I = 3/2$,$^{17}_{8}O$ 的 $I = 5/2$ 等。

$I = 0$ 的核的 $\vec{P} = 0$,无自旋运动,无自旋磁矩。

表 10-3 自旋量子数与原子的质子数和原子序数的关系

质量	原子序数	自旋量子数
偶数	偶数	0
偶数	奇数	1,2,3…
奇数	奇数或偶数	$\frac{1}{2},\frac{3}{2},\frac{5}{2}$…

$I \neq 0$ 的核有自旋运动,所产生的磁矩($\vec{\mu}$)与自旋角动量($\vec{P}$)的关系为:

$$\vec{\mu} = \gamma \cdot \vec{P} \tag{10-13}$$

自旋磁矩与自旋角动量都是矢量,且方向重合。γ 称磁旋比,它是核的特征常数。例如,氢核的 $\gamma = 26.752 \times 10^7 \, rad/(T \cdot s)$,$^{13}C$ 的 $\gamma = 6.728 \times 10^7 \, rad/(T \cdot s)$。

像 ^1H、^{13}C 的 $I = 1/2$ 的核,其核磁共振谱线较窄,适宜于核磁共振检测,是核磁共振研究的主要对象。

(二) 原子核的磁能级

核自旋角动量与核磁矩是矢量,根据经典力学概念,角动量的方向遵循右手螺旋定则。因为核电荷和质量同时作自旋运动,因此核磁矩与角动量的矢量是平等的,如图 10-15 所示。

如果将原子核置于磁场中,由于核磁矩与磁场相互作用,核

●● 图 10-15 旋转带电粒子经典模型 ●●

磁矩相对磁场会有不同的取向。根据量子力学原理,核磁矩(或自旋轴)相对磁场只能有 $2I+1$ 个取向。同样,核磁矩在外磁场方向上的分量 μ_H 只能取对应的一定数值。

$$\mu_H = \gamma \cdot m \cdot \frac{h}{2\pi} \tag{10-14}$$

式中,m 为核自旋磁量子数,m 等于 $I、I-1、I-2\cdots-I+1、-I$,共有 $2I+1$ 个。

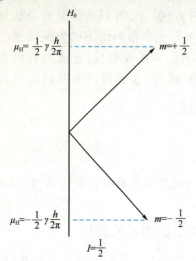

例如，$I=1/2$ 氢核，核磁矩 $\vec{\mu}_N$ 有两种取向（图10-16），其在外磁场的分量分别为：

$$\vec{\mu}_H = +\frac{1}{2}\gamma\frac{h}{2\pi} \text{ 及 } \vec{\mu}_H = -\frac{1}{2}\gamma\frac{h}{2\pi} \qquad (10\text{-}15)$$

根据电磁理论，在强度为 H_0 磁场中，放入一个磁矩为 $\vec{\mu}_N$ 的小磁铁，则它们的相互作用可用式（10-16）描述。

$$E = -\vec{\mu}_N H_0 = -\mu_N H_0 \cos\theta \qquad (10\text{-}16)$$

$$\text{或 } E = -m\gamma\frac{h}{2\pi}H_0 \qquad (10\text{-}17)$$

式（10-16）中，θ 为 μ_N 与 H_0 的夹角（图10-17）。对于空间取向量子化的核磁矩，同样也用上述公式表示原子核处在磁场中的能量。

图10-16 磁矩在外磁场方向投影

当 $\theta=0$ 时，$E=-\mu_N H_0$，负号表示体系的能量最低，即核磁矩与磁场同向，反之，当 $\theta=180°$ 时，$E=\mu_N H_0$，体系的能量最高，即核磁矩与磁场方向垂直时，位能等于零。当处于一定角度时，则其位能用式（10-18）计算可得。

$$E = -\mu_H H_0 \qquad (10\text{-}18)$$

式中，μ_H 是核磁矩 μ_N 在磁场方向上的分量。

当无外磁场存在时，核磁矩具有相同的能量。当核磁矩处于磁场中时，由于核磁矩的取向不同而具有不同的能量。也就是说，核磁矩在磁场作用下，将原来简并的 $2I+1$ 个能级分裂开来，这些能级通常称塞曼能级。如图10-18 给出 $I=1/2$ 的氢核的核磁能级分裂现象。

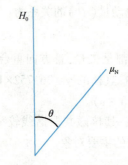

图10-17 μ_N 与 H_0 的夹角

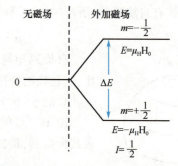

图10-18 氢核的核磁能级分裂

（三）核磁共振的产生

如上所述，核磁矩在磁场中有 $2I+1$ 种不同的能量状态，即核磁能级。当外来辐射的频率为 ν 的电磁波能量和能级差 ΔE 相同时，低能级的原子核就会吸收电磁波，跃迁到高能级而发生核磁共振吸收。

核磁共振与其他吸收光谱一样，能级间的跃迁服从跃迁规律。核磁能级的跃迁规律是 $\Delta m = \pm 1$，对 ^1H 核来说，由式（10-16）可知核磁共振条件为式（10-19）或式（10-20）。

$$h\nu = \gamma\frac{h}{2\pi}H_0 = 2\mu_H H_0 \qquad (10\text{-}19)$$

$$\nu = \frac{\gamma H_0}{2\pi} = \frac{2\mu_H H_0}{h} \qquad (10\text{-}20)$$

以 ^{1}H 为例，^{1}H 的磁旋比 $\gamma = 2.67\times10^8/(\text{T}\cdot\text{s})$，在磁场强度 $H_0 = 1.4092$ T 时，发生核磁共振所需要的辐射频率为：

$$\nu = \frac{2.67\times10^8 \times 1.4092}{2\times3.14} = 60\times10^6/\text{s} = 60 \text{ MHz}$$

以上是核磁共振的量子力学观点，除此之外，许多文献上还采用经典力学的观点。

如图 10-19 所示，将原子核放在磁场 H_0 中，由于核磁矩（即自旋轴）与外磁场方向成一定的角度，自旋的核在力矩作用下，磁矩就绕外场 H_0 做锥形转动。有磁矩的原子核在磁场中一方面自旋，一方面取一定的角度绕磁场转动，这种现象通常就称拉摩尔进动。

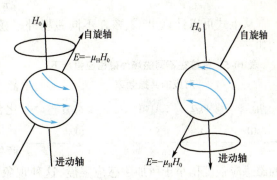

图 10-19 氢核的拉摩尔进动

不同的原子核有不同的进动频率，根据经典力学，拉摩尔进动频率 ω 为：

$$\omega = \gamma H_0 \qquad (10\text{-}21)$$

结果与式(10-20)一致。表 10-4 列举了多种磁性核的磁旋比和它们发生共振时 ν_0 和 H_0 的相对值。对于不同的原子核，由于 γ 值不同，发生共振的条件也不同。在相同的磁场中，不同的原子核发生共振时的频率各不相同，根据这一点可以鉴别各种元素和同位素；对于同一种核，γ 值一定，当外磁场一定时，共振频率也一定；磁场强度改变，共振频率也随之改变。

表 10-4 磁性核的旋磁比及共振时 ν_0 和 H_0 的相对值

同位素	$\gamma\times10^8/(\text{T}\cdot\text{s})$	ν_0/MHz	
		$H_0 = 1.4092$ T	$H_0 = 2.3500$ T
^{1}H	2.68	60	100
^{3}H	0.411	9.2	15.4
^{13}C	0.675	15.1	25.2
^{19}F	2.52	50.4	94.2
^{31}P	1.086	24.3	40.5
^{203}Ti	1.528	34.2	57.1

二、核磁共振波谱与分子结构

高分辨 NMR 主要是研究同种磁性核在外磁场作用下产生共振的微小变化，这些变化来源于核的磁屏蔽，起因于分子中电子环形运动所产生的次级磁场。而在高分辨 NMR 实验中得到的共振信号大多又是裂分谱线，造成裂分谱线的原因是磁性核之间的自旋-自旋相互作用。

对于高分辨 NMR 波谱大多应用而言，可以用化学位移和偶合常数来描述波谱。应用

NMR 波谱进行结构分析时,主要是基于观测到的化学位移和偶合常数与结构之间的实验关系。化学位移和偶合常数是核磁共振波谱中反映化学结构的两个重要参数。

化学位移

1. 化学位移的产生 已知孤立的氢核在磁场中的共振频率为:

$$\nu = \frac{\gamma H_0}{2\pi} \tag{10-22}$$

从上式可以计算出,氢核在不同磁场外磁感应强度时所对应的共振频率(表 10-5),例如:

表 10-5 氢核在不同磁场外磁感应强度下对应的共振频率

H_0	1.4092	2.1140	2.3500
ν/MHz	60	90	100

由计算推断,谱图中应当只有一个吸收峰。但实际上没有单独孤立的氢核,在有机化合物中,氢核都连接有各种原子或基团,氢核周围被运动的电子所围绕,运动着的电子产生一个方向相反的磁场,使氢核实际承受的磁感应强度稍小于所加磁感应强度,这种现象称为屏蔽,此时实际作用于核的磁感应强度(H')为:

$$H' = H_0 - \sigma H_0 = (1-\sigma)H_0 \tag{10-23}$$

式中,σ 为屏蔽常数。不同核的 σ 值不同,氢核的 σ 值为 10^{-5} 数量级,重原子的 σ 值较大。在这种情况下,使核产生共振所需之辐射频率(ν')为:

$$\nu' = \frac{\gamma H_0}{2\pi}(1-\sigma) \tag{10-24}$$

氢核受周围其他原子或基团的影响导致共振频率改变的这种现象,称为化学位移。

2. 化学位移的表示 由于化学位移值很小,采用绝对值表示十分不便,故采用相对表示法。为此,选择一个参比化合物,按下式表示相对化学位移(δ):

$$\delta = \frac{\nu_{样品} - \nu_{参比}}{\nu_{参比}} \times 10^6 \tag{10-25}$$

氢核磁共振最常用的标准物质为四甲基硅烷[$(CH_3)_4Si$,TMS]。在核磁共振波谱图中,规定 TMS 的 $\delta = 0$,其他的氢核的化学位移一般都在 TMS 的左侧。选 TMS 作为参比物的原因是:①TMS 中的氢核完全处于相同的化学环境,其共振条件一致,图谱中只有一个尖峰。②TMS 中质子的屏蔽常数大于其他化合物中的质子,在图谱中的尖峰远离被研究化合物的峰。③TMS 为化学惰性,易溶于有机溶剂中,沸点较低(bp = 27 ℃),易于用溶剂萃取法或蒸馏法从样品中除去。

3. 影响化学位移的因素 前述可知,化学位移是由于核外电子云的屏蔽造成的,因此影响核外电子云密度分布的各种因素都对化学位移有影响。

(1)相邻原子或基团的电负性:与质子相邻的原子或基团的电负性大时,该质子周围的电子云密度小,质子所受屏蔽程度也小,质子的共振信号移向低场,即 δ 增大。常见的各种电负性基团对甲烷中质子的化学位移影响,如表 10-6 所示。

表 10-6 甲烷中质子的化学位移与取代元素的电负性

化学式	CH_3F	CH_3OH	CH_3Cl	CH_3Br	CH_3I	CH_4	TMS	CH_2Cl_2	$CHCl_3$
取代元素	F	O	Cl	Br	I	H	Si	2× Cl	3× Cl

续表

电负性	4.0	3.5	3.1	2.8	2.5	2.1	1.8	—	—
化学位移	4.26	3.40	3.05	2.68	2.16	0.23	0	5.33	7.24

（2）共轭效应：共轭键效应也影响电子云的密度，有的使之增加，有的使之减少。例如，醚的氧原子上的孤对电子与C=C形成p-π共轭体系，使双键末端的次甲基质子的电子云密度增加，与乙烯相比，移向高场；又如，乙烯的氢被羰基取代后，由于羰基的电负性较高，降低了次甲基质子的电子云密度，故与乙烯相比，移向低场。

（3）氢键：当被测分子与溶剂形成氢键时，质子周围电子云的密度降低，因而导致氢键中质子的共振信号明显地移向低场。氢键的形成与溶剂性质、浓度有关，在惰性溶剂的溶液中，氢键的影响可不考虑。分子内氢键的化学位移变化，只决定其自身结构，而与浓度无关。

（4）各向异性效应：在外磁场的作用下，分子中的电子环流产生的感应磁力线具有闭合性质，其所产生的感应磁场，在不同的方向和部位有不同的屏蔽效应，与外磁场反向的感应磁场部位起屏蔽效应（+），与外磁场同向的感应磁场部位起去屏蔽效应（-），上述现象即为各向异性。各向异性效应通过空间感应磁场起作用，作用范围大，又称远程屏蔽。

乙烯（$CH_2=CH_2$）分子中，π电子云分布于σ键平面的上下方，其感应磁场中的空间分成屏蔽区（圆锥内，外加磁感应强度减弱，用"+"表示）和去屏蔽区（圆锥外，外加磁感应强度增强，用"-"表示），图10-20表明乙烯的各向异性效应。由于乙烯键的4个质子居于同一平面，位于分子的去屏蔽区，乙烯质子的δ为5.28，而乙烷（CH_3-CH_3）则为0.85，与之相比，乙烯移向低场。又如，乙炔分子（H—C≡C—H）分子，其炔键π电子云围绕C-C键轴呈圆筒状对称分布（图10-21），感应磁场起屏蔽作用，共振信号移向高场（δ=1.8）。又如，苯分子（图10-22），其质子处于去屏蔽区，共振信号移向低场（δ=7.27）。

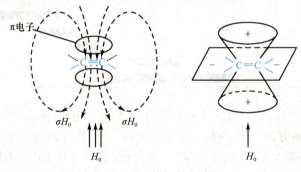

图10-20 乙烯的各向异性

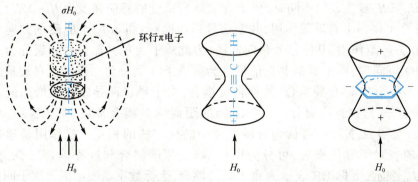

图10-21 乙炔的各向异性　　图10-22 苯的各向异性

(5) 化学位移与分子结构：化学位移是确定分子结构的一个重要信息，主要用于基团的鉴定。基团具有一定的特征性，处在同一类基团中的氢核其化学位移相似，因而其共振峰在一定范围内出现，即各种基团化学位移具有一定的特殊性。例如，—CH_3氢核化学位移一般在 0.8~1.5，羧羟基氢在 9~13。自 20 世纪 50 年代末高分辨核磁共振仪问世以来，人们测定了大量化合物的质子化学位移数据，建立了分子结构与化学位移的经验关系，表 10-7 给出了各种类型的氢核化学位移数据。

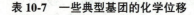

表 10-7 一些典型基团的化学位移

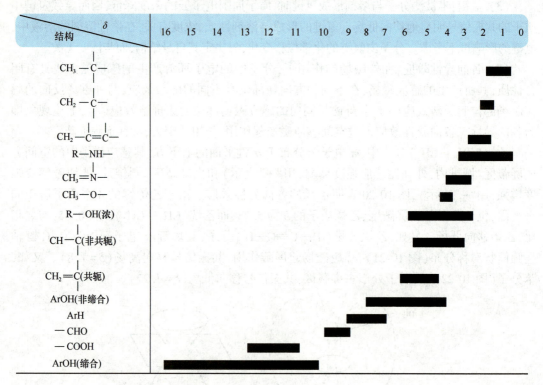

4. 自旋耦合与自旋裂分 每一个自旋质子都是一个小磁体，在外磁场中，质子自旋产生的磁场与外磁场方向可以一致，也可以相反。对于自旋质子来说，只有这两种可能性，其出现的概率基本是相等的。例如，化合物（乙醇 CH_3CH_2—OH），其两个相邻 C 原子上各有一个氢，即 H_A 和 H_B（图 10-23）。当此化合物置于外磁场（H_0）中时，如质子 A 的小磁场 ΔH_0 与 H_0 磁场方向不同时，质子 A 实际所承受的感应强度为 $H_0-\Delta H_0$，此时质子 B 对于质子 A 相当于有屏蔽作用，共振信号移向高场；当 ΔH_0 与 H_0 磁场方向相同时，相当质子 B 去屏蔽作用，共振信号移向低场，为此质子 A 的共振信号就裂分为二重峰[图 10-23(b)]；同理，质子 B 的共振信号也会被质子 A 裂分为二重峰。自旋核之间的这种相互作用称为自旋-自旋耦合，简称自旋耦合；由于耦合而导致谱线增加的现象称为自旋-自旋裂分，简称自旋裂分。两峰之间的距离称为耦合常数，用 J 表示，单位 Hz，J 与 μ 有关，与 H_0 无关。一般认为自旋耦合中的核与核的相互干扰作用是通过成键电子来传递的。对于氢核来说，可分为同碳耦合、邻碳耦合和远程耦合三类，分别用 $^2J_{HH}$、$^3J_{HH}$、$^4J_{HH}$ 表示，下标 HH 表示为质子间的耦合，上标数字则表示耦合质子间的键数。同碳耦合常数变化范围非常大，其值与其结构密切相关。同碳质子如 CH_4 和 CH_3—

CH₃ 在谱图中只有一个单峰,尚未观察到有裂分现象,如乙烯 ^2J = 2.3 Hz,而甲醛 ^2J 则高达 42 Hz。邻碳耦合是相邻碳上的氢产生的耦合,在饱和体系中氢核和氢核相隔 3 个单键, ^3J 的变化范围为 0~16 Hz。邻碳质子间的耦合最重要,其耦合常数是立体化学研究的有效信息,常用来鉴定分子结构。相隔 4 个或 4 个以上键的耦合称为远程耦合,远程耦合较弱, ^4J 在 1Hz 以下,一般观察不到,所以不重要。质子的自旋-自旋耦合常数如表 10-8 所示。

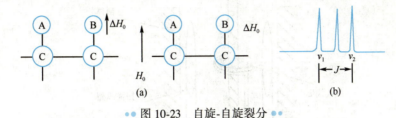

● ● 图 10-23　自旋-自旋裂分 ● ●

表 10-8　质子自旋-自旋耦合常数

类型	J_{ab}/Hz	类型	J_{ab}/Hz
H_a—C—H_b	10~15	H_a—C—CH_b (C=O)	2~3
H_a—C—C—H_b	6~8	C—CH_a—C—H_b (C=O)	5~7
H_a—C—C—C—H_b	0	H_a—C=C—H_b (顺)	15~18
H_a—C—OH_b	4~6	H_a—C=C—H_b	6~12

三、核磁共振波谱仪及核磁共振波谱法的应用

(一) 核磁共振波谱仪

核磁共振波谱仪一般分为两类,即连续波核磁共振波谱仪和脉冲核磁共振波谱仪(也称傅里叶变换核磁共振波谱仪)。前者性能差,工作效率低,通常完成一个样品的测试需 5~10 分钟,且只能测 ^1H 谱;后者分析速度快,灵敏度高,应用广泛,可测 ^1H 核、^{13}C 核和其他核的图谱,可开拓 NMR 波谱的新技术等,故已确定了它的重要地位。

核磁共振波谱仪由磁体、磁场扫描发生器、射频发生器、射频接收器及信号记录系统组成,基本结构如图 10-24 所示。

1. 磁体　作用是提供一个稳定、高强度的磁场,永久磁铁、电磁体和超导磁体均可采用。磁体磁场的均匀性、稳定性及重现性必须十分良好,核磁共振波谱仪的灵敏度和分辨率决定于磁体的强度和质量。为了控制磁感应强度的波动,常备有频率锁定装置。

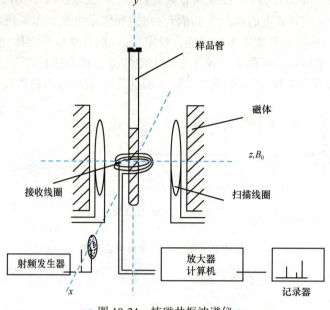

● ● 图 10-24　核磁共振波谱仪 ● ●

2. 磁场扫描发生器　由一对平行安装的线圈组成,线圈与磁体磁场方向同轴,线圈通直流电,当电流改变时磁感应强度也随之小范围改变,由此可以调节有效磁感应强度。

3. 射频发生器　通常采用石英振荡器发生基频,经倍频、调谐及放大后,反馈入发射线圈中。射频发生器用于提供固定频率的辐射,射频发生器连接发射线圈,该线圈与扫描线圈垂直,射频辐射能量就可以传送给样品。样品管周围绕有接收线圈,并连接射频发生器。以上三种线圈,即发射线圈、接收线圈和扫描线圈,它们互相垂直。

4. 检测记录系统　共振信号通过接收线圈进入射频接收器,检测信号经放大(约 10^5 倍)后,进入记录器,给出核磁共振谱图,谱图纵轴为共振信号强度,横轴为扫描频率(自左至右,由高到低)或对应的磁感应强度(由低到高)。现代核磁共振波谱仪配有积分装置,可在谱图上显示出积分数据。

5. 样品容器　应不吸收射频辐射,通常用硼硅酸盐玻璃制成管状,管长 15～20 cm,管外径为 5 mm 和 10 mm。为了消除磁场的非均匀性,提高谱峰的分辨率,利用高速气流冲击样品管使之绕轴急速旋转。

（二）核磁共振波谱法的应用

核磁共振波谱法主要用于有机化合物的分子结构分析,广泛应用于有机物的合成和天然产物的分离,较少用于有机物的定量分析和定性分析。

1. 有机化合物分子结构分析

（1）核磁共振图谱的测试:将有机化合物提纯后,用核磁共振波谱仪测试,得到核磁共振波谱图,而后解析图谱,从图上可以得到多方面的信息。

1）吸收峰的频率:由此算出化学位移值,可应用于鉴别有机化合物的含氢基团,确定含氢基团在分子中的结构配置,推断质子所处的环境。

2）峰裂分及耦合常数(J):由此可以确定自旋耦合、自旋裂分的模式,鉴别相邻的质子环境。

3) 积分线:在谱图中可见从左到右呈阶梯形的曲线,此曲线即为积分线,将谱图中各组共振峰的面积加以积分,即得积分线。积分线中各阶段的高度代表各组峰的面积大小,因为峰面积与给定的耦合裂分模式相应的质子数成正比,因此峰面积之比等于积分线高度之比,也等于质子数之比。就此可以确定各组质子的数目,也可以明确各组峰相对应的含氢基团。

(2) 核磁共振谱图解析

1) 由积分线高度算出各信号的相对强度,即可得出各种氢核的数目比。

2) 先解析孤立的 CH_3 信号,如 CH_3O-,$H_3C-\overset{|}{\underset{|}{N}}-$,$H_3C-\overset{O}{\underset{\|}{C}}-$,$H_3C-\overset{|}{\underset{|}{C}}=\overset{|}{C}-$,$CH_3-Ar$ 等,然后再解析耦合的 CH_3 信号。

3) 解析 $-COOH$、$-CHO$ 的低场信号。

4) 解析芳香核上的氢核信号。

5) 根据化学位移值、峰的数目和耦合常数等推断结构。

6) 必要时可与类似化合物谱图或标准谱图进行比较。

(3) 核磁共振谱图解析实例

例 10-3 有一纯化合物,经元素分析只含碳和氢,用核磁共振波谱法分析,测得以下谱图,试鉴定其分子结构。

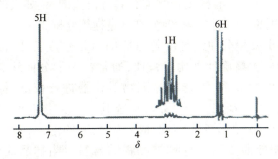

解: 1) 由图可见,δ 在 7.3 处有一单峰,查阅资料得知,此化合物可能存在苯环。

2) 由积分曲线高度之比,可推断从低场到高场的三组峰的质子比为 5∶1∶6,故知此芳香化合物为单取代苯。

3) 在 δ 为 2.9 处有七重峰,在 δ 为 1.3 处有两重峰,可模拟出化合物有如下结构。

$$\text{C}_6\text{H}_5-\overset{CH_3}{\underset{CH_3}{CH}}$$

4) 验证。由于 $-\overset{H}{\underset{|}{C}}-$ 基团的质子与 2 个化学环境相同的 $-CH_3$ 相连,故裂分为七重峰。2 个 $-CH_3$ 质子都被 $-\overset{H}{\underset{|}{C}}-$ 耦合,裂分为二重峰,此化学键位移相同,峰叠加,强度增加一倍,$-\overset{H}{\underset{|}{C}}-$ 质子的去屏蔽作用强于 $-CH_3$ 质子,故相对处于低场。

例 10-4 某一化合物,经元素分析确定其分子式为 $C_5H_{10}O_2$,其磁共振谱图如下。试根据此谱图鉴定其分子结构。

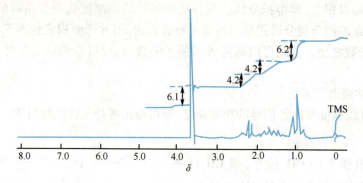

解：从积分曲线可知，从左到右各组峰面积之比为 6.1：4.2：4.2：6.2，这表明分子中 10 个质子的分布为 3、2、2 和 3。在 $\delta=3.6$ 单峰为孤立的甲基，查阅参考书化学位移表，推测此峰可能为 $CH_3O—CO—$ 基团；根据其质子的分布情况，(2：2：3) 及分子式中尚有 3 个 C，所以推测分子中可能有一个正丙基。所以此化合物的分子结构可能为 $CH_3CH_2CH_2COOCH_3$，即丁酸甲酯。

$\delta=0.9$ 处的三重峰是典型的与 $—CH_2—$ 基团相邻的甲基峰，$\delta=2.2$ 处的三重峰是同羰基相邻的 $—CH_2—$ 基峰，另一个 $—CH_2—$ 基则在 $\delta=1.7$ 处有一组峰，所以以上推断是正确的。

2. 定性分析和定量分析　有机化合物均有其特征谱图，犹如人的指纹一样，可将未知物的谱图与标准谱图对照，即可鉴定未知物，这就是指纹分析。

因为谱图中峰面积或积分曲线高度与对应的氢核数成正比，故可以利用峰面积进行定量分析。由于峰面积精确计算比较繁琐，通常都用积分曲线高度来定量。为了确定积分高度与质子浓度的关系，需选取标准物对仪器进行校准，标准物应不与试样峰重叠，因有机硅化合物的峰都在高场，所以常选其为标准物。测定时，多使用内标法，即准确称取样品和标准物，加适宜溶剂配成一定浓度的溶液，而后用核磁共振波谱仪测定谱图，从谱图的积分曲线高度计算被测物的含量。当样品成分复杂，难以选择可用的标准物时，需使用外标法。外标法要严格控制实验条件，以保证结果的准确性。应当指出的是，在分析成分复杂的样品时，谱峰可能重叠，加之核磁共振波谱仪价格昂贵，所以本法的定性、定量分析的应用受到很多限制，加之有的方法（如色谱法）对有机物的分离、分析都很准确、便捷，因此在对有机物定性、定量分析时，较少选用核磁共振波谱法。

第 5 节　质　谱　法

一、概述

质谱法（MS）是利用离子化技术，将物质分子转化为离子，按其质荷比（离子质量与电荷质量之比（m/z）差异进行分离和测定的方法。质谱法的分析过程如图 10-25 所示，样品通过导入系统进入离子源，被电离成离子或碎片离子，由质量分析器将其分离并按质荷比大小依次进入检测器，信号经放大、记录得到色谱图。

图 10-26 为标准色谱图，其横坐标为质荷比，纵坐标为每种带电离子的相对强度。通过

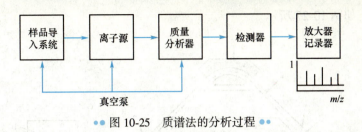

●● 图10-25　质谱法的分析过程 ●●

质荷比,可以确定离子的质量,从而进行样品的定性分析和结构分析;通过每种离子的峰高,可以进行定量分析。

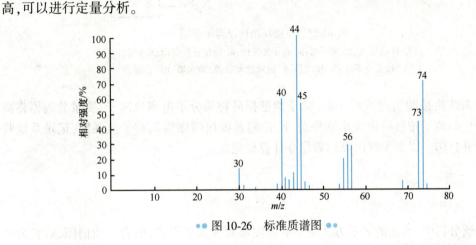

●● 图10-26　标准质谱图 ●●

目前,质谱分析方法已广泛应用于化学、化工、材料、环境、地质、能源、药物、生命科学、运动医学等各个领域,是由其特点决定的。

(1) 高灵敏度:无论有机物或无机物都有较高的灵敏度,其绝对灵敏度为 $10^{-7} \sim 10^{-4} \mu g$,相对灵敏度为 $10^{-8}\% \sim 10^{-4}\%$。

(2) 高分辨本领:能分辨同位素,如 ^{200}Hg 和 ^{201}Hg、^{235}U 和 ^{238}U,以及有机化合物中性质极为相似的不同物质。

(3) 高效率:分析速度快,能测定化学反应中存在微秒(μs)数量级的中间产物。飞行时间质谱仪每秒可记录10万张质谱图,表态质谱仪每秒也可记录200个质谱峰。

(4) 应用范围广:可对气态、液态、固态的有机物或无机物进行成分分析,测定相对原子质量和相对分子质量,对有机化合物的结构分析更具有独特功能。

质谱分析法的缺点是质谱仪器价格昂贵,质谱图十分复杂,难于剖析。另外,质谱法要求高纯度样品的特点,使它的应用受到一定的限制。目前,质谱法与不同的分离方法联用,如与气相色谱、液相色谱和毛细血管电泳等的联用,加之质谱仪本身的联用,即串联质谱等,使得质谱法在分离和鉴定复杂混合物组成及结构方面成为极有力的可靠手段。在生命科学领域,尤其是针对大规模蛋白质组学的研究,质谱法已成为一个不可替代的重要工具。

二、质谱仪

质谱仪主要有单聚焦质谱仪和双聚焦质谱仪两种类型。其主要组成部分大致相同,一般由进样系统、离子源、质量分析器、离子检测器、记录及计算机系统等部分组成。单聚焦质谱仪的结构,如图 10-27 所示。

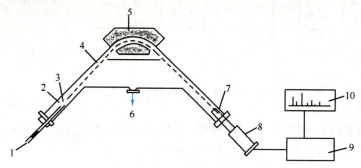

● ● 图 10-27　质谱仪结构原理示意图 ● ●

1. 样品导入；2. 离子源；3. 离子加速区；4. 质量分析管理；5. 磁铁；
6. 接真空系统；7. 检测器；8. 前置放大器；9. 放大器；10. 记录器

进样系统将被测物送入离子源,离子源把样品物质分子电离成离子,质量分离器将离子源中产生的离子按质荷比大小顺序分开,检测系统按顺序检测粒子流强度,记录系统将信号记录并打印。以上步骤由操作者指令计算机完成。

▶▶ 三、质谱图及其应用

(一) 质谱图与质谱表

在质谱分析中,质谱的表示方法主要有棒图形式和表格形式,前者为质谱图,后者为质谱表。图 10-28 是一张多巴胺的质谱图,其横坐标表示质荷比(m/z),纵坐标表示相对强度,即离子数目多少。

将质谱图中最强峰的高度定为 100%,并将此峰称为基峰,以此最强峰的高度除以其他各峰高度,所得分数即为其他离子的相对强度。

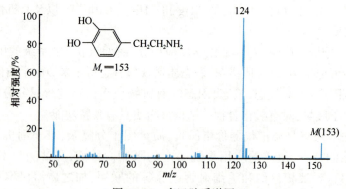

● ● 图 10-28　多巴胺质谱图 ● ●

把原始质谱图数据加以归纳,列成以质荷比为序列的表格形式即为质谱表。质谱表中有两项,一项为质荷比,一项是相对强度。表 10-9 是多巴胺的部分质谱表。

第十章 其他仪器分析法简介

表 10-9　多巴胺部分质谱表

m/z	相对强度/%	m/z	相对强度/%	m/z	相对强度/%	m/z	相对强度/%
50	4.00	64	1.57	79	2.71	123	41.43
51	25.71	65	3.57	81	1.05	124	100.00
52	3.00	66	3.14	89	1.57		（基峰）
53	5.43	67	2.86	94	1.76	125	7.62
54	1.00	75	1.00	95	1.43	136	1.48
55	4.00	76	1.48	105	4.29	151	1.00
62	1.57	77	24.29	106	4.29	153	13.33(M)
63	3.29	78	10.48	107	3.29	154	1.48(M+1)

由此可见，从质谱图上可以很直观地观察到整个分子的质谱全貌，而质谱表则可以准确地给出精确的 m/z 值及相对强度，有助于进一步分析。

（二）质谱图中的主要离子类型

质谱信号十分丰富。分子在离子源中可产生各种电离，即同一种分子可以产生多种离子峰，其中比较有用的有分子离子峰、同位素离子峰、碎片离子峰、重排离子峰、亚稳离子峰等，它们的强度与分子结构及离子源的加速电压有关。

1. 分子离子　分子在离子源中失去 1 个电子形成的离子称为分子离子或母离子。在质谱中，由分子离子所形成的峰，称为分子离子峰。当失去 1 个电子时，分子离子的质荷比 $m/z = m$，这正是样品分子的相对分子质量。如果失去 2 个或 3 个电子时，分子离子的相对质荷比 $m/2z$、$m/3z$，在质谱图的 $m/2z$、$m/3z$ 处出现分子离子峰。因此，分子离子峰的质荷比是确定相对分子质量及分子式的重要依据。

2. 碎片离子　分子在离子源中获得能量，超过分子离子化所需要的能量时，分子中的某些化学键发生断裂而产生碎片离子，这些碎片离子如果获得能量，还可进一步裂解产生更小的碎片离子。如：

$$(CH_3)_2C=O^{+\cdot} \xrightarrow{-CH_3} CH_3-C\equiv O^+ \xrightarrow{-CO} CH_3^+$$

$$M^{-}\cdot = 58 \qquad m/z = 43 \quad m/z = 15$$

反应式中，$CH_3-C\equiv O^+$ 称为碎片离子。这种初级离子还有可能进一步裂解，产生新的碎片离子 CH_3^+，同时失去中性分子 CO。

碎片离子的形成与分子结构有着密切的关系，一般可根据反应中形成的几种主要碎片离子，推测原来化合物的大致结构。

3. 同位素离子　大多数元素都是由一定自然丰度的同位素组成，不同元素的同位素由于含量不相同，在质谱图中就会出现含有这些同位素的离子峰，这些含有同位素的离子称为同位素离子。例如，在裂解过程中，若产生 $^{12}CH_2^+$ 离子，同时也会产生质量数大于 14 的同位素离子 $^{13}CH_2^+$、$^{12}CHD^+$、$^{12}CD_2^+$、$^{13}CHD^+$ 和 CD_2^+ 等，在高分辨的质谱中将不是一个单独的 $m/z = 14$ 峰，而是出现质量分别为 14.015 66、15.019 01、15.021 93、16.028 2、16.025 28、17.031 55 的 6 个峰，除 14.015 66 处的 $^{12}CH_2^+$ 峰外，其余均为同位素峰。同位素峰在质谱解析中有很大的用处。

除上述离子外,在分子离子裂解过程中,还可能产生重排离子、亚稳离子及多电荷离子,从而产生相应的重排离子峰、亚稳离子峰、多电荷离子峰等。

(三) 质谱的定性分析

质谱是鉴定物质的最有力的工具之一,其中包括结构鉴定、相对分子质量测定及化学式确定。

1. 结构鉴定 若试验条件恒定,每个分子都有自己的特征裂解模式。根据质谱图所提供的分子离子峰、同位素及碎片离子峰的信息,可以推断化合物的结构。如果从单一质谱提供的信息不能推断或需要进一步确证,则可借助于红外光谱和核磁共振等光谱和波谱手段得到最后的证实。

从未知化合物的质谱图进行结构鉴定,其步骤大致如下:

(1) 确证分子离子峰:从获得的分子离子峰,可知以下相关信息:①从强度可大致知道属于某类化合物;②知道了相对分子质量,便可查阅 Beynon 表;③将它的强度与同位素峰强度比较,可判断可能存在的同位素。

(2) 用同位素峰强度比法或精密质量法确定分子式。

(3) 利用化学式计算不饱和度。

(4) 利用碎片离子信息,判断未知物的结构。

(5) 综合以上信息或联合使用其他手段最后确证结构式。

根据已获得的质谱图,可以利用文献提供的图谱进行比较、检索。从测得的质谱图信息中,提取出几个(一般为 8 个)最重要峰的信息,并与标准图谱进行比较,从而作出鉴定。

2. 相对分子质量的确定 一般来说,与分子离子峰相当的质子数,就是被测样品的相对分子质量时,即分子离子峰的质荷比 m/z 等于相对分子质量。用质谱法测定化合物的相对分子质量快速而准确,用单聚焦质谱仪可测得整数位,双聚焦质谱仪可精确到小数点后四位,利用高分辨率质谱仪可以区分标称相对分子质量相同(如 120)、而非整数部分质量不相同的化合物。例如,四氮杂茚,$C_5H_4N_4$(120.044);苯甲脒,$C_7H_8N_2$(120.069);乙基甲苯,C_9H_{12}(120.094)和乙酰苯,C_8H_8O(120.157)。若测得其化合物的分子离子峰质量为 120.069,显然化合物为苯甲脒。

3. 分子式的确定 在质谱图中,确定了分子离子峰,并知道了化合物相对分子质量后,就可确定化合物的分子式。利用质谱法确定化合物分子式方法有两种:一是用高分辨率质谱仪确定分子式;二是用同位素峰强比,并通过计算或查表(Beynon 表)求分子式。

(四) 质谱的定量分析

质谱检出的离子流强度与离子数目成正比,因此通此离子流强度测量可以进行定量测定。以质谱法进行定量分析时,应满足下面一些必要条件:

(1) 组分中至少有一个与其他组分有显著不同的峰;

(2) 有合适地供校正仪器的标准物;

(3) 各组分的裂解应具有重现性;

(4) 组分的灵敏度应具有一定的重现性;

(5) 每一组分对峰的贡献应具有线性加和性。

质谱的定量分析与其他仪器分析方法一样,要求标准物质,对浓度的测量是基于待测

第十章 其他仪器分析法简介

化合物的响应值与标准物或参照物的响应之间的关系,即利用标准曲线,采用内插法得到待测物的浓度。标准物有内标和外标两种。

> **链接**
>
> ### 色谱-质谱联用技术
>
> 色谱-质谱联用技术是当代最重要的分离和分析方法之一。色谱法的优势在于分离,色谱的分离能力为混合物分离提供了最有效的选择,但色谱法难以得到物质结构信息,在对复杂未知混合物结构分析方面显得薄弱;质谱法能提供丰富的结构信息,但其样品需要预处理(纯化、分离),程序复杂、耗时长。采用色谱法和质谱法技术的联用,将两者结合起来,优势互补,在医药研究中得到了越来越广泛的应用。
>
> 目前,应用较多的是气相色谱-质谱(GC-MS)联用和高效液相色谱-质谱(HPLC-MS)联用。GC-MS联用仪由气相色谱、接口(GC和MS之间的连接装置)、质谱仪和计算机四部分组成;HPLC-MS联用仪由液相色谱、接口、质量分析器、真空系统和计算机数据处理系统组成。

小 结

1. 物质吸收光子能量而被激发,然后从激发态的最低振动能级回到基态时所发出的光为荧光。根据物质荧光谱线的位置及其强度鉴定物质并测定物质含量的方法,称为荧光分析法。

2. 荧光分光光度计由激发光源、激发单色器、发射单色器、样品池和检测器等部件组成。

3. 荧光分析法的定量依据是:$c_x = c_s \times \dfrac{F_x - F_0}{F_s - F_0}$

4. 原子吸收分光光度法是基于蒸气中被测元素的基态原子对其原子共振辐射的吸收强度来测定试样中被测元素含量的一种分析方法。

5. 原子吸收分光光度计由光源、原子化器系统、分光系统和检测系统四部分组成。

6. 当一束红外光照射物质时,被照射的物质的分子将吸收一部分相应的光能,转变为分子的振动和转动的内能,使分子固有的振动和转动能级跃迁到较高的能级,光谱上出现吸收光谱带,即为该物质的红外吸收光谱。利用红外光谱图可进行定性分析、定量分析和结构分析的方法,称为红外光谱法。

7. 红外光谱产生的条件:①电磁辐射的能量应刚好满足分子振动与转动能级跃迁所需的能量;②分子在振动过程中,分子偶极矩要发生变化。

8. 红外光谱的解析步骤:①了解样品的基本情况和谱图的测试方法;②由分子式计算不饱和度;③解析谱图中的特征峰和相关峰;④提出化合物的可能结构。

9. 核磁共振波谱法是研究处于强磁场中的原子核磁能级跃迁时对射频辐射的吸收,进而获得有关化合物分析结构信息的分析方法,其中以^1H核为研究对象获得的谱图称为氢核磁共振波谱,以^{13}C为研究对象获得的谱图称为碳核磁共振波谱。

10. 核磁共振波谱仪由磁体、磁场扫描发生器、射频发生器、射频接收器及信号记录系统组成。

11. 核磁共振波谱图解析步骤:①由积分线高度算出各信号的相对强度,即可得出各种氢核的数目比;②先解析孤立的CH_3信号,然后再解析耦合的CH_3信号;③解析—COOH、—CHO的低场信号;④解析芳香核上的氢核信号;⑤根据化学位移值、峰的数目和耦合常数等推断结构;⑥必要时可与类似化合物谱图或标准谱图进行比较。

12. 质谱法是利用离子化技术,将物质分子转化为离子,按其质荷比差异进行分离和测定的方法。

目标检测

一、名词解释

1. 荧光分析　2. 共振吸收线　3. 红外光谱
4. 核磁共振波谱　5. 质谱法

二、选择题

1. 荧光光谱属于（　　）
   A. 吸收光谱　　　　B. 发射光谱
   C. 质谱　　　　　　D. 红外光谱

2. 下列跃迁过程是光辐射过程的是（　　）
   A. 振动弛豫　　　　B. 内转换
   C. 猝灭　　　　　　D. 系间窜跃

3. 在荧光分析中，所用吸收池是四面透光，原因是（　　）
   A. 为了方便
   B. 防止位置放错
   C. 和入射光平行方向测荧光
   D. 和入射光垂直方向测荧光

4. 下列说法正确的是（　　）
   A. 分析线一定是共振线
   B. 原子吸收光谱的谱线较多
   C. 共振线是基态气态原子跃迁至第一激发态时的吸收谱线
   D. 基态原子蒸气对特征谱线的吸收不遵循吸收定律

5. 下列不属于火焰原子化器的组成部件（　　）
   A. 雾化器　　　　　B. 雾化室
   C. 燃烧器　　　　　D. 石墨管

6. 原子化器的主要作用是（　　）
   A. 将试样中的待测元素转化为基态原子蒸气
   B. 将试样中的待测元素转化为激发态原子
   C. 将试样中的待测元素转化为中性分子
   D. 将试样中的待测元素转化为离子

7. 空心阴极灯的主要缺点是（　　）
   A. 发射谱线强度低
   B. 稳定性差
   C. 激发效率低
   D. 测一种元素需更换一个灯

8. 红外光谱属于（　　）
   A. 电子光谱　　　　B. 振动-转动光谱
   C. 原子光谱　　　　D. 转动光谱

9. 红外光谱谱图上的"谷"是红外光谱的（　　）
   A. 吸收峰　　　　　B. 肩峰
   C. 末端吸收　　　　D. 谷

10. 下列分子中,不能产生红外吸收的是（　　）
    A. CO　　　　　　　B. H_2O
    C. SO_2　　　　　　D. H_2

11. 波数（$\bar{\nu}$）是指（　　）
    A. 每厘米距离内光波的数目
    B. 相邻两个波峰或波谷间的距离
    C. 每秒钟内振动的次数
    D. 1个电子通过1V电压降时具有的能量

12. 红外光谱仪的样品池窗片是下面哪种材料做的（　　）
    A. 玻璃　　　　　　B. 石英
    C. 溴化钾岩盐　　　D. 花岗岩

13. 下列哪一组原子核不产生核磁共振信号（　　）
    A. ^2_1H、$^{14}_7N$　　　B. $^{19}_9F$、$^{12}_6C$
    C. $^{12}_6C$、^1_1H　　　D. $^{12}_6C$、$^{16}_8O$

14. 氢谱主要通过信号的特征提供分子结构的信息,以下哪项不是信号特征（　　）
    A. 峰的位置　　　　B. 峰的裂分
    C. 峰高　　　　　　D. 积分线高度

15. 下列化合物中的质子,化学位移最小的是（　　）
    A. CH_3Br　　　　　B. CH_4
    C. CH_3I　　　　　D. CH_3F

16. 核磁共振波谱分析中,当质子核外电子云密度增加时（　　）
    A. 屏蔽效应增强,化学位移大,峰在高场出现
    B. 屏蔽效应减弱,化学位移大,峰在高场出现
    C. 屏蔽效应增强,化学位移小,峰在高场出现
    D. 屏蔽效应增强,化学位移大,峰在低场出现

17. 利用质谱法进行分离是按照（　　）
    A. 质荷比（m/z）的差异
    B. 吸收光的不同
    C. 发射光的不同
    D. 物质分子的质量不同

18. 质谱法的碎片离子是（　　）
    A. 分子离子
    B. 阴离子
    C. 分子离子进一步裂解所产生的所有离子
    D. 同位素离子

19. 生物样品中微量元素的测定,可采用下列哪种

方法测定(　　)
　A. 原子吸收分光光度法
　B. 荧光法
　C. 红外光谱法
　D. 紫外-可见分光光度法

三、简答题

1. 荧光分析法常用的定量方法有哪些？
2. 原子吸收分光光度计主要由哪几部分组成？各部分的功能是什么？
3. 红外光谱法的特点有哪些？红外区域是如何划分的？
4. 核磁共振波谱法中，影响化学位移的因素有哪些？
5. 质谱分析中，质谱的表示方法有哪些？各具什么特点？

四、计算题

1. 用 $H_0 = 2.3487$ T 的仪器测定 ^{19}F 及 ^{31}P，已知它们的磁旋比分别为 2.5181×10^8/(T·s) 及 1.0841×10^8/(T·s)，试计算它们的共振频率。
2. 试计算 200 及 400 MHz 仪器的磁场强度是多少(T)。

（司　毅）

实验部分

实验 1　电子天平称量练习

▶ 一、实验目的

1. 掌握电子天平的基本操作和常用称量方法。
2. 熟悉称量瓶的使用方法。
3. 了解电子天平的结构,熟悉其使用规则。

▶ 二、实验试剂与仪器

试剂:Na_2SO_4(或其他粉末状试样)。

仪器:电子天平(FA2104 或其他型号均可)、称量瓶、小烧杯、牛角匙。

▶ 三、实验原理

　　电子天平是利用电子装置完成电磁力补偿的调节,使物体在重力场中实现力的平衡,或通过电磁力矩的调节,使物体在重力场中实现力矩的平衡。根据 $F_1L_1 = F_2L_2$,F_1 和 F_2 是地心对称量物和砝码的引力,即两者的重量。等臂天平,$L_1 = L_2$,所以 $F_1 = F_2$,即 $m_1g = m_2g$,故 $m_1 = m_2$,从砝码的质量就可以知道被称物的质量(习惯上称为重量)。

▶ 四、实验内容

1. 天平检查　查看水平仪,如不水平,通过水平调节脚调至水平。

2. 预热　接通电源,预热(60 分钟),待天平显示屏出现稳定的 0.0000 g,即可进行称量。若天平显示不在零状态,可按"TARE"或"去皮"键,使天平显示回零。

3. 直接称量练习

(1) 将洁净、干燥的小烧杯轻轻放在称量盘中央,关上天平门,待显示平衡后,按"TARE"或"去皮"键扣除容器质量并显示零点。

(2) 打开天平门,用牛角匙将试样缓缓加入烧杯中,直至显示屏出现所需质量数,停止加样并关上天平门,此时显示屏显示的数据即是实际所称的质量。

(3) 精密称取约 0.5 g(0.49~0.51 g)、0.3 g(0.29~0.31 g)、0.1 g(0.09~0.11 g)各三份试样于小烧杯中。按下列格式做好记录和报告。

日期：＿＿＿年＿＿＿月＿＿＿日   天平号：

m_1/g	0.5033	0.4976	0.5003
m_2/g	0.3008	0.2980	0.3024
m_3/g	0.1002	0.1027	0.0997

4. 递减称量练习

（1）取一洁净、干燥的称量瓶，装入 Na_2SO_4（或其他粉末状试样），约至称量瓶的 2/3 左右，用洁净的小纸条套在称量瓶上，将称量瓶放于天平称量盘中央，在天平上称得质量为 m_1，取出称量瓶，于小烧杯的上方，取下瓶盖，将称量瓶倾斜，用瓶盖轻敲瓶口，使试样慢慢落入烧杯中，接近所需要的重量时，用瓶盖轻敲瓶口，使粘在瓶口的试样落下，同时将称量瓶慢慢直立，然后盖好瓶盖。再称称量瓶质量为 m_2。两次质量之差，就是倒入烧杯中的第一份试样的质量。按上述方法可连续称取多份试样。

第一份试样质量 = $m_1 - m_2$(g)

第二份试样质量 = $m_2 - m_3$(g)

第三份试样质量 = $m_3 - m_4$(g)

（2）精密称取约 0.5 g(0.45~0.55 g)、0.3 g(0.27~0.33 g)、0.12 g(0.10~0.13 g)各三份试样于小烧杯中，按下列格式做好记录和报告。

日期：＿＿＿年＿＿＿月＿＿＿日   天平号：

m_1/g	19.5634	19.0622	18.5325	18.0347	17.7621	17.4808	17.2092	17.1064	17.0001
m_2/g	19.0622	18.5325	18.0347	17.7621	17.4808	17.2092	17.1064	17.0001	16.8823
m_3/g	0.5012	0.5297	0.4978	0.2726	0.2813	0.2716	0.1028	0.1063	0.1178

五、注意事项

1. 实验前应认真预习电子天平称量的有关内容，实验时严格遵守电子天平的使用规则。

2. 取放烧杯、称量瓶或其他被称物时，不得直接用手接触，应将被称物用一干净的纸条套住，也可戴专用手套进行操作。

3. 称量物不得超过天平的量程。

4. 递减称量时，若敲出的试样量不够时，可重复上述操作；如敲出的试样多余要求的质量范围，则只能弃去重做。

5. 递减称量时，要在接受容器的上方打开称量瓶盖或盖上瓶盖，以免可能黏附在瓶盖上的试样失落他处。

6. 称量结束后，取出被称物，按"OFF"或"关机"键，关闭天平，用软毛刷清洁天平内部，关闭天平侧门，罩上天平罩，切断电源，在天平使用登记本上登记。

六、思考题

1. 固定质量称量法和递减称量法各有何优缺点？各适用于何种试样的称量？
2. 电子天平的称量原理是什么？与电光分析天平有何区别？

实验 2 滴定分析基本操作练习实验

一、实验目的

1. 掌握滴定管、移液管和容量瓶的基本操作。
2. 学习滴定终点的观察与判断。

二、实验试剂与仪器

试剂:硫酸铜(化学纯)、NaOH 溶液(0.1 mol/L)、HCl 溶液(0.1 mol/L)、甲基橙指示液、酚酞指示液、溴甲酚绿-甲基红混合指示液。

仪器:酸式滴定管(50 ml)、碱式滴定管(50 ml)、容量瓶(250 ml)、锥形瓶(250 ml)、移液管(25 ml)、刻度吸量管(10 ml)、量筒(25 ml)。

三、实验原理

正确使用各种滴定分析器皿,不仅是获取准确测量数据以保证良好分析结果的前提,而且是培养规范滴定操作技能及动手能力的重要手段。必须按着正确的方式进行容量瓶、移液管和滴定管的操作,并练习滴定操作及滴定终点的判定。

四、实验内容

1. 容量瓶的使用练习 称取 $CuSO_4$ 约 0.1 g,置小烧杯中,加水约 20 ml,搅拌溶解后,转移至 250 ml 容量瓶中,稀释至刻度,摇匀。

2. 移液管使用练习 用移液管精密量取上述 $CuSO_4$ 溶液 25 ml 于锥形瓶中,移取 3~6 份,直至熟练。

3. 滴定操作及终点判定练习

(1) 用刻度吸量管精密量取 0.1 mol/L NaOH 溶液 10 ml 于锥形瓶中,加水 20 ml,加甲基橙指示液 1 滴,摇匀。选用酸式滴定管,用 0.1 mol/L HCl 溶液滴定至溶液由黄色变橙色,即为终点。再于锥形瓶中加入 0.1 mol/L NaOH 溶液数滴,再滴定至终点,反复练习,直至熟练,注意掌握滴加 1 滴、半滴的操作。

(2) 用刻度吸量管精密量取 0.1 mol/L HCl 溶液 10 ml 于锥形瓶中,加水 20 ml,加酚酞指示液 2 滴,摇匀。选用碱式滴定管,用 0.1 mol/L NaOH 溶液滴定至溶液由无色变为淡粉红色,即为终点。再于锥形瓶中加入 0.1 mol/L HCl 溶液数滴,再滴定至终点,反复练习,直至掌握。

(3) 用刻度吸量管精密量取 0.1 mol/L NaOH 溶液 10 ml 于锥形瓶中,加水 25 ml,加溴甲酚绿-甲基红混合指示液 5 滴,摇匀。选用酸式滴定管,用 0.1 mol/L HCl 溶液滴定至溶液由绿色变为紫红色,加热煮沸 2 分钟(又变为绿色),冷至室温后,继续滴至溶液由绿色变为暗紫色,即为终点。

五、注意事项

1. 滴定管、移液管在装入溶液前需用少量待装溶液润洗 2~3 次。

2. 本实验中所配制的 0.1 mol/L HCl 溶液和 0.1 mol/L NaOH 溶液并非标准溶液,仅限在滴定练习中使用。

3. 滴定管、移液管和容量瓶是带有刻度的精密玻璃量器,不能用直火加热或放入干燥箱中烘干,也不能装热溶液,以免影响测量的准确度。

4. 滴定仪器使用完毕,应立即洗涤干净,并放在规定的位置。

六、思考题

1. 为什么同一次滴定中,滴定管溶液体积的初、终读数应由同一操作者读取?
2. 使用移液管、刻度吸量管应注意什么?留在管内的最后一滴溶液是否吹出?
3. 在滴定过程中如何防止滴定管漏液?若有漏液现象,应如何处理?
4. 锥形瓶及容量瓶用前是否需要烘干?是否需用待测溶液润洗?
5. 精密量取是指溶液体积应记录至小数点后第几位?要达到精密量取的要求,除了用移液管、刻度吸量管外,还可选用什么容量器皿?

实验 3　容量仪器的校正

一、实验目的

1. 掌握滴定管、移液管、容量瓶的校正方法。
2. 了解容量仪器校正的意义、原理及基本方法。
3. 进一步熟悉滴定管、移液管和容量瓶的正确使用方法。

二、实验试剂与仪器

试剂:蒸馏水。

仪器:酸式滴定管(50 ml)、容量瓶(50 ml)、移液管(25 ml 或 20 ml)、温度计(最小分度值 0.1 ℃)、具塞锥形瓶(50 ml)。

三、实验原理

目前我国生产的容量仪器的准确度,基本可满足一般分析测量的要求无需校正,但为了提高滴定分析的准确度,尤其是在准确度要求较高的分析工作中,必须对容量仪器的标示容积进行校正。

测定容器实际容积的方法称为绝对校正法。具体方法是:在分析天平上称出标准容器容纳或放出纯水的质量,除以测定温度下水的密度,即得实际容积。但是在实际分析中,容器中水的质量是在室温下及空气中称量的,因此称量水的质量时,应对以下因素进行校正:

(1) 水的密度随温度而变化;
(2) 玻璃容器的体积随温度而变化;
(3) 称量水质量受空气浮力的影响而变化。

进行校正时,首先须选择一个固定温度作为玻璃量器的标准温度,此标准温度应接近使用该仪器的实际平均温度。许多国家将 20 ℃ 定为标准温度,即为容器上所标示容积的温度。通过对上述 3 项影响因素进行校正,即可算出在某一温度时需称取多少克的水(在

空气中,用黄铜砝码)才能使所占的体积恰好等于 20 ℃时该容器所标示的容积:

$$V_t = \frac{m_t}{d_t}$$

式中,V_t 为在 t ℃时水的容积;m_t 为在空气中 t ℃时标准容器容纳或放出纯水的质量;d_t 为 t ℃时在空气中用黄铜砝码称量 1ml 水(在玻璃容器中)的重量(g),即密度。现将 20℃容量为 1ml 的玻璃容器,在不同温度时所应盛水的重量列于下表中。

温度(℃)	d_t(g/ml)	温度(℃)	d_t(g/ml)	温度(℃)	d_t(g/ml)
5	0.998 53	14	0.998 04	23	0.996 55
6	0.998 53	15	0.997 92	24	0.996 34
7	0.998 52	16	0.997 78	25	0.996 12
8	0.998 49	17	0.997 64	26	0.995 88
9	0.998 45	18	0.997 49	27	0.995 66
10	0.998 39	19	0.997 33	28	0.995 39
11	0.998 33	20	0.997 15	29	0.995 12
12	0.998 24	21	0.996 95	30	0.994 85
13	0.998 15	22	0.996 76		

四、实验内容

(一)滴定管的校正

将 50 ml 酸式滴定管洗净,装入已测温度的蒸馏水,调节管内水的弯月面至 0.00 刻度处,按照滴定速度放出一定体积的水至已称重的具塞锥形瓶中,再称量盛水的锥形瓶重,两次称量之差即为水重 m_t,从上表中查出该温度下水的密度 d_t,即可求得真实容积。

对于 50 ml 的酸式滴定管,可分五段进行校正,现将水温为 18 ℃时,校正 50 ml 滴定管的实验数据列于下表中,以供参考。

滴定管读取容积(ml)	瓶+水重(g)	空瓶重(g)	水重(g)	真实容积(ml)	校正值(ml)
0.00~10.00	46.74	36.80	9.94	9.97	-0.03
0.00~20.00	56.66	36.76	19.90	19.95	-0.05
0.00~30.00	66.78	36.82	29.96	30.04	+0.04
0.00~40.00	76.68	36.81	39.87	39.97	-0.03
0.00~50.00	86.65	36.8	49.85	49.98	-0.02

(二)移液管的校正

将 25 ml 移液管洗净,正确吸取已测温度的蒸馏水,调节水的弯月面至标线后,将水放至已称重(称准至 1 mg)的锥形瓶中,再称得盛水的锥形瓶重量,两次称量之差即为水重 m_t,查得 d_t,求出移液管的真实容积。

(三)容量瓶的校正

将 50 ml 容量瓶洗净倒置沥干,并使之自然干燥后,称重(称准至 10 mg),注入已测过温度的蒸馏水至标线,再称得盛水的容量瓶重量,两次称量之差即为瓶中水重 m_t,查得 d_t,求出容量瓶的真实容积。若体积与刻度示值不等,应计算出校正值或另作体积标记。

五、数据记录与处理

1. 滴定管的校正

水的温度: 水的密度:

滴定管读数	读得容积	空瓶重(g)	瓶+水重(g)	水重(g)	真实容积(ml)	校正值

2. 移液管的校正

水的温度: 水的密度:

空瓶重(g)	瓶+水重(g)	水重(g)	真实容积(ml)	误差	允许误差	是否合格

3. 容量瓶的校正

水的温度: 水的密度:

空瓶重(g)	瓶+水重(g)	水重(g)	真实容积(ml)	误差	允许误差	是否合格

六、注意事项

1. 校正容量仪器的蒸馏水应预先置天平室,使之与天平室温度一致。
2. 称量盛水的锥形瓶时,应将分析天平箱中硅胶取出,待称完后再将硅胶放回原处。
3. 校正容量瓶时,加水至容量瓶后,瓶颈内壁标线以上不能挂水珠,若附水珠时,应用滤纸片吸去。
4. 待校正的玻璃仪器均应洗净且干燥。

七、思考题

1. 容量仪器校正的主要影响因素有哪些?为什么玻璃仪器都按 20 ℃体积刻度?
2. 校正滴定管时,为什么每次放出的水都要从 0.00 刻度开始?

3. 为什么校正 25 ml 移液管时要称准至 1 mg,而校正 50 ml 滴定管及 100 ml 容量瓶只需称准至 10 mg?

4. 为什么滴定分析要用同一支滴定管或移液管?滴定时为什么每次都从零刻度开始?

5. 某 100 ml 量瓶,校正体积低于标线 0.50 ml,此体积相对误差是多少?分析试样时,称取试样 1.000 g,溶解后定量转入此量瓶中,移取试液 25.00 ml 测定,问测定所用试样的称样误差是多少(g)?相对误差是多少?

实验 4 盐酸标准溶液的配制与标定

▶ 一、实验目的

1. 掌握盐酸标准溶液的配制方法和以无水碳酸钠为基准物质标定盐酸标准溶液的原理。

2. 掌握甲基红-溴甲酚绿混合指示剂滴定终点的判定方法。

3. 了解强酸强碱滴定过程中溶液 pH 的变化。

▶ 二、实验试剂与仪器

试剂:浓盐酸、无水碳酸钠(基准试剂),甲基红-溴甲酚绿混合指示液。

仪器:酸式滴定管(50 ml)、锥形瓶(250 ml)、量筒(100 ml,10 ml)、试剂瓶(500 ml)、分析天平(0.1 mg)。

▶ 三、实验原理

市售浓盐酸为无色透明的 HCl 水溶液,HCl 质量分数为 36%~38%,相对密度约 1.18 g/ml。由于浓盐酸易挥发,需用间接法配制盐酸标准溶液。

本实验以无水碳酸钠为基准物质,以甲基红-溴甲酚绿混合指示剂指示终点。无水碳酸钠作基准物质的优点是容易提纯,价格便宜;缺点是摩尔质量较小且具有吸湿性。因此 Na_2CO_3 固体使用前需先在 270~300 ℃高温炉中灼烧至恒重,置于干燥器中冷却后备用。滴定过程由于产生 H_2CO_3,接近终点时,形成 H_2CO_3-$NaHCO_3$ 缓冲溶液,pH 变化不大,滴定突跃不明显,致使指示剂颜色变化不够敏锐。因此,接近滴定终点之前,应把溶液加热煮沸,并振摇除去 CO_2,冷却后再滴定。达到滴定终点时,溶液颜色由绿色变为紫红色。滴定反应为:

$$2HCl + Na_2CO_3 \rightleftharpoons 2NaCl + H_2O + CO_2 \uparrow$$

盐酸标准溶液的浓度为:

$$c_{HCl} = \frac{2000 \times m_{Na_2CO_3}}{V_{HCl} \times M_{Na_2CO_3}} \qquad M_{Na_2CO_3} = 105.99 \text{ g/mol}$$

▶ 四、实验内容

1. 0.1 mol/L 盐酸标准溶液的配制 用 10 ml 量筒取浓盐酸 4.5 ml,置于试剂瓶中加水稀释至 500 ml,混匀即得。

2. 0.1 mol/L 盐酸标准溶液标定　精密称取在 270~300 ℃ 干燥至恒重的基准无水碳酸钠约 0.15 g，精密称定 3 份，分别置于 250 ml 锥形瓶中，加 50 ml 蒸馏水溶解后，加甲基红-溴甲酚绿混合指示液 10 滴，用 0.1 mol/L 盐酸标准溶液滴定至溶液由绿色变为紫红色，煮沸约 2 分钟。冷却至室温，继续滴定至溶液由绿色变为紫红色，即为终点。记下所消耗的 HCl 溶液的体积。

▶ **五、数据记录与处理**

测定次数 项目	I	II	III
$m_{碳酸钠}$（g）			
V_{HCl}（ml）			
c_{HCl}（mol/L）			
$\bar{c}_{HCl}$（mol/L）			
相对平均偏差			
相对标准偏差			

▶ **六、注意事项**

1. Na_2CO_3 在 270~300 ℃ 加热干燥，目的是除去其中的水分及少量 $NaHCO_3$。但若温度超过 300 ℃ 则部分 Na_2CO_3 分解为 Na_2O 和 CO_2。加热过程中（可在沙浴中进行），要翻动几次，使受热均匀。

2. 无水碳酸钠经过高温烘烤后，极易吸水，故称量瓶一定要盖严；称量时，动作要快些，以免无水碳酸钠吸水。

3. 实验中所用锥形瓶不需要烘干，加入蒸馏水的量不需要准确。

4. 近终点时，由于形成 H_2CO_3-$NaHCO_3$ 缓冲溶液，pH 变化不大，终点不敏锐，故需要加热或煮沸溶液，除去 CO_2。

▶ **七、思考题**

1. 为什么不能用直接法配制盐酸标准溶液？
2. 实验中所用锥形瓶是否需要烘干？加入蒸馏水的量是否需要准确？
3. 用 Na_2CO_3 标定 HCl 溶液时能否用酚酞作指示剂？
4. 酸式滴定管未洗涤干净挂有水珠，对滴定时所产生的误差有何影响？滴定时用少量水吹洗锥形瓶壁，对结果有无影响？
5. 盛放 Na_2CO_3 的锥形瓶是否需要预先烘干？加入的水量是否需要准确？
6. 试分析实验中产生误差的原因。

[附]　溴甲酚绿-甲基红混合指示剂（变色点 pH5.1）的配制：

溶液 I：称取 0.1 g 溴甲酚绿，溶于乙醇（95%），用乙醇（95%）稀释至 100 ml，得 0.1% 溴甲酚绿乙醇溶液。

溶液 II：称取 0.2 g 甲基红，溶于乙醇（95%），用乙醇（95%）稀释至 100 ml，得 0.2% 甲基红乙醇溶液。

取 30 ml 溶液 I，10 ml 溶液 II，混匀即得溴甲酚绿-甲基红混合指示剂。

实验 5 药用硼砂的含量测定

▶ 一、实验目的

1. 掌握硼砂含量测定的原理和方法。
2. 掌握甲基红指示剂指示滴定终点的方法。

▶ 二、实验试剂与仪器

试剂:硼砂(药用)、HCl 标准溶液(0.1 mol/L)、甲基红指示液(0.1%乙醇溶液)。
仪器:酸式滴定管(50 ml)、锥形瓶(250 ml)、量筒(100 ml)、分析天平(0.1 mg)。

▶ 三、实验原理

$Na_2B_4O_7·10H_2O$(M = 381.37 g/mol)是强碱弱酸盐,其滴定产物硼酸的酸性很弱(K =7.3×10^{-10}),不干扰硼砂的测定。在计量点前,酸度很弱,计量点后,HCl 稍过量时溶液 pH 急剧下降,形成突跃。反应式如下:

$$Na_2B_4O_7 + 2HCl + 5H_2O = 2NaCl + 4H_3BO_3$$

计量点时 pH = 5.1,可选用甲基红为指示剂。按下式计算硼砂的质量分数。

$$\omega_{Na_2B_4O_7·10H_2O}(\%) = \frac{(cV)_{HCl} M_{Na_2B_4O_7·10H_2O}}{m \times 2000} \times 100\%$$

▶ 四、实验内容

精密称取药用硼砂约 0.5 g,精密称定 3 份,分别置于 250 ml 锥形瓶中,加 50 ml 蒸馏水溶解后,加甲基红指示液 2 滴,用 HCl 标准溶液(0.1 mol/L)滴定至溶液由黄色变为橙色,即为终点。记下所消耗的 HCl 标准溶液的体积。

▶ 五、数据记录与处理

测定次数 项目	I	II	III
$m_{硼砂}$(g)			
V_{HCl}(ml)			
$\omega_{Na_2B_4O_7·10H_2O}(\%)$			
$\bar{\omega}_{Na_2B_4O_7·10H_2O}(\%)$			
相对平均偏差			
相对标准偏差			

▶ 六、注意事项

1. 硼砂不易溶解,必要时可加热,冷却至室温再滴定。
2. 滴定终点应为橙色,若为红色,则滴定过量,使测定结果偏高。

七、思考题

1. 乙酸钠和硼砂均为强碱弱酸盐,能否用 HCl 标准溶液直接测定乙酸钠?
2. $Na_2B_4O_7 \cdot 10H_2O$ 若部分风化,测定结果如何?
3. $Na_2B_4O_7 \cdot 10H_2O$ 用 0.1000 mol/L HCl 标准溶液滴定时,化学计量点的 pH 是多少?

[附] 甲基红指示剂(0.1% 乙醇溶液)的配制:称取 0.1 g 甲基红,溶于乙醇(95%),用乙醇(95%)稀释至 100 ml 即得。变色范围 pH4.4 ~ 6.2(红→黄)。

实验 6 药用氢氧化钠的含量测定(双指示剂法)

一、实验目的

1. 掌握双指示剂法测定药用 NaOH 中各组分含量的原理和方法。
2. 掌握减重法称取固体物质的操作。

二、实验试剂与仪器

试剂:HCl 标准溶液(0.1 mol/L)、酚酞指示剂、甲基橙指示剂、药用氢氧化钠。
仪器:酸式滴定管(50 ml)、锥形瓶(250 ml)、烧杯(50 ml)、容量瓶(100 ml)、移液管(25 ml)、量筒(50 ml)、分析天平(0.1 mg)。

三、实验原理

NaOH 易吸收空气中的 CO_2 使一部分 NaOH 变成 Na_2CO_3,形成 NaOH 和 Na_2CO_3 的混合碱。要测定 NaOH 和 Na_2CO_3 中各组分的含量,可用 HCl 标准溶液滴定,根据滴定过程中 pH 的变化求得各组分的含量,pH 的变化可根据指示剂颜色的变化来判断。

首先在溶液中加入酚酞指示剂,溶液呈红色,用 HCl 标准溶液滴定,滴定终点溶液由红色变为无色,试液中 NaOH 全部被 HCl 中和,而 Na_2CO_3 只被中和了一半,生成 $NaHCO_3$,消耗 HCl 体积记为 V_1,其滴定反应为:

$$NaOH + HCl =\!=\!= NaCl + H_2O$$
$$Na_2CO_3 + HCl =\!=\!= NaCl + NaHCO_3$$

在此溶液中再加入甲基橙指示剂,继续滴定至溶液由黄色变橙色,消耗的 HCl 体积记为 V_2,$NaHCO_3$ 进一步被中和为 CO_2,其滴定反应为:

$$NaHCO_3 + HCl =\!=\!= NaCl + H_2O + CO_2\uparrow$$

选用两种不同的指示剂分别指示第一、第二化学计量点的到达,常称为"双指示剂法"。

中和 Na_2CO_3 所需盐酸是由两次滴定加入的,且两次用量相等,所以 Na_2CO_3 消耗的体积为 $2V_2$,从而可以求出 Na_2CO_3 的含量:

$$\omega_{Na_2CO_3}(\%) = \frac{c_{HCl} \times V_2 \times M_{Na_2CO_3}}{m \times 1000} \times 100\% \qquad M_{Na_2CO_3} = 106.0 \text{g/mol}$$

中和 NaOH 所消耗的 HCl 量为 $V_1 - V_2$,可以求出 NaOH 的含量。

$$\omega_{NaOH}(\%) = \frac{c_{HCl} \times (V_1 - V_2) \times M_{NaOH}}{m \times 1000} \times 100\% \qquad M_{NaOH} = 40.00 \text{ g/mol}$$

四、实验内容

1. 利用减重法在分析天平上迅速精密称取药用 NaOH 约 0.4 g，加少量蒸馏水溶解后，定量转移至 100 ml 容量瓶中，加水稀释至刻度，摇匀。

2. 用移液管准确移取 25.00 ml 样品溶液 3 份，分别置于 3 个 250 ml 锥形瓶中，加 25 ml 蒸馏水及 2 滴酚酞指示液，以 HCl 标准溶液(0.1 mol/L)滴至酚酞的红色消失为止，记下所用 HCl 标准溶液体积(V_1)。再加入 2 滴甲基橙指示液，继续用 HCl 标准溶液(0.1 mol/l)滴定，滴定至溶液由黄色变为橙色，接近终点时要充分摇动，防止形成 CO_2 的过饱和溶液，使终点提前，记下所用 HCl 标准溶液体积(V_2)。

五、数据记录与处理

测定次数 项目	I	II	III
m(g)			
V_1(ml)			
V_2(ml)			
ω_{NaOH}(%)			
$\bar{\omega}_{NaOH}$(%)			
相对平均偏差			
相对标准偏差			
$\omega_{Na_2CO_3}$(%)			
$\bar{\omega}_{Na_2CO_3}$(%)			
相对平均偏差			
相对标准偏差			

六、注意事项

1. 样品溶液含有大量 OH^- 离子，滴定前不宜久置空气中，否则会吸收 CO_2 使 NaOH 量减少，而 Na_2CO_3 量增多。

2. 以酚酞为指示剂时，滴定过程颜色变化为粉红色→淡红色→无色，淡红色持续时间较长，不易判断终点，要细心观察，最好在白色背景上方进行滴定。

3. 接近第一化学计量点时，滴定速度不宜过快，防止局部 HCl 浓度过大，使 $NaHCO_3$ 反应生成 CO_2，引起误差。

4. 接近第二化学计量点时，要充分旋摇，防止形成 CO_2 的过饱和溶液使终点提前。

七、思考题

1. 双指示剂法测定混合碱组成的原理是什么？
2. 利用双指示剂法测定混合碱，判断下列五种情况混合碱的组成：
   (1) $V_1 > V_2 > 0$　　(2) $V_1 = 0$，$V_2 > 0$　　(3) $V_1 > 0$，$V_2 = 0$
   (4) $V_2 > V_1 > 0$　　(5) $V_1 = V_2$
3. 若样品是 Na_2CO_3 和 $NaHCO_3$ 的混合物，写出测定步骤和各组分质量分数的计算公式。
4. 如果 NaOH 标准溶液在保存过程中吸收了空气中的 CO_2，用该标准溶液滴定 HCl

时,以甲基橙为指示剂进行滴定,测定结果如何?

[附] 酚酞指示液的配制:称取 0.5 g 酚酞,溶于乙醇(95%),用乙醇(95%)稀释至 100 ml 即得。变色范围 pH8.3~10.0(无色→红)。

甲基橙指示液的配制:称取 0.1 g 甲基橙溶于 100 ml 脱盐水中,摇匀即得。变色范围 pH3.2~4.4(红→黄)。

实验 7 氢氧化钠标准溶液的配制与标定

▶ 一、实验目的

1. 掌握 NaOH 标准溶液的配制和标定。
2. 掌握碱式滴定管的操作和酚酞指示终点的判断。
3. 掌握减重法称取固体物质的操作。

▶ 二、实验试剂与仪器

试剂:邻苯二甲酸氢钾(基准试剂)、氢氧化钠固体(AR)、酚酞指示液(0.1%乙醇溶液)。

仪器:称量瓶、量筒(100 ml)、吸量管(10 ml)、聚乙烯试剂瓶、烧杯(250 ml)、碱式滴定管(50 ml)、容量瓶(100 ml)、锥形瓶(250 ml)、分析天平(0.1 mg)、托盘天平(0.1 g)。

▶ 三、实验原理

NaOH 有很强的吸水性,也易吸收空气中的 CO_2,市售 NaOH 中常含有 Na_2CO_3。反应方程式:

$$2NaOH + CO_2 = Na_2CO_3 + H_2O$$

由于 Na_2CO_3 的存在,对指示剂的使用影响较大,应设法除去。利用 Na_2CO_3 在饱和 NaOH 溶液中溶解度小易于沉淀的性质,通常采用浓碱法配制不含 Na_2CO_3 的标准溶液。方法是:将 NaOH 配成饱和溶液(密度 1.56 g/ml,质量分数 52%),储于塑料瓶中静置数日,待 Na_2CO_3 沉淀后,取上清液稀释至所需浓度即可。饱和 NaOH 溶液物质的量浓度约为 20 mol/L。配制 NaOH 溶液(0.1mol/L)1000 ml,应取 NaOH 饱和水溶液 5 ml,为保证 NaOH 溶液物质的量浓度略大于 0.1 mol/L,取饱和 NaOH 溶液 5.6 ml。此外,用来配制 NaOH 溶液的蒸馏水,也应加热煮沸放冷,除去其中的 CO_2。

标定碱溶液的基准物质很多,常用的有草酸、苯甲酸和邻苯二甲酸氢钾等。最常用的是邻苯二甲酸氢钾,滴定反应如下:

$$\text{C}_6\text{H}_4(\text{COOK})(\text{COOH}) + \text{NaOH} \longrightarrow \text{C}_6\text{H}_4(\text{COOK})(\text{COONa}) + \text{H}_2\text{O}$$

计量点时由于弱酸盐的水解,溶液呈弱碱性,应采用酚酞作为指示剂。NaOH 溶液浓度的计算式为:

$$c_{NaOH} = \frac{1000 \times m_{KHC_8H_4O_4}}{V_{NaOH} \times M_{KHC_8H_4O_4}} \qquad M_{KHC_8H_4O_4} = 204.2 \text{ g/mol}$$

▶ 四、实验内容

1. 0.1 mol/L NaOH 标准溶液的配制

(1) NaOH 饱和溶液的配制:用小烧杯在托盘天平上称取 120 g NaOH 固体,加 100 ml 蒸馏水,振摇使之溶解成饱和溶液,冷却后置于聚乙烯塑料瓶中,密闭,放置数日,澄清后备用。

（2）0.1mol/L NaOH 标准溶液的配制:取 NaOH 饱和上清液 5.6 ml,置于聚乙烯试剂瓶中,加新煮沸放冷的蒸馏水 1000 ml,摇匀密塞,贴上标签,备用。

2. 0.1mol/L NaOH 标准溶液的标定　　用减重法精密称取在 105~110 ℃ 干燥至恒重的基准物邻苯二甲酸氢钾 3 份,每份约 0.6 g,分别置于 250 ml 锥形瓶中,加 50 ml 无 CO_2 蒸馏水,小心振摇使之溶解,冷却,加酚酞指示液 2 滴,用待标定的 0.1 mol/L NaOH 溶液滴定,直到溶液呈粉红色,且 30 秒不褪色,即为终点。记下所用 NaOH 标准溶液体积(V_{NaOH})。

▶▶ 五、数据记录与处理

测定次数 项目	Ⅰ	Ⅱ	Ⅲ
$m_{KHC_8H_4O_4}$（g）			
V_{NaOH}（ml）			
ω_{NaOH}（%）			
$\bar{\omega}_{NaOH}$（%）			
相对平均偏差			
相对标准偏差			

▶▶ 六、注意事项

1. 固体 NaOH 极易吸潮,应在表面皿或小烧杯中称量,不能在称量纸上称量,且称量速度尽量快。

2. 每次滴定结束后,将 NaOH 标准溶液加至滴定管零点处,再开始下一次滴定,以减小误差。

3. 如半分钟后红色褪去,是由于空气中 CO_2 的影响,不必再滴加 NaOH 标准溶液。

▶▶ 七、思考题

1. 配制标准碱溶液,直接用托盘天平称取固体 NaOH 是否会影响溶液浓度的准确度?

2. 若干燥温度高于 125 ℃,一部分邻苯二甲酸氢钾变成酸酐,用此基准物质标定 NaOH 溶液时,结果如何?

3. 用于滴定的锥形瓶是否需要干燥?为什么?

［附］　酚酞指示液(0.1% 乙醇溶液):1 g 酚酞溶于适量乙醇中,再稀释至 100 ml。

实验 8　苯甲酸的含量测定

▶▶ 一、实验目的

1. 掌握酸碱滴定法测定苯甲酸的原理和方法。
2. 掌握碱式滴定管的操作和酚酞指示剂指示滴定终点的方法。

▶▶ 二、实验试剂与仪器

试剂:苯甲酸样品、NaOH 标准溶液(0.1 mol/L)、酚酞指示液(0.1% 乙醇溶液)、中性乙醇溶液。

仪器：碱式滴定管（50 ml）、锥形瓶（250 ml）、量筒（100 ml）、分析天平（0.1 mg）。

三、实验原理

苯甲酸的 K_a = 6.3×10^{-6}，可用 NaOH 标准溶液直接滴定，计量点时，生成的苯甲酸钠溶液水解呈微碱性，可选用酚酞作指示剂。滴定反应为：

$$\text{C}_6\text{H}_5\text{—COOH} + \text{NaOH} \rightleftharpoons \text{C}_6\text{H}_5\text{—COONa} + \text{H}_2\text{O}$$

苯甲酸含量计算式为：

$$\omega_{C_7H_6O_2}(\%) = \frac{c_{NaOH} \times V_{NaOH} \times M_{C_7H_6O_2}}{m_{C_7H_6O_2} \times 1000} \times 100\% \qquad M_{C_7H_6O_2} = 122.11 \text{ g/mol}$$

四、实验内容

苯甲酸含量的测定：精密称取苯甲酸样品 3 份，每份约 0.4 g，分别置于 250 ml 锥形瓶中，加中性乙醇溶液 50 ml，溶解后加酚酞指示液 2 滴，用 NaOH 标准溶液（0.1 mol/L）滴定至溶液显微红色，半分钟之内不褪色为终点。记录所用 NaOH 溶液体积。

五、数据记录与处理

测定次数 项目	I	II	III
$m_{C_7H_6O_2}$（g）			
V_{NaOH}（ml）			
$\omega_{C_7H_6O_2}$（%）			
$\bar{\omega}_{C_7H_6O_2}$（%）			
相对平均偏差			
相对标准偏差			

六、注意事项

苯甲酸难溶于水，易溶于乙醇，故用乙醇为溶剂。选择中性乙醇的原因是用 NaOH 测定苯甲酸不能在酸性条件下进行，否则会产生误差。

七、思考题

1. 为什么用中性乙醇溶解样品苯甲酸？
2. 如果 NaOH 标准溶液吸收了空气中的 CO_2，测定结果如何？

［附］　中性乙醇的配制：取 95% 乙醇 40 ml，加酚酞指示剂 8 滴，用 0.1 mol/L NaOH 标准溶液滴定至淡红色即得。

实验 9　食醋总酸量的测定

一、实验目的

1. 掌握食醋中总酸量的测定方法。

2. 了解强碱滴定弱酸的基本原理及指示剂的选择。

二、实验试剂与仪器

试剂:食醋、NaOH 标准溶液(0.1 mol/L)、酚酞指示液(0.1%乙醇溶液)。

仪器:移液管(10 ml、25 ml)、锥形瓶(250 ml)、容量瓶(250 ml)、量筒(50 ml)、碱式滴定管(50 ml)。

三、实验原理

食醋的主要成分是乙酸(K_a = 1.8×10^{-5}),此外还含有少量其他有机酸(乳酸等)。用 NaOH 标准溶液滴定,测出酸的总含量。生成的乙酸钠溶液呈弱碱性,可采用酚酞作为指示剂。

食醋中含乙酸为 3%~5%,浓度较大,需要稀释。如果食醋的颜色较深,必须加活性炭脱色,否则影响终点观察。滴定反应为:

$$NaOH + CH_3COOH \rightleftharpoons CH_3COONa + H_2O$$

食醋的总酸度,用每升食醋含 CH_3COOH 的克数表示,计算式为:

$$\rho_{CH_3COOH}(\%) = \frac{c_{NaOH} \times V_{NaOH} \times M_{CH_3COOH}}{V_{CH_3COOH} \times 1000} \times 100\% \qquad M_{CH_3COOH} = 60.05 \text{ g/mol}$$

四、实验内容

乙酸含量的测定:精密量取 10 ml 食醋于 250 ml 容量瓶中,用蒸馏水稀释至刻度,摇匀。精密量取稀释后的食醋溶液 25 ml 3 份,分别置于 250 ml 锥形瓶中,加入蒸馏水 25 ml,酚酞指示液 2 滴,用 NaOH 标准溶液(0.1 mol/L)滴定至溶液由无色变为淡红色,且 30 秒内不褪色,即为终点。记录所用 NaOH 标准溶液体积。

五、数据记录与处理

测定次数 项目	I	II	III
V_{NaOH} (ml)			
V_{CH_3COOH} (ml)			
ρ_{CH_3COOH}			
$\bar{\rho}_{CH_3COOH}$			
相对平均偏差			
相对标准偏差			

六、注意事项

1. 因食醋本身有很浅的颜色,而终点颜色又不够稳定,所以滴定近终点时要注意观察和控制。

2. 注意碱滴定管滴定前要赶走气泡,滴定过程中不要形成气泡。

3. NaOH 标准溶液滴定 CH_3COOH,属强碱滴定弱酸,CO_2 的影响严重,注意除去所用碱标准溶液和蒸馏水中的 CO_2。

七、思考题

1. 食醋总酸量的测定基本原理是什么？
2. 测定食醋的总酸量时，选用酚酞作指示剂的依据是什么？能否用甲基橙或甲基红？
3. 酚酞指示剂由无色变为微红时，溶液的 pH 为多少？变红的溶液在空气中放置后又变为无色的原因是什么？

实验 10 高氯酸标准溶液的配制与标定

一、验目的

1. 掌握非水酸碱滴定的原理和操作。
2. 掌握用邻苯二甲酸氢钾标定高氯酸标准溶液的原理及方法。
3. 了解高氯酸标准溶液的配制方法及注意事项。

二、验试剂与仪器

试剂：高氯酸（AR）、一级冰醋酸、醋酐（AR）、邻苯二甲酸氢钾（基准试剂）、结晶紫指示液（0.5%冰醋酸溶液）。

仪器：称量瓶、容量瓶（1000 ml）、量筒（1000 ml、50 ml）、酸式滴定管（10 ml）、锥形瓶（100 ml）、分析天平（0.1 mg）、吸量管（10 ml、1 ml）。

三、实验原理

冰醋酸是滴定弱碱最常用的溶剂，在冰醋酸中高氯酸的酸性最强，形成的产物易溶于有机溶剂，所以常用高氯酸作标准溶液。

非水滴定中，水的存在影响滴定突跃，使指示剂变色不敏锐。高氯酸、冰醋酸中均含有少量水分，加入醋酐以除去其中的水分。

$$(CH_3CO)_2O + H_2O \rightleftharpoons 2CH_3COOH$$

市售一级冰醋酸含水量为 0.2%，相对密度为 1.05，若用质量分数为 97.0%，相对密度为 1.08 的醋酐除去 1000 ml 冰醋酸中的水分，所需醋酐的体积为：

$$V = \frac{0.2\% \times 1.05 \times 1000 \times M_{醋酐}}{97\% \times 1.08 \times M_{水}} = 11.3 \text{ ml}$$

市售高氯酸为含 $HClO_4$ 70%~72% 的水溶液，相对密度为 1.75，使用前需加醋酐除去水分。配制 1000 ml 0.1 mol/L $HClO_4$ 溶液，需市售高氯酸的体积为：

$$V = \frac{0.1 \times 1000 \times M_{高氯酸}}{1000 \times 1.75 \times 0.70} = 8.2 \text{ ml}$$

实际配制中，常取 $HClO_4$ 8.5 ml，除去其中的水分，需加入醋酐的体积为：

$$V = \frac{30\% \times 1.75 \times 8.5 \times M_{高氯酸}}{97\% \times 1.08 \times M_{水}} = 24 \text{ ml}$$

标定高氯酸溶液常用邻苯二甲酸氢钾作基准物质，利用其在冰醋酸中显碱性，可被高

氯酸滴定,以结晶紫为指示剂,滴定反应式为:

$$\text{C}_6\text{H}_4(\text{COOK})(\text{COOH}) + \text{HClO}_4 \rightleftharpoons \text{C}_6\text{H}_4(\text{COOH})_2 + \text{KClO}_4$$

高氯酸标准溶液溶液浓度的计算式为:

$$c_{\text{HClO}_4} = \frac{m_{\text{KHC}_8\text{H}_4\text{O}_4} \times 1000}{(V-V)_{\text{HClO}_4} \times M_{\text{KHC}_8\text{H}_4\text{O}_4}} \qquad M_{\text{KHC}_8\text{H}_4\text{O}_4} = 204.23 \text{ g/mol}$$

▶ 四、实验内容

1. 冰醋酸的配制 取冰醋酸(质量分数为99.8%,相对密度为1.05)800 ml,加醋酐9.09 ml,摇匀。

2. 0.1 mol/L 高氯酸标准溶液的配制 取上述无水冰醋酸750 ml,加入高氯酸(70%~72%,相对密度为1.75)8.5 ml,摇匀。在室温下缓慢滴入醋酐24 ml,边加边摇,加完后振摇均匀,冷却至室温。加无水冰醋酸稀释成1000 ml,摇匀,于棕色瓶密闭放置,24小时后标定其浓度。

3. 0.1 mol/L 高氯酸标准溶液的标定 精密称取105 ℃干燥至恒重的基准邻苯二甲酸氢钾3份,每份约0.16 g,置于干燥锥形瓶中,加无水冰醋酸20 ml 使溶解,加结晶紫指示液1滴,用0.1mol/L高氯酸标准溶液缓缓滴定至溶液由紫色变为蓝色即为终点,记录所用高氯酸标准溶液的体积。另取冰醋酸20 ml,按上述操作进行空白试验校正。

▶ 五、数据记录与处理

测定次数 项目	I	II	III
$m_{\text{KHC}_8\text{H}_4\text{O}_4}$ (g)			
$V_{样品}$ (ml)			
$V_{空白}$ (ml)			
c_{HClO_4}			
$\overline{c}_{\text{HClO}_4}$			
相对平均偏差			
相对标准偏差			

▶ 六、注意事项

1. 高氯酸与有机物接触或预热时极易引起爆炸,和醋酐混合时反应剧烈放出大量热。配制时应先用冰醋酸将高氯酸稀释,在不断搅拌下,缓慢滴加醋酐。

2. 高氯酸和冰醋酸均能腐蚀皮肤,需注意安全。

3. 本实验使用仪器不能有水分,应严格干燥。

4. 非水滴定一般使用微量滴定管(10 ml),读数读至小数点后第二位。

5. 用冰醋酸溶解邻苯二甲酸氢钾时,可以水浴温热。

6. 冰醋酸有挥发性,高氯酸标准溶液应放置在棕色瓶中密闭保存,滴定时,应在滴定管上端罩一干燥小烧杯。

7. 若被测样品易乙酰化,需用水分测定法测定高氯酸标准溶液的含水量,再用水和醋酐调节其含水量为0.01%~0.02%。

8. 冰醋酸的膨胀系数较大,是水的5倍。高氯酸标准溶液的体积受温度影响较大。当标定时和测定时的温度差超过10 ℃,应重新标定;若温度差小于10℃,按下式加以校正:

$$c_1 = \frac{c_0}{1 + 0.0011(t_1 - t_0)}$$

9. 高氯酸的冰醋酸溶液低于16 ℃时会结冰而影响使用,对不易乙酰化的试样可采用冰醋酸-醋酐(9∶1)的混合溶剂配制高氯酸标准溶液,不仅不结冰,且吸湿性小,浓度改变也很小。也可在冰醋酸中加入10%~15%丙酸防冻。

10. 结晶紫指示剂终点颜色变化为:紫→蓝紫→纯蓝→蓝绿,采用空白对照或电位法对照校正终点颜色。

七、思考题

1. 为什么邻苯二甲酸氢钾既可标定NaOH又可标定$HClO_4$?
2. 空白试验的目的是什么?如何进行空白试验?

[附] 结晶紫指示液(0.5%冰醋酸溶液)的配制:取结晶紫0.5 g,加冰醋酸100 ml使溶解,即得。

实验 11 枸橼酸钠的含量测定

一、实验目的

1. 掌握非水滴定法测定有机酸碱金属盐的原理和操作。
2. 掌握以结晶紫为指示剂判断滴定终点的方法。

二、实验试剂与仪器

试剂:高氯酸标准溶液(0.1 mol/L)、一级冰醋酸、醋酐(AR)、邻苯二甲酸氢钾(基准试剂)、结晶紫指示液(0.5%冰醋酸溶液)。

仪器:酸式滴定管(10 ml)、锥形瓶(100 ml)、量筒(10 ml)、分析天平(0.1 mg)。

三、实验原理

在水溶液中,枸橼酸酸性较强(pK_a = 3.14),其共轭碱枸橼酸钠碱性较弱($K_b < 10^{-7}$),不能进行滴定。在非水介质中,由于HAc的酸性,使枸橼酸钠的碱性增强,可用$HClO_4$滴定,滴定反应为:

$$C_6H_5O_7Na_3 \cdot 2H_2O + 3HClO_4 = C_6H_8O_7 + 3NaClO_4 + 2H_2O$$

采用结晶紫为指示剂,溶液显蓝色为终点。枸橼酸含量计算式为:

$$\omega_{C_6H_5O_7Na_3 \cdot 2H_2O}(\%) = \frac{c_{HClO_4} \times (V_{样品} - V_{空白}) \times M_{C_6H_5O_7Na_3 \cdot 2H_2O}}{3 \times m_{C_6H_5O_7Na_3 \cdot 2H_2O} \times 1000} \times 100\%$$

$$M_{C_6H_5ONa_3 \cdot 2H_2O} = 294.12 \text{ g/mol}$$

四、实验内容

枸橼酸钠含量的测定:精密称取枸橼酸钠3份,每份约80 mg,分别置于锥形瓶中,加冰醋酸

5 ml 加热溶解后,放冷,加醋酐 10 ml 与结晶紫指示液 1 滴,用高氯酸标准溶液(0.1 mol/L)滴定至溶液显蓝绿色,记录消耗高氯酸标准溶液的体积,并将滴定结果用空白试验校正。

五、数据记录与处理

测定次数 项目	Ⅰ	Ⅱ	Ⅲ
$m_{C_6H_5O_7Na_3·2H_2O}$ (g)			
$V_{样品}$ (ml)			
$V_{空白}$ (ml)			
$\omega_{C_6H_5O_7Na_3·2H_2O}$ (%)			
$\bar{\omega}_{C_6H_5O_7Na_3·2H_2O}$ (%)			
相对平均偏差			
相对标准偏差			

六、注意事项

1. 用冰醋酸和醋酐溶解枸橼酸钠时,加热指的是温热。
2. 滴定过量,溶液会由蓝色→蓝绿色→黄绿色。

七、思考题

1. 枸橼酸能否用 NaOH 标准溶液直接滴定?
2. 以结晶紫为指示剂,为什么测定邻苯二甲酸氢钾时,终点颜色为蓝色?而测定枸橼酸钠时,终点颜色为蓝绿色?

实验 12 硝酸银标准溶液的配制与标定

一、实验目的

1. 熟练掌握硝酸银标准溶液的配制和标定。
2. 熟悉吸附指示剂的测定条件。
3. 掌握荧光黄指示剂的使用。

二、实验试剂与仪器

试剂:$AgNO_3$(AR)、基准 NaCl、糊精溶液(1→50)、荧光黄指示液(0.1%的乙醇溶液)、$CaCO_3$。

仪器:托盘天平、分析天平、称量瓶、棕色试剂瓶、烧杯(500 ml)、锥形瓶(250 ml)、酸式滴定管(50 ml,棕色)、量筒(10 ml)。

三、实验原理

配制 $AgNO_3$ 标准溶液有两种方法:直接配制法和间接配制法。本实验采用的是间接配制法。首先称取一定质量的 $AgNO_3$(AR),配制成近似浓度的溶液,再用基准 NaCl(110 ℃干燥恒重)标定,使用吸附指示剂荧光黄指示终点。

终点前:$Ag^+ + Cl^- = AgCl\downarrow$

终点时:$AgCl \cdot Ag^+ + FI^-$(黄绿色)$\rightleftharpoons AgCl \cdot Ag^+ \cdot FI^-$(微红色)

四、实验内容

1. 0.1 mol/L AgNO₃ 标准溶液的配制 在托盘天平上称取 $AgNO_3$(AR)9 g,置于 250 ml 烧杯中,加 100 ml 纯化水,搅拌溶解后定量转移到 500 ml 烧杯中,加纯化水稀释至 500 ml,搅拌均匀后转入棕色试剂瓶中,密封保存。

2. 0.1 mol/L AgNO₃ 标准溶液的标定 精密称取基准 NaCl 约 0.12 g 各 3 份,分别置于 250 ml 锥形瓶中,再分别加入纯化水 50 ml,搅拌溶解后,加入糊精溶液 5 ml,碳酸钙 0.1 g,荧光黄指示液 8 滴,用待标定的 $AgNO_3$ 标准溶液滴定至溶液由黄绿色变为沉淀表面为微红色时停止滴定,记录消耗的 $AgNO_3$ 标准溶液的体积。每 1ml $AgNO_3$ 标准溶液(0.1 mol/L)相当于 5.844 mg 的 NaCl。根据称取的 NaCl 的质量和消耗的 $AgNO_3$ 标准溶液的体积,可计算出 $AgNO_3$ 标准溶液的浓度。

五、注意事项

1. 滴定前仔细检查酸式滴定管的密封性,防止操作过程渗漏液体。
2. 滴定操作要避免强光直接照射,防止 $AgNO_3$ 的氧化分解。
3. 为保证 AgCl 处于溶胶状态,须先加入糊精溶液后,再滴加 $AgNO_3$ 标准溶液。
4. 实验结束时需将滴定管中未用完的 $AgNO_3$ 标准溶液和反应废液倒入指定的回收瓶中,不能直接倒入下水道。仪器用蒸馏水清洗干净,放回指定位置存放。

六、数据记录与处理

1. AgNO₃ 标准溶液标定过程数据记录

项目 \ 测定次数	I	II	III
$m_{初}$(g)(NaCl+称量瓶)			
$m_{末}$(g)(NaCl+称量瓶)			
m_{NaCl}(g)			
V_{AgNO_3}(ml)			
c_{AgNO_3}(mol/L)			
$\bar{c}_{AgNO_3}$(mol/L)			
相对平均偏差			
相对标准偏差			

2. 数据处理 $AgNO_3$ 浓度(mol/L)的计算方法:

$$c_{AgNO_3} = \frac{m_{NaCl}}{M_{NaCl} \times V_{AgNO_3} \times 10^{-3}}$$

七、思考题

1. 滴定前要加入一定量的糊精溶液,其作用是什么?

2. 为什么要避免阳光直接照射下滴定 $AgNO_3$ 溶液?

3. 实验结束后如何处理使用过的滴定管和锥形瓶?

实验 13 生理盐水中氯化钠含量的测定

▶▶ 一、实验目的

1. 掌握吸附指示剂法测定盐水中氯化钠含量的方法。
2. 熟练掌握吸附指示剂法的测定条件的控制。
3. 掌握荧光黄指示剂的使用。

▶▶ 二、实验试剂与仪器

试剂:$AgNO_3$(0.1 mol/L)、生理盐水样品、糊精溶液(1→50)、荧光黄指示液(0.1%的乙醇溶液)

仪器:移液管(25 ml、10 ml)、吸量管(5 ml)、锥形瓶(250 ml)、酸式滴定管(50 ml,棕色)。

▶▶ 三、实验原理

使用吸附指示剂荧光黄指示剂指示终点,用 $AgNO_3$ 标准溶液滴定溶液中的氯离子含量,其原理如下:

终点前:$Ag^+ + Cl^- \rightleftharpoons AgCl\downarrow$

终点时:$AgCl \cdot Ag^+ + Fl^-$(黄绿色)$\rightleftharpoons AgCl \cdot Ag^+ \cdot Fl^-$(微红色)

▶▶ 四、实验内容

1. 生理盐水样品制备 用移液管准确量取 10 ml 生理盐水 3 份,置于 3 个 250 ml 锥形瓶中,加纯化水稀释,加入糊精溶液 5 ml,荧光黄指示液 8 滴,搅拌均匀,加纯化水至刻度、充分振荡后静置,制成 3 个平行样品。

2. 生理盐水中氯化钠含量的测定 取制备好的生理盐水样品 25 ml,置于锥形瓶中,用新标定的 $AgNO_3$ 标准溶液滴定,至锥形瓶中溶液由黄绿色变为沉淀表面呈现微红色,停止滴定,记下消耗的 $AgNO_3$ 标准溶液的体积,完成 3 次平行操作,计算出氯化钠的含量。

▶▶ 五、注意事项

1. 为保证 AgCl 处于溶胶状态,须先加入糊精溶液后,再滴加 $AgNO_3$ 标准溶液。
2. 滴定过程应控制溶液的 pH 在 7~10,促使荧光黄指示剂在溶液中主要以 Fl^- 的形式存在。
3. 滴定操作要避免强光直接照射,防止 $AgNO_3$ 的氧化分解。

六、数据记录和处理

1. NaCl 含量滴定数据记录

测定次数 项目	I	II	III
V_{NaCl}(ml)	10	10	10
V_{AgNO_3}(ml)			
c_{NaCl}(mol/L)			
$\bar{c}_{NaCl}$(mol/L)			
相对平均偏差			
相对标准偏差			

2. 数据处理　NaCl 浓度(mol/L)的计算方法：

$$c_{NaCl} = \frac{c_{AgNO_3} \cdot V_{AgNO_3}}{V_{NaCl}}$$

七、思考题

1. 滴定 NaCl 能否使用曙红指示剂指示终点？为什么？
2. 滴定过程应控制溶液的 pH 在 7~10，其作用和目的是什么？
3. 盛装过 $AgNO_3$ 溶液的器皿为什么不能用自来水直接冲洗？

实验 14　EDTA 标准溶液的配制与标定

一、实验目的

1. 掌握 EDTA 标准溶液的配制与标定。
2. 掌握铬黑 T 指示剂的使用条件和终点判断方法。
3. 理解配位滴定的原理。
4. 了解配位滴定的特点。

二、实验试剂与仪器

试剂：$Na_2H_2Y \cdot 2H_2O$(AR)、ZnO(基准物质)、HCl 溶液(3 mol/L)、甲基红指示液(0.025%乙醇溶液)、氨试液(3 mol/L)、$NH_3 \cdot H_2O$-NH_4Cl 缓冲溶液(pH=10.0)、铬黑 T 指示剂。

仪器：烧杯(250 ml)、托盘天平(0.1 g)、硬质玻璃瓶或聚四氟乙烯塑料瓶(1000 ml)、分析天平(0.1 mg)、锥形瓶(250 ml)、量筒(50 ml、10 ml)、酸式滴定管(50 ml)。

三、实验原理

乙二胺四乙酸(简称 EDTA，常用 H_4Y 表示)是一种很好的氨羧配位剂，能和许多金属离子生成稳定的配合物,广泛用来滴定金属离子。EDTA 难溶于水,常温下其溶解度为 0.2 g/L,在分析中不适用,通常使用其二钠盐配制标准溶液。乙二胺四乙酸二钠盐的溶解度为 120 g/L,可配成 0.3 mol/L 以上的溶液,其水溶液 pH = 4.8,通常采用间接法配制标准溶液。

标定 EDTA 溶液常用的基准物有 Zn、ZnO、$CaCO_3$、$MgSO_4 \cdot 7H_2O$ 等。通常选用其中与被测组分相同的物质作基准物,这样滴定与标定条件一致,可减少系统误差。本实验以 ZnO 为基准物质标定 EDTA 的浓度。Zn^{2+} 与 ZnY^{2-} 均无色,既可在 pH5~6 的条件下以二甲酚橙为指示剂标定,也可在 pH9~10 的氨性溶液中以铬黑 T 为指示剂标定,终点均很敏锐。

选用二甲酚橙(XO)作指示剂,以盐酸-六次甲基四胺控制溶液 pH 5~6,其终点反应为:

$$Zn\text{-}XO + Y \rightleftharpoons ZnY + XO$$

(紫红色)   (黄色)

以铬黑 T 为指示剂,在 pH9~10 的氨性溶液中,其变色原理为:

滴定前:$Zn^{2+} + HIn^{2-} \rightleftharpoons ZnIn^- + H^+$

滴定中:$Zn^{2+} + H_2Y^{2-} \rightleftharpoons ZnY^{2-} + 2H^+$

终点时:$ZnIn^- + H_2Y^{2-} \rightleftharpoons ZnY^{2-} + H^+ + HIn^{2-}$

(紫红色)   (纯蓝色)

EDTA 标准溶液浓度的计算式为:

$$c_{EDTA} = \frac{m_{ZnO} \times 1000}{M_{ZnO} \times V_{EDTA}} \qquad M_{ZnO} = 81.38 \text{ g/mol}$$

四、实验内容

1. 0.05 mol/L EDTA 标准溶液的配制 称取 $Na_2H_2Y \cdot 2H_2O$ 约 10 g,置于烧杯中,加适量蒸馏水,加热搅拌溶解,冷却后稀释至 1 L,装入聚四氟乙烯塑料瓶或硬质玻璃瓶中,贴上标签。

2. 0.05mol/L EDTA 标准溶液的标定 精密称取在 800~1000 ℃ 灼烧至恒重的基准物 ZnO 3 份,每份约 0.12 g,分别置于锥形瓶中,加稀盐酸 3 ml 使溶解,加蒸馏水 25 ml,甲基红指示液 1 滴,滴加氨溶液至溶液显微黄色。再加蒸馏水 25 ml,$NH_3 \cdot H_2O$-NH_4Cl 缓冲溶液 10 ml,铬黑 T 指示液 5 滴,用待标定的 EDTA 标准溶液滴定至溶液由紫红色转变为纯蓝色,即为终点,记录消耗 EDTA 标准溶液的体积。

五、数据记录与处理

测定次数 项目	I	II	III
m_{ZnO}(g)			
V_{EDTA}(ml)			
c_{EDTA}			
$\bar{c}_{EDTA}$			
相对平均偏差			
相对标准偏差			

六、注意事项

1. 配合滴定中所用的蒸馏水,应为去离子水或二次蒸馏水,不含 Fe^{3+}、Al^{3+}、Cu^{2+}、Ca^{2+}、

Mg^{2+}等杂质离子。

2. EDTA-2Na·2H$_2$O 在水中溶解较慢,可加热使溶解或放置过夜。

3. 使用不同指示剂时,注意控制溶液的 pH。

4. 储存 EDTA 溶液应选择聚四氟乙烯塑料瓶或硬质玻璃瓶,且避免与橡皮塞、橡皮管等接触。

5. 配位滴定反应速率较慢,滴定时加入 EDTA 溶液的速度不宜过快,近终点时,应逐滴加入,并充分振摇。

七、思考题

1. 为什么通常用乙二胺四乙酸的二钠盐配制 EDTA 标准溶液,而不用乙二胺四乙酸?
2. 中和标准物质中的 HCl 时,能否用酚酞取代甲基红,为什么?
3. 滴定为什么要在缓冲溶液中进行,如果没有缓冲溶液的存在,会导致什么现象发生?

[附] 甲基红指示液(0.025%乙醇溶液)的配制:称取甲基红 0.025 g,加乙醇 100 ml 使溶解,即得。

NH$_3$·H$_2$O-NH$_4$Cl 缓冲溶液(pH 10.0)的配制:称取 5.4 g NH$_4$Cl 溶于少量蒸馏水,加入 35 ml NH$_3$·H$_2$O(15 mol/L),用蒸馏水稀释至 100 ml 即得。

铬黑 T 指示液的配制:称取 0.5 g 铬黑 T 和 2.0 g 盐酸羟胺溶于乙醇,用乙醇稀释至 100 ml 即得,储存于棕色瓶中,此溶液使用前制备。

实验 15 硫酸锌的含量测定

一、实验目的

1. 掌握测定硫酸锌含量的原理和方法。
2. 掌握铬黑 T 指示剂的使用条件和终点判断方法。

二、实验试剂与仪器

试剂:EDTA 标准溶液(0.05 mol/L)、硫酸锌(AR)、NH$_3$·H$_2$O-NH$_4$Cl 缓冲溶液(pH=10.0)、铬黑 T 指示液。

仪器:分析天平(0.1 mg)、锥形瓶(250 ml)、量筒(50 ml、10 ml)、酸式滴定管(50 ml)。

三、实验原理

硫酸锌的定量测定一般是测定其组成中的锌,通过 EDTA 标准溶液直接滴定 Zn^{2+} 测得。Zn^{2+} 与 ZnY^{2-} 均无色,本实验采用在 pH9~10 的氨性溶液中以铬黑 T 为指示剂测定,其变色原理为:

滴定前:$Zn^{2+} + HIn^{2-} \rightleftharpoons ZnIn^- + H^+$

滴定中:$Zn^{2+} + H_2Y^{2-} \rightleftharpoons ZnY^{2-} + 2H^+$

终点时:$ZnIn^- + H_2Y^{2-} \rightleftharpoons ZnY^{2-} + H^+ + HIn^{2-}$

溶液由紫红色转变为纯蓝色即为终点,颜色变化敏锐。硫酸锌含量计算式为:

$$\omega_{ZnSO_4}(\%) = \frac{c_{EDTA} \times V_{EDTA} \times M_{ZnSO_4}}{m_{ZnSO_4} \times 1000} \times 100\% \qquad M_{ZnSO_4} = 161.4 \text{ g/mol}$$

▶▶ 四、实验内容

硫酸锌含量的测定:精密称取硫酸锌 3 份,每份约 0.2 g,分别置于锥形瓶中,加蒸馏水 50 ml 使之溶解,加 $NH_3 \cdot H_2O-NH_4Cl$ 缓冲溶液 10 ml,再加铬黑 T 指示液 3 滴,用 EDTA 标准溶液(0.05 mol/L)滴定至溶液由紫红色变为纯蓝色即为终点,记录消耗的 EDTA 标准溶液的体积。

▶▶ 五、数据记录与处理

测定次数 项目	I	II	III
m_{ZnSO_4} (g)			
V_{EDTA} (ml)			
ω_{ZnSO_4} (%)			
$\bar{\omega}_{ZnSO_4}$ (%)			
相对平均偏差			
相对标准偏差			

▶▶ 六、注意事项

1. 配位滴定中所用的蒸馏水,应为去离子水或二次蒸馏水,不含 Fe^{3+}、Al^{3+}、Cu^{2+}、Ca^{2+}、Mg^{2+} 等杂质离子。

2. 配位滴定反应速率较慢,滴定时加入 EDTA 溶液的速度不宜过快,近终点时,应逐滴加入,并充分振摇。

▶▶ 七、思考题

1. 如何检查蒸馏水是否符合配位滴定的要求?
2. 在配位滴定中,指示剂应具备什么条件?
3. 样品中若含有 Fe^{3+}、Al^{3+} 离子,怎样干扰测定?如何消除?

实验 16 水的总硬度的测定

▶▶ 一、实验目的

1. 掌握配位滴定法测定水的总硬度的原理和方法。
2. 理解掩蔽干扰离子的条件及方法。
3. 了解水硬度的测定意义和硬度的表示方法。

▶▶ 二、实验试剂与仪器

试剂:EDTA 标准溶液(0.05 mol/L)、$NH_3 \cdot H_2O-NH_4Cl$ 缓冲溶液(pH = 10.0)、铬黑 T

指示液、1∶1 三乙醇胺、2% Na_2S 溶液。

仪器:移液管(100 ml)、锥形瓶(250 ml)、量筒(10 ml)、酸式滴定管(50 ml)。

三、实验原理

水的总硬度是指水中镁离子和钙离子的总含量,包括暂时硬度和永久硬度。水中 Ca^{2+}、Mg^{2+} 以酸式碳酸盐形式存在的称为暂时硬度,通过加热 Ca^{2+}、Mg^{2+} 以碳酸盐形式沉淀下来而消除;水中 Ca^{2+}、Mg^{2+} 以硫酸盐、硝酸盐、氯化物形式存在的称为永久硬度,加热不能去除。水的硬度是水质的一项重要指标,水的硬度对生产、生活都有较大影响,硬度的测定具有重要意义。

硬度的表示方法通常有两种:一种以度(°)计,将 1 L 水中 Ca^{2+}、Mg^{2+} 的总量折算成 CaO 的重量,每升水中含有 10 mg 为 1°;另一种是将 1 L 水中 Ca^{2+}、Mg^{2+} 的总量折算成 $CaCO_3$ 的重量,以每升水中含有 $CaCO_3$ 的毫克数表示硬度(mg/L 或 ppm)。一般把硬度小于 4° 的水称为很软的水,4°~8° 的水称为软水,8°~16° 的水称为中等硬水,16°~32° 的水称为硬水,大于 32° 的水称为超硬水。生活用水的总硬度一般不超过 25°。

测定水的硬度常采用配位滴定法,用 EDTA 标准溶液滴定水中 Ca^{2+}、Mg^{2+} 总量,然后换算成相应的硬度。在 pH = 10 的 $NH_3 \cdot H_2O$-NH_4Cl 缓冲溶液中,以铬黑 T 为指示剂,用 EDTA 标准溶液滴定溶液由紫红色转变为纯蓝色即为终点。溶液中各配合物的稳定性顺序为:

$$CaY^{2-} > MgY^{2-} > MgIn^- > CaIn^-$$

滴定过程反应如下:

滴定前:$Mg^{2+} + HIn^{2-} \rightleftharpoons Mg\ In^- + H^+$

滴定时:$Ca^{2+} + H_2Y^{2-} \rightleftharpoons CaY^{2-} + 2H^+$

$Mg^{2+} + H_2Y^{2-} \rightleftharpoons MgY^{2-} + 2H^+$

终点时:$MgIn^- + H_2Y^{2-} \rightleftharpoons MgY^{2-} + HIn^{2-} + H^+$

(紫红色)　　　　　　　(蓝色)

硬度的计算式为:

$$硬度(°) = \frac{c_{EDTA} \times V_{EDTA} \times M_{CaO} \times 1000}{V_{水} \times 10} \times 100\% \qquad M_{CaO} = 56.08 \text{g/mol}$$

若水样中存在 Fe^{3+}、Al^{3+} 等干扰离子时,可用三乙醇胺掩蔽;Cu^{2+}、Pb^{2+}、Zn^{2+} 等重金属离子可用 Na_2S、KCN 或巯基乙酸等掩蔽,消除对铬黑 T 指示剂的封闭作用。

四、实验内容

水总硬度的测定:精密量取水样 100 ml 于锥形瓶中,加入三乙醇胺 5 ml(若水样中含有重金属离子,则加入 1 ml 2% Na_2S 溶液掩蔽)、$NH_3 \cdot H_2O$-NH_4Cl 缓冲溶液 5 ml、铬黑 T 指示液 2~3 滴,用 EDTA 标准溶液(0.05 mol/L)滴定至溶液由紫红色转变为纯蓝色即为终点,记录所消耗的 EDTA 的体积。平行测定 3~5 次。

五、数据记录与处理

测定次数 项目	I	II	III
V_{EDTA}（ml）			
硬度(°)			
平均硬度(°)			
相对平均偏差			
相对标准偏差			

六、注意事项

1. 水样中加缓冲溶液后,为防止 Ca^{2+}、Mg^{2+} 产生沉淀,必须立即滴定并在 5 分钟之内完成。

2. 因 EDTA 配位滴定反应较慢,滴定速度不可过快,接近终点时,每加一滴 EDTA 溶液都应充分振摇,否则使终点提前,结果偏低。

3. 水样中 HCO_3^-、H_2CO_3 含量高时,生成的沉淀会影响终点颜色观察,可将溶液进行酸度调节,方法是在水样中放入一块刚果红试纸,用 HCl(6 mol/L)酸化至试纸变蓝,振摇 2 分钟后,再加入缓冲溶液和指示剂进行滴定。

七、思考题

1. 测定水的总硬度时,为什么要控制 pH≈10?分别滴定 Ca^{2+}、Mg^{2+} 时,如何控制溶液的 pH?

2. 如何用 EDTA 分别测定 Ca^{2+}、Mg^{2+} 混合溶液中 Ca^{2+}、Mg^{2+} 的含量?

实验 17 碘标准溶液的配制和标定

一、实验目的

1. 掌握碘标准溶液的配制与标定方法。
2. 学会用淀粉指示剂确定滴定终点的方法。

二、实验试剂与仪器

试剂:I_2(AR)、As_2O_3(基准物质)、KI(AR)、$NaHCO_3$(AR)、盐酸(AR)、淀粉指示液(0.5%水溶液,临用时配制)、酚酞指示液(0.1%乙醇溶液)、NaOH 溶液(1 mol/L)、硫酸溶液(0.5 mol/L)。

仪器:电子天平(0.1 mg)、台秤(0.1 g)、碘量瓶(250 ml)、棕色酸式滴定管(50 ml)、锥形瓶(250 ml)、棕色试剂瓶(1000 ml)、烧杯(500 ml)、量筒(50 ml、100 ml)、吸量管(2 ml)、垂熔玻璃滤器、玻璃棒。

三、实验原理

1. 0.05 mol/L I_2 标准溶液的配制 用升华法制得的纯碘,可直接配制成标准溶液。但纯碘因其具有挥发性和腐蚀性,不宜用电子天平准确称量,故通常采用间接法配制近似浓度的碘标准溶液,然后用基准试剂或已知准确浓度的 $Na_2S_2O_3$ 标准溶液来标定碘标准溶液的准确浓度。由于 I_2 难溶于水,易溶于 KI 溶液,加入 KI 溶液不仅能增大其溶解度,还能降低其挥发性。配制时应将 I_2、KI 与少量水一起研磨后再用水稀释,并保存在棕色试剂瓶中待标定,以防 KI 的氧化。

2. 0.05 mol/L I_2 标准溶液的标定 I_2 标准溶液通常可用 As_2O_3 基准物来标定。As_2O_3 难溶于水,可先将其溶于碱溶液,使之生成 AsO_3^{3-},再用 I_2 标准溶液滴定 AsO_3^{3-}。反应如下:

$$As_2O_3 + 6OH^- \rightleftharpoons 2AsO_3^{3-} + 3H_2O$$

$$AsO_3^{3-} + I_2 + H_2O \rightleftharpoons AsO_4^{3-} + 2I^- + 2H^+$$

上述反应为可逆反应,为使反应快速定量地向右进行,可加入 $NaHCO_3$,以保持溶液 pH≈8 左右。

根据称取的 As_2O_3 质量和滴定时消耗 I_2 标准溶液的体积,可计算出 I_2 标准溶液的浓度。

四、实验内容

1. 0.5 mol/L 碘标准溶液的配制 称取碘化钾 13.0 g 于烧杯中,加入水 15 ml,搅拌溶解后,加入碘化钾 36 g 中,搅拌使碘完全溶解,再加盐酸 1 滴,加蒸馏水稀释至 1000 ml,搅拌均匀,用垂熔玻璃滤器滤过,转移至棕色试剂瓶中储存。

2. 0.5 mol/L 碘标准溶液的标定 精密称取在 105℃ 干燥至恒重的基准物质 As_2O_3 约 0.15 g(准确至 0.1 mg,平行称三份),置于碘量瓶中,加 NaOH 溶液 10 ml,微热使其溶解,再加纯化水 20 ml、酚酞指示液 1 滴,然后用胶头滴管滴加硫酸溶液适量,至溶液粉红色褪去,再加碳酸氢钠 2 g、纯化水 50 ml、淀粉指示液 2 ml,用待标定碘标准溶液滴定至溶液呈浅蓝紫色,即为终点。记录消耗碘标准溶液的体积。

五、数据记录与处理

测定次数 项目	I	II	III
$m_{As_2O_3}$ (g)			
V_{I_2} (ml)			
c_{I_2} (mol/L)			
$\bar{c}_{I_2}$ (mol/L)			
相对平均偏差			
相对标准偏差			

I_2 标准溶液浓度的计算公式:

$$c_{I_2} = \frac{2 \times m_{As_2O_3} \times 10^3}{M_{As_2O_3} \times V_{I_2}}$$

六、注意事项

1. 由于碘在水中的溶解度很小,且有挥发性,配制时加入适量的 KI,是为了克服碘在水中溶解度小的缺点,因为 I_2 与 I^- 反应能形成可溶性的 I_3^-,使碘的溶解度增加。

2. 在配制过程中加入少量盐酸,其目的是使标准溶液保持微酸性,避免微量的碘酸盐的存在,防止碘在碱性溶液中发生自身氧化还原反应。

3. 配制好的碘标准溶液须储存于具有玻璃瓶塞的棕色瓶内,密塞,凉暗处保存,以避免碘液见光或者受热改变浓度。

4. 需用垂熔玻璃滤器将碘液滤过后再标定,以避免少量未溶解的碘影响浓度。

5. 配制淀粉指示剂时加热时间不宜过长,应快速冷却,以免降低其灵敏性,应现配现用,不宜隔夜使用。

七、思考题

1. 配制碘标准溶液时,为什么要加入 1 滴盐酸?
2. 标定碘标准溶液时,为什么要加入 NaOH 溶液?
3. 为什么淀粉指示剂要现用现配?

实验 18 直接碘量法测定维生素 C 的含量

一、实验目的

1. 进一步熟悉直接碘量法测定维生素含量的原理。
2. 掌握直接碘量法的操作步骤。
3. 掌握淀粉指示剂的使用方法。

二、实验试剂与仪器

试剂:碘标准溶液(0.05 mol/L)、维生素 C 片(药用、100 mg/片)、稀乙酸(2 mol/L)、淀粉指示液(0.5% 水溶液)。

仪器:电子天平(0.1 mg)、棕色酸式滴定管(50 ml)、锥形瓶(250 ml)、量筒(100 ml、10 ml)、玻璃棒、吸量管(1 ml)。

三、实验原理

维生素 C 又称抗坏血酸($C_6H_8O_6$,摩尔质量为 171.62 g/mol)。由于维生素 C 分子中的烯二醇基具有还原性,所以它能被 I_2 定量地氧化成二酮基,因此可以用碘标准溶液直接滴定。

四、实验内容

精密称取研成粉末的维生素 C 细粉约 0.2 g(准确至 0.1 mg,平行称 3 份),置于锥形瓶中,加入新煮沸过的冷纯化水 100 ml、稀乙酸 10 ml 使溶解,加入 0.5% 的淀粉指示液 1 ml,立即用碘标准溶液(0.05 mol/L)滴定,至溶液显蓝色并在 30 秒内不褪色,即为终点。记录所消耗的碘标准溶液的体积。

五、数据记录与处理

测定次数 项目	1	2	3
m (g)			
V_{I_2} (ml)			
ω (%)			
$\bar{\omega}$ (%)			
相对平均偏差			
相对标准偏差			

维生素 C 的含量计算公式：

$$\omega(\%) = \frac{c_{I_2} \times V_{I_2} \times M_{Vc} \times 10^{-3}}{m} \times 100\%$$

六、注意事项

1. 溶解维生素 C 样品时，应该加入新煮沸过的冷蒸馏水。
2. 维生素 C 易被光、热破坏，操作过程中应该注意避光防热。
3. 滴定时须加入 HAc，使溶液保持一定的酸度，以减少维生素 C 与 I_2 以外的其他氧化剂作用。
4. 若滴定速度过慢，也可能是摇晃的过于剧烈，致使滴下的碘有一部分挥发，从而增加了碘溶液的消耗量，测得实际浓度存在误差。

七、思考题

1. 为什么在实验中要加入稀乙酸？
2. 为什么要用新煮沸过的冷蒸馏水溶解维生素 C？
3. 为什么在滴定时速度要快，且不能剧烈摇动？

实验 19 硫代硫酸钠标准溶液的配制与标定

一、实验目的

1. 熟练掌握硫代硫酸钠标准溶液的配制与标定方法。
2. 学会正确使用碘量瓶。
3. 学会淀粉指示剂指示滴定终点的方法。

二、实验试剂与仪器

试剂：$Na_2S_2O_3 \cdot 5H_2O$（AR）、$K_2Cr_2O_7$（基准物质）、Na_2CO_3（AR）、KI（AR）、盐酸（AR）、淀粉指示液（0.5% 水溶液，临用时配制）、硫酸溶液（0.5 mol/L）。

仪器：电子天平(0.1 mg)、台秤(0.1 g)、碱式滴定管(50 ml)、碘量瓶(250 ml)、棕色试剂瓶(500 ml)、烧杯(500 ml)、量筒(50 ml)、移液管(25 ml)、玻璃棒。

三、实验原理

市售硫代硫酸钠($Na_2S_2O_3 \cdot 5H_2O$)一般都含有少量杂质，因此配制 $Na_2S_2O_3$ 标准溶液不能用直接法，只能用间接法。配制好的 $Na_2S_2O_3$ 溶液在空气中不稳定，容易分解，这是由于在水中的微生物、CO_2、空气中 O_2 作用下，发生下列反应：

$$Na_2S_2O_3 \xrightarrow{微生物} Na_2SO_3 + S \downarrow$$

$$Na_2S_2O_3 + CO_2 + H_2O \Longleftrightarrow NaHSO_4 + NaHCO_3 + S \downarrow$$

$$2Na_2S_2O_3 + O_2 \Longleftrightarrow 2Na_2SO_4 + 2S \downarrow$$

标定 $Na_2S_2O_3$ 标准溶液的基准物质有 $K_2Cr_2O_7$、KIO_3、$KBrO_3$ 及升华 I_2 等。除 I_2 外，其他物质都需采用置换滴定法，即在酸性溶液中基准氧化剂与 KI 作用析出 I_2 后，再用待标定的 $Na_2S_2O_3$ 标准溶液滴定的。本实验以 $K_2Cr_2O_7$ 作基准物为例，则 $K_2Cr_2O_7$ 在酸性溶液中与 I^- 发生如下反应：

$$Cr_2O_7^{2-} + 6I^- + 14H^+ \Longleftrightarrow 2Cr^{3+} + 3I_2 + 7H_2O$$

反应析出的 I_2 以淀粉为指示剂，用待标定的 $Na_2S_2O_3$ 标准溶液滴定。

$$I_2 + 2S_2O_3^{2-} \Longleftrightarrow 2I^- + S_4O_6^{2-}$$

根据称取 $K_2Cr_2O_7$ 的质量和滴定时消耗 $Na_2S_2O_3$ 标准溶液的体积，可计算出 $Na_2S_2O_3$ 标准溶液的浓度。

四、实验内容

1. 0.1 mol/L 硫代硫酸钠标准溶液的配制 称取无水碳酸钠 0.10 g，加入新煮沸冷却的纯化水适量，搅拌使其溶解，再加入 $Na_2S_2O_3 \cdot 5H_2O$ 13 g，搅拌使其完全溶解，并稀释至 500 ml，摇匀，储存于试剂瓶中，暗处放置 1 周后(7~14 天)，滤过。

2. 0.1 mol/L 硫代硫酸钠标准溶液的标定 精密称取在 120 ℃ 干燥至恒重的基准重铬酸钾约 0.15 g(准确至 0.1 mg，平行称三份)，置碘量瓶中，加纯化水 50 ml 使其溶解，加碘化钾 2.0 g，轻轻振摇使其溶解，加硫酸溶液 40 ml，摇匀，密塞。在暗处放置 10 分钟后，加纯化水 50 ml，用待标定的硫代硫酸钠标准溶液滴定至近终点时，加淀粉指示液 3 ml，继续滴定至蓝色消失。溶液显亮绿色，且 5 分钟内不返蓝，即到达终点。记录消耗的硫代硫酸钠标准溶液的体积。

五、实验数据与处理

测定次数 项目	1	2	3
$m_{K_2Cr_2O_7}$ (g)			
$V_{Na_2S_2O_3}$ (ml)			
$c_{Na_2S_2O_3}$ (mol/L)			
$\bar{c}_{Na_2S_2O_3}$ (mol/L)			
相对平均偏差			
相对标准偏差			

$Na_2S_2O_3$ 标准溶液浓度计算公式：

$$c_{Na_2S_2O_3} = \frac{6 \times m_{K_2Cr_2O_7} \times 10^3}{M_{K_2Cr_2O_7} \times V_{Na_2S_2O_3}}$$

六、实验注意事项

1. 配制 $Na_2S_2O_3$ 溶液时，应用新煮沸放冷的水，是为了除去水中的 CO_2 和 O_2，并杀死嗜硫细菌。因为水中溶解的 CO_2、O_2 能氧化硫代硫酸钠，析出硫，而嗜硫细菌的存在能分解硫代硫酸钠，也可析出硫。加入少量 Na_2CO_3 使溶液呈弱碱性，既可抑制细菌的生长，又可防止硫代硫酸钠分解。

2. 硫代硫酸钠标准溶液应储存于棕色瓶中，暗处放置一段时间后（大约 1 周），待浓度稳定后，再进行标定。如果发现溶液变浑浊，应该滤除硫后再标定或重新配制。

3. 为防止碘的挥发，在滴定时应该快滴轻摇。

4. 为加速反应，须加入过量的 KI 并适当提高溶液的酸度，酸度过高也会加速空气氧化 I^-。因此，酸度一般应控制为 0.2~0.4 mol/L。而且须在暗处放置，以保证反应顺利进行。

七、思考题

1. 配制硫代硫酸钠标准溶液时，为什么需用新煮沸且冷却至室温的蒸馏水？
2. 碘量瓶中的溶液在暗处放置 10 分钟后，在滴定前为什么要加水稀释？
3. 为什么在标定硫代硫酸钠溶液浓度的操作中，淀粉指示液不能加入过早？

实验 20　间接碘量法测定铜盐的含量

一、实验目的

1. 熟悉间接碘量法测定铜盐含量的原理。
2. 掌握间接碘量法的操作步骤。
3. 熟悉特殊指示剂终点颜色判断和近终点时滴定操作控制。

二、实验试剂与仪器

试剂：$CuSO_4 \cdot 5H_2O$ 试样、$Na_2S_2O_3$ 标准溶液（0.1 mol/L）、0.5% 淀粉溶液、10% KI 溶液、10% KSCN 溶液、1.0 mol/L H_2SO_4 溶液。

仪器：电子天平（0.1 mg）、碱式滴定管（50 ml）、碘量瓶（250 ml）、量筒（10 ml、50 ml）、玻璃棒。

三、实验原理

在弱酸性溶液中（pH = 3~4），Cu^{2+} 与过量 I^- 作用生成难溶性的 CuI 沉淀和 I_2。其反应式为：

$$2Cu^{2+} + 4I^- \rightleftharpoons 2CuI\downarrow + I_2$$

生成的 I_2 可用 $Na_2S_2O_3$ 标准溶液滴定,以淀粉溶液为指示剂,滴定至溶液的蓝色刚好消失即为终点。滴定反应为:

$$I_2 + 2S_2O_3^{2-} = S_4O_6^{2-} + 2I^-$$

由所消耗的 $Na_2S_2O_3$ 标准溶液的体积及浓度即可求算出铜的含量。

▶ 四、实验内容

精密称取明矾($CuSO_4 \cdot 5H_2O$)试样 0.5~0.6 g(准确至 0.1 mg,平行称 3 份),研成粉末后分别置于碘量瓶中,加 5 ml 1.0 mol/L H_2SO_4 溶液和 40 ml 水使其溶解,加入 10% KI 溶液 5 ml,立即用 $Na_2S_2O_3$ 标准溶液滴定至浅黄色,然后加入 5ml 0.5% 淀粉溶液作指示剂,继续滴至浅蓝色。再加 10% KSCN 10 ml,摇匀后,溶液的蓝色加深,再继续用 $Na_2S_2O_3$ 标准溶液滴定至蓝色刚好消失为终点,此时溶液为粉色的 CuSCN 悬浊液。记录所消耗的 $Na_2S_2O_3$ 标准溶液的体积。

$$W_{CuSO_4} \cdot 5H_2O(\%) = \frac{c_{Na_2S_2O_3} \times V_{Na_2S_2O_3} \times M_{CuSO_4 \cdot 5H_2O} \times 10^{-3}}{m} \times 100\%$$

▶ 五、数据记录与处理

测定次数 项目	1	2	3
m (g)			
$V_{Na_2S_2O_3}$ (ml)			
ω (%)			
$\bar{\omega}$ (%)			
相对平均偏差			
相对标准偏差			

▶ 六、注意事项

1. 为了避免 CuI 沉淀吸附 I_2,造成结果偏低,须在近终点(否则 SCN^- 将直接还原 Cu^{2+})时加入 SCN^-,使 CuI 转化成溶解度更小的 CuSCN,释放出被吸附的 I_2。

2. 溶液的 pH 一般控制在 3.0~4.0,酸度过高,空气中的氧会氧化 I_2(Cu^{2+} 对此氧化反应有催化作用);酸度过低,Cu^{2+} 可能水解,使反应不完全,且反应速度变慢,终点延迟。一般采用 NH_4F 溶液,一方面控制溶液酸度,另一方面也能掩蔽 Fe^{3+},消除 Fe^{3+} 氧化 I^- 对测定的干扰。

▶ 七、思考题

1. 为什么要加入 NH_4SCN?为什么不能过早地加入?
2. 实验中加入 KI 的作用是什么?
3. 为什么实验要在碘量瓶中进行?

实验 21 高锰酸钾标准溶液的配制与标定

▶▶ 一、实验目的

1. 熟练掌握高锰酸钾标准溶液的配制与标定方法。
2. 学会正确使用碘量瓶。
3. 学会以高锰酸钾为自身指示剂指示滴定终点的方法。

▶▶ 二、实验试剂与仪器

试剂：$KMnO_4$(AR)、$Na_2C_2O_4$(AR，基准物质)、硫酸溶液(3.0 mol/L)。

仪器：电子天平(0.1 mg)、棕色酸式滴定管(50 ml)、电炉、锥形瓶(250 ml)、棕色试剂瓶(500 ml)、烧杯(500 ml)、量筒(50 ml、500 ml)、移液管(25 ml)、玻璃棒、研钵。

▶▶ 三、实验原理

由于市售的高锰酸钾中含有 MnO_2 等杂质，所用的蒸馏水也含微量的还原性物质，以上杂质的存在会影响测定结果，因此高锰酸钾标准溶液不能直接配制。通常先配制近似浓度的高锰酸钾溶液，然后再进行标定得到准确浓度的高锰酸钾标准溶液。

可用于标定高锰酸钾溶液的基准物质有 $Na_2C_2O_4$、$H_2C_2O_4 \cdot 2H_2O$、$FeSO_4 \cdot 7H_2O$ 等，其中 $Na_2C_2O_4$ 不含结晶水，纯品易取得，因此常用 $Na_2C_2O_4$ 作为标定高锰酸钾溶液的基准物质。在 H_2SO_4 溶液中，其反应式如下：

$$2MnO_4^- + 5C_2O_4^{2-} + 16H^+ =\!=\!= 2Mn^{2+} + 10CO_2\uparrow + 8H_2O$$

根据称取 $Na_2C_2O_4$ 的质量和滴定时消耗 $Na_2C_2O_4$ 标准溶液的体积，可计算出 $KMnO_4$ 标准溶液的浓度。

▶▶ 四、实验内容

1. 0.02 mol/L 高锰酸钾标准溶液的配制 称取高锰酸钾粉末 1.6 g，置于烧杯中，加适量的蒸馏水溶解后，将溶液转入 500 ml 的棕色试剂瓶中，加入蒸馏水定容至 500 ml。静置一周以上(7~14 天)，过滤后，待标定。

2. 0.02 mol/L 高锰酸钾标准溶液的标定 精密称取在 120 ℃ 干燥至恒重的基准物草酸钠约 0.2 g(准确至 0.1 mg，平行称 3 份)，研成粉末置于锥形瓶中，加新煮沸的冷蒸馏水 250 ml 和 10 ml 硫酸溶液使其溶解，用待标定的高锰酸钾标准溶液滴定至褪色后，加热至 65 ℃，继续滴定至微红色且 30 秒内不褪色，即到达终点。记录消耗的高锰酸钾标准溶液的体积。

▶▶ 五、实验数据与处理

测定次数 项目	1	2	3
$m_{Na_2C_2O_4}$ (g)			
V_{KMnO_4} (ml)			

续表

测定次数 项目	1	2	3
c_{KMnO_4} (mol/L)			
$\bar{c}_{KMnO_4}$ (mol/L)			
相对平均偏差			
相对标准偏差			

KMnO₄标准溶液浓度的计算公式：

$$c_{KMnO_4} = \frac{2 \times m_{Na_2C_2O_4} \times 1000}{5 \times M_{Na_2C_2O_4} \times V_{KMnO_4}}$$

▶▶ 六、实验注意事项

1. 在室温下此反应的速度缓慢，须将溶液加热至 75~85 ℃；但温度不宜过高，否则在酸性溶液中会使部分 $H_2C_2O_4$ 发生分解：

$$H_2C_2O_4 = CO_2\uparrow + CO\uparrow + H_2O$$

2. 一般滴定开始时的最适宜酸度约为[H^+] = 1 mol/L。若酸度过低 MnO_4^- 会部分被还原为 MnO_2 沉淀；酸度过高，又会促使 $H_2C_2O_4$ 分解。因此滴定时要严格控制条件，$KMnO_4$ 试剂常含少量杂质，其标准溶液不够稳定。已标定的 $KMnO_4$ 溶液放置一段时间后，应重新标定。

3. 由于 MnO_4^- 与 $C_2O_4^{2-}$ 的反应是自动催化反应，滴定开始时，加入的第一滴高锰酸钾溶液褪色很慢，所以开始滴定时要进行得慢些，在 $KMnO_4$ 红色未褪去之前，不要加入第二滴。当溶液中产生 Mn^{2+} 后，反应速度才逐渐加快，即使这样，也要等前面滴入的 $KMnO_4$ 溶液褪色之后，再继续滴加，否则部分加入的高锰酸钾溶液来不及与 $C_2O_4^{2-}$ 反应，此时在热的酸性溶液中会发生分解导致标定结果偏低。

$$4MnO_4^- + 12H^+ = 4Mn^{2+} + 5O_2\uparrow + 6H_2O$$

4. 高锰酸钾自身可作为指示剂。终点后稍微过量的 MnO_4^- 使溶液呈现粉红色而指示终点的到达。该终点不太稳定，这是由于空气中的还原性气体及尘埃等落入溶液中能使高锰酸钾缓慢分解，导致粉红色消失，所以经过 30 秒不褪色即可认为终点已到。

▶▶ 七、思考题

1. 为什么不能直接配制高锰酸钾溶液？
2. 为何配制好的高锰酸钾溶液需静置 7~14 天后才能标定？
3. 为何溶液的酸度需用硫酸调节，能否用盐酸或硝酸代替硫酸？

实验 22 过氧化氢的含量测定

▶▶ 一、实验目的

1. 掌握高锰酸钾法直接测定过氧化氢的操作步骤。

2. 掌握淀粉指示剂的使用方法。
3. 熟悉高锰酸钾法测定过氧化氢含量的原理。

二、实验试剂与仪器

试剂：高锰酸钾标准溶液（0.02 mol/L）、市售过氧化氢试样（药用3%）、硫酸（3 mol/L）。

仪器：棕色酸式滴定管（50 ml）、锥形瓶（250 ml）、量筒（100 ml、10 ml）、容量瓶（250 ml）、移液管（2 ml、20 ml）、玻璃棒。

三、实验原理

过氧化氢具有还原性，可用高锰酸钾标准溶液直接滴定，测量其含量。以高锰酸钾为自身指示剂，进行滴定。在酸性溶液中高锰酸钾与 H_2O_2 反应的方程式为：

$$2MnO_4^- + 6H^+ + 5H_2O_2 = 2Mn^{2+} + 5O_2\uparrow + 8H_2O$$

记录所消耗的高锰酸钾标准溶液的体积，即可计算出过氧化氢的含量。

四、实验内容

用移液管移取 H_2O_2 试样溶液 2.00 ml，置于 250 ml 容量瓶中，加蒸馏水稀释至刻度，充分摇匀后备用。用移液管移取稀释过的 H_2O_2 溶液 20.00 ml 于 250 ml 锥形瓶中，加入 3 mol/L H_2SO_4 溶液 5 ml，以高锰酸钾为自身指示剂，用 0.02 mol/L $KMnO_4$ 标准溶液滴定到溶液呈微红色，半分钟不褪即为终点。平行测定 3 次，计算试样中 H_2O_2 的浓度。

五、记录与数据处理

项目＼测定次数	1	2	3
V_{KMnO_4}（ml）			
ρ			
$\bar{\rho}$			
相对平均偏差			
相对标准偏差			

H_2O_2 的含量计算公式：

$$\rho = \frac{c_{KMnO_4} \times V_{KMnO_4} \times \frac{5}{2} \times M_{H_2O_2} \times 10^{-3}}{2.00 \times \frac{20.0}{250}}$$

六、注意事项

1. 由于反应在室温、中性溶液中进行，开始时反应速率较慢，随着反应的进行生成的 Mn^{2+} 可起到催化作用，也可加硫酸锰作为催化剂，加快反应速率。
2. 用高锰酸钾标准溶液滴定过氧化氢时，不能用盐酸或硝酸代替硫酸调节酸度。

七、思考题

1. 用高锰酸钾法测定 H_2O_2 含量时,能否用 HNO_3 或 HCl 来控制酸度?
2. 用高锰酸钾法测定 H_2O_2 含量时,为何不能通过加热来加速反应?
3. 用高锰酸钾法测定 H_2O_2 含量时,可使用什么滴定方式?

实验 23 直接电位法测定溶液 pH

一、实验目的

1. 掌握用酸度计测定溶液 pH 的操作。
2. 通过实验,加深对溶液 pH 测定原理和方法的理解。
3. 了解用 pH 标准缓冲溶液定位的意义和温度补偿装置的作用。

二、实验试剂与仪器

试剂:pH 标准缓冲溶液(pH4.0、pH6.86 和 pH9.18 三种)、待测溶液(葡萄糖溶液、葡萄糖氯化钠溶液、碳酸氢钠溶液、注射用水等)。

仪器:酸度计(pHS-3C)、pH 复合电极、温度计、烧杯(50 ml)、滤纸。

三、实验原理

直接电位法测定溶液 pH 常用玻璃电极作为指示电极(负极),饱和甘汞电极作为参比电极(正极),浸入待测溶液中组成原电池,电池符号如下:

$(-)$ Ag(s)|AgCl(s)|内充液|玻璃膜|试液 ‖ KCl(饱和),Hg_2Cl_2(s)|Hg(s)$(+)$

原电池电动势为:

$$E = \varphi_{甘} - \varphi_{玻} = K' + \frac{2.303RT}{F}\text{pH} = K' + 0.059\text{pH} (25\ ℃)$$

由上式可见,原电池的电动势与溶液 pH 呈线性关系,斜率为 $\frac{2.303RT}{F}$,它是指溶液 pH 变化一个单位时,电池的电动势变化 $\frac{2.303RT}{F}$ (V)(25 ℃时改变 0.059 V)。为了直接读出溶液的 pH,pH 计上相邻两个读数间隔相当于 $\frac{2.303RT}{F}$ (V)的电位,此值随温度的改变而改变,因此 pH 计上均设有温度调节旋钮,以消除温度对测定的影响。

上式中 K' 受诸多因素的影响,难以准确测定或计算得到,因此在实际测量时,常采用"两次测量法"测量溶液的 pH 以消除 K'。首先用已知 pH_s 的标准缓冲溶液来校准 pH 计,称为"定位",则:

$$E_s = K' + \frac{2.303RT}{F}\text{pH}_s$$

然后,在相同条件下测量待测液的 pH_x:

$$E_x = K' + \frac{2.303RT}{F} \text{pH}_x$$

两式相减,得到待测溶液 pH_x 的计算公式为:

$$\text{pH}_x = \text{pH}_s + \frac{E_x - E_s}{0.059} \ (25\ ℃)$$

这样就可消除 K' 的影响。在校正时,应选用与待测液的 pH 接近的标准缓冲溶液,以减少测定过程中由于残余液接电位而引起的误差。有些玻璃电极或酸度计的性能可能有缺陷,需要用另一种不同 pH 的标准缓冲溶液进行检验,才能进行待测液 pH 的测定。由此可见,pH 测量是相对的,每次测量均需与标准缓冲溶液进行对比。因此测量结果的准确度受到标准缓冲溶液 pH_s 准确度的影响。常用的几种标准缓冲溶液配制方法及其 pH 见实验[附]和[附]表。

市售酸度计的型号很多,如 pHS-3C、pHS-2 型等,这些酸度计上都有 mV 换档按键,既可直接读出 pH,也可作为电位计直接测量电池电动势。目前,复合玻璃电极(将玻璃电极和甘汞电极组合在一起的单一电极体)的使用,使溶液 pH 测定更为方便。

▶▶ 四、实验内容

1. 按照所使用的酸度计和电极的说明书操作方法进行安装和操作。将玻璃电极、参比电极或者复合电极分别插入相应的插座。一般情况下,玻璃电极接负端口,饱和甘汞电极接正端口。电极插入溶液时,玻璃电极的玻璃球底部应略高于甘汞电极底部(2~3 mm),以免玻璃球损坏。复合电极外面有栅栏状的保护栏,因此不受此限制。

2. 打开电源开关,预热仪器使之达到稳定。

3. 测量标准缓冲溶液温度,确定该温度下的 pH_s,调节仪器的温度补偿旋钮至该温度。

4. 酸度计的调零与校正,定位(校准)和检验。

(1) 调零与校正:按酸度计使用方法操作。

(2) 定位(校准):将电极系统插入已知 pH_s 的标准缓冲溶液中,用定位旋钮调节,使 pH 读数(仪器显示值)为 pH_s。

(3) 检验:若玻璃电极或酸度计的性能可能有缺陷,用定位好的酸度计测量另一种标准缓冲溶液的 pH,观察测定值与理论值的差值,这一过程称为检验。检验时所选用的标准缓冲溶液与定位时的标准缓冲溶液 pH 应相差约 3 个 pH 单位,误差在 ± 0.1 pH 之内。

5. 将电极取出,用待测液将电极和烧杯冲洗 6~8 次。测量待测液温度,调节仪器的温度补偿旋钮至该刻度。将电极浸于待测液中,待读数稳定后,读取并记录 pH_x。

6. 测量完毕,仪器旋钮复位,切断电源,将电极洗净妥善保存。

7. 数据处理

待测液	测定次数			平均值	规定值
	1	2	3		
葡萄糖注射液					3.2~6.5
葡萄糖氯化钠注射液					3.5~5.5
碳酸氢钠注射液					7.5~8.5
注射用水					5.0~7.0

五、注意事项

1. 玻璃电极使用前需在蒸馏水中浸泡活化 24 小时以上,暂时不用时,亦应浸泡在蒸馏水中备用;电极下端玻璃球很薄,须小心使用,以防破裂,使用中切忌与硬物接触,且不得擦拭;电极内充液中若有气泡应轻轻振荡除去,以防断路。

2. 饱和甘汞电极应及时补充内充液(饱和氯化钾溶液),以防电极损坏;使用时需将加液口的小橡皮塞及最下端的橡皮套取下,以保持足够的电位差,用毕再套好;电极内充液中如有气泡应轻轻振荡除去。

3. 定位所选标准缓冲液的 pH 应与被测液的 pH 尽量接近,一般不超过 3 个 pH 单位,以消除残余液接电位造成的测量误差。

4. 一般若测定偏碱性溶液时,应用 pH=6.86 和 pH=9.18 标准缓冲溶液来校准仪器;测定偏酸性溶液时,则用 pH=4.00 和 pH=6.86 的标准缓冲溶液。校正时标准缓冲溶液的温度与状态(静止还是流动)应尽量和待测液的温度与状态一致(相差不得大于 1 ℃)。仪器校准后,不得再转动定位调节旋钮。在使用过程中,如遇到更换新电极、定位或检验等变动过的情况时,仪器必须重新标定。

5. 用玻璃电极测定碱性溶液时,尽量快速测量。对于 pH>9 的溶液的测定,应使用高碱玻璃电极。在测定胶体溶液、蛋白质和染料溶液后,玻璃电极宜用软纸或棉花蘸乙醚小心轻轻擦拭,然后用乙醇清洗,最后用蒸馏水洗净。

6. 校准仪器的标准缓冲溶液,采用单一的碱式盐或酸式盐所配制的溶液较好。所用的试剂要纯,碱式盐易风化和吸收空气中的 CO_2,需要重结晶才能使用。配制标准缓冲溶液所用的水,应是新煮沸并放冷的纯水。标准缓冲溶液一般可保存 2~3 个月,但发现有浑浊、沉淀或霉变等现象时,不能继续使用。保存时宜用聚乙烯塑料瓶,盖子应严密。

7. 在测定注射用水 pH 时,选用邻苯二甲酸氢钾标准缓冲溶液校准后,重复测定样品溶液,直至读数在 1 分钟内的改变不超过 0.05 pH 为止。然后再用硼砂缓冲溶液校正仪器,如上法测定。取两次测定的平均值即是注射用水的 pH。

六、思考题

1. 酸度计为何要用 pH 已知的标准缓冲溶液进行校准?校准时应注意哪些问题?
2. 酸度计上的"温度"及"定位"旋钮各起什么作用?
3. 酸度计能否用来测定有色溶液或浑浊溶液的 pH?
4. 某液体制剂的 pH 约为 5,用酸度计准确测量其 pH 时应选用何种标准缓冲溶液进行定位和检验?

[附] 六种标准缓冲溶液的配制及其 pH

1. 六种标准缓冲溶液的配制

(1) 草酸三氢钾标准缓冲溶液(0.05 mol/L):精密称取在 54℃±3℃ 干燥 4~5 小时的草酸三氢钾 12.71 g,加水溶解并稀释至 1000 ml。

(2) 饱和酒石酸氢钾标准缓冲溶液(25 ℃):将水和过量的酒石酸氢钾粉末(约 20 g/L)装入磨口玻璃瓶中,剧烈摇动 20~30 分钟(控制温度 25 ℃±5 ℃),静置,溶液澄清后,用倾泻法取其上清液使用。

(3) 邻苯二甲酸氢钾标准缓冲溶液(0.05 mol/L):精密称取在 115 ℃±5 ℃ 干燥 2~3

小时的邻苯二甲酸氢钾 10.21 g,加水溶解并稀释至 1000 ml。

(4)磷酸盐标准缓冲溶液(0.05 mol/L):精密称取在 115 ℃±5 ℃干燥 2~3 小时的磷酸氢二钠 3.55 g 和磷酸二氢钾 3.40 g,加水溶解并稀释至 1000 ml。

(5)硼砂标准缓冲溶液(0.01 mol/L):精密称取硼砂 3.81 g(注意避免风化),加水使溶解并稀释至 1000 ml,置聚乙烯塑料瓶中,密闭保存。

(6)饱和氢氧化钙标准缓冲溶液(25 ℃):将水和过量的氢氧化钙粉末(约 10 g/L)装入磨口玻璃瓶或聚乙烯塑料瓶中,剧烈摇动 20~30 分钟(控制温度 25 ℃±5 ℃),迅速抽滤上清液置聚乙烯塑料瓶中,备用。

2. 六种标准缓冲溶液不同温度时 pH(0~50℃)见下表。

温度(℃)	0.05 mol/L 草酸三氢钾	饱和酒石酸氢钾	0.05 mol/L 邻苯二甲酸氢钾	$KH_2PO_4 + Na_2HPO_4$	0.01 mol/L 硼砂	饱和氢氧化钙
0	1.666		4.003	6.984	9.464	13.423
5	1.668		3.999	6.951	9.395	13.207
10	1.670		3.998	6.923	9.332	13.003
15	1.672		3.999	6.900	9.276	12.810
20	1.675		4.002	6.881	9.225	12.627
25	1.679	3.557	4.008	6.865	9.180	12.454
30	1.683	3.552	4.015	6.853	9.139	12.289
35	1.688	3.549	4.024	6.844	9.102	12.133
38	1.691	3.548	4.030	6.840	9.081	12.043
40	1.694	3.547	4.035	6.838	9.068	11.984
45	1.700	3.547	4.047	6.834	9.038	11.841
50	1.707	3.549	4.060	6.833	9.011	11.705

实验 24 亚硝酸钠标准溶液的配制与标定

一、实验目的

1. 掌握永停滴定法原理、操作及终点的确定。
2. 熟悉永停滴定法的实验装置和实验操作。

二、实验试剂与仪器

试剂:对氨基苯磺酸(基准试剂)、浓氨试液、$NaNO_2$、盐酸(1→2)、Na_2CO_3。

仪器:分析天平(0.1 mg)、量筒(50 ml、10 ml)永停滴定仪、电位计(或 pH 计)、棕色酸式滴定管(25 ml)、烧杯(100 ml)。

三、实验原理

永停滴定法是将两支相同的铂电极插入待测试液中,在两电极间外加一小电压(10~

200 mV)，根据可逆电对有电流产生、不可逆电对无电流产生的现象，通过观察滴定过程中电流变化情况确定滴定终点的方法。

在酸性条件下，$NaNO_2$ 可与芳香伯胺发生重氮化反应而定量地生成重氮盐，故药物分析中常用 $NaNO_2$ 为标准溶液，采用永停滴定法测定芳香伯胺的含量。本实验用对氨基苯磺酸为基准物标定 $NaNO_2$ 标准溶液的浓度。

计量点前，两个电极上无反应，故无电解电流产生。化学计量点后，溶液中稍过量的 $NaNO_2$ 生成亚硝酸及其分解产物 NO，在两个铂电极产生如下反应：

阳极：$NO + H_2O \longrightarrow HNO_2 + H^+ + e$

阴极：$HNO_2 + H^+ + e \longrightarrow NO + H_2O$

因此，化学计量点时，电池由原来的无电流通过变为有电流通过，检流计指针发生偏转，并不再回复，从而可以判断滴定终点。

四、实验内容

1. 0.1 mol/L $NaNO_2$ 标准溶液的配制 称取 $NaNO_2$ 3.6 g，加无水 Na_2CO_3 0.05 g，加水溶解并稀释至 500 ml，摇匀，置棕色试剂瓶中。

2. 永停滴定装置的安装 按仪器安装说明书安装永停滴定仪，并开机预热。

3. 0.1 mol/L $NaNO_2$ 标准溶液的标定 取在 120 ℃ 干燥至恒重的基准物对氨基苯磺酸（$C_6H_7O_3NS$）约 0.4 g，精密称定，置于烧杯中，加水 30 ml 及浓氨试液 3 ml。溶解后加盐酸（1→2）20 ml 搅拌。在 30 ℃ 以下用 0.1 mol/L $NaNO_2$ 标准溶液迅速滴定。滴定时，滴定管尖端插入液面下约 2/3 处，将大部分 $NaNO_2$ 标准溶液一次快速滴入，边滴定边搅拌。至近终点时，将滴定管尖端提出液面，用少量蒸馏水洗涤尖端，继续缓慢滴定。在终点附近，用永停滴定法指示终点，至检流计指针发生较大偏转，持续 1 分钟不回复，即为终点。平行操作 3 次。

4. 数据处理 根据所得数据绘制 $I - V$ 滴定曲线，从曲线上找出 V_e，即为计量点时消耗的 $NaNO_2$ 标准溶液的体积。取 3 份平行操作的数据，分别计算 $NaNO_2$ 标准溶液的浓度，求出浓度平均值、相对平均偏差和相对标准标准偏差。

0.1 mol/L $NaNO_2$ 标准溶液浓度按下式计算（$M_{C_6H_7O_3NS} = 173.19$ g/mol）

$$c_{NaNO_2} = \frac{m_{C_6H_7O_3NS} \times 1000}{V_{NaNO_2} \times M_{C_6H_7O_3NS}}$$

五、记录与数据处理

测定次数 项目	1	2	3
m（对氨基苯磺酸）			
V_{NaNO_2}（ml）			
c_{NaNO_2}			
$\bar{c}_{NaNO_2}$			
相对平均偏差			
相对标准偏差			

六、注意事项

1. 若是自装的永停装置,实验前应仔细检查线路连接是否正确,接触是否良好,检流计灵敏度是否合适。在重氮化滴定中要求 10^{-9} A/格。若灵敏度不够,必须更换;若灵敏度太高,必须衰减后再使用。

2. 实验前,须用电位计(或酸度计)测量外加电压,一般外加电压在 30~100 mV,本次实验采用 90 mV。一经调好,实验过程中不可再变动。

3. 铂电极在使用前需进行活化处理,方法是将铂电极放入含有数滴 $FeCl_3$ 试液的浓硝酸(1 滴 $FeCl_3$ 试液∶10 ml 浓硝酸)中浸泡 30 分钟以上,临用时用水冲洗以除去其表面的杂质。浸泡时,需将铂电极插入溶液,但不应触及器皿底部,以免损坏。

4. 对氨基苯磺酸难溶于水,加入浓氨试液可使之溶解,待其完全溶解后方可用盐酸酸化。

5. 重氮化反应宜在 0~15 ℃ 温度下进行。在常温下进行操作,要防止亚硝酸的分解。为此,滴定管尖端插入液面下 2/3 处进行滴定,滴定速度要快些。同时注意检流计光标的晃动,若光标晃动幅度较大,经搅动又回复到原位,表明终点即将到达,可将滴定管尖端提出液面,小心地一滴一滴加入标准溶液,直至检流计光标偏转较大而又不回复,即为终点。

6. 可用淀粉-碘化钾试纸辅助指示终点。

七、思考题

1. 重氮化反应条件是什么?为什么本次试验可在常温下进行?
2. 为什么用盐酸酸化?对其浓度有什么要求?
3. 反应速度和温度对反应结果有什么影响?
4. 配制 $NaNO_2$ 标准溶液时,为何要加适量的 Na_2CO_3?

实验 25 磺胺嘧啶的重氮化滴定

一、实验目的

1. 掌握永停滴定法在重氮化滴定中的原理和基本操作。
2. 进一步熟悉永停滴定法的实验装置和终点的确定。
3. 掌握磺胺类药物重氮化滴定的原理。

二、实验试剂与仪器

试剂:$NaNO_2$ 标准溶液(0.1 mol/L)、盐酸溶液(6 mol/L)、溴化钾(AR)、磺胺嘧啶(原料)。

仪器:永停滴定仪、淀粉-碘化钾试纸、分析天平(0.1 mg)、量筒(50 ml)、酸式滴定管(25 ml)、烧杯(100 ml)、托盘天平。

三、实验原理

本实验采用永停滴定法测定磺胺嘧啶的含量。磺胺嘧啶的分子结构中有芳伯氨基,它在酸性介质中可与亚硝酸钠定量完成重氮化反应而生成重氮盐。

计量点前,两个电极上无反应,故无电解电流产生。化学计量点后,溶液中稍过量的 $NaNO_2$ 生成亚硝酸及其分解产物 NO,在两个铂电极产生如下反应:

阳极:$NO + H_2O \longrightarrow HNO_2 + H^+ + e$

阴极:$HNO_2 + H^+ + e \longrightarrow NO + H_2O$

因此,化学计量点时,电池由原来的无电流通过变为有电流通过,检流计指针发生偏转,并不再回复,从而可以判断滴定终点。

四、实验内容

1. 永停滴定装置的安装　按仪器安装说明书安装永停滴定仪,并开机预热。

2. 磺胺嘧啶的含量测定　取磺胺嘧啶($C_{10}H_{10}N_4O_2S$)约 0.5 g,精密称定,置烧杯中,加水 40 ml 及盐酸溶液(6 mol/L)15 ml。搅拌使溶解,再加溴化钾 2 g,插入铂-铂电极后,将滴定管尖端插入液面下约 2/3 处,用 $NaNO_2$ 标准溶液迅速滴定,随滴随搅拌。至近终点时,将滴定管尖端提出液面,用少量蒸馏水洗涤尖端,洗液并入溶液中,继续缓慢滴定,至检流计指针发生较大偏转,持续 1 分钟不回复,即为终点。同时用外指示剂淀粉-碘化钾试纸确定终点,并将两种确定终点的方法加以比较。

重复上述实验,但不加溴化钾,比较滴定终点情况。

3. 数据处理　磺胺嘧啶原料的含量按下式计算。($M_{C_{10}H_{10}N_4O_2S} = 250.28 \text{ g/mol}$)

$$\omega_{C_{10}H_{10}N_4O_2S}(\%) = \frac{(cV)_{NaNO_2} M_{C_{10}H_{10}N_4O_2S}}{m \times 1000} \times 100\%$$

五、实验数据与处理

项目　　　测定次数	1	2	3
V_{NaNO_2} (ml)			
ω (%)			
$\bar{\omega}$ (%)			
相对平均偏差			
相对标准偏差			

六、注意事项

1. 若是自装的永停装置,实验前应仔细检查装置的线路和外加电压,铂电极进行活化,注意终点的确定方法。

2. 滴定速度稍快,近终点时,速度要慢,仔细检查检流计指针偏转的突跃现象。

3. 酸度一般在 1~2 mol/L 为好。

4. 用外指示剂淀粉碘化钾试纸时,标准溶液接触试纸时,若立即变蓝色,即到终点,若不立即变蓝,未到达终点(试纸后来变蓝是空气氧化的结果)。

5. 实验结束时,要把检流计和永停滴定装置的电流切断,检流计置于短路。

七、思考题

1. 具有何种结构的药物可以采用亚硝酸钠法进行测定?

2. 用永停滴定法和外指示剂法确定终点时,应注意什么问题?各有什么优缺点?
3. 测定磺胺嘧啶的含量时,加入 KBr 的目的是什么?与不加 KBr 比较有何不同?

实验 26 邻二氮菲比色法测定水样中铁的含量

一、实验目的

1. 掌握邻二氮菲分光光度法测定微量铁的方法原理。
2. 熟悉绘制吸收曲线的方法,正确选择测定波长。
3. 学习标准曲线的绘制。

二、实验试剂与仪器

试剂:硫酸亚铁铵(AR)、盐酸(AR)、邻二氮菲、盐酸羟胺、乙酸、乙酸钠。
仪器:722 型分光光度计、容量瓶(50 ml、100 ml、250 ml)、刻度吸管(1 ml、5 ml、10 ml)等。

三、实验原理

铁的吸光光度法所用的显色剂较多,有邻二氮菲(又称邻菲啰啉,菲绕啉)及其衍生物、磺基水杨酸等。其中,邻二氮菲分光光度法的灵敏度高,稳定性好,干扰容易消除,是测定微量铁的较好试剂,因而是目前普遍采用的一种方法。

在 pH 为 2~9(一般控制在 5~6)的溶液中,Fe^{2+} 与邻二氮菲(Phen)生成稳定的橙红色配合物 $Fe(Phen)_3^{2+}$,此配合物的最大吸收峰在 510 nm 波长处,其 $\lg\beta_3 = 21.3$,摩尔吸光系数 $\varepsilon_{508} = 1.1\times10^4$ L/(mol·cm)。

$$Fe^{2+} + 3\,\text{Phen} \rightleftharpoons [Fe(Phen)_3]^{2+} \text{(橘红色)}$$

Fe^{3+} 也可与邻二氮菲形成配合物(蓝色),因此,在显色之前可用盐酸羟胺或维生素 C 将其还原为 Fe^{2+}:

$$2Fe^{3+} + 2NH_2OH \cdot HCl \rightleftharpoons 2Fe^{2+} + N_2\uparrow + 4H^+ + 2H_2O + 2Cl^-$$

此方法的选择性高,相当于含铁量 40 倍的 Sn^{2+}、Al^{3+}、Ca^{2+}、Mg^{2+}、Zn^{2+}、SiO_3^{2-},20 倍 Cr^{3+}、Mn^{2+}、PO_4^{3-},5 倍 Co^{2+}、Cu^{2+} 等均不干扰测定。

本实验采用标准曲线法(又称工作曲线法),即配制一系列浓度由小到大的标准溶液,在确定条件下依次测量各标准溶液的吸光度(A),以标准溶液的浓度为横坐标,相应的吸光度为纵坐标,在坐标纸上绘制标准曲线。将未知试样按照与绘制标准曲线相同的操作条件进行检测,测定出其吸光度,再从标准曲线上查出该吸光度对应的浓度值就可计算出被测试样中待测组分的含量。

四、实验内容

1. 铁标准贮备液的制备　　准确称取 0.176 g AR 级硫酸亚铁铵[$FeSO_4·(NH_4)_2SO_4·6H_2O$]于小烧杯中,加水溶解,加入 6 mol/L HCl 溶液 5 ml,定量转移至 250 ml 容量瓶中稀释至刻度,摇匀。所得溶液每毫升含铁 0.100 mg(即 100 μg/ml)。

2. 铁标准溶液(10 μg/ml)和待测水样的配制　　移取 100 μg/ml 的铁标准贮备溶液 5.0 ml,置于 50 ml 容量瓶中,加入 1.0 ml 6 mol/L HCl,用蒸馏水稀释至刻度,摇匀。

根据待测水样浓度,按适当稀释倍数准确稀释水样至可测浓度范围。

3. 铁标准系列溶液的配制　　移取上面所配制的铁标准溶液(10 μg/ml):0.0、1.0、2.0、4.0、6.0、8.0、10.0 ml 依次放入 7 只洁净的 50 ml 容量瓶中,分别加入 10% 盐酸羟胺溶液 1.0 ml,混合均匀,再加入 0.1% 邻二氮菲溶液 2.0 ml 及 pH=4.6 HAc-NaAc 缓冲溶液(取乙酸钠 136 g 与冰醋酸 120 ml,加水至 500 ml,摇匀即得)5 ml,稀释至刻度,充分摇匀。

4. 绘制吸收曲线　　取标准系列中铁标准溶液用量为 6.0 ml 的显色溶液,在分光光度计上,从波长 440 nm 开始,以不含铁标准溶液的试液为参比,每隔 10 nm 测定一次吸光度 A 值。当临近最大吸收波长附近时应每间隔 5 nm 测定一次吸光度 A 值,测定到 660 nm 波长为止。

以波长为横坐标,吸光度 A 值为纵坐标,绘制吸收曲线,并从中找出最大吸收峰的波长,作为下面测定标准曲线时所用的波长(每改变一次波长都必须重新调整 0 和 100%)。

5. 标准曲线的绘制　　以不加铁标准溶液的试液为参比,选定的最大吸收波长为测定波长,依次测定标准系列中各溶液的吸光度 A 值。

以铁的质量浓度为横坐标,A 值为纵坐标,绘制标准曲线。

6. 水样中含铁总量的测定　　准确移取已稀释好的待测水样于 50 ml 容量瓶中,依次加入 10% 盐酸羟胺溶液 1.0 ml、0.1% 邻二氮菲溶液 2.0 ml 及 HAc-NaAc 缓冲溶液 5 ml,稀释至刻度。按测定标准曲线同样方法测定吸光度 A 值。在标准曲线上查得铁浓度,然后计算水样中总铁的含量(以 mg/L 表示)。

五、数据记录与处理

将吸收曲线的数据绘入下表。

波长/nm	吸光度	波长/nm	吸光度	波长/nm	吸光度
440		490		540	
445		495		545	
450		500		550	
455		505		555	
460		510		560	
465		515		565	
470		520		570	
475		525		575	
480		530		580	
485		535		585	

续表

波长/nm	吸光度	波长/nm	吸光度	波长/nm	吸光度
590		620		645	
600		625		650	
605		630		655	
610		635		660	
615		640			

将标准曲线的数据绘入下表。

浓度/(μg/ml)	吸光度
0.2	
0.4	
0.8	
1.2	
1.6	
2.0	

六、注意事项

1. 不能颠倒各种试剂的加入顺序。
2. 每改变一次波长必须重新调零。
3. 读数据时要注意 A 和 T 所对应的数据。
4. 最佳波长选择好后不要再改变。
5. 每次测定前仪器要调满刻度。
6. 实验报告中要进行数据记录,并进行处理,最后要得出结论。

七、思考题

1. 本实验量取各种试剂时应分别采用何种量器较为合适?为什么?
2. 怎样用吸光光度法测定水样中的全铁(总铁)和亚铁的含量?试拟出一简单步骤。
3. 为什么要用邻二氮菲显色后再测定?

实验 27　维生素 B_{12} 吸收光谱的绘制及其注射液的鉴别与测定

一、实验目的

1. 掌握紫外-可见分光光度计的使用方法。
2. 掌握维生素 B_{12} 注射液的鉴别和含量测定的原理和方法。
3. 熟悉绘制吸收曲线的一般方法。

二、实验试剂与仪器

试剂:维生素 B_{12}(原料)、维生素 B_{12} 注射液(500 μg/ml)。
仪器:752 型紫外-可见分光光度计、石英吸收池、容量瓶、刻度吸管等。

三、实验原理

利用分光光度计能连续变换波长的性能,可以测绘有紫外-可见吸收溶液的吸收光谱(曲线)。虽然由于仪器所能提供的单色光不够纯,得到的吸收曲线不够精密准确,但亦足以反映溶液最强的光带波段,可用作吸收光度法选择波长的依据。

维生素 B_{12} 是含钴的有机药物,为深红色结晶,本实验用维生素 B_{12} 的水溶液,浓度约 100 μg/ml,水为空白,绘制紫外-可见光区吸收曲线。维生素 B_{12} 注射液用于治疗贫血等疾病。注射液的标示含量有每毫升含维生素 B_{12} 50μg、100μg 或 500 μg 等规格。

维生素 B_{12} 吸收光谱上有 3 个吸收峰:278 nm ± 1nm、361 nm ± 1nm 与 550 nm ± 1nm,求出其相应的吸光系数,用它们的比值来进行鉴别。在 361 nm 的吸收峰干扰因素少,系数又最强,《中国药典》(2010 年版)规定以 361 nm 处吸收峰的百分吸光系数 $E_{1cm}^{1\%}$ 值(207)为测定注射液含量的依据。

四、实验内容

1. 吸收曲线的绘制 取维生素 B_{12} 适量,配制成浓度约为 100 μg/ml 的水溶液。将此被测溶液与水(空白)分别盛装于 1 cm 厚的吸收池中,安置于仪器的吸收池架上。按仪器使用方法进行操作。从波长 200 nm 开始,每隔 20 nm 测量一次,每次用空白调节 100% 透光后测定被测溶液的吸光度。在有吸收峰或吸收谷的波段,再以 5 nm(或更小)的间隔测定一些点。必要时重复一次。记录不同波长处的测得值。

以波长为横坐标,吸光度为纵坐标,将测得值逐点描绘在坐标纸上并连成平滑曲线,即得吸收曲线。从曲线上可查见溶液吸收最强的光带波长。

2. 注射液的鉴别 取维生素 B_{12} 注射液样品,按照其标示含量,精密吸取一定量,用水适量稀释,使稀释液每毫升含维生素 B_{12} 约 25 μg。置石英吸收池中,以水为空白,分别在 278 nm ± 1 nm、361 nm ± 1 nm 与 550 nm ± 1 nm 波长处,测定吸光度,由测得数值求 $\dfrac{A_{361}}{A_{278}}$ 和 $\dfrac{A_{361}}{A_{550}}$,与规定值比较,得出结论。(药典规定 $\dfrac{A_{361}}{A_{278}}$ 应为 1.70~1.88;$\dfrac{A_{361}}{A_{550}}$ 应为 3.15~3.45)

3. 定量测定 取鉴别项下的溶液,在 361 nm 处测得吸光度为 A,按下式计算维生素 B_{12} 的浓度(μg/ml):

$$c_{VB_{12}}(\mu g/ml) = A \times 48.31$$

五、数据记录与处理

波长	吸光度	平均吸光度	A_{361}/A_{278}	A_{361}/A_{550}	c	$\bar{c}$	相对平均偏差	相对标准偏差

六、注意事项

1. 绘制吸收曲线时,应注意必须使曲线光滑,尤其在吸收峰处,可考虑多测几个波长点。

2. 本实验采用吸光系数法定量,仪器的波长精度对测定结果影响较大。由于仪器的波长精度可能存在误差,因此测定前,应先在仪器上找出 278 nm ± 1 nm、361 nm ± 1 nm 与 550 nm ± 1 nm 3 个最大吸收峰的确切波长位置。

3. 本实验用吸光系数法测定维生素 B_{12} 注射液的浓度,实际工作中,如有合适的标准对照品,多用工作曲线法定量。

七、思考题

1. 单色光不纯对于测得的吸收曲线有何影响?

2. 利用邻组同学的实验结果,比较同一溶液在不同仪器上测得的吸收曲线的形状、吸收峰波长及相同浓度的吸光度等有无不同,试作解释。

3. 比较用吸光系数和工作曲线定量方法,你认为哪种方法更好?为什么?

4. 本次实验在 278 nm ± 1 nm、361 nm ± 1 nm 与 550 nm ± 1 nm 处求得的吸光系数,能否作为维生素 B_{12} 的普适常数?为什么?

实验 28 薄层色谱法测定硅胶(黏合板)的活度

一、实验目的

1. 掌握硅胶黏合薄层板的铺制方法。
2. 掌握用薄层色谱法测定硅胶活度的方法。
3. 熟悉薄层色谱法的一般操作方法。

二、实验试剂与仪器

试剂:二甲黄、苏丹红、靛酚蓝、石油醚、环己烷-丙酮(2.7∶1)、硅胶 G、羧甲基纤维素钠、甲醇。

仪器:层析缸(10 cm × 10 cm)、玻璃板(10 cm × 5 cm)、平头微量注射器(或点样毛细管)、乳钵、牛角匙、容量瓶(50 ml)。

三、实验原理

硅胶黏合薄层板活度的测定,一般采用 Stahl 活度测定方法,以二甲黄、靛酚蓝和苏丹红各 40 mg,溶于 100 ml 挥发溶剂中,点于硅胶黏合薄层板上,用石油醚展开时,斑点应在原点($R_f=0$);如展开剂改用环己烷-丙酮(2.7∶1)展开,则分成 3 个斑点,其 R_f 值分别为:二甲黄 0.58,苏丹红 0.19,靛酚蓝 0.08。经本法测定合格的硅胶板,其活度与柱色谱所测定的活度 Ⅱ~Ⅲ 级相当。R_f 值的计算公式如下:

$$R_f = \frac{原点中心至斑点中心的距离}{原点中心至溶剂前沿的距离}$$

四、实验内容

1. 硅胶黏合薄层板的制备 称取羧甲基纤维素钠(CMC-Na)0.70 g,加入100 ml 蒸馏水,加热溶解,混匀,放置1周以上待澄清备用。取上述羧甲基纤维素钠上清液30 ml(或适量),置乳钵中。另取10 g 硅胶,分次加入乳钵中,待充分研磨均匀后,取糊状的吸附剂适量倒入清洁的玻璃板上,可晃动或转动玻璃板,使其均匀流布于整块玻璃板上。将其水平放置晾干,再在110 ℃活化1小时,置干燥器中备用。

2. 混合染料溶液的配制 分别称取二甲黄、苏丹红和靛酚蓝染料适量,置于3个50 ml 量瓶中,加甲醇溶解并稀释至刻度,得到含3种染料分别为0.40 mg/mL的染料溶液。

3. 点样、展开 在距薄层板端1.0 cm 处,用铅笔轻轻划一起始线。取上述3种染料溶液各5 μl,点样于硅胶薄层板的起始线上,点距约1.0 cm,斑点直径不超过3 mm,置于盛有展开剂石油醚(沸点30~60 ℃)的层析缸中,板的一端浸入展开剂深度约0.5 cm,密闭,待展开剂上升到离起始线10 cm 处,取出,标记溶剂前沿,3种染料应不移动。取出薄层板,待石油醚挥发后,再按同法以环己烷-丙酮(2.7∶1)为展开剂,展开距离约为10 cm,取出,标记溶剂前沿,待展开剂挥发后,观察各染料的斑点位置,测量 R_f 值,判断其活度。

五、数据记录与处理

	二甲黄	苏丹红	靛酚蓝
L(起点至斑点中心距离)			
L_0(起点至溶剂前沿距离)			
R_f			

六、注意事项

1. 在乳钵中混合硅胶 G 和羧甲基纤维素钠黏合剂时,需充分研磨均匀,并朝同一方向研磨,注意去除表面气泡。

2. 活化后的薄层板应储存于干燥器中,以免吸收湿气而活性降低。

3. 点样时,点样工具应保持垂直方向,小心接触薄层板面进行点样,勿损坏薄层表面。

4. 展开剂不要加得过多,起始线切勿浸入展开剂中。

七、思考题

1. 薄层板为什么需要活化?硅胶的活度与其含水量有何关系?

2. 薄层板的活性、流动相的极性与 R_f 值有什么关系?

3. 本实验在相同的色谱条件下,为什么靛酚蓝、苏丹红与二甲黄的 R_f 值依次增大?试解释 R_f 值与物质的极性的关系。

实验 29 复方磺胺甲噁唑片中磺胺甲噁唑和甲氧苄啶的薄层色谱分离与鉴定

一、实验目的

1. 掌握薄层色谱法的 R_f 值及分离度的计算方法。
2. 熟悉硅胶黏合薄层板的铺制方法及薄层色谱的操作技术。
3. 了解薄层色谱法在药物复方制剂的分离、鉴定中的应用。

二、实验试剂与仪器

试剂:SMZ 对照品、TMP 对照品、复方磺胺甲噁唑片(市售)、三氯甲烷-甲醇-二甲基甲酰胺(20∶20∶1)、硅胶 GF_{254}、羧甲基纤维素钠(CMC-Na)溶液为(0.70%,W/V)。

仪器:双槽层析缸(10 cm×10 cm)、玻璃板(10 cm×5 cm)、紫外分析仪(254 nm)、平头微量注射器(或点样毛细管)、乳钵、牛角匙。

三、实验原理

薄层色谱法设备简单,操作简便快捷,灵敏度高,因此广泛应用于药物鉴别。一般采用对照品比较法,即将试样与对照品在同一薄层板上点样展开后,要求试样斑点的 R_f 值应与对照品斑点一致。

复方磺胺甲噁唑片含磺胺甲噁唑(SMZ)和甲氧苄啶(TMP)两种成分,可在硅胶 GF_{254} 荧光板上,用三氯甲烷-甲醇-二甲基甲酰胺(20∶20∶1)为展开剂,利用硅胶对 TMP 和 SMZ 具有不同的吸附能力,流动相对两者具有不同的溶解能力而达到混合组分的分离。样品中 TMP 和 SMZ 在荧光板上产生的暗斑,与同板上对照品的暗斑比较 R_f 值,用以进行药物的鉴定,并按下式计算两组分的分离度 R。

$$R = \frac{相邻色斑中心间的距离}{(W_1 + W_2)/2}$$

式中,W_1、W_2 分别为两色斑的纵向直径。

四、实验内容

1. 硅胶黏合薄层板的制备 硅胶 GF_{254} 和 0.7%羧甲基纤维素钠水溶液以 1∶3 的比例混合均匀,铺板,室温下晾干,110 ℃活化 1 小时,置干燥器中备用。

2. 溶液配制

(1) 对照品溶液:取 SMZ 对照品 0.2 g、TMP 对照品 40 mg,各加甲醇 10 ml 溶解,作为对照品溶液。

(2) 试样溶液:取本品细粉适量(约相当于 SMZ 0.2g),加甲醇 10 ml,振摇,过滤,取续滤液作为试样溶液。

3. 点样和展开 在距薄层板端 1.5 cm 处,用铅笔轻轻划一起始线。用点样毛细管分别点 SMZ、TMP 对照品溶液及试样溶液各 5 μl,斑点直径不超过 3 mm。待溶剂挥发后,将薄层板置于盛有 20 ml(或适量)展开剂的双槽层析缸中预饱和 10~15 分钟,再将点有样品的一端浸入展开剂 0.3~0.5 cm,展开。待展开剂移行约 8 cm 处,取出薄层板,立即用铅笔标记溶剂前沿,放入通风橱待展开剂挥散后,在紫外分析仪(254 nm)中观察,标出各斑点的位置、形状,并按比例描画图谱,计算 R_f 值和 R 值。

▶ 五、数据记录与处理

	磺胺甲噁唑	甲氧苄啶
L(起点至斑点中心距离)		
L_0(起点至溶剂前沿距离)		
R_f		
R		

▶ 六、注意事项

1. 薄层板使用前应检查其均匀度(通过投射光和反射光检测),并在紫外分析仪中观察薄层荧光是否被掩盖(即由于研磨不均匀使板上出现部分暗斑),若有掩盖现象,将会影响斑点的观察,则制板失败,此板弃用。

2. 点样量不宜太多,否则会因拖尾影响分离度。

3. 层析缸必须密闭,否则溶剂易挥发,从而改变展开剂比例,影响分离度。

4. 展开剂不可直接倒入水槽,须统一回收处理。

▶ 七、思考题

1. 薄层色谱的显示定位方法有几种?
2. 荧光薄层检测斑点的原理是什么?
3. 层析缸和薄层板若不预先用展开剂蒸气饱和,会产生什么现象?为什么?

实验 30 内标法测定酊剂中乙醇的含量

▶ 一、实验目的

1. 掌握内标法进行定量分析的原理及计算方法。
2. 掌握酊剂中乙醇含量的气相色谱测定方法。

▶ 二、实验试剂与仪器

试剂:无水乙醇(AR)、无水丙醇(AR,内标物)、酊剂(大黄酊)样品。

仪器:气相色谱仪、微量注射器(1 μl)、移液管(5 ml、10 ml)、容量瓶(100 ml)。

▶ 三、实验原理

在药物的 GC 分析中,许多药物的校正因子未知,此时可采用无需校正因子的内标工作曲线法或内标对比法定量。由于上述方法是测量仪器的相对响应值(峰面积或峰高之比),故实验条件波动对结果影响不大,定量结果与进样量重复性无关,同时也不必知道样品中内标物的确切量,只需在各份样品中等量加入即可。

本实验采用内标对比法测定酊剂中的乙醇含量,该法是在校正因子未知时内标法的一种应用。先配制已知浓度的对照溶液并加入一定量的内标物,再按相同量将内标物加入到试样中。分别进样,由下式可求出试样中待测组分的含量 $c_i(V/V)$:

$$c_{i试样} = \frac{(A_i/A_s)_{试样}}{(A_i/A_s)_{标准}} \times c_{i标准}$$

式中,A_i、A_s 分别为被测组分和内标物的峰面积。

四、实验内容

1. 实验条件 色谱柱:10% PEG-20M(2 m × 3 mm I. D);载体:上试 102 白色载体;柱温:90 ℃;气化室温度:140 ℃;检测器(FID)温度:120 ℃;载气:N_2,9.8×10^4 Pa;H_2,5.88×10^4 Pa;空气,4.90×10^4 Pa;进样量,0.5 μl。

2. 溶液配制

(1) 对照溶液配制:精密量取无水乙醇 5 ml 及无水丙醇 5 ml,置 100 ml 量瓶中,加水稀释至刻度,摇匀。

(2) 样品溶液配制:精密量取酊剂样品 10 ml 及无水丙醇 5 ml,置 100 ml 量瓶中,加水稀释至刻度,摇匀。

3. 测定 在上述色谱条件下,取对照溶液与样品溶液,分别进样 0.5 μl,记录色谱图。

4. 实验数据处理 将色谱图上有关数据记录之后填入下表,并代入公式求样品中乙醇的百分含量(V/V)。

	组分名称	bp(℃)	t_R	A	A_i/A_s	$c_{i试样}$%
对照溶液	乙醇	78				
	丙醇	97				
试样溶液	乙醇	78				
	丙醇	97				

$$c_{i试样}(\%) = \frac{(A_i/A_s)_{试样} \times 10}{(A_i/A_s)_{标准}} \times 5.00\%$$

式中,A_i、A_s 分别为乙醇和丙醇的峰面积;10 为稀释倍数;5.00% 为对照溶液中乙醇的百分含量(V/V)。

五、注意事项

1. 采用内标对比法定量时,应先考察内标工作曲线(以对照溶液中组分与内标峰的响应值之比作纵坐标,以对照溶液浓度为横坐标作图)的线性关系及范围,若已知工作曲线通过原点且测定浓度在其线性范围内时,再采用内标对比法定量;同时,用于对比的对照溶液浓度应与样品液中待测组分浓度尽量接近,这样可提高测定准确度。

2. FID 主要用于含碳有机物的检测,但对非烃类、惰性气体或火焰中难电离或不电离的物质,响应较低或无响应。FID 属于质量型检测器,其响应值取决于单位时间内引入检测器的组分质量。当进样量一定时,峰面积与载气流速无关,但峰高与载气流速成正比,因此一般采用峰面积定量。当用峰高定量时,须保持载气流速稳定。但在内标对比法中由于所测参数为组分响应值之比(即相对响应值),所以用峰高定量时载气流速变化对测定结果的影响较小。

六、思考题

1. FID 是何种类型检测器?它的主要特点是什么?本实验为何要选择 FID?
2. 色谱内标法有哪些优点?在什么情况下采用内标法较方便?
3. 在什么情况下可采用内标对比法?内标法定量时,若实验中的进样量稍有误差,是否影响定量结果?
4. 实验中载气流速稍有变化,对测定结果有何影响?
5. 内标物应符合哪些要求?

实验 31　内标对比法测定对乙酰氨基酚

一、实验目的

1. 掌握内标对比法的实验步骤和结果计算方法。
2. 熟悉高效液相色谱仪的使用方法。

二、实验试剂与仪器

试剂:对乙酰氨基酚对照品、非那西丁(原料)、对乙酰氨基酚(原料)、甲醇(色谱纯)、重蒸馏水。

仪器:高效液相色谱仪、ODS 色谱柱、移液管、容量瓶。

三、实验原理

内标对比法是内标法的一种,是高效液相色谱法中最常用的定量分析方法之一。此方法是,分别配制含有等量内标物的对照品溶液和试样溶液,经 HPLC 分析后,测得上述两溶液中待测组分(i)和内标物(s)的峰面积,按下式计算试样溶液中待测组分的浓度:

$$c_{i\text{试样}} = \frac{(A_i/A_s)_{\text{试样}}}{(A_i/A_s)_{\text{对照}}} \times c_{i\text{对照}}$$

式中,A_i,A_s 分别为被测组分和内标物的峰面积。

对乙酰氨基酚稀碱溶液在 (257 ± 1) nm 波长处有最大吸收,可用于定量测定。但本品在生产过程中可能引入对氨基酚等中间体,这些杂质在上述波长处也有吸收。为避免杂质干扰,本实验采用 HPLC 内标对比法测定对乙酰氨基酚的含量。

四、实验内容

1. 色谱条件　色谱柱:ODS 柱(150 mm × 4.6 mm,5 μm);流动相:甲醇-水(60∶40);流速:0.6 ml/min;检测波长:257 nm;柱温:室温;内标物:非那西丁。

2. 内标溶液的配制　称取非那西丁约 0.25 g,置 50 ml 量瓶中,加甲醇适量使溶解,并稀释至刻度,摇匀即得。

3. 对照品溶液的配制　精密称取对乙酰氨基酚对照品约 50 mg,置 100 ml 量瓶中,加甲醇适量使溶解,再精密加入内标溶液 10 ml,用甲醇稀释至刻度,摇匀;精密量取 1 ml,置 50 ml 量瓶中,用流动相稀释至刻度,摇匀即得。

4. 试样溶液的配制　精密称取本品约 50 mg,置 100 ml 量瓶中,加甲醇适量使溶解,再精密加入内标溶液 10 ml,用甲醇稀释至刻度,摇匀;精密量取 1 ml,置 50 ml 量瓶中,用流动相稀释至刻度,摇匀即得。

5. 进样分析　用微量注射器吸取对照品溶液,进样 20 μl,记录色谱图,重复 3 次。以同样方法分析试样溶液。按下表记录峰面积。

	对照品溶液			试样溶液		
	A_i	A_s	A_i/A_s	A_i	A_s	A_i/A_s
1						
2						
3						
平均值						

6. 结果计算　按下式计算对乙酰氨基酚的百分含量。

$$\omega(\%) = \frac{(A_i/A_s)_{试样}}{(A_i/A_s)_{对照}} \times \frac{m_{i对照}}{m_{试样}} \times 100\%$$

式中,A_i、A_s 分别为乙醇和丙醇的峰面积;10 为稀释倍数;5.00% 为对照中乙醇的百分含量(V/V)。

五、注意事项

1. 实验中可通过选择适当长度的色谱柱,调整流动相中甲醇和水的比例或流速,使对乙酰氨基酚内标物的分离度达到定量分析的要求。

2. 内标对比法是内标校正曲线法的应用。若已知校正曲线通过原点,并在一定范围内呈线性,则可用内标对比法测定。该法只需配制一种与待测组分浓度接近的对照品溶液,并在对照品溶液与试样溶液中加入等量内标物(可不必知道内标物的准确加入量),即可在相同条件下进行测定。

六、思考题

1. 此实验中试样溶液和对照品溶液中的内标物浓度是否相同,为什么?
2. 内标对比法有何优点?
3. 如何选择内标物质及内标物的加入量?
4. 配制试样溶液时,为什么要使其浓度与对照品溶液的浓度相接近?
5. 内标法绘制校正曲线时,如果 (A_i/A_s)-c_i 直线不通过原点,能否用内标对比法进行定量?

实验 32　外标法测定阿莫西林

一、实验目的

1. 掌握外标法的实验步骤和计算方法。
2. 了解离子抑制色谱法。

二、实验试剂与仪器

试剂：阿莫西林对照品、阿莫西林（原料）、磷酸二氢钾（AR）、氢氧化钾（AR）、乙腈（色谱纯）、重蒸馏水。

仪器：高效液相色谱仪、ODS 色谱柱、pH 计、容量瓶（50 ml）。

三、实验原理

阿莫西林为 β-内酰胺类抗生素，《中国药典》(2010 年版）规定其含量不得少于 95.0%。阿莫西林的分子结构中的酰胺侧链为羟苯基取代，具有紫外吸收特性，因此可用紫外检测器检测。此外，分子中有一羧基，具有较强的酸性，因此使用 pH 小于 7 的缓冲溶液为流动相，采用离子抑制色谱法进行测定。

外标法常用于测定药物主成分或某个杂质的含量。外标法是以待测组分的纯品作对照品，以对照品和试样中待测组分的峰面积或峰高相比较进行定量分析。外标法包括工作曲线法和外标一点法，在工作曲线的截距近似为零时，可用外标一点法，后者常简称外标法。

进行外标法定量时，分别精密称（量）取一定量的对照品和试样，配制成溶液，分别进样相同体积的对照品溶液和试样溶液，在完全相同的色谱条件下，进行色谱分析，测得峰面积。用下式计算试样中待测组分的量或浓度：

$$m_i = (m_i)_s \times \frac{A_i}{(A_i)_s} \text{ 或 } c_i = (c_i)_s \times \frac{A_i}{(A_i)_s}$$

式中，m_i、$(m_i)_s$、A_i、$(A_i)_s$、c_i、$(c_i)_s$ 分别为试样溶液和对照品溶液的质量、峰面积和浓度。

四、实验内容

1. 色谱条件　色谱柱：ODS 柱（150 mm × 4.6 mm，5 μm）；流动相：0.05 mol/L 磷酸盐缓冲溶液（pH5.0）-乙腈（97.5∶2.5）；磷酸盐缓冲溶液为：磷酸二氢钾 13.6g，用水溶解后稀释至 2000 ml，用 2 mol/L 氢氧化钾调节至 pH5.0±0.1；流速：1.0 ml/min；检测波长：254 nm；柱温：室温。

2. 对照品溶液的配制　精密称取阿莫西林对照品约 25 mg，置 50 ml 量瓶中，加流动相溶解并稀释至刻度，摇匀。

3. 试样溶液的配制　取阿莫西林试样 25 mg，精密称量，按上法配制试样溶液。

4. 进样分析　用微量注射器分别取对照品溶液和试样溶液，各进样 20 μl，记录色谱图,各种溶液重复测定 3 次。

	对照品溶液			试样溶液		
	A_i	A_s	A_i/A_s	A_i	A_s	A_i/A_s
1						
2						
3						
平均值						

5. 结果计算　用外标法以色谱峰面积或峰高计算试样中阿莫西林的质量,再根据试样质量 m 计算含量:

$$\omega(\%) = \frac{m_i}{m} \times 100\%$$

式中, m_i、m 分别为待测组分和试样的质量。

五、注意事项

为保证进样准确,进样时必须多吸取一些溶液,使溶液完全充满 20 μl 的定量环。

六、思考题

1. 工作曲线的截距较大时,能否用外标一点法定量?应该用什么方法定量?
2. 外标法与内标法相比有何优缺点?
3. 此实验为什么采用含有 pH=5.0 的缓冲溶液为流动相?
4. 本实验称取试样量和对照品量接近(均为 30 mg 左右),为什么?

参 考 文 献

陈集,朱鹏飞.2010.仪器分析教程.北京:化学工业出版社
付春华,黄月群.2013.基础化学.北京:人民卫生出版社
高职高专化学教材编写组.2000.分析化学.第2版.北京:高等教育出版社
国家药典委员会.2010.中华人民共和国药典(2010年版)一部.北京:化学工业出版社
李发美.2007.分析化学.第6版.北京:人民卫生出版社
毛金银,杜学勤.2013.仪器分析技术.北京:中国医药科技出版社
屈爱桃,孙利明,宋显荣.2004.薄层扫描法测定蒙药沙日毛都-8中栀子苷和盐酸小檗碱的含量.中国实验方剂学杂志,10(3):12-13
孙毓庆.1999.分析化学.第4版.北京:人民卫生出版社
田中云,祖金凤,裴付军.2009.GC法测定利鲁唑含量.中国药事,23(10):1008,1014
邬春华,郑力行,周志俊.2006.尿中有机磷农药代谢产物的测定.复旦学报(医学版),33(4):552-555
吴性良,朱万森,马林.2004.分析化学原理.北京:化学工业出版社
夏河山,卢庆祥,张和林.2013.分析化学.武汉:华中科技大学出版社
谢培山.2004.中药色谱指纹图谱.北京:人民卫生出版社
谢庆娟,李维斌.2013.分析化学.第2版.北京:人民卫生出版社
谢庆娟,杨其绛.2009.分析化学.北京:人民卫生出版社
杨根元.2010.实用仪器分析.第4版.北京:北京大学出版社
袁存光,祝优珍,田晶,等.2012.现代仪器分析.北京:化学工业出版社
赵怀清.2008.分析化学图表解.北京:人民卫生出版社
朱静,贾晓斌,郑智音,等.2012.气相色谱法测定透骨灵橡胶膏中樟脑、冰片和薄荷脑的含量.中国医院药学杂志,32(11):831-833
邹继红,季光辉,宋欣鑫,等.2007.蔬菜中有机氯和拟除虫菊酯农药残留量的测定.沈阳药科大学学报,24(3):156-159
邹继红.2008.GC法测定蔬菜水果中有机氯农药残留量.赤峰学院学报,24(1A):44-46
邹继红.2009.GC法测定蔬菜水果中菊酯类农药残留量.赤峰学院学报,25(4):41-42

附　　录

附录 1　中华人民共和国法定计量单位

我国的法定计量单位包括：
1. 国际单位制（SI）的基本单位；
2. 国际单位制的辅助单位；
3. 国际单位制中具有专门名称的导出单位；
4. 国家选定的非国际单位制单位；
5. 由以上单位构成的组合形式的单位；
6. 由词头和以上单位所构成的十进倍数和分数单位。

附表 1-1　国际单位制的基本单位

量的名称	单位名称	单位符号
长度	米	m
质量	千克(公斤)	kg
时间	秒	s
电流强度	安培	A
热力学温度	开尔文	K
发光强度	坎德拉	cd
物质的量	摩尔	mol

附表 1-2　国际单位制的辅助单位

量的名称	单位名称	单位符号
平面角	弧度	rad
立体角	球面度	sr

附表 1-3　国际单位制中具有专门名称的导出单位

量的单位	单位名称	单位符号	用其他国际制单位表示的关系式	用国际制基本单位表示的关系式
频率	赫兹	Hz		s^{-1}
力, 重力	牛顿	N		$m \cdot kg \cdot s^{-2}$
压力, 压强, 应力	帕斯卡	Pa	N/m^2	$m^{-1} \cdot kg \cdot s^{-2}$

续表

量的单位	单位名称	单位符号	用其他国际制单位表示的关系式	用国际制基本单位表示的关系式
能,功,热量	焦耳	J	N·m	$m^2 \cdot kg \cdot s^{-2}$
功率,辐射通量	瓦特	W	J/s	$m^2 \cdot kg \cdot s^{-3}$
电量,电荷	库仑	C	-	$s \cdot A$
电压、电位、电动势	伏特	V	W/A	$m^2 \cdot kg \cdot s^{-3} \cdot A^{-1}$
电容	法拉	F	C/A	$m^{-2} \cdot kg^{-1} \cdot s^4 \cdot A^2$
电阻	欧姆	Ω	V/A	$m^2 \cdot kg \cdot s^{-3} \cdot A^{-2}$
电导	西门子	S	A/V	$m^{-2} \cdot kg^{-1} \cdot s^3 \cdot A^2$
磁通量	韦伯	Wb	V·s	$m^2 \cdot kg \cdot s^{-2} \cdot A^{-1}$
磁通量密度,磁感应强度	特斯拉	T	Wb/m²	$kg \cdot s^{-2} \cdot A^{-1}$
电感	亨利	H	Wb/A	$m^2 \cdot kg \cdot s^{-2} \cdot A^{-2}$
光通量	流明	lm	-	$cd \cdot sr$
光照度	勒克斯	lx	lm/m²	$m^{-2} \cdot cd \cdot sr$
放射性活度	贝可勒尔	Bq	-	s^{-1}
吸收计量	戈瑞	Gy	J/kg	$m^2 \cdot s^{-2}$
剂量当量	希沃特	Sy	J/kg	$m^2 \cdot s^{-2}$

附表 1-4 国家选定的非国际单位制单位

量的名称	单位名称	单位符号	换算关系
时间	分	min	1 min = 60 s
	小时	h	1 h = 60 min = 3600 s
	天	d	1 d = 24 h = 86 400 s
平面角	秒	″	1″ = (π/64 800) rad
	分	′	1′ = 60″ = (π/10 800) rad
	度	°	1° = 60′ = (π/180) rad
旋转速度	转/分	r/min	1 r/min = (1/60) s⁻¹
长度	海里	n mile	1 n mile = 185 2 m(仅用于航程)
速度	节	kn	1 kn = 1 n mile/h = (185 2/360 0) m/s(仅用于航程)
质量	吨	t	1 t = 10³ kg
	原子质量单位	u	1 u ≈ 1.660 540 2×10⁻²⁷ kJ
体积	升	L	1L = 1 dm³ = 10⁻³ m³
能量	电子伏	eV	1 eV ≈ 1.602 189 2×10⁻¹⁹ J
级差	分贝	dB	
线密度	特克斯	tex	1tex = 1 g/km

附 录

附表 1-5　用于构成十进倍数和分数单位的词头

因数	英文名称	中文名称	符号	因数	英文名称	中文名称	符号
10^{24}	yotta	尧它	Y	10^{-1}	deci	分	d
10^{21}	zeta	泽它	Z	10^{-2}	centi	厘	c
10^{18}	exa	艾克萨	E	10^{-3}	milli	毫	m
10^{15}	peta	拍它	P	10^{-6}	micro	微	μ
10^{12}	tera	太拉	T	10^{-9}	nano	纳诺	n
10^{9}	giga	吉咖	G	10^{-12}	pico	皮可	p
10^{6}	mega	兆	M	10^{-15}	femto	飞姆托	f
10^{3}	kilo	千	k	10^{-18}	atto	阿托	a
10^{2}	hector	百	h	10^{-21}	zepto	仄普托	z
10^{1}	deca	十	da	10^{-24}	yocto	幺科托	y

附录 2　常用物理化学常数表

常数名称	换算关系
电子的电荷	$e = 4.80298 \times 10^{-10}$ esu
普朗克常数	$h = 6.626176(36) \times 10^{-34}$ J·s
光速(真空)	$c = 2.99792458 \times 10^{8}$ m·s^{-1}
摩尔气体常数	$R = 8.31441(26)$ J·mol^{-1}·K^{-1}
玻尔兹曼常数	$k = 1.38066 \times 10^{-23}$ J·K^{-1}
阿伏伽德罗常数	$N = 6.022045(31) \times 10^{23}$ mol^{-1}
法拉第常数	$F = 9.648456 \times 10^{4}$ C·mol^{-1}
电子静止质量	$m_e = 9.10953(5) \times 10^{-34}$ g
波尔半径	$a_0 = 0.52917706(44) \times 10^{-10}$ m
元素的相对原子质量	$u = 1.6605402 \times 10^{-24}$ g

注:括号中的数字代表该数值的误差(最末 1～2 位),例如:$N = 6.022\,045(31) \times 10^{23}$ mol^{-1},即 $N = (6.022\,045 \pm 0.000\,031) \times 10^{23}$ mol^{-1},其余依此类推。

附录 3　元素的相对原子质量(2005)

[按照原子序数排列,以 Ar(^{12}C) = 12 为基准]

原子序数	元素符号	名称	英文名	相对原子质量	原子序数	元素符号	名称	英文名	相对原子质量
1	H	氢	Hydrogen	1.00794(7)	5	B	硼	Boron	10.811(7)
2	He	氦	Helium	4.002602(2)	6	C	碳	Carbon	12.0107(8)
3	Li	锂	Lithium	6.941(2)	7	N	氮	Nitrogen	14.0067(2)
4	Be	铍	Beryllium	9.012182(3)	8	O	氧	Oxygen	15.9994(3)

续表

原子序数	符号	名称	英文名	相对原子质量	原子序数	符号	名称	英文名	相对原子质量
9	F	氟	Fluorine	18.9984032(5)	45	Rh	铑	Rhodium	102.90550(2)
10	Ne	氖	Neon	20.1797(6)	46	Pd	钯	Palladium	106.42(1)
11	Na	钠	Sodium	22.98976928(2)	47	Ag	银	Silver	107.8682(2)
12	Mg	镁	Magnesium	24.3050(6)	48	Cd	镉	Cadmium	112.411(8)
13	Al	铝	Aluminum	26.9815386(8)	49	In	铟	Indium	114.818(3)
14	Si	硅	Silicon	28.0855(3)	50	Sn	锡	Tin	118.710(7)
15	P	磷	Phosphorus	30.973762(2)	51	Sb	锑	Antimony	121.760(1)
16	S	硫	Sulphur	32.065(5)	52	Te	碲	Tellurium	127.60(3)
17	Cl	氯	Chlorine	35.453(2)	53	I	碘	Iodine	126.90447(3)
18	Ar	氩	Argon	39.948(1)	54	Xe	氙	Xenon	131.293(6)
19	K	钾	Potassium	39.0983(1)	55	Cs	铯	Caesium	132.9054519(2)
20	Ca	钙	Calcium	40.078(4)	56	Ba	钡	Barium	137.327(7)
21	Sc	钪	Scandium	44.955912(6)	57	La	镧	Lanthanum	138.90547(7)
22	Ti	钛	Titanium	47.867(1)	58	Ce	铈	Cerium	140.116(1)
23	V	钒	Vanadium	50.9415(1)	59	Pr	镨	Praseodymium	140.90765(2)
24	Cr	铬	Chromium	51.9961(6)	60	Nd	钕	Neodymium	144.242(3)
25	Mn	锰	Manganese	54.938045(5)	61	Pm	钷	Promethium	[145]
26	Fe	铁	Iron	55.845(2)	62	Sm	钐	Samarium	150.36(2)
27	Co	钴	Cobalt	58.933195(5)	63	Eu	铕	Europium	151.964(1)
28	Ni	镍	Nickel	58.6934(2)	64	Gd	钆	Gadolinium	157.25(3)
29	Cu	铜	Copper	63.546(3)	65	Tb	铽	Terbium	158.92535(2)
30	Zn	锌	Zinc	65.409(4)	66	Dy	镝	Dysprosium	162.500(1)
31	Ga	镓	Gallium	69.723(1)	67	Ho	钬	Holmium	164.93032(2)
32	Ge	锗	Germanium	72.64(1)	68	Er	铒	Erbium	167.259(3)
33	As	砷	Arsenic	74.92160(2)	69	Tm	铥	Thulium	168.93421(2)
34	Se	硒	Selenium	78.96(3)	70	Yb	镱	Ytterbium	173.04(3)
35	Br	溴	Bromine	79.904(1)	71	Lu	镥	Lutetium	174.967(1)
36	Kr	氪	Krypton	83.798(2)	72	Hf	铪	Hafnium	178.49(2)
37	Rb	铷	Rubidium	85.4678(3)	73	Ta	钽	Tantalum	180.94788(2)
38	Sr	锶	Strontium	87.62(1)	74	W	钨	Tungsten	183.84(1)
39	Y	钇	Yttrium	88.90585(2)	75	Re	铼	Rhenium	186.207(1)
40	Zr	锆	Zirconium	91.224(2)	76	Os	锇	Osmium	190.23(3)
41	Nb	铌	Niobium	92.90638(2)	77	Ir	铱	Iridium	192.217(3)
42	Mo	钼	Molybdenium	95.94(2)	78	Pt	铂	Platinum	195.084(9)
43	Tc	锝	Technetium	[98]	79	Au	金	Gold	196.966569(4)
44	Ru	钌	Ruthenium	101.07(2)	80	Hg	汞	Mercury	200.59(2)

续表

原子序数	元素符号	元素名称	英文名	相对原子质量	原子序数	元素符号	元素名称	英文名	相对原子质量
81	Tl	铊	Thallium	204.3833(2)	100	Fm	镄	Fermium	[257]
82	Pb	铅	Lead	207.2(1)	101	Md	钔	Mendelevium	[258]
83	Bi	铋	Bismuth	208.98040(1)	102	No	锘	Nobelium	[259]
84	Po	钋	Polonium	[209]	103	Lr	铹	Lawrencium	[262]
85	At	砹	Astatine	[210]	104	Rf		Rutherfordium	[267]
86	Rn	氡	Radon	[222]	105	Db		Dubnium	[268]
87	Fr	钫	Francium	[223]	106	Sg		Seaborgium	[271]
88	Ra	镭	Radium	[226]	107	Bh		Bohrium	[272]
89	Ac	锕	Actinium	[227]	108	Hs		Hassium	[270]
90	Th	钍	Thorium	232.03806(2)	109	Mt		Meitnerium	[276]
91	Pa	镤	Protactinium	231.03588(2)	110	Ds		Darmstadtium	[281]
92	U	铀	Uranium	238.02891(3)	111	Rg		Roentgenium	[280]
93	Np	镎	Neptunium	[237]	112	Uub		Ununbium	[285]
94	Pu	钚	Plutonium	[244]	113	Uut		Ununtrium	[284]
95	Am	镅	Americium	[243]	114	Uuq		Ununquadium	[289]
96	Cm	锔	Curium	[247]	115	Uup		Ununpentium	[288]
97	Bk	锫	Berkelium	[247]	116	Uuh		Ununhexium	[293]
98	Cf	锎	Californium	[251]	118	Uuo		Ununoctium	[294]
99	Es	锿	Einsteinium	[252]					

注：录自 2005 年国际原子量表(IUPAC commission of Atomic Weights and Isotopic Abundances. Atomic Weights of the elements 2005. Pure Appl. Chem.,2006,78:2051-2066)。( )表示最后一位数字的不确定性，[ ]中的数值为没有稳定同位素元素的半衰期最长同位素的质量数。

附录 4　常用化合物的相对分子质量

（根据 2005 年公布的相对原子质量计算）

分子式	相对分子质量	分子式	相对分子质量
$AgBr$	187.77	H_2O_2	34.015
$AgCl$	143.32	H_3PO_4	97.995
AgI	234.77	H_2SO_4	98.080
$AgNO_3$	169.87	I_2	253.81
Al_2O_3	101.96	$KAl(SO_4)_2 \cdot 12H_2O$	474.39
As_2O_3	197.84	KBr	119.00
$BaCl_2 \cdot 2H_2O$	244.26	$KBrO_3$	167.00
BaO	153.33	KCl	74.551
$Ba(OH)_2 \cdot 8H_2O$	315.47	$KClO_4$	138.55

续表

分子式	相对分子质量	分子式	相对分子质量
$BaSO_4$	233.39	K_2CO_3	138.21
$CaCO_3$	100.09	K_2CrO_4	194.19
CaO	56.077	$K_2Cr_2O_7$	294.19
$Ca(OH)_2$	74.093	KH_2PO_4	136.09
CO_2	44.010	$KHSO_4$	136.17
CuO	79.545	KI	166.00
Cu_2O	143.09	KIO_3	214.00
$CuSO_4 \cdot 5H_2O$	249.69	$KIO_3 \cdot HIO_3$	389.91
FeO	71.844	$KMnO_4$	158.03
Fe_2O_3	159.69	KNO_2	85.100
$FeSO_4 \cdot 7H_2O$	278.02	KOH	56.106
$FeSO_4 \cdot (NH_4)_2SO_4 \cdot 6H_2O$	392.14	K_2PtCl_6	486.00
H_3BO_3	61.833	$KSCN$	97.182
HCl	36.461	$MgCO_3$	84.314
$HClO_4$	100.46	$MgCl_2$	95.211
HNO_3	63.013	$MgSO_4 \cdot 7H_2O$	246.48
H_2O	18.015	$MgNH_4PO_4 \cdot 6H_2O$	245.41
MgO	40.304	$(NH_4)_2SO_4$	132.14
$Mg(OH)_2$	58.320	$PbCrO_4$	323.19
$Mg_2P_2O_7$	222.55	PbO_2	239.20
$Na_2B_4O_7 \cdot 10H_2O$	381.37	$PbSO_4$	303.26
$NaBr$	102.89	P_2O_5	141.94
$NaCl$	58.489	SiO_2	60.085
Na_2CO_3	105.99	SO_2	64.065
$NaHCO_3$	84.007	SO_3	80.064
$Na_2HPO_4 \cdot 12H_2O$	358.14	ZnO	81.408
$NaNO_2$	69.000	CH_3COOH	60.052
Na_2O	61.979	$H_2C_2O_4 \cdot 2H_2O$(草酸)	126.07
$NaOH$	39.997	$KHC_4H_4O_6$(酒石酸氢钾)	188.18
$Na_2S_2O_3$	158.11	$KHC_8H_4O_4$(邻苯二甲酸氢钾)	204.22
$Na_2S_2O_3 \cdot 5H_2O$	248.19	$K(SbO)C_4H_4O_6 \cdot 1/2H_2O$(酒石酸锑钾)	333.93
NH_3	17.031	$Na_2C_2O_4$(草酸钠)	134.00
NH_4Cl	53.491	$NaC_7H_5O_2$(苯甲酸钠)	144.11
NH_4OH	35.046	$Na_3C_6H_5O_7 \cdot 2H_2O$(枸橼酸钠)	294.12
$(NH_4)_3PO_4 \cdot 12MoO_3$	1876.4	$Na_2H_2C_{10}H_{12}O_8N_2 \cdot 2H_2O$(EDTA 二钠二水合物)	372.24

附录 5 弱酸、弱碱在水中的解离常数

化合物	分子式	温度(℃)	分步	K_a	pK_a
无机酸					
砷酸	H_3AsO_4	25	1	5.5×10^{-3}	2.26
			2	1.7×10^{-7}	6.76
			3	5.1×10^{-12}	11.29
亚砷酸	H_2AsO_3	25		5.1×10^{-10}	9.29
硼酸	H_3BO_3	20	1	5.4×10^{-10}	9.27
			2		>14
碳酸	H_2CO_3	25	1	4.5×10^{-7}	6.35
			2	4.7×10^{-11}	10.33
铬酸	H_2CrO_4	25	1	0.18	0.74
			2	3.2×10^{-7}	6.49
氢氟酸	HF	25		6.3×10^{-4}	3.20
氢氰酸	HCN	25		6.2×10^{-10}	9.21
氢硫酸	H_2S	25	1	8.9×10^{-8}	7.05
			2	1.0×10^{-19}	19.00
过氧化氢	H_2O_2	25		2.4×10^{-12}	11.62
次溴酸	HBrO	25		2.8×10^{-9}	8.55
次氯酸	HClO	25		4.0×10^{-8}	7.40
次碘酸	HIO	25		3.2×10^{-11}	10.50
碘酸	HIO_3	25		0.17	0.78
亚硝酸	HNO_2	25		5.6×10^{-4}	3.25
高氯酸	$HClO_4$	20			−1.6
高碘酸	HIO_4	25		2.3×10^{-2}	1.64
磷酸	H_3PO_4	25	1	6.9×10^{-3}	2.16
			2	6.2×10^{-8}	7.21
			3	4.8×10^{-13}	12.32
亚磷酸	H_3PO_3	20	1	5.0×10^{-2}	1.30
			2	2.0×10^{-7}	6.70
焦磷酸	$H_4P_2O_7$	25	1	0.12	0.91
			2	7.9×10^{-3}	2.10
			3	2.0×10^{-7}	6.70
			4	4.8×10^{-10}	9.32

续表

化合物	分子式	温度(℃)	分步	K_a	pK_a
硅酸	H_4SiO_4	30	1	1.6×10^{-10}	9.90
			2	1.6×10^{-12}	11.80
			3	1.0×10^{-12}	12.00
			4	1.0×10^{-12}	12.00
硫酸	H_2SO_4	25	2	1.0×10^{-2}	1.99
亚硫酸	H_2SO_3	25	1	1.4×10^{-2}	1.85
			2	6.3×10^{-8}	7.20
水	H_2O	25		1.01×10^{-14}	13.995
有机酸					
甲酸	HCOOH	25		1.8×10^{-4}	3.75
乙酸	CH_3COOH	25		1.7×10^{-5}	4.756
丙烯酸	$CH_2CHCOOH$	25		5.6×10^{-5}	4.25
苯甲酸	C_6H_5COOH	25		6.3×10^{-5}	4.204
一氯乙酸	$CH_2ClCOOH$	25		1.3×10^{-3}	2.87
二氯乙酸	$CHCl_2COOH$	25		4.5×10^{-2}	1.35
三氯乙酸	CCl_3COOH	20		0.22	0.66
草酸(乙二酸)	$H_2C_2O_4$	25	1	5.6×10^{-2}	1.25
			2	1.5×10^{-4}	3.81
己二酸	$(CH_2CH_2COOH)_2$	18	1	3.9×10^{-5}	4.41
			2	3.9×10^{-6}	5.41
丙二酸	$CH_2(COOH)_2$	25	1	1.4×10^{-3}	2.85
			2	2.0×10^{-6}	5.70
丁二酸(琥珀酸)	$(CH_2COOH)_2$	25	1	6.2×10^{-5}	4.21
			2	2.3×10^{-6}	5.64
马来酸(顺丁烯二酸)	$C_2H_2(COOH)_2$	25	1	1.2×10^{-2}	1.92
			2	5.9×10^{-7}	6.23
富马酸(反丁烯二酸)	$C_2H_2(COOH)_2$	25	1	9.5×10^{-4}	3.02
			2	4.2×10^{-5}	4.38
邻苯二甲酸	$C_6H_4(COOH)_2$	25	1	1.1×10^{-3}	2.943
			2	3.7×10^{-6}	5.432
酒石酸	$(CHOHCOOH)_2$	25	1	6.8×10^{-4}	3.17
			2	1.2×10^{-5}	4.91
水杨酸(邻羟基苯甲酸)	$C_6H_4OHCOOH$	20	1	1.0×10^{-3}	2.98
			2	2.5×10^{-14}	13.60
苹果酸(羟基丁二酸)	$HOCHCH_2(COOH)_2$	25	1	4.0×10^{-4}	3.40
			2	7.8×10^{-6}	5.11

续表

化合物	分子式	温度(℃)	分步	K_a	pK_a
枸橼酸	$C_3H_4OH(COOH)_3$	25	1	7.4×10^{-4}	3.13
			2	1.7×10^{-5}	4.76
			3	4.0×10^{-7}	6.40
抗坏血酸	$C_6H_8O_6$	25	1	9.1×10^{-5}	4.04
		16	2	2.0×10^{-12}	11.70
苯酚	C_6H_5OH	25		1.0×10^{-10}	9.99
羟基乙酸	$HOCH_2COOH$	25		1.5×10^{-4}	3.83
对羟基苯甲酸	HOC_6H_4COOH	25	1	3.3×10^{-5}	4.57
			2	4.8×10^{-10}	9.46
甘氨酸（乙氨酸）	H_2NCH_2COOH	25	1	4.5×10^{-3}	2.35(COOH)
			2	1.7×10^{-10}	9.78(NH_3)
丙氨酸	CH_3CHNH_2COOH	25	1	4.6×10^{-3}	2.34(COOH)
			2	1.3×10^{-10}	9.87(NH_3)
丝氨酸	$HOCH_2CHNH_2COOH$	25	1	6.5×10^{-3}	2.19(COOH)
			2	6.2×10^{-10}	9.21(NH_3)
苏氨酸	$CH_3CHOHCHNH_2COOH$	25	1	8.1×10^{-3}	2.09(COOH)
			2	7.9×10^{-10}	9.10(NH_3)
蛋氨酸	$CH_3SC_3H_5NH_2COOH$	25	1	7.4×10^{-3}	2.13(COOH)
			2	5.4×10^{-10}	9.27(NH_3)
谷氨酸	$C_3H_5NH_2(COOH)_2$	25	1	7.4×10^{-3}	2.13(COOH)
			2	4.9×10^{-5}	4.31(NH_3)
苦味酸(2,4,6)-三硝基苯酚	$C_6H_2OH(NO_2)_3$	24		0.38	0.42
乙二胺四乙酸*	$(HOOCCH_2)_2H^+NCH_2CH_2{}^+NH(CH_2COOH)_2$	25	1	0.1	0.9
			2	2.5×10^{-2}	1.60
			3	1.0×10^{-2}	2.00
			4	2.1×10^{-3}	2.67
			5	6.9×10^{-7}	6.16(NH)
			6	5.5×10^{-11}	10.30(NH)
无机碱					
氨水	$NH_3\cdot H_2O$	25		5.6×10^{-10}	9.25
羟胺	NH_2OH	25		1.1×10^{-6}	5.94
钙	Ca^{2+}	25		2.5×10^{-13}	12.60
铝	Al^{3+}	25		1.0×10^{-5}	5.00
钡	Ba^{2+}	25		4.0×10^{-14}	13.40
钠	Na^+	25		1.6×10^{-15}	14.80
镁	Mg^{2+}	25		4.0×10^{-12}	11.40

续表

化合物	分子式	温度(℃)	分步	K_a	pK_a
有机碱					
甲胺	CH_3NH_2	25		2.0×10^{-11}	10.66
正丁胺	$CH_3(CH_2)_3NH_2$	25		2.5×10^{-11}	10.60
二乙胺	$(C_2H_5)_2NH$	25		1.6×10^{-11}	10.84
二甲胺	$(CH_3)_2NH$	25		2.0×10^{-11}	10.73
乙胺	$C_2H_5NH_2$	25		2.5×10^{-11}	10.65
乙二胺	$H_2NCH_2CH_2NH_2$	25	1	1.2×10^{-10}	9.92
			2	1.4×10^{-7}	6.86
三乙胺	$(C_2H_5)_3N$	25		1.6×10^{-11}	10.75
六亚甲基四胺*	$(CH_2)_6N_4$	25		7.1×10^{-6}	5.15
乙醇胺	$HOCH_2CH_2NH_2$	25		3.2×10^{-10}	9.50
苯胺	$C_6H_5NH_2$	25		1.3×10^{-5}	4.87
联苯胺	$(C_6H_4NH_2)_2$	20	1	2.2×10^{-5}	4.65
			2	3.7×10^{-4}	3.43
α-苯胺	$C_{10}H_9N$	25		1.2×10^{-4}	3.92
β-苯胺	$C_{10}H_9N$	25		6.9×10^{-5}	4.16
对甲氧基苯胺	$CH_3OC_6H_4NH_2$	25		4.5×10^{-5}	5.36
尿素	NH_2CONH_2	25		0.79	0.10
吡啶	C_5H_5N	25		5.9×10^{-6}	5.23
马钱子碱	$C_{23}H_{26}N_2O_4$		1	9.1×10^{-7}	6.04
			2	7.9×10^{-12}	11.07
可待因	$C_{18}H_{21}NO_3$			6.2×10^{-9}	8.21
吗啡	$C_{17}H_{19}NO_3$	25	1	6.0×10^{-9}	8.21
		20	2	1.4×10^{-10}	9.85
烟碱	$C_{10}H_{14}N_2$		1	9.5×10^{-9}	8.02
			2	7.6×10^{-4}	3.12
毛果芸香碱	$C_{11}H_{16}N_2O_2$	25	1	2.5×10^{-2}	1.60
			2	1.3×10^{-7}	6.90
8-羟基喹啉	$C_9H_6N(OH)$	25	1	1.2×10^{-5}	4.91
			2	1.6×10^{-10}	9.81
奎宁	$C_{20}H_{24}N_2O_2$	25	1	3.0×10^{-9}	8.52
			2	7.4×10^{-5}	4.13
番木鳖碱(士的宁)	$C_{21}H_{22}N_2O_2$	25		5.5×10^{-9}	8.26

注：数据录自：Pavid R. Lide "Handbood of chemistry and physics" 86th. Ed. CRC press 2005-2006

大数据录自：武汉大学主编．分析化学．第4版．北京：高等教育出版社(P.320)

附录 6 难溶化合物的溶度积常数(25℃)

化合物	溶度积	化合物	溶度积
$AgCH_3COO$	1.94×10^{-3}	$CaCO_3$	3.36×10^{-9}
Ag_3AsO_4	1.03×10^{-22}	CaF_2	3.45×10^{-11}
$AgBrO_3$	5.38×10^{-5}	$Ca(OH)_2$	5.02×10^{-6}
$AgBr$	5.35×10^{-13}	$Ca(IO_3)_2$	6.47×10^{-6}
Ag_2CO_3	8.46×10^{-12}	$Ca(IO_3)_2 \cdot 6H_2O$	7.10×10^{-7}
$AgCl$	1.77×10^{-10}	$CaMoO_4$	1.46×10^{-8}
Ag_2CrO_4	1.12×10^{-12}	$CaC_2O_4 \cdot H_2O$	2.32×10^{-9}
$AgCN$	5.97×10^{-17}	$Ca_3(PO_4)_2$	2.07×10^{-33}
$AgIO_3$	3.17×10^{-8}	$CaSO_4$	4.93×10^{-5}
AgI	8.52×10^{-17}	$CaSO_4 \cdot 2H_2O$	3.14×10^{-5}
$Ag_2C_2O_4$	5.40×10^{-12}	$CaSO_3 \cdot 1/2H_2O$	3.1×10^{-7}
Ag_3PO_4	8.89×10^{-17}	$Cd_3(AsO_4)_2$	2.2×10^{-33}
Ag_2SO_4	1.20×10^{-5}	$CdCO_3$	1.0×10^{-12}
Ag_2SO_3	1.50×10^{-14}	CdF_2	6.44×10^{-3}
$AgSCN$	1.03×10^{-12}	$Cd(OH)_2$	7.2×10^{-15}
$AlPO_4$	9.84×10^{-21}	$Cd(IO_3)_2$	2.5×10^{-8}
$Ba(BrO_3)_2$	2.43×10^{-4}	$CdC_2O_4 \cdot 3H_2O$	1.42×10^{-8}
$BaCO_3$	2.58×10^{-9}	$Cd_3(PO_4)_2$	2.53×10^{-33}
$BaCrO_4$	1.17×10^{-10}	$Co_3(AsO_4)_2$	6.80×10^{-29}
BaF_2	1.84×10^{-7}	$Co(IO_3)_2 \cdot 2H_2O$	1.21×10^{-2}
$Ba(OH)_2 \cdot 8H_2O$	2.55×10^{-4}	$Co(OH)_2$	5.92×10^{-15}
$Ba(IO_3)_2$	4.01×10^{-9}	$Co_3(PO_4)_2$	2.05×10^{-35}
$Ba(IO_3)_2 \cdot H_2O$	1.67×10^{-9}	$Cu_3(AsO_4)_2$	7.95×10^{-36}
$BaMoO_4$	3.54×10^{-8}	$CuBr$	6.27×10^{-9}
$Ba(NO_3)_2$	4.64×10^{-3}	$CuCl$	1.72×10^{-7}
$BaSeO_4$	3.40×10^{-8}	$CuCN$	3.47×10^{-20}
$BaSO_4$	1.08×10^{-10}	CuC_2O_4	4.43×10^{-10}
$BaSO_3$	5.0×10^{-10}	CuI	1.27×10^{-12}
$Be(OH)_2$	6.92×10^{-22}	$Cu(IO_3)_2 \cdot H_2O$	6.94×10^{-8}
$BiAsO_4$	4.43×10^{-10}	$Cu_3(PO_4)_2$	1.40×10^{-37}
BiI_3	7.71×10^{-19}	$CuSCN$	1.77×10^{-13}
$FeCO_3$	3.13×10^{-11}	$Ni(OH)_2$	5.48×10^{-16}
FeF_2	2.36×10^{-6}	$Ni_3(PO_4)_2$	4.74×10^{-32}
$Fe(OH)_2$	4.87×10^{-17}	$PbBr_2$	6.60×10^{-6}
$Fe(OH)_3$	2.79×10^{-39}	$PbCO_3$	7.40×10^{-14}

续表

化合物	溶度积	化合物	溶度积
$FePO_4 \cdot 2H_2O$	9.91×10^{-16}	$MnC_2O_4 \cdot 2H_2O$	1.70×10^{-7}
Hg_2Br_2	6.40×10^{-23}	$NiCO_3$	1.42×10^{-7}
Hg_2CO_3	3.6×10^{-17}	$Ni(IO_3)_2$	4.71×10^{-5}
Hg_2Cl_2	1.43×10^{-18}	$PbCl_2$	1.70×10^{-5}
Hg_2F_2	3.10×10^{-6}	PbF_2	3.3×10^{-8}
Hg_2I_2	5.2×10^{-29}	PbI_2	9.8×10^{-9}
$Hg_2C_2O_4$	1.75×10^{-13}	$Pb(IO_3)_2$	3.69×10^{-13}
Hg_2SO_4	6.5×10^{-7}	$Pb(OH)_2$	1.43×10^{-20}
$Hg_2(SCN)_2$	3.2×10^{-20}	$PbSeO_4$	1.37×10^{-7}
$HgBr_2$	6.2×10^{-20}	$PbSO_4$	2.53×10^{-8}
HgI_2	2.9×10^{-29}	$Pd(SCN)_2$	4.39×10^{-23}
$KClO_4$	1.05×10^{-2}	$Sn(OH)_2$	5.45×10^{-27}
KIO_4	3.71×10^{-4}	$Sr_3(AsO_4)_2$	4.29×10^{-19}
$K_2[PtCl_6]$	7.48×10^{-6}	$SrCO_3$	5.60×10^{-10}
Li_2CO_3	8.15×10^{-4}	SrF_2	4.33×10^{-9}
LiF	1.84×10^{-3}	$Sr(IO_3)_2$	1.14×10^{-7}
Li_3PO_4	2.37×10^{-11}	$Sr(IO_3)_2 \cdot H_2O$	3.77×10^{-7}
$MgCO_3$	6.82×10^{-6}	$Sr(IO_3)_2 \cdot 6H_2O$	4.55×10^{-7}
$MgCO_3 \cdot 3H_2O$	2.38×10^{-6}	$SrSO_4$	3.44×10^{-7}
$MgCO_3 \cdot 5H_2O$	3.79×10^{-6}	$Zn_3(AsO_4)_2$	2.8×10^{-28}
$MgC_2O_4 \cdot 2H_2O$	4.83×10^{-6}	$ZnCO_3$	1.46×10^{-10}
MgF_2	5.16×10^{-11}	$ZnCO_3 \cdot H_2O$	5.42×10^{-11}
$Mg(OH)_2$	5.61×10^{-12}	$ZnC_2O_4 \cdot 2H_2O$	1.38×10^{-9}
$Mg_3(PO_4)_2$	1.04×10^{-24}	$Zn(IO_3)_2 \cdot 2H_2O$	4.1×10^{-6}
$MnCO_3$	2.24×10^{-11}	$Zn(OH)_2$	3×10^{-17}
$Mn(IO_3)_2$	4.37×10^{-7}		

附录 7 配位滴定有关常数

金属离子	离子强度	n	$\lg \beta_n$
氨配合物			
Ag^+	0.1	1, 2	3.40, 7.40
Cd^{2+}	0.1	1, ···, 6	2.60, 4.65, 6.04, 6.92, 6.6, 4.9

续表

金属离子	离子强度	n	$\lg \beta_n$
Co^{2+}	0.1	1,…,6	2.05,3.62,4.61,5.31,5.43,4.75
Cu^{2+}	2	1,…,4	4.13,7.61,10.48,12.59
Ni^{2+}	0.1	1,…,6	2.75,4.95,6.64,7.79,8.50,8.49
Zn^{2+}	0.1	1,…,4	2.27,4.61,7.01,9.06
氟配合物			
Al^{3+}	0.53	1,…,6	6.1,11.15,15.0,17.7,19.4,19.7
Fe^{3+}	0.5	1,2,3	5.2,9.2,11.9
Th^{4+}	0.5	1,2,3	7.7,13.5,18.0
TiO^{2+}	3	1,…,4	5.4,9.8,13.7,17.4
Sn^{4+}	*	6	25
Zr^{4+}	2	1,2,3	8.8,16.1,21.9
氯配合物			
Ag^+	0.2	1,…,4	2.9,4.7,5.0,5.9
Hg^{2+}	0.5	1,…,4	6.7,13.2,14.1,15.1
碘配合物			
Cd^{2+}	*	1,…,4	2.4,3.4,5.0,6.15
Hg^{2+}	0.5	1,…,4	12.9,23.8,27.6,29.8
氰配合物			
Ag^+	0~0.3	1,…,4	-,21.1,21.8,20.7
Hg^{2+}	3	1,…,4	5.5,10.6,15.3,18.9
Cu^{2+}	0	1,…,4	-,24.0,28.6,30.3
Fe^{2+}	0	6	35.4
Fe^{3+}	0	6	43.6
Hg^{2+}	0.1	1,…,4	18.0,34.7,38.5,1.5
Ni^{2+}	0.1	4	31.3
Zn^{2+}	0.1	4	16.7
硫氰酸配合物			
Fe^{2+}	*	1,…,5	2.3,4.2,5.6,6.4,6.4
Hg^{2+}	0.1	1,…,4	-,16.1,19.0,20.9
硫代硫酸配合物			
Ag^+	0	1,2	8.82,13.5
Hg^{2+}	0	1,2	29.86,32.26
枸橼酸配合物			
Al^{3+}	0.5	1	20.0
Cu^{2+}	0.5	1	18
Fe^{3+}	0.5	1	25
Ni^{2+}	0.5	1	14.3

续表

金属离子	离子强度	n	$\lg \beta_n$
Pb^{2+}	0.5	1	12.3
Zn^{2+}	0.5	1	11.4
磺基水杨酸配合物			
Al^{3+}	0.1	1,2,3	12.9,22.9,29.0
Fe^{3+}	3	1,2,3	14.4,25.2,32.2
乙酰丙酮配合物			
Al^{3+}	0.1	1,2,3	8.1,15.7,21.2
Cu^{2+}	0.1	1,2	7.8,14.3
Fe^{3+}	0.1	1,2,3	9.3,17.9,25.1
邻二氮菲配合物			
Ag^+	0.1	1,2	5.02,12.07
Cd^{2+}	0.1	1,2,3	6.4,11.6,15.8
Co^{2+}	0.1	1,2,3	7.0,13.7,20.1
Cu^{2+}	0.1	1,2,3	9.1,15.8,21.0
Fe^{3+}	0.1	1,2,3	5.9,11.1,21.3
Hg^{2+}	0.1	1,2,3	-,19.65,23.35
Ni^{2+}	0.1	1,2,3	8.8,17.1,24.8
Zn^{2+}	0.1	1,2,3	6.4,12.15,17.0
乙二胺配合物			
Ag^+	0.1	1,2	4.7,7.7
Cd^{2+}	0.1	1,2	5.47,10.02
Cu^{2+}	0.1	1,2	10.55,19.60
Co^{2+}	0.1	1,2,3	5.89,10.72,13.82
Hg^{2+}	0.1	2	23.42
Ni^{2+}	0.1	1,2,3	7.66,14.06,18.59
Zn^{2+}	0.1	1,2,3	5.71,10.37,12.08

附录 8　标准电极电势（298.15K、101.325kPa）

附表 8-1　酸性溶液中的标准电极电势

电极反应	$E_A^\ominus/V$	电极反应	$E_A^\ominus/V$
$Ag^+ + e^- \rightleftharpoons Ag$	+0.7996	$Ag^{2+} + e^- \rightleftharpoons Ag^+$	+1.980
$AgBr + e^- \rightleftharpoons Ag + Br^-$	+0.07133	$AgBrO_3 + e^- \rightleftharpoons Ag + BrO_3^-$	+0.546
$AgCl + e^- \rightleftharpoons Ag + Cl^-$	+0.22233	$AgI + e^- \rightleftharpoons Ag + I^-$	−0.15224

续表

电极反应	$E_A^\ominus/V$	电极反应	$E_A^\ominus/V$
$Ag_2S + 2e^- \rightleftharpoons 2Ag + S^{2-}$	-0.691	$Ag_2S + 2H^+ + 2e^- \rightleftharpoons 2Ag + H_2S$	-0.0366
$AgSCN + e^- \rightleftharpoons Ag + SCN^-$	$+0.08951$	$Al^{3+} + 3e^- \rightleftharpoons Al$	-1.662
$As + 3H^+ + 3e^- \rightleftharpoons AsH_3$	-0.608	$H_3AsO_4 + 2H^+ + 2e^- \rightleftharpoons HAsO_2 + 2H_2O$	$+0.560$
$Au^+ + e^- \rightleftharpoons Au$	$+1.692$	$3Au^+ + 3e^- \rightleftharpoons 3Au$	$+1.498$
$AuBr_4^- + 3e^- \rightleftharpoons Au + 4Br^-$	$+0.854$	$AuCl_4^- + 3e^- \rightleftharpoons Au + 4Cl^-$	$+1.002$
$B(OH)_3 + 7H^+ + 8e^- \rightleftharpoons BH_4^- + 3H_2O$	-0.481	$H_3BO_3 + 3H^+ + 3e^- \rightleftharpoons B + 3H_2O$	-0.8698
$Ba^{2+} + 2e^- \rightleftharpoons Ba$	-2.912	$Be^{2+} + 2e^- \rightleftharpoons Be$	-1.847
$Bi^+ + e^- \rightleftharpoons Bi$	$+0.5$	$Bi^{3+} + 3e^- \rightleftharpoons Bi$	$+0.308$
$BiO^+ + 2H^+ + 3e^- \rightleftharpoons Bi + H_2O$	$+0.320$	$BiOCl + 2H^+ + 3e^- \rightleftharpoons Bi + Cl^- + H_2O$	$+0.1583$
$Br_2(aq) + 2e^- \rightleftharpoons 2Br^-$	$+1.0873$	$Br_2(l) + 2e^- \rightleftharpoons 2Br^-$	$+1.066$
$BrO_3^- + 6H^+ + 6e^- \rightleftharpoons Br^- + 3H_2O$	$+1.423$	$HBrO + H^+ + e^- \rightleftharpoons 1/2Br_2(aq) + H_2O$	$+1.574$
$HBrO + H^+ + e^- \rightleftharpoons 1/2Br_2(l) + H_2O$	$+1.596$	$(CN)_2 + 2H^+ + 2e^- \rightleftharpoons 2HCN$	$+0.373$
$2CO_2 + 2H^+ + 2e^- \rightleftharpoons H_2C_2O_4$	-0.49	$CO_2 + 2H^+ + 2e^- \rightleftharpoons HCOOH$	-0.199
$Ca^+ + e^- \rightleftharpoons Ca$	-3.80	$Ca^{2+} + 2e^- \rightleftharpoons Ca$	-2.868
$Cd^{2+} + 2e^- \rightleftharpoons Cd$	-0.4030	$Ce^{3+} + 3e^- \rightleftharpoons Ce$	-2.366
$Cl_2 + 2e^- \rightleftharpoons 2Cl^-$	$+1.35827$	$ClO_2 + H^+ + 2e^- \rightleftharpoons HClO_2$	$+1.277$
$ClO_3^- + 2H^+ + e^- \rightleftharpoons ClO_2 + H_2O$	$+1.152$	$ClO_3^- + 3H^+ + 2e^- \rightleftharpoons HClO_2 + H_2O$	$+1.214$
$ClO_3^- + 6H^+ + 5e^- \rightleftharpoons 1/2Cl_2 + 3H_2O$	$+1.47$	$ClO_3^- + 6H^+ + 6e^- \rightleftharpoons Cl^- + 3H_2O$	$+1.451$
$ClO_4^- + 2H^+ + 2e^- \rightleftharpoons ClO_3^- + 3H_2O$	$+1.189$	$ClO_4^- + 8H^+ + 7e^- \rightleftharpoons 1/2Cl_2 + 4H_2O$	$+1.39$
$ClO_4^- + 8H^+ + 8e^- \rightleftharpoons Cl^- + 4H_2O$	$+1.389$	$HClO + H^+ + 2e^- \rightleftharpoons Cl^- + H_2O$	$+1.482$
$HClO + H^+ + e^- \rightleftharpoons 1/2Cl_2 + H_2O$	$+1.611$	$HClO_2 + 2H^+ + 2e^- \rightleftharpoons HClO + H_2O$	$+1.645$
$HClO_2 + 3H^+ + 3e^- \rightleftharpoons 1/2Cl_2 + 2H_2O$	$+1.628$	$Co^{2+} + 2e^- \rightleftharpoons Co$	-0.28
$Co^{3+} + e^- \rightleftharpoons Co^{2+}$	$+1.92$	$Cr^{2+} + 2e^- \rightleftharpoons Cr$	-0.913
$Cr^{3+} + 3e^- \rightleftharpoons Cr$	-0.744	$Cr^{3+} + e^- \rightleftharpoons Cr^{2+}$	-0.407
$HCrO_4^- + 7H^+ + 3e^- \rightleftharpoons Cr^{3+} + 4H_2O$	$+1.350$	$Cr_2O_7^{2-} + 14H^+ + 6e^- \rightleftharpoons 2Cr^{3+} + 7H_2O$	$+1.232$
$Cs^+ + e^- \rightleftharpoons Cs$	-3.026	$Cu^+ + e^- \rightleftharpoons Cu$	$+0.521$
$Cu^{2+} + 2e^- \rightleftharpoons Cu$	$+0.3419$	$Cu^{2+} + e^- \rightleftharpoons Cu^+$	$+0.153$
$CuI_2^- + e^- \rightleftharpoons Cu + 2I^-$	$+0.00$	$F_2 + 2e^- \rightleftharpoons 2F^-$	$+2.866$
$F_2 + 2H^+ + 2e^- \rightleftharpoons 2HF$	$+3.053$	$Fe^{2+} + 2e^- \rightleftharpoons Fe$	-0.447
$Fe^{3+} + e^- \rightleftharpoons Fe^{2+}$	$+0.771$	$Fe^{3+} + 2e^- \rightleftharpoons Fe$	-0.037
$FeO_4^{2-} + 8H^+ + 3e^- \rightleftharpoons Fe^{3+} + 4H_2O$	$+2.200$	$2HFeO_4^- + 8H^+ + 6e^- \rightleftharpoons Fe_2O_3 + 5H_2O$	$+2.09$
$Ga^{3+} + 3e^- \rightleftharpoons Ga$	-0.549	$Ge^{2+} + 2e^- \rightleftharpoons Ge$	$+0.24$
$Ge^{4+} + 4e^- \rightleftharpoons Ge$	$+0.124$	$2H^+ + 2e^- \rightleftharpoons H_2$	$+0.00000$
$2Hg^{2+} + 2e^- \rightleftharpoons Hg_2^{2+}$	$+0.920$	$Hg^{2+} + 2e^- \rightleftharpoons Hg$	$+0.851$
$Hg_2Cl_2 + 2e^- \rightleftharpoons 2Hg + 2Cl^-$	$+0.26808$	$I_2 + 2e^- \rightleftharpoons 2I^-$	$+0.5355$
$I_3^- + 2e^- \rightleftharpoons 3I^-$	$+0.536$	$IO_3^- + 6H^+ + 6e^- \rightleftharpoons I^- + 3H_2O$	$+1.085$
$H_5IO_6 + H^+ + 2e^- \rightleftharpoons IO_3^- + 3H_2O$	$+1.601$	$In^{3+} + 3e^- \rightleftharpoons In$	-0.3382

续表

电极反应	$E_A^\ominus/V$	电极反应	$E_A^\ominus/V$
$Ir^{3+} + 3e^- \rightleftharpoons Ir$	+1.156	$K^+ + e^- \rightleftharpoons K$	-2.931
$La^{3+} + 3e^- \rightleftharpoons La$	-2.379	$Li^+ + e^- \rightleftharpoons Li$	-3.040 1
$Lu^{3+} + 3e^- \rightleftharpoons Lu$	-2.28	$Md^{3+} + 3e^- \rightleftharpoons Md$	-1.65
$Mg^+ + e^- \rightleftharpoons Mg$	-2.70	$Mg^{2+} + 2e^- \rightleftharpoons Mg$	-2.732
$Mn^{2+} + 2e^- \rightleftharpoons Mn$	-1.185	$MnO_2 + 4H^+ + 2e^- \rightleftharpoons Mn^{2+} + 2H_2O$	+1.224
$MnO_4^- + 8H^+ + 5e^- \rightleftharpoons Mn^{2+} + 4H_2O$	+1.507	$Mo^{3+} + 3e^- \rightleftharpoons Mo$	-0.200
$N_2 + 2H_2O + 6H^+ + 6e^- \rightleftharpoons 2NH_4OH$	+0.092	$2NH_3OH^+ + H^+ + 2e^- \rightleftharpoons N_2H_5^+ + 2H_2O$	+1.42
$N_2O + 2H^+ + 2e^- \rightleftharpoons N_2 + H_2O$	+1.766	$N_2O_4 + 2H^+ + 2e^- \rightleftharpoons 2HNO_2$	+1.065
$NO_3^- + 3H^+ + 2e^- \rightleftharpoons HNO_2 + H_2O$	+0.934	$NO_3^- + 4H^+ + 3e^- \rightleftharpoons NO + 2H_2O$	+0.957
$Na^+ + e^- \rightleftharpoons Na$	-2.71	$Nb^{3+} + 3e^- \rightleftharpoons Nb$	-1.099
$Nd^{3+} + 3e^- \rightleftharpoons Nd$	-2.323	$Ni^{2+} + 2e^- \rightleftharpoons Ni$	-0.257
$No^{2+} + 2e^- \rightleftharpoons No$	-2.50	$No^{3+} + e^- \rightleftharpoons No^{2+}$	+1.4
$Np^{3+} + 3e^- \rightleftharpoons Np$	-1.856	$O(g) + 2H^+ + 2e^- \rightleftharpoons H_2O$	+2.421
$O_2 + 2H^+ + 2e^- \rightleftharpoons H_2O_2$	+0.695	$O_2 + 4H^+ + 4e^- \rightleftharpoons 2H_2O$	+1.229
$O_3 + 2H^+ + 2e^- \rightleftharpoons O_2 + H_2O$	+2.076	$H_2O_2 + 2H^+ + 2e^- \rightleftharpoons 2H_2O$	+1.776
$P(红) + 3H^+ + 3e^- \rightleftharpoons PH_3(g)$	-0.111	$P(白) + 3H^+ + 3e^- \rightleftharpoons PH_3(g)$	-0.063
$H_3PO_2 + H^+ + e^- \rightleftharpoons P + 2H_2O$	-0.508	$H_3PO_3 + 2H^+ + 2e^- \rightleftharpoons H_3PO_2 + H_2O$	-0.499
$H_3PO_3 + 3H^+ + 3e^- \rightleftharpoons P + 3H_2O$	-0.454	$H_3PO_4 + 2H^+ + 2e^- \rightleftharpoons H_3PO_3 + H_2O$	-0.276
$Pa^{3+} + 3e^- \rightleftharpoons Pa$	-1.34	$Pb^{2+} + 2e^- \rightleftharpoons Pb$	-0.1262
$PbCl_2 + 2e^- \rightleftharpoons Pb + 2Cl^-$	-0.267 5	$PbO_2 + 4H^+ + 2e^- \rightleftharpoons Pb^{2+} + 2H_2O$	+1.455
$PbO_2 + SO_4^{2-} + 4H^+ + 2e^- \rightleftharpoons PbSO_4 + 2H_2O$	+1.6913	$PbSO_4 + 2e^- \rightleftharpoons Pb + SO_4^{2-}$	-0.358 8
$Pd^{2+} + 2e^- \rightleftharpoons Pd$	+0.951	$Pm^{2+} + 2e^- \rightleftharpoons Pm$	-2.2
$Pt^{2+} + 2e^- \rightleftharpoons Pt$	+1.18	$[PtCl_6]^{2-} + 2e^- \rightleftharpoons [PtCl_4]^{2-} + 2Cl^-$	+0.68
$Ra^{2+} + 2e^- \rightleftharpoons Ra$	-2.8	$Re^{2+} + 2e^- \rightleftharpoons Re$	+0.300
$S + 2e^- \rightleftharpoons S^{2-}$	-0.476 27	$S + 2H^+ + 2e^- \rightleftharpoons H_2S(aq)$	+0.142
$SO_4^{2-} + 4H^+ + 2e^- \rightleftharpoons H_2SO_3 + H_2O$	+0.172	$S_2O_8^{2-} + 2e^- \rightleftharpoons 2SO_4^{2-}$	+2.010
$S_2O_8^{2-} + 2H^+ + 2e^- \rightleftharpoons 2HSO_4^-$	+2.123	$S_4O_6^{2-} + 2e^- \rightleftharpoons 2S_2O_3^{2-}$	+0.08
$Sb_2O_5 + 6H^+ + 4e^- \rightleftharpoons 2SbO^+ + 3H_2O$	+0.581	$Sc^{3+} + 3e^- \rightleftharpoons Sc$	-2.077
$Se + 2e^- \rightleftharpoons Se^{2-}$	-0.924	$Se + 2H^+ + 2e^- \rightleftharpoons H_2Se(aq)$	-0.399
$H_2SeO_3 + 4H^+ + 4e^- \rightleftharpoons Se + 3H_2O$	+0.74	$SiF_6^- + 3e^- \rightleftharpoons Si + 6F^-$	-1.24
$SiO_2(quartz) + 6H^+ + 4e^- \rightleftharpoons Si + 2H_2O$	+0.857	$Sn^{2+} + 2e^- \rightleftharpoons Sn$	-0.1375
$Sn^{4+} + 2e^- \rightleftharpoons Sn^{2+}$	+0.151	$Sr^{2+} + 2e^- \rightleftharpoons Sr$	-2.899
$TcO_4^- + 4H^+ + 3e^- \rightleftharpoons TcO_2 + 2H_2O$	+0.782	$TcO_4^- + 8H^+ + 7e^- \rightleftharpoons Tc + 4H_2O$	+0.472
$Ti^{2+} + 2e^- \rightleftharpoons Ti$	-1.630	$TiO_2 + 4H^+ + 2e^- \rightleftharpoons Ti^{2+} + 2H_2O$	-0.502
$Tl^+ + e^- \rightleftharpoons Tl$	-0.336	$Tl^{3+} + 2e^- \rightleftharpoons Tl^+$	+1.252
$UO_2^{2+} + 4H^+ + 6e^- \rightleftharpoons U + 2H_2O$	-1.444	$UO_2^{2+} + 4H^+ + 2e^- \rightleftharpoons U^{4+} + 2H_2O$	+0.327
$V_2O_5 + 6H^+ + 2e^- \rightleftharpoons 2VO^{2+} + 3H_2O$	+0.957	$W^{3+} + 3e^- \rightleftharpoons W$	+0.1

续表

电极反应	$E_A^\ominus/V$	电极反应	$E_A^\ominus/V$
$XeO_3 + 6H^+ + 6e^- \rightleftharpoons Xe + 3H_2O$	+2.10	$Zn^{2+} + 2e^- \rightleftharpoons Zn$	−0.7618
$Zr^{4+} + 4e^- \rightleftharpoons Zr$	−1.45		

附表 8-2　碱性溶液中的标准电极电势

电极反应	$E_A^\ominus/V$	电极反应	$E_A^\ominus/V$
$Ag_2CO_3 + 2e^- \rightleftharpoons 2Ag + CO_3^{2-}$	+0.47	$Ag_2O + H_2O + 2e^- \rightleftharpoons 2Ag + 2OH^-$	+0.342
$Al(OH)_3 + 3e^- \rightleftharpoons Al + 3OH^-$	−2.31	$Al(OH)_4^- + 3e^- \rightleftharpoons Al + 4OH^-$	−2.328
$H_2AlO_3^- + H_2O + 3e^- \rightleftharpoons Al + 4OH^-$	−2.33	$AsO_2^- + 2H_2O + 3e^- \rightleftharpoons As + 4OH^-$	−0.68
$Ba(OH)_2 + 2e^- \rightleftharpoons Ba + 2OH^-$	−2.99	$Bi_2O_3 + 3H_2O + 6e^- \rightleftharpoons 2Bi + 6OH^-$	−0.64
$BrO^- + H_2O + 2e^- \rightleftharpoons Br^- + 2OH^-$	+0.761	$BrO_3^- + 3H_2O + 6e^- \rightleftharpoons Br^- + 6OH^-$	+0.61
$[Co(NH_3)_6]^{3+} + 2e^- \rightleftharpoons [Co(NH_3)_6]^{2+}$	+0.108	$Ca(OH)_2 + 2e^- \rightleftharpoons Ca + 2OH^-$	−3.02
$Cd(OH)_2 + 2e^- \rightleftharpoons Cd(Hg) + 2OH^-$	−0.809	$ClO^- + H_2O + 2e^- \rightleftharpoons Cl^- + 2OH^-$	+0.81
$ClO_2^- + 2H_2O + 4e^- \rightleftharpoons Cl^- + 4OH^-$	+0.76	$ClO_2^- + H_2O + 2e^- \rightleftharpoons ClO^- + 2OH^-$	+0.66
$ClO_3^- + H_2O + 2e^- \rightleftharpoons ClO_2^- + 2OH^-$	+0.33	$ClO_4^- + H_2O + 2e^- \rightleftharpoons ClO_3^- + 2OH^-$	+0.36
$Co(OH)_2 + 2e^- \rightleftharpoons Co + 2OH^-$	−0.73	$Co(OH)_3 + e^- \rightleftharpoons Co(OH)_2 + OH^-$	+0.17
$CrO_2^- + 2H_2O + 3e^- \rightleftharpoons Cr + 4OH^-$	−1.2	$CrO_4^{2-} + 4H_2O + 3e^- \rightleftharpoons Cr(OH)_3 + 5OH^-$	−0.13
$Cu_2O + H_2O + 2e^- \rightleftharpoons 2Cu + 2OH^-$	−0.360	$2Cu(OH)_2 + 2e^- \rightleftharpoons Cu_2O + 2OH^- + H_2O$	−0.080
$2H_2O + 2e^- \rightleftharpoons H_2 + 2OH^-$	−0.8277	$H_2BiO_3^- + 5H_2O + 8e^- \rightleftharpoons BH_4^- + 8OH^-$	−1.24
$Hg_2O + H_2O + 2e^- \rightleftharpoons 2Hg + 2OH^-$	+0.123	$H_3IO_6^{2-} + 2e^- \rightleftharpoons IO_3^- + 3OH^-$	+0.7
$Mg(OH)_2 + 2e^- \rightleftharpoons Mg + 2OH^-$	−2.690	$Mn(OH)_2 + 2e^- \rightleftharpoons Mn + 2OH^-$	−1.56
$MnO_4^- + 2H_2O + 3e^- \rightleftharpoons MnO_2 + 4OH^-$	+0.595	$MnO_4^{2-} + 2H_2O + 2e^- \rightleftharpoons MnO_2 + 4OH^-$	+0.60
$NO_2^- + H_2O + e^- \rightleftharpoons NO + 2OH^-$	−0.46	$2NO_3^- + 2H_2O + 2e^- \rightleftharpoons N_2O_4 + 4OH^-$	−0.85
$Ni(OH)_2 + 2e^- \rightleftharpoons Ni + 2OH^-$	−0.72	$O_2 + 2H_2O + 4e^- \rightleftharpoons 4OH^-$	+0.401
$O_2 + H_2O + 2e^- \rightleftharpoons H_2O_2 + 2OH^-$	−0.146	$O_3 + H_2O + 2e^- \rightleftharpoons O_2 + 2OH^-$	+1.24
$HPO_3^{2-} + 2H_2O + 2e^- \rightleftharpoons H_2PO_2^- + 3OH^-$	−1.65	$PO_4^{3-} + 2H_2O + 2e^- \rightleftharpoons HPO_3^{2-} + 3OH^-$	−1.05
$S + H_2O + 2e^- \rightleftharpoons HS^- + OH^-$	−0.478	$2SO_3^{2-} + 3H_2O + 4e^- \rightleftharpoons S_2O_3^{2-} + 6OH^-$	−0.571
$SO_4^{2-} + H_2O + 2e^- \rightleftharpoons SO_3^{2-} + 2OH^-$	−0.93	$SbO_3^- + H_2O + 2e^- \rightleftharpoons SbO_2^- + 2OH^-$	−0.59
$SiO_3^{2-} + 3H_2O + 4e^- \rightleftharpoons Si + 6OH^-$	−1.697	$Zn(OH)_2 + 2e^- \rightleftharpoons Zn + 2OH^-$	−1.249
$ZnO + H_2O + 2e^- \rightleftharpoons Zn + 2OH^-$	−1.260	$ZnO_2^{2-} + 2H_2O + 2e^- \rightleftharpoons Zn + 4OH^-$	−1.215

分析化学教学大纲

▶▶ 一、课程性质和任务

分析化学是医学检验专业的学科基础课程,旨在培养学生具备基本的分析化学理论基础及相应的操作技能,以便胜任药品生产、经营、监督管理过程中的分析检验工作,并具有解决生产和工作中遇到的化学问题的基本能力和方法。为了培养应用型和技能型人才,在充分调研的基础上将分析化学进行改革,本着"必需为主、够用为度"的宗旨安排教学内容,节省学时,增加教材的实用性;同时增加大量的实训内容,让学生在理解理论的基础上,熟练掌握分析化学必需的操作技能。

▶▶ 二、课程教学目标

(一) 知识教学目标

(1) 掌握酸碱滴定法、配位滴定法、氧化还原滴定法的滴定原理、滴定条件和适用范围。

(2) 掌握薄层色谱法、气相色谱法和高效液相色谱法的检测原理、检测条件及适用范围。

(3) 熟悉沉淀滴定法和纸色谱法的基本原理及应用。

(4) 了解重量分析法和其他仪器分析法的原理及应用。

(二) 能力培养目标

(1) 通过实验教学,使学生具备规范、熟练的基本操作技能。

(2) 培养学生用分析化学的基本知识解释生产及生活中问题的能力。

(3) 培养学生举一反三、融会贯通的能力;发现问题、分析问题、解决问题的能力;终生学习、自学能力。

(三) 思想教育目标

(1) 通过分析化学的学习,让学生牢固树立"量"的概念。

(2) 通过分析化学实验,培养学生实事求是的科学态度。

(3) 具有良好的职业道德、人际沟通能力和团队精神。

(4) 具有严谨的学习态度、敢于创新的精神、勇于创新的能力。

三、教学内容和要求

教学内容	教学要求			教学活动参考	教学内容	教学要求			教学活动参考
	了解	熟悉	掌握			了解	熟悉	掌握	
第一章 绪论				理论讲授	三、混合指示剂	√			
一、分析化学的任务和作用	√			多媒体演示	第二节 酸碱滴定法的基本原理				
二、分析方法的分类	√				一、强酸(碱)的相互滴定		√		
三、定量分析的一般步骤	√				二、一元弱酸(碱)的滴定		√		
四、分析化学的发展趋势	√				三、多元弱酸(碱)的滴定		√		
五、分析化学的学习方法		√			第三节 滴定方式与应用示例				
第二章 分析化学基础知识				理论讲授	一、酸碱标准溶液的配制与标定		√		
第一节 定量分析的误差				多媒体演示	二、滴定方式		√		
一、准确度和精密度			√		第四节 非水溶液酸碱滴定法简介				
二、系统误差和偶然误差			√		一、非水溶剂的分类及性质		√		
三、提高分析结果准确度的方法			√		二、非水溶液酸碱滴定的类型及应用		√		
第二节 有效数字及其应用					第四章 沉淀滴定法和重量分析法				
一、有效数字的概念及表示			√		第一节 沉淀滴定法				
二、有效数字的修约规则			√		一、沉淀滴定法概述	√			
三、有效数字的运算规则			√		二、银量法的基本原理		√		
第三节 定量分析结果的处理及表示					三、银量法终点的指示方法		√		
一、可疑值的检验与取舍	√				第二节 沉淀滴定法的应用				
二、分析结果的表示方法		√			一、标准溶液和基准物质			√	
三、分析数据的可靠性检验		√			二、应用实例		√		
第四节 滴定分析法概述					第三节 重量分析法				
一、滴定分析法的基本概念与方法		√			一、沉淀重量分析法		√		
二、滴定反应的条件与滴定方式		√			二、挥发重量分析法		√		
三、基准物质与标准溶液			√		第五章 配位滴定法				
四、滴定分析中的有关计算			√		第一节 配位滴定法				
第三章 酸碱滴定法			√		一、配位滴定法概述	√			
第一节 酸碱指示剂					二、配位滴定法基本原理			√	
一、酸碱指示剂的变色原理及变色范围			√		三、金属指示剂		√		
二、影响指示剂变色范围的因素			√		四、配位滴定条件的选择		√		
					第二节 配位滴定法的应用				

续表

教学内容	教学要求			教学活动参考	教学内容	教学要求			教学活动参考
	了解	熟悉	掌握			了解	熟悉	掌握	
一、标准溶液和基准物质			√		二、吸光系数			√	
二、应用示例	√				三、偏离光的吸收定律的主要因素		√		
第六章 氧化还原滴定法					第三节 紫外-可见分光光度计				
第一节 概述									
一、氧化还原滴定法	√				一、主要部件		√		
二、氧化还原滴定法原理		√			二、紫外-可见分光光度计类型	√			
三、常用的氧化还原滴定法			√		第四节 分析条件的选择				
第二节 氧化还原滴定法的应用					一、仪器测量条件的选择		√		
一、标准溶液和基准物质			√		二、显色反应条件的选择		√		
二、应用示例	√				三、参比溶液的选择		√		
第七章 电化学分析法					第五节 定性与定量分析方法				
第一节 电化学分析法概述					一、定性分析方法		√		
一、电化学分析法的分类	√				二、定量分析方法			√	
二、化学电池及其类型	√				第六节 紫外-可见分光光度法的应用				
三、指示电极和参比电极		√			第九章 色谱分析法				
第二节 直接电位法及其应用					第一节 概述				
一、电位法测定溶液的pH		√			第二节 色谱法基本理论				
二、电位法测定其他离子浓度		√			一、色谱法的基本概念		√		
第三节 电位滴定法					二、色谱法的基本理论	√			
一、方法原理和特点	√				第三节 平面色谱法				
二、确定终点的方法		√			一、概述	√			
第四节 永停滴定法					二、基本参数	√			
一、原理		√			三、薄层色谱法		√		
二、应用与示例	√				四、纸色谱法		√		
第八章 紫外-可见分光光度法					第四节 气相色谱法				
第一节 紫外吸收光谱的基本概念					一、概述		√		
一、物质对光的选择性吸收	√				二、气相色谱法的流动相与固定相		√		
二、透光率与吸光度	√				三、检测器	√			
三、紫外-可见分光光度法的特点	√				四、分离条件的选择		√		
第二节 紫外-可见分光光度法的基本原理					五、定性分析方法		√		
一、光的吸收定律			√		六、定量分析方法			√	
					七、气相色谱法在医药领域的应用	√			
					第五节 高效液相色谱法				

续表

教学内容	教学要求			教学活动参考	教学内容	教学要求			教学活动参考
	了解	熟悉	掌握			了解	熟悉	掌握	
一、概述	√				四、原子吸收光谱法在医药领域中的应用	√			
二、基本原理			√		第三节 红外吸收光谱法				
三、高效液相色谱法的分类		√			一、概述		√		
四、高效液相色谱法的流动相和洗脱方式		√			二、基本原理			√	
五、高效液相色谱仪		√			三、红外光谱仪与样品制备		√		
第十章 其他仪器分析法简介					四、红外光谱解析与应用		√		
第一节 荧光分析法					第四节 核磁共振波谱法				
一、基本原理		√			一、核磁共振基本原理			√	
二、荧光分光光度计		√			二、核磁共振波谱与分子结构		√		
三、定量方法及应用	√				三、核磁共振波谱仪及核磁共振波谱法的应用	√			
第二节 原子吸收分光光度法					第五节 质谱法				
一、基本原理		√			一、概述	√			
二、原子吸收分光光度计	√				二、质谱仪	√			
三、定量分析方法	√								

四、教学大纲说明

(一) 适用对象与参考学时

本教学大纲可供护理、助产、药学、医学检验、涉外护理等专业使用,总学时为134,其中理论教学70学时,实践教学64学时,部分实验可根据学校的实际情况选做。

(二) 教学要求

1. 本课程对理论教学部分要求有掌握、理解、了解三个层次。掌握是指对分析化学中所学的基本知识、基本理论具有深刻的认识,并能灵活地应用所学知识分析、解释生产和生活中遇到的问题。理解是指能够解释、领会概念的基本含义并会应用所学技能。了解是指能够简单理解、记忆所学知识。

2. 本课程突出以培养能力为本位的教学理念,在实践技能方面分为熟练掌握和学会两个层次。熟练掌握是指能够独立娴熟地进行正确的实践技能操作。学会是指能够在教师指导下进行实践技能操作。

(三) 教学建议

1. 在教学过程中要积极采用现代化教学手段,加强直观教学,充分发挥教师的主导作用和学生的主体作用。注重理论联系实际,并组织学生开展必要的案例分析讨论,以培养学生的分析问题和解决问题的能力,使学生加深对教学内容的理解和掌握。

2. 实践教学要充分利用教学资源,采取案例分析讨论等教学形式,充分调动学生学习的积极性和主观能动性,强化学生的动手能力和专业实践技能操作。

3. 教学评价应通过课堂提问、布置作业、单元目标测试、案例分析讨论、期末考试等多种形式，对学生进行学习能力、实践能力和应用新知识能力的综合考核，以期达到教学目标提出的各项任务。

学时分配建议（134 学时）

序号	教学内容	学时数		
		理论	实践	合计
1	绪论	1	0	1
2	分析化学基础知识	10	6	16
3	酸碱滴定法	10	16	26
4	沉淀滴定法和重量分析法	5	4	9
5	配位滴定法	4	6	10
6	氧化还原滴定法	5	12	17
7	电化学分析法	5	6	11
8	紫外-可见分光光度法	10	4	14
9	色谱分析法	12	10	22
10	其他仪器分析法简介	8	0	8
	合计	70	64	134

目标检测选择题参考答案

第二章
1. A 2. D 3. D 4. A 5. C 6. C 7. B 8. D 9. C 10. D 11. D 12. D

第三章
1. C 2. C 3. D 4. B 5. D 6. C 7. B 8. D 9. B 10. A 11. C 12. A

第四章
1. D 2. C 3. D 4. D 5. B 6. B 7. B 8. A 9. C

第五章
1. A 2. A 3. D 4. C 5. A 6. B 7. C 8. C 9. C 10. A 11. D 12. B 13. B 14. D
15. B

第六章
1. D 2. B 3. C 4. A 5. B 6. D 7. A 8. C 9. D

第七章
1. B 2. D 3. A 4. C 5. A

第八章
1. D 2. C 3. C 4. A 5. B 6. A 7. B 8. C 9. B 10. D 11. B 12. D 13. C

第九章
1. A 2. C 3. D 4. D 5. B

第十章
1. B 2. C 3. D 4. C 5. D 6. A 7. D 8. B 9. A 10. D 11. A 12. C 13. D 14. C
15. B 16. C 17. A 18. C 19. A